"十二五"普通高等教育本科国家级规划教材

信号与系统

Xinhao yu Xitong

第四版

上 册

郑君里 应启珩 杨为理 原著

谷源涛 修订

中国教育出版传媒集团

高等教育出版社·北京

内容提要

  本书第一、二和三版分别于 1981 年、2000 年和 2011 年与读者见面。第四版与前三版之研究范围、结构层次大体相同,仍然是讨论确定性信号经线性时不变系统传输与处理的基本概念和基本分析方法,从时域到变换域、从连续到离散、从输入输出描述到状态空间描述,以通信和控制工程作为主要应用背景,注重实例分析。

  第四版保持了前三版之特色:注重结合基本理论融入各类工程应用的实例。新版对这些例子进行了修订和更新,使全书具有强烈的时代感;保留了第六章信号矢量空间分析的内容,并有适当修订与补充,从而突显本书与国内、外同类教材的重要区别;全书结构有较大灵活性,可适用于电子信息类和非电子信息类的多种理工科专业的本科生教学。

  全书共十二章,分两册装订,上、下册各六章,各章节目录与第三版基本一致。

图书在版编目(C I P)数据

  信号与系统. 上册/郑君里,应启珩,杨为理原著;谷源涛修订.--4 版.--北京:高等教育出版社,2024.8

  ISBN 978-7-04-062098-6

  I. ①信… Ⅱ. ①郑… ②应… ③杨… Ⅲ. ①信号系统-高等学校-教材 Ⅳ. ①TN911.6

  中国国家版本馆 CIP 数据核字(2024)第 082942 号

策划编辑 杨 晨	责任编辑 张江漫	封面设计 张 志	版式设计 徐艳妮
责任绘图 邓 超	责任校对 刁丽丽	责任印制 存 怡	

出版发行	高等教育出版社	网 址	http://www.hep.edu.cn
社 址	北京市西城区德外大街 4 号		http://www.hep.com.cn
邮政编码	100120	网上订购	http://www.hepmall.com.cn
印 刷	北京市密东印刷有限公司		http://www.hepmall.com
开 本	787mm×960mm 1/16		http://www.hepmall.cn
印 张	29.25	版 次	1981 年 2 月第 1 版
字 数	530 千字		2024 年 8 月第 4 版
购书热线	010-58581118	印 次	2024 年 12 月第 3 次印刷
咨询电话	400-810-0598	定 价	59.00 元

本书如有缺页、倒页、脱页等质量问题,请到所购图书销售部门联系调换

物　料　号　62098-00

第四版前言

自 2010 年《信号与系统》第三版(见本书下册后附参考书目[3])问世以来,电子信息科技迎来了蓬勃发展的新时代,信号处理技术在通信、网络和航空航天等领域的应用已经取得了令人瞩目的进步。光纤到户技术的广泛应用,大大提升了接入网"最后一公里"的传输带宽,为人们的数字生活带来了更加丰富多彩的体验。新一代移动通信技术的发展,带来了数据传输速度更快、延迟更低及网络连接更稳定、移动体验更加优质的新时代。移动互联网随着智能手机、平板电脑和智能手表等移动设备极其丰富的 App 的广泛应用,极大地便利了人们的工作和生活。火星探测技术的飞速发展以及祝融号的成功发射,则为人类向宇宙进军提供了新的契机。而火箭垂直回收技术、深度神经网络的涌现,更是为人类在航空航天和人工智能领域带来了前所未有的突破和机遇。相信这些科技的发展和应用,必将会继续推动人类社会向更加先进、高效和智能化的方向发展,创造更加美好的未来。

为使本书的教学内容更加与时俱进,尤其在理论与实践的结合上更加无缝衔接,我们结合教学实践,在广泛听取并研究教师与学生意见的基础上修订了第四版,删减过时技术和评述,更新实例和应用介绍,既深入解析经典理论的精髓,又充分体现时代气息,从而进一步达到激发学生学习兴趣的目的。

《信号与系统》第四版与前三版的研究范围、结构层次大体相同,仍然是讨论确定性信号经线性时不变系统传输与处理的基本概念和基本分析方法,从时域到变换域,从连续到离散,从输入输出描述到状态空间描述,以通信和控制工程作为主要应用背景,注重实例分析。第四版全书共十二章,上、下册各六章。第一章是绪论。第二章至第五章研究连续时间信号和系统,其中第二章关注时域分析方法,第三章是全书重心,重点讲解信号的频域分析方法——傅里叶变换,第四章研究系统的频域分析方法——拉普拉斯变换,第五章是傅里叶变换在通信系统中的应用。第六章从信号的矢量空间分析角度讲解正交变换及其在通信、雷达系统中的应用,将信号理论学习提升至更高层次。第七章至第十章研究离散时间信号和系统,其中第七、八章分别讲解时域和变换域的系统分析方法,第九、十章关注信号的频域分析理论和应用技术。第十一、十二章侧重状态空间分析方法及其在控制领域的应用。

《信号与系统》第一版获得全国高等学校优秀教材奖(1988 年),第二版入选普通高等教育"九五"国家级重点教材,获评全国普通高等学校优秀教材

（2002 年），第三版入选"十二五"普通高等教育本科国家级规划教材，获评首届全国教材建设奖全国优秀教材（2021 年）。郑君里、应启珩和杨为理以主教材为基础编写了简明版教材[4]，郑君里撰写了风格独特的学习指导书[5]，谷源涛、应启珩和郑君里编写 MATLAB 实验配套教材[6]，获评北京高等教育精品教材（2011 年），谷源涛编写了习题解析[7]。上述教材已经构建成"信号与系统"课程系列教材，从概念讲解、巩固练习到编程实践，它们相互支撑，多角度呈现，为读者提供了全面、深入和系统的学习体验。

　　经过一代代任课教师的热诚投入，清华大学电子工程系"信号与系统"课程一直维持在较高的建设水准，曾 3 次获得北京市高等教育教学成果奖（1989 年、2001 年、2017 年）。在教学实践过程中，学生的反馈评价和校内、外同行的交流研讨促使我们及时调整课程内容和优化教学方法，不断提高教材质量。

　　本书修订工作由谷源涛完成。高等教育出版社各位编辑与作者的通力协作为本书的出版创造了十分有利的条件。限于水平，书中难免有不妥或错误之处，恳请读者批评指正，来函请至：gyt@ tsinghua.edu.cn。

作　者

2023 年 12 月于清华园

第三版前言

1978 年撰写《信号与系统》第一版初稿至今已历经 32 年(见本书下册后附参考书目[1])。在此期间,曾改写第二版[2],于 2000 年与读者见面,此后又出版了风格独特的教学辅导参考书[4],MATLAB 实验配套教材[5]以及第二版的简明版《信号与系统引论》[3]。这些教材相互支撑,为读者提供了方便。当然,大家最为关心第三版何时写好。为了准备这项工作,多年来我们努力研究本课程的历史、现状与前景,发表了多篇研究报告,其中 2008 年撰写的文章[41]具有代表性,该文中的观点阐明了修订信号与系统教材的环境背景和指导思想,建议读者参阅。结合该文要点以及多年来授课的感受,特别是考虑到与众多兄弟院校老师长期、密切交流得到的启发和帮助,作者认识到以下诸方面的议题很值得认真分析与反复研究:

(1)由于确定性信号经线性时不变系统传输与处理的研究方法已相当成熟,本课程的教学要求和基本内容相对稳定。虽然在某些方面受到最新技术发展的冲击,然而,尚未构成大幅度更新和重组课程体系的新局面,因而,本课程的发展前景可表述为:在相对稳定中逐步追求变革。

从第二版到第三版,本教材的教学目标和研究范围没有改变。第三版的章目结构与第二版完全相同,仍为十二章,分上、下册各六章。全书构成一个整体,不可分割。请不要认为上册只讲连续、下册只讲离散,实际上,许多章节对这两大类问题都在交叉展开讨论。特别需要指出,5.10 节关于 PCM 通信系统的介绍是本书的突出特色之一。我们讲授离散部分的切入点正是 PCM 通信,在初步认识这一实际工程系统之后再讲差分方程会取得更好的教学效果。目前,国内外同类教材对于连续和离散两部分的选材与引出顺序有不同的理解,在参考书目[4]第 2.5 节和参考书目[41]中有深入分析,敬请各位老师关注。本书 1.8 节的图 1-47 对全书各章的联系有详细说明,请查阅。框架结构虽无明显改变,而具体的内容论述有许多更新之处,变革修订的原则将在下文陆续给出。

(2)要处理好稳定与变革的关系,必须在讲授传统内容的过程中充分体现时代气息,注重经典理论的讲述与引入最新技术的相互融合。以当代信息科学的观点理解、审视、组织和阐述传统内容。所谓课程更新往往体现在应用领域的演变,而已经成熟的经典理论却仍然适用。第二版教材特别注重结合基本概念介绍各类应用实例(如 PCM 通信、CDMA 通信、码速与带宽、匹配滤波器、小波变换以及人口增长估测、宏观经济模型、住房贷款偿还计算等)。这些讨论有助于激发学生的学习志趣和热情,推动他们灵活、深入地掌握基本概念,给读者留下深刻印象,这是本书最重要的特色。

改写第三版的首要任务就是要使原书应用实例丰富、与理论分析密切融合之特色更加突显。因此补充或更新了大量应用实例,如新增加之通信系统多径失真的消除(第二、四、五、七章)、雷达测距原理(第三章)、对电信网络的初步认识(第五章)、OFDM 通信系统原理(第九章)等。许多生动活泼的实例分析渗透于全书各章,读者随手翻看可以激发起强烈的阅读乐趣。

(3) 第二版曾增写信号的矢量空间分析一章(第六章),取得了很好的教学效果。这里涉及的基本概念在许多后续课程中需要引用,而按照以往的习惯,尚未见到国内外哪种教材或哪门课程对此进行系统的入门介绍。本章的撰写成功地改变了这种状况。第三版全文保留了第二版第六章的内容,并对例题和习题进行了适当的修订和补充。

教学改革必须注重结合国情。我们的学生从高中到大学历经系统深入的数学课程学习,承受了严格而艰苦的训练,他们对数学基础知识及其实际应用问题的兴趣要明显超过国外的同龄学生。而本课程的核心任务正是要构建一座从数学到物理和工程技术的桥梁,引导学生从理论学习过渡到专业工程训练。本书的重要特征在于适应国情,使学生一方面对信号处理的学习步入更深层次,为学好后续理论课程打好基础,另一方面也认识到数学并不神秘,许多数学工具非常有用,它就在我们身边。

必须注意,加强数学与物理和工程的结合绝非盲目依赖数学推导和分析。在修订过程中对于第二版一些比较烦琐的数学推证进行了压缩或删减。力求帮助读者在自学过程中抓住要领。例如原第二章 δ 函数匹配系数的代数求解,又如原第十二章状态方程时域求解方法之介绍等都做了较大修改或删除。

(4) 信号与系统课程的实验教学可以结合 MATLAB 软件应用安排编程练习。目前,这种做法已取得国内外众多授课教师的共识。在具体实现方法上有两种形式,一是在理论教材的每一章后附加相应练习,另一种是单独编写 MATLAB 编程练习教材,适当增加综合性训练题目,这需要稍多一些课时。经过几年来的实践试点,我校电子系采取了后一种做法,并且出版了相应的教材(见参考书目[5])。

(5) 第二版教材结构具有很大灵活性,第三版教材继续保持这一特色。本书可适用于本科通信电子类与非通信电子类的多种专业,全书篇幅较大。任课教师可以根据各校实际情况进行不同章节的选取与组合,构成深度和学时有区别的课程。

目前,我国最常见的两种信号与系统组课方案示意如图 1。简要地说,就是三个变换加(或不加)状态变量。大多在一个学期内讲完,学时数为 64~72[另加实验学时,各校授课方案有较大区别,如上文(4)所述。]

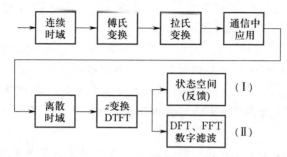

图 1　两种信号与系统组课方案

图 1 中的第Ⅰ方案主要用于通信、电子信息工程、生物医学工程等专业。在此课之后都还设置了必修课数字信号处理,而控制理论课程不一定必修。第Ⅱ方案主要用于后设控制理论为必修,而数字信号处理不一定必修之专业,如自动化、电气工程及其自动化、计算机等,此外,电子科学技术(物理、光电子、微电子等)专业大多也按此方案设课。有些采用第Ⅱ方案设课的院校将课程名称改为"信号分析与处理"以示与前者之区别。

第Ⅰ方案的授课内容与本书第一、二、三、四、五、七、八、十一、十二等章相对应,而第Ⅱ方案则覆盖第一、二、三、四、五、七、八、九、十等章。如果课时允许,建议在第五章之后讲授第六章。教学辅导参考书[4]第 3.6 节提供了这一章的授课讲稿,建议任课老师参阅。

1995 年,国家教委工科电工课程教学指导委员会按上述第Ⅰ方案制定了教学基本要求。2004 年,教育部高等学校电子信息科学与电气信息类基础课程教学指导分委员会又按Ⅰ、Ⅱ两方案分别制定了两种基本要求。

本书的内容完全可以满足上述两种基本要求的需要,同时有较多的扩充。在授课过程中可以灵活选取所需素材。

当选用第Ⅰ方案时,对于第十一章(反馈系统)的处理有较大的灵活性。可以根据需要选讲某些节的有关内容,如果学时受限,也可只讲 11.6 节(信号流图)为第十二章做好准备即可。此次修订对该节的例题进行了较多调整,力求密切联系实际、由浅入深、循序渐进。

实践表明,若按第Ⅱ方案授课,在学习第十章(滤波器)时往往会遇到一些困难。这是由于该章内容涉及面太宽,讲述层次错综复杂,数学推证也比较烦琐,不容易抓住重点。针对这一情况,第三版该章前 4 节的内容做了较大调整(后面各节也有一些修改)。原第二版是先讲模拟滤波器电路实现、后讲逼近,而第三版将逼近提前,可以跳过模拟电路实现直接进入数字滤波器。对于许多数学推证也做了重新整理和简化。预期这样修改将有助于更有效地利用课时,给读者带来方便。此外,还可参阅教学辅导参考书[4]第 3.10 节对该章学习要点的解读,这将有助于自学或备课。

在我国,由于专业划分过细,许多教材缺乏灵活性,不能适用于多种专业。这种情况不利于扩大学生的知识面,掌握宽厚的理论与实践基础。与此密切相关的现象是课堂上照本宣科,讲授内容与教材几乎完全一样,很难培养学生的自学能力。本书第二版在这方面进行的改革尝试基本上取得了成功。我们期盼第三版在灵活性方面能够取得更好的效果。

写入教材而课堂上没有讲授的内容在许多方面可以发挥非常重要的作用:首先,有利于扩展视野、培养自学能力;其次,与后续课程的适当重复有利于学生从多角度观察和理解同一问题,例如,本书第九章 9.2 节关于傅里叶分析四种形式的比较,无论在本课程中是否讲授,以及在学习数字信号处理课程之前或之后阅读,都会在综合掌握基本理论核心问题方面受到启发;再次,有些素材为参加科学研究工作提供了宝贵的参考资料,如第十章各种滤波器的原理与性能以及各类滤波器之比较;最后,全面、综合性扩展知识面将十分有利于报考研究生的综合复习。任课老师的职责之一是引导学生在课堂之外加强自学、相互讨论,充分发挥教材的上述各项功能。这些都是构成培养高素质人才不可或缺的教学环节。

本书撰写执笔工作全部由郑君里完成,应启珩、杨为理共同研讨结构和内容,并校阅了部分书稿。

在清华大学,目前共有 9 个专业设置信号与系统为本科必修课程。教学任务分散在 6 个系各自完成,授课讲员已达数十人,曾参与辅导工作的青年教师和助教博士在百人以上。多年来作者与各位同事和众多博士生的切磋、研讨以及授课过程中和学生的密切交流,对本书写作有很多重要的启发和帮助。

高等教育出版社各位编辑与作者的通力协作为本书的出版创造了十分有利的条件。多年来各兄弟院校的老师和学生们以多种方式与作者坦诚交换意见,并对本书写作给予很多关心和支持,在此一并深致谢意。

限于水平,书中难免有不妥或错误之处,恳请读者批评指正。

作　者

2010 年 6 月于清华园

第二版前言

1978 年撰写本书初稿至今已历经 20 年,注意到原书的大部分内容仍在有效使用,也由于工作繁忙,因而迟迟未作修订。

20 年来,这一学科领域的理论与实践研究迅速发展,分析方法不断更新,技术应用范围日益扩展。然而,对国内、外许多院校的调查或相互交流表明,就本科生"信号与系统"课程而言,它的教学要求和基本内容却相对稳定。虽然在某些方面受到最新技术发展的冲击,但是尚未构成大幅度更新和重组课程体系的局面。与此相应,十多年来,本书第一版按需求统计而确定的重印册数逐年上升,实际用量供不应求。面对这一现实,我们结合教学实践,在广泛听取并研究教师与学生意见的基础上,逐步明确了编写本书第二版的追求目标,这就是在相对稳定中力求变革,在讲授传统内容的过程中充分体现时代气息,处理好经典理论的论述与最新技术引入的相互融合。以当代信息科学的观点理解、审视、组织和阐述传统内容。

本书(也即本课程)的教学目的、要求和体系层次与第一版大体相同,仍然是研究确定性信号经线性时不变系统传输与处理的基本概念和基本分析方法,从时间域到变换域,从连续到离散,从输入输出描述到状态空间描述,以通信和控制工程作为主要应用背景,注重实例分析。

在本课程中,连续时间信号与系统和离散时间信号与系统讲授顺序的争执已持续多年。实践表明,很难说某种顺序显示突出的先进性而代表改革方向,从国内、外大量教材情况来看,多种形式并存的局面将长期持续。本书第二版以实际应用为主要依据,兼顾离散与连续的选材,前面较多章、节按照先连续后离散的次序讲授,稍后几章则是连续与离散交叉并行研究。

当前,在国际流行的科技应用软件中,MATLAB 具有广泛影响。在信号处理技术领域中,这一软件的应用也占据重要地位。本课程的计算机练习应帮助学生尽早认识或熟悉 MATLAB 的应用。与本书相配合,我们将这方面的内容编入了另一本教材之中[①],建议将本课程与数字信号处理课程统一考虑,从这本教材中选取适当的题目,安排学生的计算机练习。

另一方面,由于计算机辅助设计的广泛应用,还需要认真考虑从传统的教学内容中削弱或删除陈旧的部分。例如,SPICE 程序的普及促使我们不必要求学

---

① 谷源涛、应启珩、郑君里著《信号与系统——MATLAB 综合实验》,高等教育出版社,2008 年。

生掌握某些复杂电路(或复杂波形)求响应的解析方法,因而允许大力压缩拉氏变换的有关内容。

　　本课程的基本概念和方法并不十分复杂,教学效果成败的关键不在于学生认识和记忆了多少定义、定理的条文,而应注重正确引导学生运用数学工具分析典型的物理问题。所谓课程更新往往体现在应用领域的演变,而已经成熟的经典理论却仍然适用。第二版特别注重密切结合基本概念介绍通信、控制、信号处理方面的最新应用实例(在正文、例题、习题中都会出现),这些实例讨论有助于激发学生的学习志趣和热情,推动学生灵活、深入地掌握基本概念。

　　第二版全书共十二章,上、下册各六章。前三章包括绪论、连续系统的时域分析、傅里叶变换。各章的主题仍同第一版。第一章增加了信号波形的运算与系统模型的方框图。第二章对分配函数的性质和应用作了较详尽的补充。第三章着重讨论傅里叶变换的基本概念,而将一些较深入的问题移后到第五、六章。第四章是拉普拉斯变换及其应用,经重新组织,它涵盖了第一版第四、五两章的主要内容,从而使这部分的篇幅有较大压缩。第五章傅里叶变换的应用是第三章的继续,结合滤波、调制和抽样三方面的概念增补了较多的应用讨论和实例分析。第六章是重新编写的,主题是信号的矢量空间分析。这里涉及的基本概念在许多后续课程中需要引用,而按照以往的习惯,很少见到哪种教材或哪门课程对此作系统的入门介绍。为改变这一状况,我们将正交、相关、帕塞瓦尔定理、柯西-施瓦茨不等式等概念和一些应用实例组织在一起,以统一的数学与物理方法讲授,使学生对信号理论的学习步入更深的层次,为学好后续课程打下基础。第七至九章的内容也与第一版大致相同,包括离散时间信号的时域分析、z 变换、离散傅里叶变换及其快速算法。在第七章增补了反卷积(解卷积)的基本概念。第八章适当扩充了序列傅里叶变换性质的讨论,以便于和第九章的内容衔接。第九章增加了离散余弦变换和沃尔什变换的有关内容。第十章模拟与数字滤波器和第十一章线性反馈系统都是重新编写的。前者初步介绍模拟与数字滤波器的基本原理和设计方法;后者使本书在控制工程的应用背景方面适当加强,此外,将信号流图也移入此章。第十二章与第一版最后一章的内容一致,讨论状态空间分析,在此,注重拓宽应用实例的引入,给出了一些非电领域应用状态空间方法的例子。

　　全书篇幅较大,有利于授课教师灵活选材,也为学生自学开创了较好的条件。可以按照不同章节的选取与组合,构成深度和学时有区别的课程。从目前国内多数院校的需要来看,推荐以下两种组课方案供参考(下列数字为章号):

$$1—2—3—4—5—7—8 \left\langle \begin{array}{l} 12 \\ 9—10 \end{array} \right.$$

第一种方案适用于在本课程之后继续学习数字信号处理而不设控制理论课程的情况;第二种方案则适合于在本课程之后专门开设控制理论而不再学习数字信号处理的有关专业。即使按某些章目组织教学,对于每章内各节仍有较大的灵活选取余地,如第二章微分方程的经典分析、δ 函数的深入讨论,第四章用拉氏变换解电路的各种练习以及第七章差分方程的时域求解等都可适当删减。在第二方案中,对于第十章建议只选讲数字滤波器的有关内容(包括逼近函数),删除模拟滤波器等部分。另一方面,有些章目虽未在上述方案中列入,也应介绍其中的要点或个别小节。在第一方案中,讲授状态变量分析之前需补充信号流图的概念,还可考虑简要介绍反馈的基本知识(都需要从第十一章选材)。此外,两种方案都可适当选择第六章的要点为学生初步建立信号矢量空间的概念。近年来,我校教学实践表明,以上两种方案都能在一学期内完成,讲课学时不超过 64。当然,授课教师可根据学生的能力以及培养计划的总体要求设计其他多种选材组课方案。一般讲,无论何种方案都不宜照本宣科授课,书中相当多的内容应当留给学生自学或组织讨论。我们相信,选用本书作为教材将有助于推动讲课、自学与课堂讨论的密切结合。第一版的实践表明,读者在学完信号与系统课程之后相当长的时间内仍然需要反复翻阅本书。

本书除用作高校教材之外,我们期望它对于科研和工程技术人员的在职自学与知识更新能产生一定的积极作用。

本书第二版由郑君里主编,第二章由应启珩执笔,第十章由应启珩、郑君里执笔,其余各章由郑君里执笔。杨为理与执笔者共同研讨并校阅了第三、五、七、八各章,张宇博士协助完成并校核了若干重要公式的推证。山秀明、刘序明、王文渊、叶大田、乐正友、郑方等分别校阅了各部分初稿或结合授课对修订工作提出建议。必须指出,多年来作者与各位同事和众多博士生的经常研讨,以及授课过程中与学生的密切交流,对本书写作有很多重要的启发和帮助。

全书承清华大学电子工程系陆大绘教授审阅,提出许多指导性修改意见,保证了书稿质量的进一步提高,作者表示衷心的感谢。

本书于 1997 年经教育委员会组织专家评审,确定为普通高等教育“九五”国家级重点教材立项选题。书稿经教育部“电路、信号系统和电磁场课程教学指导小组”审阅,同意作为国家级重点教材出版。

高等教育出版社各位编辑与作者的愉快合作为本书出版创造了十分有利的条件。从 1981 年至今,各兄弟院校的老师和同学们以多种方式与作者坦诚交流意见,并对本书修订工作给予很多关心与支持,在此一并深致谢意。

限于水平,书中难免有不妥或错误之处,恳请读者指正。

作　者

1999 年 12 月

于清华大学电子工程系

第一版前言

近年来,作者为无线电电子学系开设"信号与系统"课程,同时编写了这方面的参考教材。现将该教材整理、扩充,编成本书。

本课程的任务在于研究信号与系统理论的基本概念和基本分析方法。初步认识如何建立信号与系统的数学模型,经适当的数学分析求解,对所得结果给以物理解释、赋予物理意义。由于本学科内容的迅速更新与发展,它所涉及的概念和方法将十分广泛,而且还在不断扩充。本书试图在规定的要求与范围之内,使选材适当充实、丰富。在用作教材时,可以灵活选取所需内容。

本书的范围限于确定性信号(非随机信号)经线性、时不变系统传输与处理的基本理论。从时间域到变换域,从连续到离散,从输入-输出描述到状态描述,力求以统一的观点阐明基本概念和方法。

为学习本课程,读者应有一定的数学基础和电路分析基础。书中涉及的数学内容主要包括微分方程、差分方程、级数、复变函数、线性代数等。除对差分方程作适当讲解之外,其他方面将直接引用有关结论。在运用这些数学工具时,注重解决工程问题,加强物理概念的解释。本课程与先修课"电路分析基础"联系密切,虽有某些重复,但分析问题的着眼点有所不同。在那里,从电路分析的角度研究问题,而本书则以系统的观点进行分析。

通过本课程的学习希望激发起学生对信号与系统学科方面的学习志趣和热情,使他们有信心也有能力逐步适应这一领域日新月异发展的需要。首先要适应几门重点后续课程的需要,这些课程是:电子线路(也可并行学习)、网络理论、通信系统、控制理论、数字信号处理,等等。

全书共包括十一章。第一至六章讨论连续时间信号与系统,第七至十章讨论离散时间信号与系统(第七章时域分析、第八章 z 变换与 z 域分析、第九章离散傅里叶变换及其快速算法、第十章沃尔什变换),第十一章集中研究系统的状态变量分析(包括连续与离散,时域与变换域)。

本书篇幅稍大,涉及的问题比较广泛,直接用全书材料组成一门一学期的课程是不适当的。可以根据先修与后续课程的不同情况按以下几种方式(序号表示章号)选择所需部分,组成深度和学时有区别的课程:

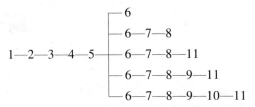

在每章内还安排有一些加宽加深的内容，标有"＊"号，舍去这些小节，不影响后续部分的学习。除内容选择方面有机动性之外，在讲授顺序上也可以作灵活调整。例如，绪论中的1.5、1.6节可移至第三章开始时讲授；又如，讨论傅里叶变换与拉氏变换原理和应用的第三至六章，可改按 3—6—4—5 或 4—5—3—6 的顺序使用（这时要对第 6.1、6.3、6.8 或 4.2、4.13 等节作调整）。

配合基本理论与分析方法的学习，书中备有一定数量的例题和习题，可酌情选用，部分难度稍大或比较繁复的习题标有"＊"号，不应作为对学生的一般要求。书末附有习题答案，仅供参考。在应用计算机方面，考虑到目前的实际情况，没有给出计算程序，但在某些基本原理的讲授中，已经注意到为这方面作一些准备（如卷积数值计算、拉普拉斯逆变换、快速傅里叶变换等）。

本书由郑君里同志主编。第三、八章由杨为理同志执笔，第十一章由应启珩同志执笔、其余各章由郑君里同志执笔。乐正友同志整理习题答案，张尊桥同志绘制插图。

常迥教授指导本书编写工作。冯重熙副教授对本书编写大纲的拟定提出宝贵意见。系负责同志以及通信、线路等教研组的有关同志对本书编写工作给予许多支持和帮助。

书稿承高等学校理科及工科基础课程教材编审委员会电路理论及信号分析小组委托南京工学院管致中教授、合肥工业大学芮坤生教授、北京工业学院李瀚荪副教授负责审阅，提出许多宝贵意见。作者在此表示衷心的感谢。

限于水平，书中难免有错误与不妥之处，恳请读者批评指正。

作　者

一九八一年元月

于清华大学无线电电子学系

目录

1.1 信号与系统

　　人们相互问讯、发布新闻、广播图像或传递数据,其目的都是要把某些消息借一定形式的信号传送出去。信号是消息的表现形式,消息则是信号的具体内容。

　　很久以来,人们曾寻求各种方法,以实现信号的传输。我国古代利用烽火传送边疆警报。此后希腊人也以火炬的位置表示字母符号。这种光信号的传输构成最原始的光通信系统。利用击鼓鸣金可以报送时刻或传达命令,这是声信号的传输。以后又出现了信鸽、旗语、驿站等传送消息的方法。然而,这些方法无论在距离、速度或可靠性与有效性方面仍然没有得到明显的改善。19 世纪初,人们开始研究如何利用电信号传送消息。1837 年莫尔斯(F.B.Morse,1791—1872)发明了电报,他用点、划、空适当组合的代码表示字母和数字,这种代码被称为莫尔斯电码。1876 年贝尔(A.G.Bell,1847—1922)发明了电话,直接将声信号(语音)转变为电信号沿导线传送。19 世纪末,人们又致力于研究用电磁波传送无线电信号。为实现这一理想,赫兹(H.R.Hertz,1857—1894)、波波夫(А.С.Попов,1859—1906)、马可尼(G.Marconi,1874—1937)等人分别作出贡献。开始时,传输距离仅数百米,1901 年马可尼成功地实现了横渡大西洋的无线电通信。从此,传输电信号的通信方式得到广泛应用和迅速发展。如今,无线电信号的传输不仅能够飞越高山海洋,而且可以遍及全球并通向宇宙。例如,以卫星通信和定位技术为基础构成的"全球定位系统"(global positioning system,GPS)可以利用无线电信号的传输,测定地球表面和周围空间任意目标的位置,其精度可达数米之内。而个人通信技术的发展前景指出:无论任何人在任何时候和任何地方都能够和世界上其他人进行通信。人们利用手机,以个人相应的电话号码呼叫或被呼叫,进行语音、图像、数据等各种信号的传输。

　　必须指出,现代通信系统的通信方式往往不是任意两点之间信号的直接传输,而是要利用某些集中转接设施组成复杂的信息网络,经所谓"交换"的功能以实现任意两点之间的信号传输。

信息网络技术的发展前景是实现所谓"全球通信网",它意味着世界上所有通信网将形成智能化的统一整体,即全球一网。这将克服信号传输距离、时间、语言等方面的各种障碍,与个人通信技术相结合构成无所不在的全球个人通信网。

目前,迅速发展的因特网(Internet)、电信业务领域的各种有线网或无线网以及广播电视网都已成为我们日常生活中不可或缺的重要组成部分。当今时代的重要特征是社会信息化,而信息化与网络化密不可分。我们将在本书第五章对电信网络等概念做初步介绍。

随着信号传输、信号交换理论与应用的发展,同时出现了所谓"信号处理"的新课题。什么是信号处理?这可以理解为对信号进行某种加工或变换。加工或变换的目的是:削弱信号中的多余内容;滤除混杂的噪声和干扰;或者是将信号变换成容易分析与识别的形式,便于估计和选择它的特征参量。20 世纪 80 年代以来,由于高速数字计算机的运用,大大促进了信号处理研究的发展。而信号处理的应用已遍及许多科学技术领域。例如,从火星探测器发来的各种科学数据或火星表面影像信号可能淹没在噪声之中,但是,利用信号处理技术就可予以修复或增强,从而在地球上还原可靠的数据或清晰的图像。截至 2022 年 6 月,我国"天问一号"任务环绕器正常飞行 706 天,获取了覆盖火星全球的中分辨率影像数据,包括"祝融号"火星车和环绕器配置的 13 台科学载荷,共获得约 1040 GB 原始科学数据,为丰富人类知识做出了积极的贡献。此外,石油勘探、地震测量以及核试验监测中所得数据的分析都依赖于信号处理技术的应用。在心电图、脑电图分析、语音识别与合成、图像数据压缩、工业生产自动控制(如化学过程控制)以及经济形势预测(如股票市场分析)等各种科学技术领域中都广泛采用信号处理技术。

信号传输、信号交换和信号处理相互密切联系(也可认为交换是属于传输的组成部分),又各自形成了相对独立的学科体系。它们共同的理论基础之一是研究信号的基本性能(进行信号分析),包括信号的描述、分解、变换、检测、特征提取以及为适应指定要求而进行信号设计。本书各章节的分析与讨论正是为学习这些知识打好基础,特别注重数学分析与工程应用的密切联系。

"系统"是由若干相互作用和相互依赖的事物组合而成的具有特定功能的整体。

在信息科学与技术领域中,常常利用通信系统、控制系统和计算机系统进行信号的传输、交换与处理。实际上,往往需要将多种系统共同组成一个综合性的复杂整体,例如宇宙航行系统。

通常,组成通信、控制和计算机系统的主要部件中包括大量的、多种类型的电路。电路也称电网络或网络。

信号、电路(网络)与系统之间有着十分密切的联系。离开了信号,电路与系统将失去意义。信号作为待传输消息的表现形式,可以看作运载消息的工具,而电路或系统则是为传送信号或对信号进行加工处理而构成的某种组合。研究系统所关心的问题是,对于给定信号形式与传输、处理的要求,系统能否与其相匹配,它应具有怎样的功能和特性;而研究电路问题的着眼点则在于,为实现系统功能与特性应具有怎样的结构和参数。有时认为系统是比电路更复杂、规模更大的组合体,然而,更确切地说,系统与电路二词的主要差异应体现在观察事物的着眼点或处理问题的角度方面。系统问题注意全局,而电路问题则关心局部。例如,仅由一个电阻和一个电容组成的简单电路,在电路分析中,注意研究其各支路、回路的电流或电压;而从系统的观点来看,可以研究它如何构成具有微分或积分功能的运算器。

近年来,大规模集成化技术的发展以及各种复杂系统部件的直接采用,使系统、网络、电路以及器件这些名词的划分产生了困难,它们当中的许多问题互相渗透,需要统一分析、研究和处理。通常无须严格区分各名词的差异。

目前,由于信息网络(包括通信网和计算机网)的广泛应用,在信息科学与技术领域中"网络"一词也泛指通信网或计算机网。

在本书中,系统、网络与电路等名词通用。一般情况下,网络指电路,仅在个别小节内涉及信息网络(通信网)。

在电路中传送的电信号一般指随时间变化的电压或电流,也可以是电容的电荷、线圈的磁通以及空间的电磁波等。电信号与非电信号容易相互转换。在许多实际系统中常利用各种传感器将其他物理量(如声波动、光强度、机械运动的位移或速度等)转变为电信号,以利传输与处理。根据需要可将转换后的电信号还原为原有的物理量。

广义讲,系统的概念不仅限于电路、通信和控制方面,它涉及的范围十分广泛,应当包括各种物理系统和非物理系统、人工系统以及自然系统。

通信系统、电力系统、机械系统可称为物理系统;经济组织、生产管理、社交行为等则属于非物理系统。计算机网、交通运输网、水利灌溉网以及交响乐队等是人工系统;而自然系统的例子小至原子核,大如太阳系,可以是无生命的,也可以是有生命的(如动物的神经网络)。

随着科学技术的发展,人工系统之规模日益庞大,内部结构也越来越复杂。人们致力于研究将系统理论用于系统工程设计,以期使较复杂的系统最佳地满足预定的要求。以此为背景,出现了一门边缘技术科学,这就是系统工程学。

在系统或网络理论研究中,包括系统分析与系统综合(网络分析与网络综合)两个方面。在给定系统的条件下,研究系统对于输入激励信号所产生的输出响应,这是系统分析问题。系统综合则是按某种需要先提出对于给定激励的响应,而后根据此要求设计(综合)系统。分析与综合两者关系密切,但又有各自的体系和研究方法,一般讲,学习分析是学习综合的基础。

本书的讨论范围着重系统分析,不涉及系统工程学方面的问题。我们以通信系统和控制系统的基本问题为主要背景,研究信号经系统传输或处理的一般规律,着重基本概念和基本分析方法。

1.2 信号的描述、分类和典型示例

描述信号的基本方法是写出它的数学表达式,此表达式是时间的函数,绘出函数的图像称为信号的波形。为便于讨论,在本书中常常把信号与函数两名词通用。除了表达式与波形这两种直观的描述方法之外,随着问题的深入,需要用频谱分析、各种正交变换以及其他方式来描述和研究信号。

信号可从不同角度进行分类。

确定性信号与随机信号 若信号被表示为一确定的时间函数,对于指定的某一时刻,可确定一相应的函数值,这种信号称为确定性信号或规则信号。例如我们熟知的正弦信号。但是,实际传输的信号往往具有未可预知的不确定性,这种信号称为随机信号或不确定的信号。如果通信系统中传输的信号都是确定的时间函数,接收者就不可能由它得知任何新的消息,这样也就失去了通信的意义。此外,在信号传输过程中,不可避免地要受到各种干扰和噪声的影响,这些干扰和噪声都具有随机特性。对于随机信号,不能给出确切的时间函数,只可能知道它的统计特性,如在某时刻取某一数值的概率。确定性信号与随机信号有着密切的联系,在一定条件下,随机信号也会表现出某种确定性。例如乐音表现为某种周期性变化的波形,电码可描述为具有某种规律的脉冲波形等。作为理论上的抽象,应该首先研究确定性信号,在此基础之上才能根据随机信号的统计规律进一步研究随机信号的特性。

周期信号与非周期信号 在规则信号之中又可分为周期信号与非周期信号。所谓周期信号就是以一定时间间隔周而复始,而且是无始无终的信号,它们的表示式可以写作

$$f(t) = f(t+nT) \quad n = 0, \pm 1, \pm 2, \cdots (任意整数)$$

满足此关系式的最小 T 值称为信号的周期。只要给出此信号在任一周期内的变化过程,便可确知它在任一时刻的数值。非周期信号在时间上不具有周而复始的特性。若令周期信号的周期 T 趋于无限大,则成为非周期信号。

具有相对较长周期的确定性信号可以构成所谓"伪随机信号",从某一时段来看,这种信号似无规律,而经一定周期之后,波形严格重复。利用这一特点产生的伪随机码在通信和定位系统中得到广泛应用。

本书着重讨论确定性信号分析(包括各种周期性和非周期性信号),仅在第六章初步介绍一些随机信号的知识,第五章举例说明伪随机码的应用。

连续时间信号与离散时间信号　按照时间函数取值的连续性与离散性可将信号划分为连续时间信号与离散时间信号(简称连续信号与离散信号)。如果在所讨论的时间间隔内,除若干不连续点之外,对于任意时间值都可给出确定的函数值,此信号就称为连续信号。例如正弦波或图 1-1(a)所示矩形脉冲都是连续信号。连续信号的幅值可以是连续的,也可以是离散的(只取某些规定值)。时间和幅值都为连续的信号又称为模拟信号。在实际应用中,模拟信号与连续信号两名词往往不予区分。与连续信号相对应的是离散信号。离散信号在时间上是离散的,只在某些不连续的规定瞬时给出函数值,在其他时间没有定义,如图1-1(b)所示。此图对应的函数 $x(t)$ 只在 $t=-2,-1,0,1,2,3,4,\cdots$ 离散时刻给出函数值 $2.1,-1,1,2,0,4.3,-2,\cdots$。给出函数值的离散时刻的间隔可以是均匀的[如图 1-1(b)所示],也可以是不均匀的。一般情况都采用均匀间隔。这时,自变量 t 用整数序号 n 表示,函数符号写作 $x(n)$,仅当 n 为整数时 $x(n)$ 才有定义。离散时间信号也可认为是一组序列值的集合,以 $\{x(n)\}$ 表示。图 1-1(b)所示信号写作序列

$$x(n)=\begin{cases} 2.1 & (n=-2) \\ -1 & (n=-1) \\ 1 & (n=0) \\ 2 & (n=1) \\ 0 & (n=2) \\ 4.3 & (n=3) \\ -2 & (n=4) \end{cases}$$

为简化表达方式,此信号也可写作

$$x(n)=\{2.1 \quad -1 \quad \underset{\uparrow}{1} \quad 2 \quad 0 \quad 4.3 \quad -2\} \qquad (1-1)$$

数字 1 下面的箭头表示与 $n=0$ 相对应,左右两边依次给出 n 取负和正整数时相应的 $x(n)$ 值。

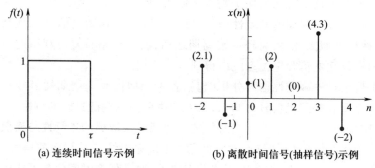

(a) 连续时间信号示例　　　　(b) 离散时间信号(抽样信号)示例

图 1-1　连续时间与离散时间信号示例

　　如果离散时间信号的幅值是连续的,则又可取名为抽样信号,例如图 1-1(b)所示信号。另一种情况是离散信号的幅值也被限定为某些离散值,也即时间与幅度取值都具有离散性,这种信号又称为数字信号,例如在图 1-2 中,各离散时刻的函数取值只能是"0""1"二者之一。此外,还可以有幅度为多个离散值的多电平数字信号。

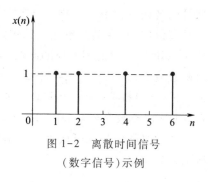

图 1-2　离散时间信号
(数字信号)示例

　　自然界的实际信号可能是连续的,也可能是离散的时间信号。例如,声道产生的语音[参看图 1-3(a),这是汉语男声"信号与系统很有趣"的波形]、乐器发出的乐音、连续测量的温度曲线都是连续时间信号,而银行发布利率、按固定时间间隔给出的股票市场指数、按年度或月份统计的人口数量或国内生产总值[参看图 1-3(b),这是我国国内生产总值也即 GDP 每年统计数据]都是离散时间信号。数字计算机处理的是离散时间信号,当处理对象为连续时间信号时需要经抽样(采样)将它转换为离散时间信号。

　　本书前六章着重研究连续时间信号,在第一、三、五、六章结合连续时间信号适当引入一些离散时间信号的初步概念,第七至八章集中研究离散时间信号,以后几章将并行讨论这两类信号的分析和应用。

　　一维信号与多维信号　从数学表达式来看,信号可以表示为一个或多个变量的函数。语音信号可表示为声压随时间变化的函数,这是一维信号。而一张黑白图像每个点(像素)具有不同的光强度,任一点又是二维平面坐标中两个变

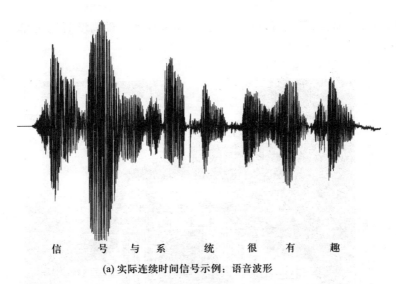

(a) 实际连续时间信号示例：语音波形

(b) 实际离散时间信号示例：我国GDP每年统计数据(2002—2022)

图 1-3 实际的连续与离散时间信号示例

量的函数，这是二维信号（参看图 1-4 示例），在本书下册第九章 9.9 节将初步介绍二维信号进行压缩处理的概念。实际上，还可能出现更多维数变量的信号。例如电磁波在三维空间传播，同时考虑时间变量而构成四维信号。在以后的讨论中，一般情况下只研究一维信号，且自变量为时间。个别情况下，自变量可能不是时间,例如,在气象观测中,温度、气压或风速将随高度而变化,此时自变量为高度。

图 1-4　二维信号示例:校景黑白图片

除以上划分方式之外,还可将信号分为能量受限信号与功率受限信号(见6.5 节),以及调制信号、载波信号和已调信号(见 5.7 节)等。在本书中将根据各章的需要陆续介绍。

下面给出一些典型的连续时间信号表达式和波形,今后经常遇到这些信号。

一、指数信号

指数信号的表示式为

$$f(t) = Ke^{at} \tag{1-2}$$

式中 a 是实数。若 $a>0$,信号将随时间增长,若 $a<0$,信号则随时间衰减,在 $a=0$ 的特殊情况下,信号不随时间变化,成为直流信号。常数 K 表示指数信号在 $t=0$ 点的初始值。当 $K>0$ 时指数信号的波形如图 1-5(a)所示。

指数 a 的绝对值大小反映了信号增长或衰减的速率,$|a|$ 越大,增长或衰减的速率越快。通常,把 $|a|$ 的倒数称为指数信号的时间常数,记作 τ,即 $\tau = \dfrac{1}{|a|}$,τ 越大,指数信号增长或衰减的速率越慢。

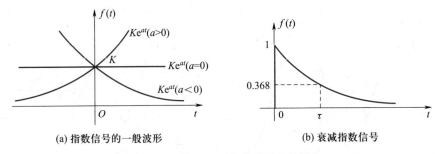

图 1-5 当 $K>0$ 时指数信号的波形

实际上，较多遇到的是衰减指数信号，例如图 1-5(b)所示的波形，其表示式为

$$f(t) = \begin{cases} 0 & (t<0) \\ e^{-\frac{t}{\tau}} & (t \geq 0) \end{cases}$$

在 $t=0$ 点，$f(0)=1$，在 $t=\tau$ 处，$f(\tau)=\dfrac{1}{e}=0.368$。也即，经时间 τ，信号衰减到原初始值的 36.8%。

指数信号的一个重要特性是它对时间的微分和积分仍然是指数形式。

二、正弦信号

正弦信号和余弦信号两者仅在相位上相差 $\dfrac{\pi}{2}$，经常统称为正弦信号，一般写作

$$f(t) = K\sin(\omega t + \theta) \tag{1-3}$$

式中 K 为振幅，ω 是角频率，θ 称为初相位，其波形如图 1-6 所示。

正弦信号是周期信号，其周期 T 与角频率 ω 和频率 f 满足下列关系式

$$T = \frac{2\pi}{\omega} = \frac{1}{f}$$

在信号与系统分析中，有时要遇到指数衰减的正弦信号，波形如图 1-7 所示，此正弦振荡的幅度按指数规律衰减，其表示式为

$$f(t) = \begin{cases} 0 & (t<0) \\ Ke^{-at}\sin(\omega t) & (t \geq 0) \end{cases} \tag{1-4}$$

正弦信号和余弦信号常借助复指数信号来表示。由欧拉公式可知

$$e^{j\omega t} = \cos(\omega t) + j\sin(\omega t)$$
$$e^{-j\omega t} = \cos(\omega t) - j\sin(\omega t)$$

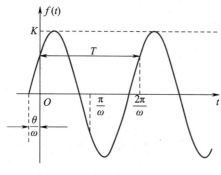

图 1-6 正弦信号

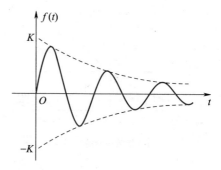

图 1-7 指数衰减的正弦信号

所以有

$$\sin(\omega t) = \frac{1}{2j}(e^{j\omega t} - e^{-j\omega t}) \tag{1-5}$$

$$\cos(\omega t) = \frac{1}{2}(e^{j\omega t} + e^{-j\omega t}) \tag{1-6}$$

这是今后经常要用到的两对关系式。

与指数信号的性质类似,正弦信号对时间的微分与积分仍为同频率的正弦信号。

三、复指数信号

如果指数信号的指数因子为一复数,则称之为复指数信号,其表示式为

$$f(t) = Ke^{st} \tag{1-7}$$

其中

$$s = \sigma + j\omega$$

σ 为复数 s 的实部,ω 是其虚部。借助欧拉公式将式(1-7)展开,可得

$$Ke^{st} = Ke^{(\sigma + j\omega)t} = Ke^{\sigma t}\cos(\omega t) + jKe^{\sigma t}\sin(\omega t) \tag{1-8}$$

此结果表明,一个复指数信号可分解为实、虚两部分。其中,实部包含余弦信号,虚部则为正弦信号。指数因子实部 σ 表征了正弦与余弦函数振幅随时间变化的情况。若 $\sigma > 0$,正弦、余弦信号是增幅振荡,若 $\sigma < 0$,正弦及余弦信号是衰减振荡。指数因子的虚部 ω 则表示正弦与余弦信号的角频率。两个特殊情况是:当 $\sigma = 0$,即 s 为虚数,则正弦、余弦信号是等幅振荡;而当 $\omega = 0$,即 s 为实数,则复指数信号成为一般的指数信号;最后,若 $\sigma = 0$ 且 $\omega = 0$,即 s 等于零,则复指数信号的实部和虚部都与时间无关,成为直流信号。

虽然实际上不能产生复指数信号,但是它概括了多种情况,可以利用复指数信号来描述各种基本信号,如直流信号、指数信号、正弦或余弦信号以及增长或衰减的正弦与余弦信号。利用复指数信号可使许多运算和分析得以简化。在信

号分析理论中,复指数信号是一种非常重要的基本信号。

四、Sa(t)信号(抽样信号)

Sa(t)函数即 Sa(t)信号是指 sin t 与 t 之比构成的函数,它的定义如下

$$Sa(t) = \frac{\sin t}{t} \tag{1-9}$$

Sa(t)信号的波形示于图 1-8。我们注意到,它是一个偶函数,在 t 的正、负两方向振幅都逐渐衰减,当 $t = \pm\pi, \pm2\pi, \cdots, \pm n\pi$ 时,函数值等于零。

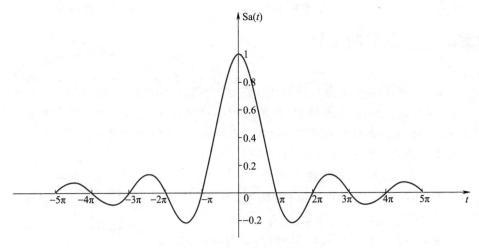

图 1-8　Sa(t)信号的波形

Sa(t)函数还具有以下性质

$$\int_0^\infty Sa(t)\,dt = \frac{\pi}{2} \tag{1-10}$$

$$\int_{-\infty}^\infty Sa(t)\,dt = \pi \tag{1-11}$$

与 Sa(t)函数类似的是 sinc(t)函数,它的表示式为

$$sinc(t) = \frac{\sin(\pi t)}{\pi t} \tag{1-12}$$

有些书中将两种符号通用,即 Sa(t)也可用 sinc(t)表示。

五、钟形信号(高斯函数)

钟形信号(或称高斯函数)的定义是

$$f(t) = E e^{-\left(\frac{t}{\tau}\right)^2} \tag{1-13}$$

其波形见图 1-9。令 $t = \frac{\tau}{2}$ 代入函数式求得

$$f\left(\frac{\tau}{2}\right) = Ee^{-\frac{1}{4}} \approx 0.78E$$

这表明,函数式中的参数 τ 是当 $f(t)$ 由最
大值 E 下降为 $0.78E$ 时,所占据的时间
宽度。

钟形信号在随机信号分析中占有重要
地位,在本书中也将涉及。

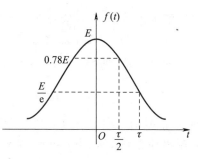

图 1-9   钟形信号的波形

1.3 信号的运算

在信号的传输与处理过程中往往需要进行信号的运算,它包括信号的移位
(时移或延时)、反褶、尺度倍乘(压缩与扩展)、微分、积分以及两信号的相加或
相乘。某些物理器件可直接实现这些运算功能。我们需要熟悉在运算过程中表
达式对应的波形变化,并初步了解这些运算的物理背景。

一、移位、反褶与尺度

若将 $f(t)$ 表达式的自变量 t 更换为 $(t+t_0)$(t_0 为正或负实数),则 $f(t+t_0)$ 相当
于 $f(t)$ 波形在 t 轴上的整体移动,当 $t_0>0$ 时(t_0
$=t_2$)波形左移,当 $t_0<0$($t_0=-t_1$)时波形右移,
如图 1-10 所示。

在雷达、声纳以及地震信号检测等问题中
容易找到信号移位现象的实例。如果发射信
号经同种介质传送到不同距离的接收机时,各
接收信号相当于发射信号的移位,并具有不同
的 t_0 值(同时有衰减)。在通信系统中,长距离
传输电话信号时,可能听到回波,这是幅度衰
减的话音延时信号。

信号反褶表示将 $f(t)$ 的自变量 t 更换为
$-t$,此时 $f(-t)$ 的波形相当于将 $f(t)$ 以 $t=0$ 为轴
反褶过来,如图 1-11 所示。此运算也称为时
间轴反转。

如果将信号 $f(t)$ 的自变量 t 乘以正实系数
a,则信号波形 $f(at)$ 将是 $f(t)$ 波形的压缩($a>1$)
或扩展($a<1$)。这种运算称为时间轴的尺度

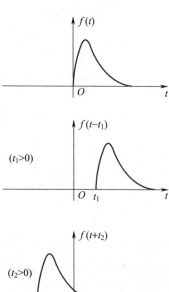

图 1-10   信号的移位

倍乘或尺度变换,也可简称为尺度,波形示例见图 1-12。

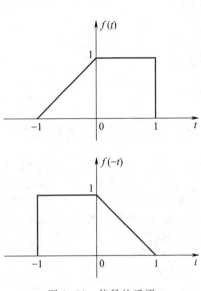

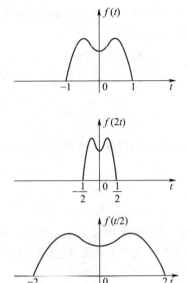

图 1-11 信号的反褶   图 1-12 信号的尺度变换

若 $f(t)$ 是正常速度录制的音频,则 $f(2t)$ 是二倍速度加快播放的信号,而 $f(t/2)$ 表示播放速度降至一半时产生的信号,$f(-t)$ 则表示将此音频倒转播放产生的信号。

综合以上三种情况,若 $f(t)$ 的自变量 t 更换为 $(at+t_0)$(其中 a,t_0 是给定的实数),此时,$f(at+t_0)$ 相对于 $f(t)$ 可以是扩展($|a|<1$)或压缩($|a|>1$),也可能出现时间上的反褶($a<0$)或移位($t_0\neq 0$),而波形整体仍保持与 $f(t)$ 相似的形状,下面给出例题。

例 1-1 已知信号 $f(t)$ 的波形如图 1-13(a)所示,试画出 $f(-3t-2)$ 的波形。

解 (1)首先考虑移位的作用,求得 $f(t-2)$ 波形如图 1-13(b)所示。

(2)将 $f(t-2)$ 作尺度倍乘,求得 $f(3t-2)$ 波形如图 1-13(c)所示。

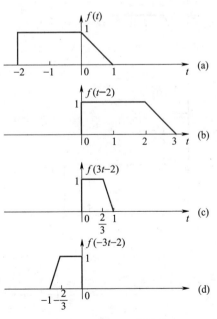

图 1-13 例 1-1 的波形

（3）将 $f(3t-2)$ 反褶，给出 $f(-3t-2)$ 波形如图 1-13(d) 所示。

如果改变上述运算的顺序，例如先求 $f(3t)$ 或先求 $f(-t)$ 最终也会得到相同的结果（见习题 1-4）。

二、微分和积分

信号 $f(t)$ 的微分运算是指 $f(t)$ 对 t 取导数，即

$$f'(t) = \frac{\mathrm{d}}{\mathrm{d}t} f(t) \tag{1-14}$$

信号 $f(t)$ 的积分运算指 $f(\tau)$ 在 $(-\infty, t)$ 区间内的定积分，其表达式为

$$\int_{-\infty}^{t} f(\tau) \mathrm{d}\tau \tag{1-15}$$

图 1-14 和图 1-15 分别示出微分与积分运算的例子。由图 1-14 可见，信号经微分后突出显示了它的变化部分。若 $f(t)$ 是一幅灰度图像信号，那么，经微分运算后将使其图形的边缘轮廓突出。在图 1-15 中

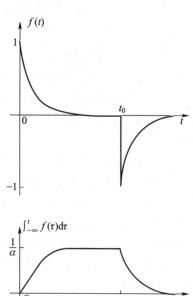

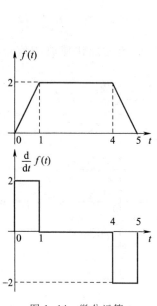

图 1-14　微分运算

图 1-15　积分运算

$$f(t) = \begin{cases} \mathrm{e}^{-\alpha t} & （当 0 < t < t_0） \\ \mathrm{e}^{-\alpha t} - \mathrm{e}^{-\alpha(t-t_0)} & （当 t_0 \leqslant t < \infty） \end{cases} \tag{1-16}$$

式中 $t_0 \gg \dfrac{1}{\alpha}$。

$$\int_{-\infty}^{t} f(\tau)\mathrm{d}\tau = \begin{cases} \dfrac{1}{\alpha}(1-\mathrm{e}^{-\alpha t}) & (\text{当 } 0<t<t_0) \\[3mm] \dfrac{1}{\alpha}(1-\mathrm{e}^{-\alpha t})-\dfrac{1}{\alpha}[1-\mathrm{e}^{-\alpha(t-t_0)}] & (\text{当 } t_0\leqslant t<\infty) \end{cases} \qquad (1-17)$$

由波形可见,信号经积分运算后其效果与微分相反,信号的突变部分可变得平滑,利用这一作用可削弱信号中混入的毛刺(噪声)的影响。

三、两信号相加或相乘

下面给出这两种运算的例子。若 $f_1(t)=\sin(\Omega t)$，$f_2(t)=\sin(8\Omega t)$，两信号相加和相乘的表达式分别为

$$f_1(t)+f_2(t)=\sin(\Omega t)+\sin(8\Omega t) \qquad (1-18)$$

$$f_1(t)\cdot f_2(t)=\sin(\Omega t)\cdot\sin(8\Omega t) \qquad (1-19)$$

波形分别如图 1-16 和图 1-17 所示。必须指出,在通信系统的调制、解调等过程中将经常遇到两信号相乘运算(见习题 1-6,详待第五章讨论)。

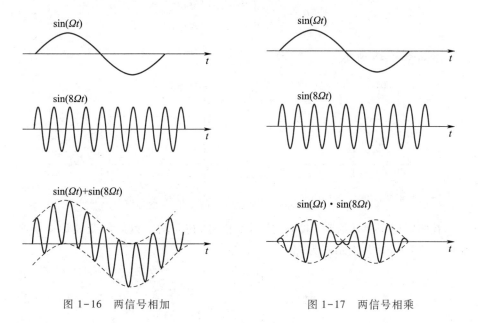

图 1-16 两信号相加   图 1-17 两信号相乘

1.4 阶跃信号与冲激信号

在信号与系统分析中,经常要遇到函数本身有不连续点(跳变点)或其导数

与积分有不连续点的情况,这类函数统称为奇异函数或奇异信号。

通常,我们研究的典型信号都是一些抽象的数学模型,这些信号与实际信号可能有差距。然而,只要把实际信号按某种条件理想化,即可运用理想模型进行分析。本节将要介绍的奇异信号包括斜变、阶跃、冲激和冲激偶四种信号,其中,阶跃信号与冲激信号是两种最重要的理想信号模型。

一、单位斜变信号

斜变信号也称斜坡信号或斜升信号,是指从某一时刻开始随时间正比例增长的信号。如果增长的变化率是 1,就称其为单位斜变信号,其波形如图 1-18 所示,表示式为

$$f(t)=\begin{cases} 0 & (t<0) \\ t & (t\geq 0) \end{cases} \tag{1-20}$$

如果将起始点移至 t_0,则应写作

$$f(t-t_0)=\begin{cases} 0 & (t<t_0) \\ t-t_0 & (t\geq t_0) \end{cases} \tag{1-21}$$

其波形如图 1-19 所示。

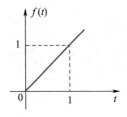

图 1-18　单位斜变信号

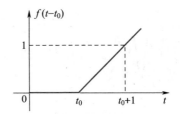

图 1-19　延迟的斜变信号

在实际应用中常遇到"截平的"斜变信号,在时间 τ 以后斜变波形被切平,如图 1-20 所示,其表示式为

$$f_1(t)=\begin{cases} \dfrac{K}{\tau}f(t) & (t<\tau) \\ K & (t\geq \tau) \end{cases} \tag{1-22}$$

图 1-21 所示三角形脉冲信号也可用斜变信号表示,写作

$$f_2(t)=\begin{cases} \dfrac{K}{\tau}f(t) & (t\leq \tau) \\ 0 & (t>\tau) \end{cases} \tag{1-23}$$

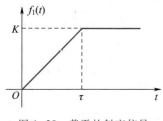

图 1-20　截平的斜变信号

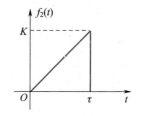

图 1-21　三角形脉冲信号

二、单位阶跃信号

单位阶跃信号的波形如图 1-22(a)所示,通常以符号 u(t)表示

$$u(t)=\begin{cases} 0 & (t<0) \\ 1 & (t>0) \end{cases} \qquad (1-24)$$

在跳变点 $t=0$ 处,函数值未定义,或在 $t=0$ 处规定函数值 $u(0)=\dfrac{1}{2}$。

单位阶跃函数的物理背景是,在 $t=0$ 时刻对某一电路接入单位电源(可以是直流电压源或直流电流源),并且无限持续下去。图 1-22(b)示出接入 1 V 直流电压源的情况,在接入端口处电压为阶跃信号 u(t)。

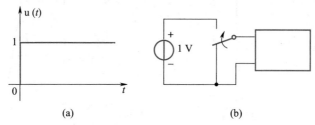

图 1-22　单位阶跃函数

容易证明,单位斜变函数的导数等于单位阶跃函数。

$$\frac{\mathrm{d}f(t)}{\mathrm{d}t}=\mathrm{u}(t)$$

如果接入电源的时间推迟到 $t=t_0$ 时刻($t_0>0$),那么,可用一个"延时的单位阶跃函数"表示

$$u(t-t_0)=\begin{cases} 0 & (t<t_0) \\ 1 & (t>t_0) \end{cases} \qquad (1-25)$$

波形如图 1-23 所示。

为书写方便,常利用阶跃及其延时信号之差来表示矩形脉冲,其波形如

图1-24(a)或(b)所示,对于图(a)信号以 $R_T(t)$ 表示

$$R_T(t) = u(t) - u(t-T)$$

下标 T 表示矩形脉冲出现在 0 到 T 时刻之间。如果矩形脉冲对于纵坐标左右对称,则以符号 $G_T(t)$ 表示[图 1-24(b)]

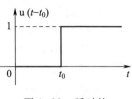

图 1-23 延时的
单位阶跃函数

$$G_T(t) = u\left(t + \frac{T}{2}\right) - u\left(t - \frac{T}{2}\right) \qquad (1\text{-}26)$$

下标 T 表示其宽度。

阶跃信号鲜明地表现出信号的单边特性。即信号在某接入时刻 t_0 以前的幅度为零。利用阶跃信号的这一特性,可以较方便地以数学表示式描述各种信号的接入特性,例如,图 1-25 所示的波形可写作

$$f_1(t) = (\sin t) u(t) \qquad (1\text{-}27)$$

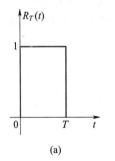

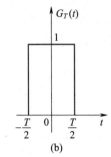

(a)   (b)

图 1-24 矩形脉冲

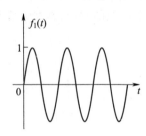

图 1-25 $(\sin t) u(t)$ 波形

而图 1-26 则表示为

$$f_2(t) = e^{-t}\left[u(t) - u(t-t_0)\right] \qquad (1\text{-}28)$$

仿此,作为练习,读者可将前节描述图 1-15 所示波形的表达式改用阶跃信号表示(见习题 1-8)。

利用阶跃信号还可以表示"符号函数"。符号函数(signum)简写作sgn(t),其定义如下

$$\mathrm{sgn}(t) = \begin{cases} 1 & (t>0) \\ -1 & (t<0) \end{cases} \qquad (1\text{-}29)$$

波形见图 1-27。与阶跃函数类似,对于符号函数在跳变点也可不予定义,或规定sgn(0)$=0$。显然,可以利用阶跃信号来表示符号函数

$$\text{sgn}(t) = 2\text{u}(t) - 1 \qquad\qquad (1-30)$$

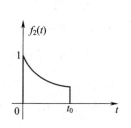

图 1-26 　$e^{-t}[u(t) - u(t-t_0)]$波形

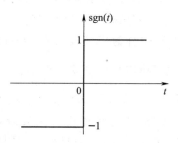

图 1-27 　$\text{sgn}(t)$信号波形

三、单位冲激信号

　　某些物理现象需要用一个时间极短,但取值极大的函数模型来描述,例如力学中瞬间作用的冲击力,电学中的雷击电闪,数字通信中的抽样脉冲等。"冲激函数"的概念就是以这类实际问题为背景而引出的。

　　冲激函数可由不同的方式来定义。首先分析矩形脉冲如何演变为冲激函数。图 1-28 示出宽为 τ、高为$\dfrac{1}{\tau}$的矩形脉冲,当保持矩形脉冲面积 $\tau \cdot \dfrac{1}{\tau} = 1$ 不变,而使脉宽 τ 趋近于零时,脉冲幅度$\dfrac{1}{\tau}$必趋于无穷大,此极限情况即为单位冲激函数,常记作 $\delta(t)$,又称为"δ 函数"。

$$\delta(t) = \lim_{\tau \to 0} \frac{1}{\tau}\left[\text{u}\left(t + \frac{\tau}{2}\right) - \text{u}\left(t - \frac{\tau}{2}\right) \right] \qquad\qquad (1-31)$$

　　冲激函数用箭头表示,如图 1-29 所示。它示意表明,$\delta(t)$ 只在 $t=0$ 点有一"冲激",在 $t=0$ 点以外各处,函数值都是零。

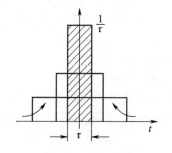

图 1-28 　矩形脉冲演变为冲激函数

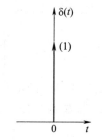

图 1-29 　冲激函数 $\delta(t)$

如果矩形脉冲的面积不是固定为 1,而是 E,则表示一个冲激强度为 E 倍单位值的 δ 函数,即 $E\delta(t)$(在用图形表示时,可将此强度 E 注于箭头旁)。

以上利用矩形脉冲系列的极限来定义冲激函数(这种极限不同于一般的极限概念,可称为广义极限)。为引出冲激函数,规则函数系列的选取不限于矩形,也可换用其他形式。例如,一组底宽为 2τ、高为 $\dfrac{1}{\tau}$ 的三角形脉冲系列[如图 1-30(a)所示],若保持其面积等于 1,取 $\tau \to 0$ 的极限,同样可定义为冲激函数。此外,还可利用指数函数、钟形函数、抽样函数等,这些函数系列分别如图 1-30(b)、(c)、(d)所示。它们的表示式如下:

(1)三角形脉冲

$$\delta(t) = \lim_{\tau \to 0} \left\{ \frac{1}{\tau}\left(1 - \frac{|t|}{\tau}\right)\left[u(t+\tau) - u(t-\tau)\right] \right\} \qquad (1-32)$$

(2)双边指数脉冲

$$\delta(t) = \lim_{\tau \to 0} \left(\frac{1}{2\tau} e^{-\frac{|t|}{\tau}} \right) \qquad (1-33)$$

(3)钟形脉冲

$$\delta(t) = \lim_{\tau \to 0} \left[\frac{1}{\tau} e^{-\pi\left(\frac{t}{\tau}\right)^2} \right] \qquad (1-34)$$

(4)Sa(t)信号(抽样信号)

$$\delta(t) = \lim_{k \to \infty} \left[\frac{k}{\pi} \text{Sa}(kt) \right] \qquad (1-35)$$

在式(1-35)中,k 越大,函数的振幅越大,且离开原点时函数振荡越快,衰减越迅速。由式(1-11)可知,曲线下的净面积保持 1。当 $k \to \infty$ 时,得到冲激函数。

狄拉克(P.A.M.Dirac,1902—1984)给出 δ 函数的另一种定义方式

$$\begin{cases} \displaystyle\int_{-\infty}^{\infty} \delta(t)\,\mathrm{d}t = 1 \\ \delta(t) = 0 \qquad (当\ t \neq 0) \end{cases} \qquad (1-36)$$

此定义与式(1-31)的定义相符合。有时,也称 δ 函数为狄拉克函数。

仿此,为描述在任一点 $t = t_0$ 处出现的冲激,可有如下的 $\delta(t-t_0)$ 函数之定义

$$\begin{cases} \displaystyle\int_{-\infty}^{\infty} \delta(t-t_0)\,\mathrm{d}t = 1 \\ \delta(t-t_0) = 0 \qquad (当\ t \neq t_0) \end{cases} \qquad (1-37)$$

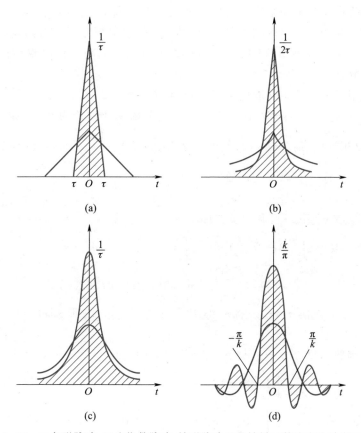

图 1-30 三角形脉冲、双边指数脉冲、钟形脉冲以及抽样函数演变为冲激函数

此函数图形如图 1-31 所示。

如果单位冲激信号 $\delta(t)$ 与一个在 $t=0$ 点连续（且处处有界）的信号 $f(t)$ 相乘，则其乘积仅在 $t=0$ 处得到 $f(0)\delta(t)$，其余各点之乘积均为零，于是对于冲激函数有如下的性质

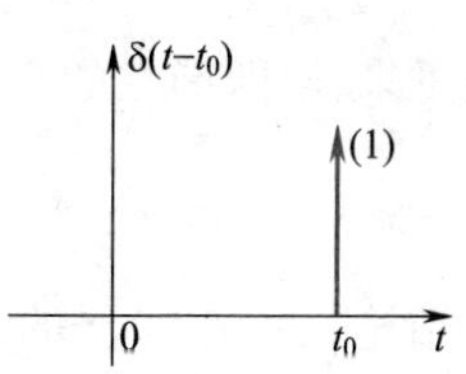

$$\int_{-\infty}^{\infty} \delta(t)f(t)\,\mathrm{d}t = \int_{-\infty}^{\infty} \delta(t)f(0)\,\mathrm{d}t$$

$$= f(0)\int_{-\infty}^{\infty} \delta(t)\,\mathrm{d}t = f(0) \qquad (1-38)$$

图 1-31 t_0 时刻出现的
冲激 $\delta(t-t_0)$

类似地，对于延迟 t_0 的单位冲激信号有

$$\int_{-\infty}^{\infty} \delta(t-t_0)f(t)\,\mathrm{d}t = \int_{-\infty}^{\infty} \delta(t-t_0)f(t_0)\,\mathrm{d}t = f(t_0) \qquad (1-39)$$

以上两式表明了冲激信号的抽样特性(或称"筛选"特性)。连续时间信号 $f(t)$ 与单位冲激信号 $\delta(t)$ 相乘并在 $-\infty$ 到 ∞ 时间内取积分,可以得到 $f(t)$ 在 $t=0$ 点(抽样时刻)的函数值 $f(0)$,也即"筛选"出 $f(0)$。若将单位冲激移到 t_0 时刻,则抽样值取 $f(t_0)$。

除利用规则函数系列取极限或狄拉克的方法定义冲激函数之外,也可利用式(1-38)来定义冲激函数,这种定义方式以分配函数理论为基础(详见参考书目[2]第 2.9 节)。另外,δ 函数尺度运算为 $\delta(at)=\dfrac{1}{|a|}\delta(t)$(习题 1-24)。

冲激函数还具有以下的性质

$$\delta(t)=\delta(-t) \tag{1-40}$$

也即,δ 函数是偶函数,可利用下式证明

$$\int_{-\infty}^{\infty}\delta(-t)f(t)\,\mathrm{d}t=\int_{\infty}^{-\infty}\delta(\tau)f(-\tau)\,\mathrm{d}(-\tau)$$

$$=\int_{-\infty}^{\infty}\delta(\tau)f(0)\,\mathrm{d}\tau=f(0)$$

这里,用到变量置换 $\tau=-t$。将所得结果与式(1-38)对照,即可得出 $\delta(t)$ 与 $\delta(-t)$ 相等的结论。

冲激函数的积分等于阶跃函数,因为由式(1-36)可知

$$\begin{cases}\displaystyle\int_{-\infty}^{t}\delta(\tau)\,\mathrm{d}\tau=1 & (当\ t>0)\\[4mm]\displaystyle\int_{-\infty}^{t}\delta(\tau)\,\mathrm{d}\tau=0 & (当\ t<0)\end{cases}$$

将这对等式与 $u(t)$ 的定义式(1-24)比较,就可给出

$$\int_{-\infty}^{t}\delta(\tau)\,\mathrm{d}\tau=u(t) \tag{1-41}$$

反过来,阶跃函数的微分应等于冲激函数

$$\frac{\mathrm{d}}{\mathrm{d}t}u(t)=\delta(t) \tag{1-42}$$

此结论也可作如下的解释:阶跃函数在除 $t=0$ 以外的各点都取固定值,其变化率都等于零。而在 $t=0$ 有不连续点,此跳变的微分对应在零点的冲激。

我们来考察一个电路问题,试从物理方面理解 δ 函数的意义。在图 1-32 中,电压源 $v_C(t)$ 接向电容元件 C,假定 $v_C(t)$ 是斜变信号

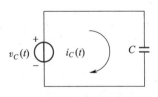

图 1-32　电压源接向电容元件

$$v_C(t) = \begin{cases} 0 & \left(\text{当 } t < -\dfrac{\tau}{2}\right) \\[2mm] \dfrac{1}{\tau}\left(t+\dfrac{\tau}{2}\right) & \left(\text{当 } -\dfrac{\tau}{2} < t < \dfrac{\tau}{2}\right) \\[2mm] 1 & \left(\text{当 } t > \dfrac{\tau}{2}\right) \end{cases} \qquad (1\text{-}43)$$

波形如图 1-33(a)所示。电流 $i_C(t)$ 的表示式为

$$i_C(t) = C\frac{\mathrm{d}v_C(t)}{\mathrm{d}t} = \frac{C}{\tau}\left[\mathrm{u}\left(t+\frac{\tau}{2}\right) - \mathrm{u}\left(t-\frac{\tau}{2}\right)\right] \qquad (1\text{-}44)$$

此电流为矩形脉冲,波形如图 1-33(b)所示。

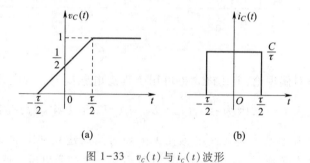

图 1-33 $v_C(t)$ 与 $i_C(t)$ 波形

当我们逐渐减小 τ,则 $i_C(t)$ 的脉冲宽度也随之减小,而其高度 $\dfrac{C}{\tau}$ 则相应加大,电流脉冲的面积 $\tau \cdot \dfrac{C}{\tau} = C$ 应保持不变。如果取 $\tau \to 0$ 的极限情况,则 $v_C(t)$ 成为阶跃信号,它的微分——电流 $i_C(t)$ 是冲激函数,写出表示式为

$$\begin{aligned} i_C(t) &= \lim_{\tau \to 0}\left\{ C\frac{\mathrm{d}}{\mathrm{d}t}[v_C(t)] \right\} \\[2mm] &= \lim_{\tau \to 0}\left\{ \frac{C}{\tau}\left[\mathrm{u}\left(t+\frac{\tau}{2}\right) - \mathrm{u}\left(t-\frac{\tau}{2}\right)\right] \right\} \\[2mm] &= C\delta(t) \end{aligned} \qquad (1\text{-}45)$$

此变化过程的波形示意于图 1-34。

式(1-45)的结果表明,若要使电容两端在无限短时间内建立一定的电压,那么,在此无限短时间内必须提供足够的电荷,这就需要一个冲激电流。或者说,由于冲激电流的出现,允许电容两端电压跳变。

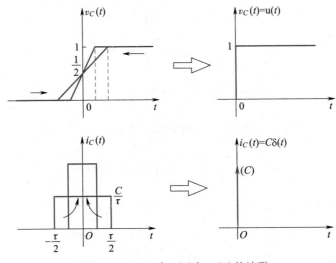

图 1-34　$\tau \to 0$ 时 $v_c(t)$ 与 $i_c(t)$ 的波形

　　根据网络对偶理论，上述概念也可用于理想电感模型。设电感 L 的端电压为 $v_L(t)$，电流为 $i_L(t)$，因为有 $v_L(t) = L\dfrac{\mathrm{d}}{\mathrm{d}t}i_L(t)$，所以当 $i_L(t)$ 是阶跃函数时，$v_L(t)$ 为冲激电压函数。若要使电感在无限短时间内建立一定的电流，那么，在此无限短时间内必须提供足够的磁链，这就需要一个冲激电压。或者说，由于冲激电压的出现，允许电感电流跳变。

　　四、冲激偶信号

　　冲激函数的微分（阶跃函数的二阶导数）将呈现正、负极性的一对冲激，称为冲激偶信号，以 $\delta'(t)$ 表示。可以利用规则函数系列取极限的概念引出 $\delta'(t)$，在此借助三角形脉冲系列，波形见图 1-35。三角形脉冲 $s(t)$ 其底宽为 2τ，高度为 $\dfrac{1}{\tau}$，当 $\tau \to 0$ 时，$s(t)$ 成为单位冲激函数 $\delta(t)$。在图 1-35 左下端画出 $\dfrac{\mathrm{d}s(t)}{\mathrm{d}t}$ 波形，它是正、负极性的两个矩形脉冲，称为脉冲偶对。其宽度都为 τ，高度分别为 $\pm\dfrac{1}{\tau^2}$，面积都是 $\dfrac{1}{\tau}$。随着 τ 减小，脉冲偶对宽度变窄，幅度增高，面积为 $\dfrac{1}{\tau}$。当 $\tau \to 0$ 时 $\dfrac{\mathrm{d}s(t)}{\mathrm{d}t}$ 是正、负极性的两个冲激函数，其强度均为无限大，示于图 1-35 右下端，这就是冲激偶信号 $\delta'(t)$。

　　冲激偶的一个重要性质是

$$\int_{-\infty}^{\infty} \delta'(t)f(t)\,\mathrm{d}t = -f'(0) \tag{1-46}$$

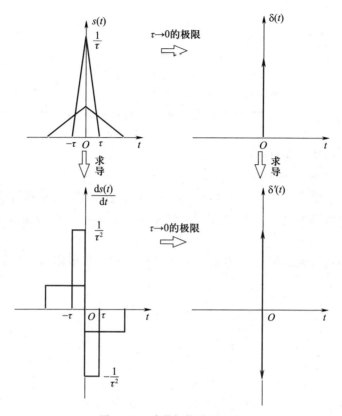

图 1-35　冲激偶信号的形成

这里,$f'(t)$ 在 0 点连续,$f'(0)$ 为 $f(t)$ 导数在零点的取值。此关系式可由分部积分展开而得到证明

$$\int_{-\infty}^{\infty} \delta'(t)f(t)\mathrm{d}t = f(t)\delta(t)\Big|_{-\infty}^{\infty} - \int_{-\infty}^{\infty} f'(t)\delta(t)\mathrm{d}t$$
$$= -f'(0)$$

对于延迟 t_0 的冲激偶信号 $\delta'(t-t_0)$,同样有

$$\int_{-\infty}^{\infty} \delta'(t-t_0)f(t)\mathrm{d}t = -f'(t_0) \qquad (1\text{-}47)$$

冲激偶信号的另一个性质是,它所包含的面积等于零,这是因为正、负两个冲激的面积相互抵消了。于是有

$$\int_{-\infty}^{\infty} \delta'(t)\mathrm{d}t = 0 \qquad (1\text{-}48)$$

至此介绍了斜变函数、阶跃函数、冲激函数以及冲激偶函数,可由依次求导的方法将它们引出。关于冲激函数的深入研究参见参考书目[1]2.9 节。

1.5 信号的分解

为便于研究信号传输与信号处理的问题,往往将一些信号分解为比较简单的(基本的)信号分量之和,犹如在力学问题中将任一方向的力分解为几个分力一样。

信号可以从不同角度进行分解。

一、直流分量与交流分量

信号平均值即信号的直流分量。从原信号中去掉直流分量即得信号的交流分量。设原信号为 $f(t)$,分解为直流分量 f_D 与交流分量 $f_A(t)$,表示为

$$f(t) = f_D + f_A(t) \tag{1-49}$$

若此时间函数为电流信号,则在时间间隔 T 内流过单位电阻所产生的平均功率应等于

$$
\begin{aligned}
P &= \frac{1}{T} \int_{-\frac{T}{2}}^{\frac{T}{2}} f^2(t)\,\mathrm{d}t \\
&= \frac{1}{T} \int_{-\frac{T}{2}}^{\frac{T}{2}} [f_D + f_A(t)]^2 \mathrm{d}t \\
&= \frac{1}{T} \int_{-\frac{T}{2}}^{\frac{T}{2}} [f_D^2 + 2f_D f_A(t) + f_A^2(t)]\,\mathrm{d}t \\
&= f_D^2 + \frac{1}{T} \int_{-\frac{T}{2}}^{\frac{T}{2}} f_A^2(t)\,\mathrm{d}t \tag{1-50}
\end{aligned}
$$

在推导过程中用到 $f_D f_A(t)$ 的积分等于零。由此式可见,一个信号的平均功率等于直流功率与交流功率之和。

二、偶分量与奇分量

偶分量的定义为

$$f_e(t) = f_e(-t) \tag{1-51}$$

奇分量的定义为

$$f_o(t) = -f_o(-t) \tag{1-52}$$

任何信号都可分解为偶分量与奇分量两部分之和。因为任何信号总可写成

$$
\begin{aligned}
f(t) &= \frac{1}{2}[f(t) + f(t) + f(-t) - f(-t)] \\
&= \frac{1}{2}[f(t) + f(-t)] + \frac{1}{2}[f(t) - f(-t)] \tag{1-53}
\end{aligned}
$$

显然,上式中第一部分是偶分量,第二部分是奇分量,也即

$$f_e(t) = \frac{1}{2}[f(t)+f(-t)] \qquad\qquad (1-54)$$

$$f_o(t) = \frac{1}{2}[f(t)-f(-t)] \qquad\qquad (1-55)$$

图 1-36 示出信号分解为偶分量与奇分量的两个实例。

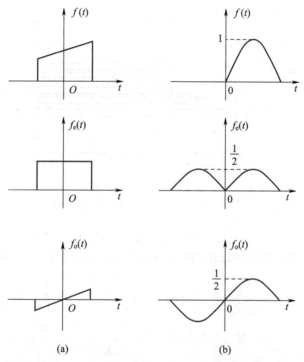

(a)　　　　　　　　(b)

图 1-36　信号分解为偶分量与奇分量的两个实例

用类似的方法可以证明:信号的平均功率等于它的偶分量功率与奇分量功率之和。

三、脉冲分量

一个信号可近似分解为许多脉冲分量之和。这里,又分为两种情况:一种情况是分解为矩形窄脉冲分量,如图 1-37(a)所示,窄脉冲组合的极限情况就是冲激信号的叠加;另一种情况是分解为阶跃信号分量之叠加,见图 1-37(b)。

按图 1-37(a)的分解方式,将函数 $f(t)$ 近似写作窄脉冲信号的叠加,设在 t_1 时刻被分解之矩形脉冲高度为 $f(t_1)$,宽度为 Δt_1[见图 1-37(a)],于是此窄脉冲的表示式就为

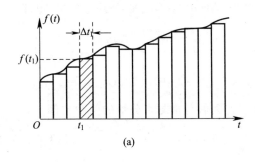

(a)

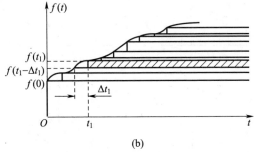

(b)

图 1-37 信号分解为脉冲分量之叠加

$$f(t_1)\left[\mathrm{u}(t-t_1)-\mathrm{u}(t-t_1-\Delta t_1)\right] \tag{1-56}$$

从 $t_1=-\infty$ 到 ∞ 将许多这样的矩形脉冲单元叠加,即得 $f(t)$ 的近似表示式

$$\begin{aligned}
f(t) &\approx \sum_{t_1=-\infty}^{\infty} f(t_1)\left[\mathrm{u}(t-t_1)-\mathrm{u}(t-t_1-\Delta t_1)\right] \\
&= \sum_{t_1=-\infty}^{\infty} f(t_1)\frac{\left[\mathrm{u}(t-t_1)-\mathrm{u}(t-t_1-\Delta t_1)\right]}{\Delta t_1}\cdot\Delta t_1 \quad (1-57)
\end{aligned}$$

取 $\Delta t_1\to 0$ 的极限,可以得到

$$\begin{aligned}
f(t) &= \lim_{\Delta t_1\to 0}\sum_{t_1=-\infty}^{\infty} f(t_1)\frac{\left[\mathrm{u}(t-t_1)-\mathrm{u}(t-t_1-\Delta t_1)\right]}{\Delta t_1}\cdot\Delta t_1 \\
&= \lim_{\Delta t_1\to 0}\sum_{t_1=-\infty}^{\infty} f(t_1)\delta(t-t_1)\Delta t_1 \\
&= \int_{-\infty}^{\infty} f(t_1)\delta(t-t_1)\mathrm{d}t_1 \tag{1-58}
\end{aligned}$$

若将此积分式中的变量 t_1 改以 t 表示,而将所观察时刻 t 以 t_0 表示,则式(1-58)改写为

$$f(t_0) = \int_{-\infty}^{\infty} f(t)\delta(t_0-t)\mathrm{d}t \tag{1-59}$$

注意到冲激函数是偶函数,$\delta(\tau)=\delta(-\tau)$,将 $\delta(t_0-t)$ 用 $\delta(t-t_0)$ 代换,于是有

$$f(t_0)=\int_{-\infty}^{\infty}f(t)\delta(t-t_0)\mathrm{d}t \qquad (1-60)$$

此结果与前节式(1-39)完全一致。

与这种分解方式相对应,还可按图 1-37(b)将函数 $f(t)$ 近似写作阶跃信号的叠加。不失一般,为使以下推导简洁,假定当 $t<0$ 时 $f(t)=0$。由图 1-37(b)可见,当 $t=0$ 时出现的第一个阶跃信号为 $f(0)\mathrm{u}(t)$,此后,在任一时刻 t_1 所产生的分解阶跃信号为

$$[f(t_1)-f(t_1-\Delta t_1)]\mathrm{u}(t-t_1) \qquad (1-61)$$

于是,$f(t)$ 可近似写作

$$f(t)\approx f(0)\mathrm{u}(t)+\sum_{t_1=\Delta t_1}^{\infty}[f(t_1)-f(t_1-\Delta t_1)]\mathrm{u}(t-t_1)$$

$$=f(0)\mathrm{u}(t)+\sum_{t_1=\Delta t_1}^{\infty}\frac{[f(t_1)-f(t_1-\Delta t_1)]}{\Delta t_1}\mathrm{u}(t-t_1)\Delta t_1 \qquad (1-62)$$

取 $\Delta t_1\to 0$ 之极限,可导出它的积分形式

$$f(t)=f(0)\mathrm{u}(t)+\int_0^{\infty}\frac{\mathrm{d}f(t_1)}{\mathrm{d}t_1}\mathrm{u}(t-t_1)\mathrm{d}t_1 \qquad (1-63)$$

目前,将信号分解为冲激信号叠加的方法应用很广,在第二章将由此引出卷积积分的概念,并进一步研究它的应用。将信号分解为阶跃信号叠加的方法已很少采用。

四、实部分量与虚部分量

对于瞬时值为复数的信号 $f(t)$ 可分解为实、虚两个部分之和

$$f(t)=f_{\mathrm{r}}(t)+\mathrm{j}f_{\mathrm{i}}(t) \qquad (1-64)$$

它的共轭复函数是

$$f^*(t)=f_{\mathrm{r}}(t)-\mathrm{j}f_{\mathrm{i}}(t) \qquad (1-65)$$

于是有实部和虚部的表示式

$$f_{\mathrm{r}}(t)=\frac{1}{2}[f(t)+f^*(t)] \qquad (1-66)$$

$$\mathrm{j}f_{\mathrm{i}}(t)=\frac{1}{2}[f(t)-f^*(t)] \qquad (1-67)$$

还可利用 $f(t)$ 与 $f^*(t)$ 来求 $|f(t)|^2$,即

$$|f(t)|^2=f(t)f^*(t)$$

$$=f_{\mathrm{r}}^2(t)+f_{\mathrm{i}}^2(t) \qquad (1-68)$$

虽然实际产生的信号都为实信号,但在信号分析理论中,常借助复信号来研

究某些实信号的问题,它可以建立某些有益的概念或简化运算。例如,复指数常用于表示正弦、余弦信号。近年来,在通信系统、网络理论、数字信号处理等方面,复信号的应用日益广泛。

五、正交函数分量

如果用正交函数集来表示一个信号,那么,组成信号的各分量就是相互正交的。例如,用各次谐波的正弦与余弦信号叠加表示一个矩形脉冲,各正弦、余弦信号就是此矩形脉冲信号的正交函数分量。

把信号分解为正交函数分量的研究方法在信号与系统理论中占有重要地位,这将是本书讨论的主要课题。第三章开始介绍傅里叶级数、傅里叶变换的理论和应用,第六章将集中研究正交函数分解的一般理论,并举出一些应用实例,还有许多章节将讨论离散时间信号的正交函数分解及其应用。

六、利用分形理论描述信号

分形(fractal)几何理论简称分形理论或分数维理论。这一理论的创始人 B.B.Mandelbrot(伯努瓦·B·曼德尔布罗)在 20 世纪 80 年代中期明确指出:分形是"其部分与整体有相似性的体系",是一类"组成部分与整体相似的形态"。图 1-38 示出 Sierpinski 三角形集合的几何图形,读者容易看出图中依次演变的规律,每幅图形中的局部与整体具有明显的相似性。

图 1-38　Sierpinski 三角形集合的几何图形

分形是简单空间中出现的复杂几何体,它具有任意小尺度下的细节,或者说有精细的结构,它不能用传统的几何语言描述,不是满足某些约束下点集的轨迹,也不是某些简单方程的解集。分形集可以具有形态、功能、信息等方面的自相似性,这种自相似性可以是严格确定的,也可以是统计意义上的。对于人们感兴趣的许多分形问题大多可由不复杂的方法定义,通过迭代、变换产生。

自然界中的许多事物都表现出局部与整体具有自相似性的分形特征,如云彩的边界、山地的轮廓、海岸线的分布、流体的湍流、粒子的布朗运动轨道以及生物的形态等。正是由于这一原因,分形几何被称为更接近大自然的数学。自然界的这种分形特征为我们利用分形理论进行科学与技术研究提供了客观依据。近年来,分形理论已广泛应用于生物学、化学、物理学、天文学、地球物理学、材料科学、经济学以及语言和情报学等领域。目前,在信号传输与信号处理领域应用分形技术的实例表现在以下几方面:图像数据压缩、语音合成、地震信号或石油探井信号分析、声纳或雷达信号检测、通信网业务流量描述等。这些信号的共同特点都是有一定的自相似性,借助分形理论可提取信号特征,并利用一定的数学迭代方法大大简化信号的描述,或自动生成某些具有自相似特征的信号。

分形理论及其应用的研究方兴未艾,而人们已经注意到它显示的独特风格和进一步应用的潜力,因此,目前有关这一领域的研究内容相当丰富。读者可在以后的专门课程或研究工作中进一步学习它的原理,本书仅作此简介,不再讨论。

1.6 系统模型及其分类

科学的每一分支都有自己的一套"模型"理论,在模型的基础上可以运用数学工具进行研究。为便于对系统进行分析,同样需要建立系统的模型。所谓模型,是系统物理特性的数学抽象,以数学表达式或具有理想特性的符号组合图形来表征系统特性。

例如,由电阻器、电容器和线圈组合而成的串联回路,可抽象表示为图1-39那样的模型。一般情况下,可以认为 R 代表电阻器的阻值,C 代表电容器的容量,L 代表线圈的电感。若激励信号是电压源 $e(t)$,欲求解电流 $i(t)$,由元件的理想特性与 KVL 可以建立如下的微分方程式

$$LC\frac{\mathrm{d}^2 i}{\mathrm{d}t^2} + RC\frac{\mathrm{d}i}{\mathrm{d}t} + i = C\frac{\mathrm{d}e}{\mathrm{d}t} \tag{1-69}$$

这就是电阻器、电容器与线圈串联组合系统的数学模型。在电子技术中经常用到的理想特性元件模型还有互感器、回转器、各种受控源、运算放大器等,它们的数学表示和符号图形在电路分析基础课程中都已述及,此处不再重复。

系统模型的建立是有一定条件的,对于同一物理系统,在不同条件之下,可

以得到不同形式的数学模型。严格讲，只能得到近似的模型。例如，刚刚建立的

图 1-39 与式 (1-69) 只是在工作频率较低，而且线圈、电容器损耗相对很小的情况下的近似。如果考虑电路中的寄生参量，如分布电容、引线电感和损耗，而且工作频率较高，则系统模型要变得十分复杂，图 1-39 与式 (1-69) 就不能应用。工作频率更高时，无法再用集总参数模型来表示此系统，需采用分布参数模型。

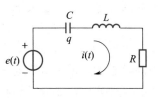

图 1-39   RLC 串联回路

从另一方面讲，对于不同的物理系统，经过抽象和近似，有可能得到形式上完全相同的数学模型。即使对于理想元件组成的系统，在不同电路结构情况下，其数学模型也有可能一致。例如，根据网络对偶理论可知，一个 G(电导)、C(电容)、L(电感) 组成的并联回路，在电流源激励下求其端电压的微分方程将与式 (1-69) 形式相同。此外，还能够找到对应的机械系统，其数学模型与这里的电路方程也完全相同 (见第二章 2.2 节)。这表明，同一数学模型可以描述物理外貌截然不同的系统。

对于较复杂的系统，其数学模型可能是一个高阶微分方程，规定此微分方程的阶次就是系统的阶数，例如，图 1-39 的系统是二阶系统。也可以把这种高阶微分方程以一阶联立方程组的形式给出，这是同一个系统模型的两种不同表现形式，前者称为输入-输出方程，后者称为状态方程，它们之间可以相互转换。

建立数学模型只是进行系统分析工作的第一步，为求得给定激励条件下系统的响应，还应当知道激励接入瞬时系统内部的能量储存情况。储能的来源可能是先前激励 (或扰动) 作用的后果，没有必要追究详细的历史演变过程，只需知道激励接入瞬时系统的状态。系统的起始状态由若干独立条件给出，独立条件的数目与系统的阶次相同，例如图 1-39 所示的电路，其数学模型是二阶微分方程，通常以起始时刻电容端电压与电感电流作为两个独立条件表征它的起始状态 (详见第二章与第十一、十二章)。

如果系统数学模型、起始状态以及输入激励信号都已确定，即可运用数学方法求解其响应。一般情况下可以对所得结果作出物理解释、赋予物理意义。综上所述，系统分析的过程，是从实际物理问题抽象为数学模型，经数学解析后再回到物理实际的过程。

除利用数学表达式描述系统模型之外，也可借助方框图 (block diagram) 表示系统模型。每个方框图反映某种数学运算功能，给出该方框图输出与输入信号的约束条件，若干个方框图组成一个完整的系统。对于线性微分方程描述的

系统,它的基本运算单元是相加、倍乘(标量乘法运算)和积分(或微分)。图 1-40(a)、(b)、(c)分别示出这三种基本单元的方框图及其运算功能。

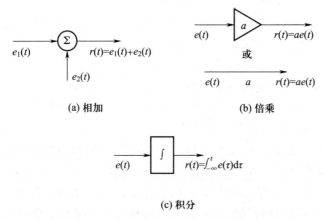

(a) 相加   (b) 倍乘

(c) 积分

图 1-40 三种基本单元的方框图及其运算功能

虽然也可不采用积分单元而用微分运算构成基本单元,但是在实际应用中考虑到抑制突发干扰(噪声)信号的影响,往往选用积分单元。

如果一阶微分方程的表达式分别为

$$\frac{\mathrm{d}}{\mathrm{d}t}r(t)+a_0 r(t)=b_0 e(t) \tag{1-70}$$

$$\frac{\mathrm{d}}{\mathrm{d}t}r(t)+a_0 r(t)=b_1 \frac{\mathrm{d}}{\mathrm{d}t}e(t) \tag{1-71}$$

容易导出相应的方框图分别如图 1-41 和图 1-42 所示。两图中,输出端的相乘因子 b_0 或 b_1 也可写在输入端[即 $e(t)$ 乘因子后再相加],其效果不变。

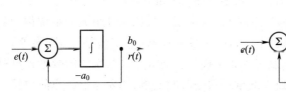

图 1-41 与式(1-70)对应的方框图   图 1-42 与式(1-71)对应的方框图

对于图 1-39 所示的电路,按照它的数学表达式(1-69)可以建立二阶系统的方框图模型,如图 1-43 所示,注意到图 1-43 中有两个积分器。对于高阶系统,方框图中将包含更多的积分器。

如前文所述,不同的系统可以具有相同的数学模型,因而,它们也可具有相同的方框图。例如,图1-43所示的二阶系统方框图也可表征某种机械系统或其他的物理系统以及非物理系统。

利用线性微分方程基本运算单元给出系统方框图的方法也称为系统仿真(或模拟,simulation),在第十二章将继续研究这种方法。

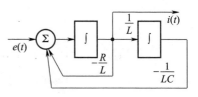

图1-43　与式(1-69)对应的方框图

对应不同的数学运算可以构作各种类型的方框图,并由若干方框图组成系统,今后将看到多种多样的方框图表达及其组合。

系统的分类错综复杂,主要考虑其数学模型的差异来划分不同的类型。

连续时间系统与离散时间系统　若系统的输入和输出都是连续时间信号,且其内部也未转换为离散时间信号,则称此系统为连续时间系统。若系统的输入和输出都是离散时间信号,则称此系统为离散时间系统。RLC 电路都是连续时间系统的例子;而数字计算机就是一个典型的离散时间系统。实际上,离散时间系统经常与连续时间系统组合运用,这种情况称为混合系统。

连续时间系统的数学模型是微分方程,而离散时间系统则用差分方程描述。

即时系统与动态系统　如果系统的输出信号只取决于同时刻的激励信号,与它过去的工作状态(历史)无关,则称此系统为即时系统(或无记忆系统)。例如,只由电阻元件组成的系统就是即时系统。如果系统的输出信号不仅取决于同时刻的激励信号,而且与它过去的工作状态有关,这种系统称为动态系统(或记忆系统)。凡是包含有记忆作用的元件(如电容、电感、磁芯等)或记忆电路(如寄存器)的系统都属此类。

即时系统可用代数方程描述,动态系统的数学模型则是微分方程或差分方程。在分析动态系统时,变量的选择又有两种方式,一种是选择输出变量与输入变量(响应与激励),另一种是选择状态变量(如电容电压、电感电流等)。

集总参数系统与分布参数系统　只由集总参数元件组成的系统称为集总参数系统;含有分布参数元件的系统是分布参数系统(如传输线、波导等)。集总参数系统用常微分方程作为它的数学模型。而分布参数系统的数学模型是偏微分方程,这时描述系统的独立变量不仅是时间变量,还要考虑到空间位置。

线性系统与非线性系统　具有叠加性与均匀性(也称齐次性,homogeneity)的系统称为线性系统。所谓叠加性是指当几个激励信号同时作用于系统时,总的输出响应等于每个激励单独作用所产生的响应之和;而均匀性的含义是,当输入信号乘以某常数时,响应也倍乘相同的常数。不满足叠加性或均匀性的系统是非线性系统。

时变系统与时不变系统 如果系统的参数不随时间而变化,则称此系统为时不变系统(或非时变系统、定常系统);如果系统的参数随时间改变,则称其为时变系统(或参变系统)。

综合以上两方面的情况,我们可能遇到线性时不变、线性时变、非线性时不变、非线性时变等系统。现以图1-39为例来说明这几种不同系统数学模型的差异。

若 L,C,R 都是线性、时不变元件,就可组成一个线性时不变系统,其数学模型如式(1-69),是一个常系数线性微分方程。

若电容 C 受某种外加控制作用而改变其容量,也即 $C(t)$ 也是时间的函数,则方程式为变参线性微分方程,这是一个线性时变系统。若响应以电荷 $q(t)$ 表示,则微分方程写作

$$LC(t)\frac{\mathrm{d}^2q}{\mathrm{d}t^2}+RC(t)\frac{\mathrm{d}q}{\mathrm{d}t}+q=C(t)e(t) \qquad (1-72)$$

如果 R 是非线性电阻,设其电压、电流之间的关系为 $v=Ri^2$,而 L,C 仍保持线性、时不变,于是建立一非线性常系数微分方程

$$LC\frac{\mathrm{d}^2i}{\mathrm{d}t^2}+2RCi\frac{\mathrm{d}i}{\mathrm{d}t}+i=C\frac{\mathrm{d}e}{\mathrm{d}t} \qquad (1-73)$$

这是一个非线性时不变系统。

与此对应,也可以出现线性或非线性、常系数或变参差分方程,作为描述离散时间系统的数学模型(见第七章7.3节)。

可逆系统与不可逆系统 若系统在不同的激励信号作用下产生不同的响应,则称此系统为可逆系统。对于每个可逆系统都存在一个"逆系统",当原系统与此逆系统级联组合后,输出信号与输入信号相同。

例如,输出 $r_1(t)$ 与输入 $e_1(t)$ 具有如下约束的系统是可逆的

$$r_1(t)=5e_1(t) \qquad (1-74)$$

此可逆系统的逆系统输出 $r_2(t)$ 与输入 $e_1(t)$ 满足如下关系

$$r_2(t)=\frac{1}{5}e_1(t) \qquad (1-75)$$

不可逆系统的一个实例为

$$r_3(t)=e_3^2(t) \qquad (1-76)$$

显然无法根据给定的输出 $r_3(t)$ 来决定输入 $e_3(t)$ 的正、负号,也即,不同的激励信号产生了相同的响应,因而它是不可逆的。

可逆系统的概念在信号传输与处理技术领域中得到广泛的应用。例如在通信系统中,为满足某些要求可将待传输信号进行特定的加工(如编码),在接收

信号之后仍要恢复原信号,此编码器应当是可逆的。这种特定加工的一个实例如在发送端为信号加密,在接收端需要正确解密。

除以上几种划分方式之外,还可按照系统的性质将它们划分为因果系统与非因果系统(下节),以及稳定系统与非稳定系统(参见第四章 4.11 节)等,以后将根据各章节内容的需要陆续介绍。

线性时不变系统

本书着重讨论确定性输入信号作用下的集总参数线性时不变系统(线性时不变,linear time-invariant,缩写为 LTI),在以后的文字叙述中,一般简称 LTI 系统,包括连续时间系统与离散时间系统。

为便于全书讨论,这里将线性时不变系统的一些基本特性作如下说明。

一、叠加性与均匀性

前节已给出文字定义,现用数学符号和方框图来说明。如果对于给定的系统,$e_1(t)$、$r_1(t)$ 和 $e_2(t)$、$r_2(t)$ 分别代表两对激励与响应,则当激励是 $C_1 e_1(t) + C_2 e_2(t)$(C_1、C_2 分别为常数)时,系统的响应为 $C_1 r_1(t) + C_2 r_2(t)$。此特性示意于图 1-44。

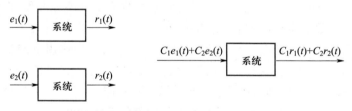

图 1-44　线性系统的叠加性与均匀性

由常系数线性微分方程描述的系统,如果起始状态为零,则系统满足叠加性与均匀性(齐次性)。若起始状态非零,必须将外加激励信号与起始状态的作用分别处理才能满足叠加性与均匀性,否则可能引起混淆,2.5 节将专门研究此问题。

二、时不变特性

对于时不变系统,由于系统参数本身不随时间改变,因此,在同样起始状态之下,系统响应与激励施加于系统的时刻无关。写成数学表达式,若激励为 $e(t)$,产生响应 $r(t)$,则当激励为 $e(t-t_0)$ 时,响应为 $r(t-t_0)$。此特性示于图 1-45,它表明当激励延迟一段时间 t_0 时,其输出响应也同样延迟 t_0 时间,波形形状不变。

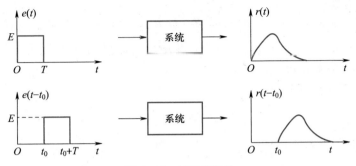

图 1-45　时不变特性

三、微分特性

对于 LTI 系统满足如下的微分特性:若系统在激励 $e(t)$ 作用下产生响应 $r(t)$,则当激励为 $\dfrac{\mathrm{d}e(t)}{\mathrm{d}t}$ 时,响应为 $\dfrac{\mathrm{d}r(t)}{\mathrm{d}t}$。

根据线性与时不变性容易证明此结论。首先由时不变特性可知,激励 $e(t)$ 对应输出 $r(t)$,则激励 $e(t-\Delta t)$ 产生响应 $r(t-\Delta t)$。再由叠加性与均匀性可知,若激励为 $\dfrac{e(t)-e(t-\Delta t)}{\Delta t}$ 则响应等于 $\dfrac{r(t)-r(t-\Delta t)}{\Delta t}$,取 $\Delta t \to 0$ 的极限,得到导数关系。若激励为

$$\lim_{\Delta t \to 0}\frac{e(t)-e(t-\Delta t)}{\Delta t}=\frac{\mathrm{d}}{\mathrm{d}t}e(t) \tag{1-77}$$

则响应为

$$\lim_{\Delta t \to 0}\frac{r(t)-r(t-\Delta t)}{\Delta t}=\frac{\mathrm{d}}{\mathrm{d}t}r(t) \tag{1-78}$$

这表明,当系统的输入由原激励信号改为其导数时,输出也由原响应函数变成其导数。显然,此结论可扩展至高阶导数与积分。图 1-46 示意表明这一结果。

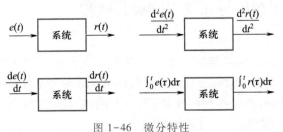

图 1-46　微分特性

四、因果性

因果系统是指系统在 t_0 时刻的响应只与 $t=t_0$ 和 $t<t_0$ 时刻的输入有关,否则,即为非因果系统。也就是说,激励是产生响应的原因,响应是激励引起的后果,这种特性称为因果性(causality)。

例如,系统模型若为

$$r_1(t) = e_1(t-1) \tag{1-79}$$

则此系统是因果系统,如果

$$r_2(t) = e_2(t+1) \tag{1-80}$$

则为非因果系统。

通常由电阻器、电感线圈、电容器构成的实际物理系统都是因果系统。而在信号处理技术领域中,待处理的时间信号已被记录并保存下来,可以利用后一时刻的输入来决定前一时刻的输出(例如信号的压缩、扩展、求统计平均值等),那么,将构成非因果系统。在语音信号处理、地球物理学、气象学、股票市场分析以及人口统计学等领域都可能遇到此类非因果系统。

如果信号的自变量不是时间(例如在图像处理的某些问题中),研究系统的因果性显得很不重要。

由常系数线性微分方程描述的系统若在 $t<t_0$ 时激励为零,在 t_0 时刻起始状态为零,则系统具有因果性。

某些非因果系统的模型虽然不能直接由物理系统实现,然而它们的性能分析对于因果系统的研究具有重要的指导意义,第五章 5.4 节将讨论这方面的问题。

借"因果"这一名词,常把 $t=0$ 接入系统的信号(在 $t<0$ 时函数值为零)称为因果信号(或有始信号)。对于因果系统,在因果信号的激励下,响应也为因果信号。

1.8 LTI 系统分析方法、本书概貌

在系统分析中,LTI 系统的分析具有重要意义。这不仅是因为在实际应用中经常遇到 LTI 系统,而且,还有一些非线性系统或时变系统在限定范围与指定条件下,遵从线性时不变特性的规律;另一方面,LTI 系统的分析方法已经形成了完整的、严密的体系,日趋完善和成熟。

为便于读者了解本书概貌,下面就系统分析方法作一概述,着重说明线性时

不变系统的分析方法。

在建立系统模型方面,系统的数学描述方法可分为两大类型,一是输入-输出描述法,二是状态变量描述法。

输入-输出描述法着眼于系统激励与响应之间的关系,并不关心系统内部变量的情况。对于在通信系统中大量遇到的单输入-单输出系统,应用这种方法较方便。

状态变量描述法不仅可以给出系统的响应,还可提供系统内部各变量的情况,也便于多输入-多输出系统的分析。在近代控制系统的理论研究中,广泛采用状态变量方法。

从系统数学模型的求解方法来讲,大体上可分为时间域方法与变换域方法两大类型。

时间域方法直接分析时间变量的函数,研究系统的时间响应特性,或称时域特性。这种方法的主要优点是物理概念清楚。对于输入-输出描述的数学模型,可以利用经典法解常系数线性微分方程或差分方程,辅以算子符号方法可使分析过程适当简化;对于状态变量描述的数学模型,则需求解矩阵方程。在线性系统时域分析方法中,卷积方法最受重视,它的优点表现在许多方面,本书将给出较多篇幅研究这种方法。借助计算机,利用数值方法求解微分方程也比较方便,此外,还有一些辅助性的分析工具如求解非线性微分方程的相平面法等,本书不涉及以上两方面的内容,读者将在其他课程中学习。在信号与系统研究的发展过程中,曾一度认为时域方法运算烦琐、不够方便,随着计算机技术与各种算法工具的出现,时域分析又重新受到重视。

变换域方法将信号与系统模型的时间变量函数变换成相应变换域的某种变量函数。例如,傅里叶变换(FT)以频率为独立变量,以频域特性为主要研究对象;而拉普拉斯变换(LT)与 z 变换(ZT)则注重研究极点与零点分析,利用 s 域或 z 域的特性解释现象和说明问题。目前,在离散系统分析中,正交变换的内容日益丰富,如离散傅里叶变换(DFT)、离散余弦变换(DCT)等。为提高计算速度,人们对于快速算法产生了巨大兴趣,又出现了如快速傅里叶变换(FFT)等计算方法。变换域方法可以将时域分析中的微分、积分运算转化为代数运算,或将卷积积分变换为乘法。在解决实际问题时又有许多方便之处,如根据信号占有频带与系统通带间的适应关系来分析信号传输问题往往比时域法简便和直观。在信号处理问题中,经正交变换,将时间函数用一组变换系数(谱线)来表示,在允许一定误差的情况下,变换系数的数目可以很少,有利于判别信号中带有特征性的分量,也便于传输。

LTI 系统的研究,以叠加性、均匀性和时不变特性作为分析一切问题的基础。按照这一观点去考察问题,时间域方法与变换域方法并没有本质区别。这两种方法都是把激励信号分解为某种基本单元,在这些单元信号分别作用的条件下求得系统的响应,然后叠加。例如,在时域卷积方法中这种单元是冲激函数,在傅里叶变换中是正弦函数或指数函数,在拉普拉斯变换中则是复指数信号。因此,变换域方法不仅可以视为求解数学模型的有力工具,而且能够赋予明确的物理意义,基于这种物理解释,时间域方法与变换域方法得到了统一。

本书按照先输入-输出描述后状态变量描述,先连续后离散,先时间域后变换域的顺序,研究线性时不变系统的基本分析方法,结合通信系统与控制系统的一般问题,初步介绍这些方法在信号传输与处理方面的简单应用。

图 1-47 示出本书主体结构框架,包括各章要点和相互联系。图 1-47 中,各方框中的序号代表章号。A 代表连续(模拟)时间信号与系统,D 代表离散(数字)时间信号与系统。在 A、D 字母之后附注的文字是指涉及 A 与 D 密切结合的内容。全书内容满足教育部高等学校电子电气基础课程教学指导分委员会制定的两类专业本课程之基本要求(电子信息类、电气类,2011 年)。图 1-47 中,将全书内容划分为三个层次,从左向右依次为基本概念导引、核心内容以及应用和拓宽加深部分。在前两部分中,第(1)、(2)、(3)、(4)、(7)、(8)各章对于许多专业都属于最重要的基本内容。而第(9)章虽然同样重要,但各专业可有不同组课方案,实际上 DFT 和 FFT 可在本课程讲授,也可移至后续数字信号处理课程中解决。对于应用和拓宽加深部分则具有相当大的灵活性。从应用领域来看本书能够适应通信信号处理与控制两类专业的不同需求;而从理论深度来看无论从(5)到(6)或是从(11)到(12)都体现了逐步深入引导提高的教学意图。可以根据不同专业、学时多少以及学生的学习能力灵活选取所需素材组课。

长期以来,人们对于非线性系统与时变系统的研究付出了足够的代价,虽然取得了不少进展,但目前仍有较多困难,还不能总结出系统、完整、具有普遍意义的分析方法。以深度人工神经网络为例,由于其非线性和复杂性,仍存在可解释性差、鲁棒性不足等系统性难题,但它在计算机视觉、自然语言处理和推荐系统等多个应用场景都取得了令人满意的结果,在对话任务上甚至达到了与人类相似的表现。人工神经网络等非线性系统的构成原理和处理问题的方法与本课程的基本内容有着本质的区别。随着本课程与后续课程的深入学习,读者将逐步认识到本书方法的局限性。科学发展日新月异,信号与系统领域的新理论、新技术层出不穷,对于这一学科领域的学习将永无止境。

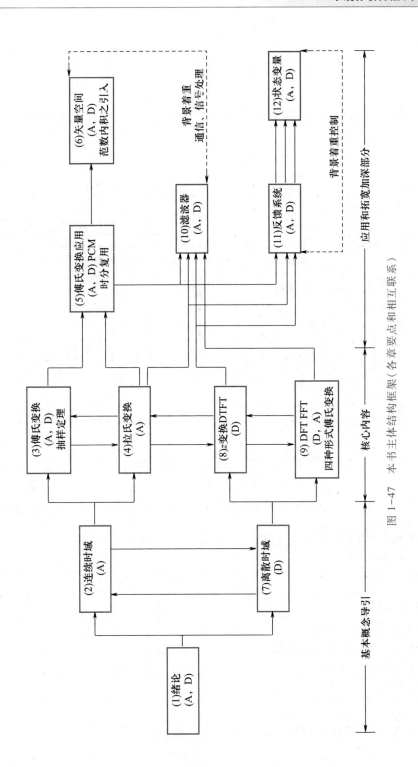

图 1-47 本书主体结构框架（各章要点和相互联系）

习　题

1-1　分别判断题图 1-1 所示各波形是连续时间信号还是离散时间信号,若是离散时间信号,是否为数字信号?

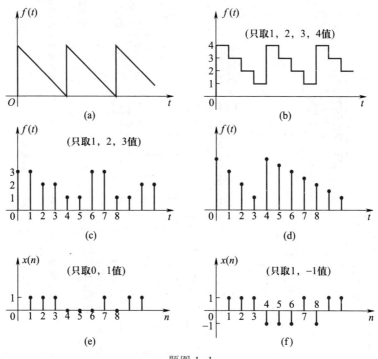

题图 1-1

1-2　分别判断下列各函数式属于何种信号。(重复习题 1-1 所问。)

(1) $e^{-\alpha t}\sin(\omega t)$ 　　　　(2) e^{-nT}

(3) $\cos(n\pi)$ 　　　　(4) $\sin(n\omega_0)$ 　(ω_0 为任意值)

(5) $\left(\dfrac{1}{2}\right)^n$

以上各式中 n 为正整数。

1-3　分别求下列各周期信号的周期 T。

(1) $\cos(10t)-\cos(30t)$

(2) e^{j10t}

(3) $[5\sin(8t)]^2$

(4) $\displaystyle\sum_{n=0}^{\infty}(-1)^n[u(t-nT)-u(t-nT-T)]$ (n 为正整数)

1-4 对于 1.3 节例 1-1 所示信号,由 $f(t)$ 求 $f(-3t-2)$,但改变运算顺序,先求 $f(3t)$ 或先求 $f(-t)$,讨论所得结果是否与原例之结果一致。

1-5 已知 $f(t)$,为求 $f(t_0-at)$ 应按下列哪种运算求得正确结果(式中 t_0,a 都为正值)?

(1) $f(-at)$ 左移 t_0

(2) $f(at)$ 右移 t_0

(3) $f(at)$ 左移 $\dfrac{t_0}{a}$

(4) $f(-at)$ 右移 $\dfrac{t_0}{a}$

1-6 绘出下列各信号的波形。

(1) $\left[1+\dfrac{1}{2}\sin(\varOmega t)\right]\sin(8\varOmega t)$

(2) $[1+\sin(\varOmega t)]\sin(8\varOmega t)$

1-7 绘出下列各信号的波形。

(1) $[u(t)-u(t-T)]\sin\left(\dfrac{4\pi}{T}t\right)$

(2) $[u(t)-2u(t-T)+u(t-2T)]\sin\left(\dfrac{4\pi}{T}t\right)$

1-8 试将描述图 1-15 所示波形的式(1-16)和式(1-17)改用阶跃信号表示。

1-9 粗略绘出下列各函数式的波形图。

(1) $f(t)=(2-e^{-t})u(t)$

(2) $f(t)=(3e^{-t}+6e^{-2t})u(t)$

(3) $f(t)=(5e^{-t}-5e^{-3t})u(t)$

(4) $f(t)=e^{-t}\cos(10\pi t)[u(t-1)-u(t-2)]$

1-10 写出题图 1-10(a)、(b)、(c)所示各波形的函数式。

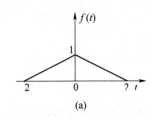
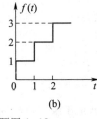
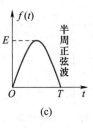

(a)　　　　　　(b)　　　　　　(c)

题图 1-10

1-11 绘出下列各时间函数的波形图。

(1) $te^{-t}u(t)$

(2) $e^{-(t-1)}[u(t-1)-u(t-2)]$

(3) $[1+\cos(\pi t)][u(t)-u(t-2)]$

(4) $u(t)-2u(t-1)+u(t-2)$

(5) $\dfrac{\sin[a(t-t_0)]}{a(t-t_0)}$

(6) $\dfrac{\mathrm{d}}{\mathrm{d}t}[\mathrm{e}^{-t}(\sin t)\mathrm{u}(t)]$

1-12　绘出下列各时间函数的波形图,注意它们的区别。

(1) $t[\mathrm{u}(t)-\mathrm{u}(t-1)]$

(2) $t\cdot\mathrm{u}(t-1)$

(3) $t[\mathrm{u}(t)-\mathrm{u}(t-1)]+\mathrm{u}(t-1)$

(4) $(t-1)\mathrm{u}(t-1)$

(5) $-(t-1)[\mathrm{u}(t)-\mathrm{u}(t-1)]$

(6) $t[\mathrm{u}(t-2)-\mathrm{u}(t-3)]$

(7) $(t-2)[\mathrm{u}(t-2)-\mathrm{u}(t-3)]$

1-13　绘出下列各时间函数的波形图,注意它们的区别。

(1) $f_1(t)=\sin(\omega t)\cdot\mathrm{u}(t)$

(2) $f_2(t)=\sin[\omega(t-t_0)]\cdot\mathrm{u}(t)$

(3) $f_3(t)=\sin(\omega t)\cdot\mathrm{u}(t-t_0)$

(4) $f_4(t)=\sin[\omega(t-t_0)]\cdot\mathrm{u}(t-t_0)$

1-14　应用冲激信号的抽样特性,求下列表示式的函数值。

(1) $\displaystyle\int_{-\infty}^{\infty}f(t-t_0)\delta(t)\,\mathrm{d}t$

(2) $\displaystyle\int_{-\infty}^{\infty}f(t_0-t)\delta(t)\,\mathrm{d}t$

(3) $\displaystyle\int_{-\infty}^{\infty}\delta(t-t_0)\mathrm{u}\left(t-\dfrac{t_0}{2}\right)\mathrm{d}t$

(4) $\displaystyle\int_{-\infty}^{\infty}\delta(t-t_0)\mathrm{u}(t-2t_0)\,\mathrm{d}t$

(5) $\displaystyle\int_{-\infty}^{\infty}(\mathrm{e}^{-t}+t)\delta(t+2)\,\mathrm{d}t$

(6) $\displaystyle\int_{-\infty}^{\infty}(t+\sin t)\delta\left(t-\dfrac{\pi}{6}\right)\mathrm{d}t$

(7) $\displaystyle\int_{-\infty}^{\infty}\mathrm{e}^{-\mathrm{j}\omega t}[\delta(t)-\delta(t-t_0)]\,\mathrm{d}t$

1-15　电容 C_1 与 C_2 串联,以阶跃电压源 $v(t)=E\mathrm{u}(t)$ 串联接入,试分别写出回路中的电流 $i(t)$、每个电容两端电压 $v_{C1}(t)$、$v_{C2}(t)$ 的表示式。

1-16　电感 L_1 与 L_2 并联,以阶跃电流源 $i(t)=I\mathrm{u}(t)$ 并联接入,试分别写出电感两端电压 $v(t)$、每个电感支路电流 $i_{L1}(t)$、$i_{L2}(t)$ 的表示式。

1-17　分别指出下列各波形的直流分量等于多少。

(1) 全波整流 $f(t)=|\sin(\omega t)|$

(2) $f(t)=\sin^2(\omega t)$

（3）$f(t) = \cos(\omega t) + \sin(\omega t)$

（4）升余弦 $f(t) = K[1 + \cos(\omega t)]$

1-18　粗略绘出题图 1-18 所示各波形的偶分量和奇分量。

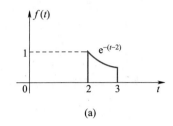

(a)

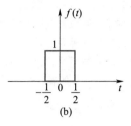

(b)

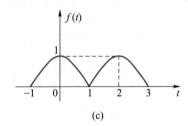

(c)

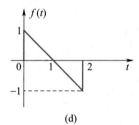

(d)

题图 1-18

1-19　绘出下列系统的仿真框图。

（1）$\dfrac{\mathrm{d}}{\mathrm{d}t}r(t) + a_0 r(t) = b_0 e(t) + b_1 \dfrac{\mathrm{d}}{\mathrm{d}t}e(t)$

（2）$\dfrac{\mathrm{d}^2}{\mathrm{d}t^2}r(t) + a_1 \dfrac{\mathrm{d}}{\mathrm{d}t}r(t) + a_0 r(t) = b_0 e(t) + b_1 \dfrac{\mathrm{d}}{\mathrm{d}t}e(t)$

1-20　判断下列系统是否为线性的、时不变的、因果的。

（1）$r(t) = \dfrac{\mathrm{d}e(t)}{\mathrm{d}t}$　　　　　　（2）$r(t) = e(t)\mathrm{u}(t)$

（3）$r(t) = \sin[e(t)]\mathrm{u}(t)$　　　（4）$r(t) = e(1-t)$

（5）$r(t) = e(2t)$　　　　　　　（6）$r(t) = e^2(t)$

（7）$r(t) = \displaystyle\int_{-\infty}^{t} e(\tau)\,\mathrm{d}\tau$　　　　（8）$r(t) = \displaystyle\int_{-\infty}^{5t} e(\tau)\,\mathrm{d}\tau$

1-21　判断下列系统是否是可逆的。若可逆, 给出它的逆系统; 若不可逆, 指出使该系统产生相同输出的两个输入信号。

（1）$r(t) = e(t-5)$

（2）$r(t) = \dfrac{\mathrm{d}}{\mathrm{d}t}e(t)$

（3）$r(t) = \displaystyle\int_{-\infty}^{t} e(\tau)\,\mathrm{d}\tau$

（4）$r(t) = e(2t)$

1-22 若输入信号为 $\cos(\omega_0 t)$，为使输出信号中分别包含以下频率成分：

(1) $\cos(2\omega_0 t)$

(2) $\cos(3\omega_0 t)$

(3) 直流

请你分别设计相应的系统(尽可能简单)满足此要求，给出系统输出与输入的约束关系式。讨论这三种要求有何共同性，相应的系统有何共同性。

1-23 有一线性时不变系统，当激励 $e_1(t) = u(t)$ 时，响应 $r_1(t) = e^{-\alpha t} u(t)$，试求当激励 $e_2(t) = \delta(t)$ 时，响应 $r_2(t)$ 的表示式。(假定起始时刻系统无储能。)

1-24 证明 δ 函数的尺度运算特性满足 $\delta(at) = \dfrac{1}{|a|}\delta(t)$。(提示：利用图 1-28，当以 t 为自变量时脉冲底宽为 τ，而改以 at 为自变量时底宽变成 $\dfrac{\tau}{a}$，借此关系以及偶函数特性即可求出以上结果。)

2.1 ____ 引言

    LTI 系统分析方法包括时间域(简称时域)和变换域两方面的问题。时域分析方法不涉及任何变换,直接求解系统的微分、积分方程式,对于系统的分析与计算全部都在时间变量领域内进行。这种方法比较直观、物理概念清楚,是学习各种变换域方法的基础。

    20 世纪 50 年代以前,时域分析方法着重研究微分方程的经典法求解。对于高阶系统或激励信号较复杂的情况,计算过程相当繁复,求解过程很不方便。正是由于这一原因,在相当长的一段时间内,人们的兴趣集中于变换域分析,例如借助拉普拉斯变换求解微分方程。而 20 世纪 60 年代以后,由于计算机的广泛应用和各种软件工具的开发,从时域求解微分方程的技术显得比较方便;另一方面,在 LTI 系统中借助卷积方法求解响应日益受到重视,因而,时域分析的研究与应用又进一步得到发展。

    系统数学模型的时域表示有两种形式:端口(输入-输出)描述与状态方程描述。前者写作一元 n 阶微分方程;而后者以 n 元联立一阶微分方程的形式给出。本章仅限于研究输入-输出方程的分析与求解,待到第十二章专门研究状态方程的有关问题,包括时间域与变换域、连续与离散。

    本章的主要内容包括以下两个方面:从 2.2 节到 2.6 节着重讨论 LTI 系统微分方程的建立与求解以及响应分解特性的研究;而 2.7 节至 2.9 节讲授卷积积分的概念、运算、图解分析及其应用。前面几节,在复习数学和电路课已讲授之经典法求解微分方程的基础上,引入系统响应起始值可能发生跳变的概念(从 0_- 到 0_+ 状态的转换),并研究零输入响应与零状态响应分解特性。在给出系统的冲激响应之后,将冲激响应与激励信号进行卷积积分,从而可以求得系统的零状态响应。卷积积分方法有清楚的物理概念,一般情况下计算过程比较方便,并且能够适应计算机编程求解。此外,卷积原理在变换域方法中同样得到广泛应用,它是连接时间域与变换域两类方法的一条纽带。在 LTI 系统理论中,卷积概念占有十分重要的地位。我们将要看到,在本书许多章节里都要用到本章讲述的卷积概念和计算方法,读者对此必须熟练掌握。

2.10节还将介绍微分方程的算子符号表示法,它使微分、积分方程的表示及某些运算简化,同时也是从时域经典法向拉普拉斯变换法的一种过渡,待到第四章将对此方法作进一步的说明。

本章的许多内容可能与先修课有重复,这些重复完全必要,它将为已修课程与本课程之间构建一座桥梁。为了认识清楚这一特征,现将有关衔接问题列于表2-1,以协助读者在学习过程中掌握要点。

◎ 表2-1　各节学习要点

节号	标题(主要内容)	先修课情况	本课程教学目的	需要注意的问题
2.2	系统数学模型(微分方程)的建立	数学、物理、电路课中学过	复习、归纳并与本课程后续内容衔接	
2.3	用时域经典法求解微分方程	一般应有较好基础		
2.4	起始点的跳变——从 0_- 到 0_+ 状态的转换	电路课可能有初步了解 基本上是全新内容	理解此现象的物理概念 初步认识时域求解方法	在学过拉普拉斯变换之后将容易解决 此处注重概念形成不必研究解题技巧
2.5	零输入响应与零状态响应	电路课已学过	从不同角度认识响应的可分解性认识零输入线性和零状态线性	区分清楚各组名词术语 注重概念
2.6	冲激响应与阶跃响应	电路课有初步概念	认识时域求解方法 $h(t)$ 与 $g(t)$ 关系	与2.4节联系密切 与2.4节注意问题相同
2.7 2.8	卷积 卷积的性质	电路课有初步概念 基本上是全新内容	熟悉图解法解题熟记一些简例(如两矩形脉冲卷积的结果) 熟悉性质的应用	是本章重点,也是本课程重点(贯穿全书) 用图解法多做练习题

续表

节号	标题(主要内容)	先修课情况	本课程教学目的	需要注意的问题
2.9	利用卷积分析通信系统多径失真的消除方法	全新内容	这是一个生动的应用实例 对理解卷积概念很有帮助	有助于激发读者的学习兴趣 在以后各章中仍有类似方法深入研究
2.10	用算子符号表示微分方程	没学过或初步了解	是一种表示方法的说明 容易自学	本节也可提前到2.2节之后自学 待到第四章4.2节(二)进一步与拉普拉斯变换比较

2.2　　系统数学模型(微分方程)的建立

为建立 LTI 系统的数学模型,需要列写描述其工作特性的微分方程式。对于电系统,构成此方程式的基本依据是电网络的两类约束特性。其一是元件约束特性,也即表征电路元件模型的关系式。例如二端元件电阻、电容、电感各自的电压与电流关系,以及多端元件互感、受控源、运算放大器等输出端口与输入端口之间的电压或电流关系。其二是网络拓扑约束,也即由网络结构决定的各电压、电流之间的约束关系。以基尔霍夫(G.R.Kirchhoff,1824—1887)电压定律(KVL)和基尔霍夫电流定律(KCL)给出。下面举例说明电路微分方程的建立过程。

例 2-1　图 2-1 所示 RLC 并联电路,给定激励信号为电流源 $i_S(t)$,求并联电路的端电压 $v(t)$。建立描述系统的微分方程式。

解　设各支路电流分别为 $i_R(t)$、$i_L(t)$ 和 $i_C(t)$,以 $v(t)$ 作为待求响应函数,根据元件约束特性有

$$i_R(t) = \frac{1}{R} v(t) \qquad (2-1)$$

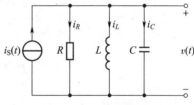

图 2-1　RLC 并联电路

$$i_L(t) = \frac{1}{L} \int_{-\infty}^{t} v(\tau) d\tau \qquad (2-2)$$

$$i_C(t) = C \frac{d}{dt} v(t) \qquad (2-3)$$

根据基尔霍夫定律有

$$i_R(t) + i_L(t) + i_C(t) = i_S(t)$$

也即

$$C\frac{\mathrm{d}^2}{\mathrm{d}t^2}v(t) + \frac{1}{R}\frac{\mathrm{d}}{\mathrm{d}t}v(t) + \frac{1}{L}v(t) = \frac{\mathrm{d}}{\mathrm{d}t}i_S(t) \tag{2-4}$$

下面考虑一个机械位移系统数学模型的建立。对此类系统的建模依据是各种作用力与运动速度的关系式以及描述系统受力平衡的基本规律——达朗贝尔(J.R.d'Alembert,1717—1783)原理。

例 2-2　图 2-2 示出二阶质块弹簧阻尼部件构成的机械位移系统,由于外力 $F_s(t)$ 的作用,检测块相对于左边的支撑结构将产生位移 $y(t)$,刚体质块的质量为 m、弹簧刚度系数为 k、而阻碍质块运动的阻尼系数是 f。设位移速度 $v(t) = \dfrac{\mathrm{d}}{\mathrm{d}t}y(t)$,试建立 $v(t)$ 与 $F_s(t)$ 约束关系的表达式。

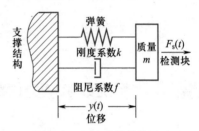

图 2-2　二阶质块弹簧阻尼部件构成的机械位移系统

解　设弹簧受力为 $F_k(t)$,由胡克(R. Hooke,1635—1703)定律可知

$$F_k(t) = ky(t) = k\int_{-\infty}^{t} v(\tau)\mathrm{d}\tau \tag{2-5}$$

阻尼力为 $F_f(t)$,它与移动速度成正比

$$F_f(t) = fv(t) \tag{2-6}$$

物体运动惯性力以 $F_m(t)$ 表示,按牛顿(I.Newton,1643—1727)第二定律有

$$F_m(t) = m\frac{\mathrm{d}}{\mathrm{d}t}v(t) \tag{2-7}$$

根据达朗贝尔原理,系统受力应保持平衡,因而有

$$m\frac{\mathrm{d}}{\mathrm{d}t}v(t) + fv(t) + k\int_{-\infty}^{t} v(\tau)\mathrm{d}\tau = F_s(t)$$

等式两端微分得到

$$m\frac{\mathrm{d}^2}{\mathrm{d}t^2}v(t) + f\frac{\mathrm{d}}{\mathrm{d}t}v(t) + kv(t) = \frac{\mathrm{d}}{\mathrm{d}t}F_s(t) \tag{2-8}$$

此式即为图 2-2 所示机械位移系统的微分方程表达式。

虽然,以上两例是性质完全不同的两个物理系统,但是对比式(2-4)和式(2-8)可以发现,它们的数学模型却一一对应,或者说这两个微分方程的形式完全相同。表2-2列出力学量与电学量的对比。左列的力学量与右列的电学量逐项对应。它们的约束规律表现出惊人的相似特征。最后给出的谐振频率和品质因数是描述二阶动态系统性能的重要参量,在学习电路课程时,对此已有初步认识。本书4.9节将进一步说明它们的物理意义和应用。

◎ 表2-2 力学量与电学量的对比

力学量	电学量
速度 v	电压 v
力 F	电流 i
功率 vF	功率 vi
阻尼系数 f	电导 G(电阻 R 与 f 呈倒数对应)
阻尼力 $F_f = fv$	欧姆定律 $i = Gv$
弹簧刚度系数 $k\left(\text{或弹性系数}\dfrac{1}{k}\right)$	电感 L(L 与 k 呈倒数对应)
胡克定律 $F_k = k\displaystyle\int v(t)\,\mathrm{d}t$	法拉弟电磁感应定律 $i = \dfrac{1}{L}\displaystyle\int v(t)\,\mathrm{d}t$
质量 m	电容 C
牛顿第二定律 $F_m = m\dfrac{\mathrm{d}v(t)}{\mathrm{d}t}$	电荷传递规律 $i = C\dfrac{\mathrm{d}v(t)}{\mathrm{d}t}$
达朗贝尔原理	基尔霍夫定律
$\displaystyle\sum_{i=1}^{N} F_i = 0$	$\displaystyle\sum_{k=1}^{N} i_k = 0$
$\displaystyle\sum_{k=1}^{M} v_k = 0$	$\displaystyle\sum_{j=1}^{M} v_j = 0$
谐振频率 $\sqrt{\dfrac{k}{m}}$	谐振频率 $\dfrac{1}{\sqrt{LC}}$
品质因数 $\dfrac{1}{f}\sqrt{km}$	品质因数 $\dfrac{1}{G}\sqrt{\dfrac{C}{L}}$
系统数学模型 $m\dfrac{\mathrm{d}^2 v(t)}{\mathrm{d}t^2} + f\dfrac{\mathrm{d}v(t)}{\mathrm{d}t} + kv(t)$ $= \dfrac{\mathrm{d}F_s(t)}{\mathrm{d}t}$	系统数学模型 $C\dfrac{\mathrm{d}^2 v(t)}{\mathrm{d}t} + \dfrac{1}{R}\dfrac{\mathrm{d}v(t)}{\mathrm{d}t} + \dfrac{1}{L}v(t)$ $= \dfrac{\mathrm{d}i_s(t)}{\mathrm{d}t}$

表 2-2 中所列电学量是指图 2-1 所示 *RLC* 并联谐振电路的参数。如果改为 *RLC* 串联谐振电路(以电压源作为激励信号,求响应电流信号),也可得到一组与力学量对比的电参数,不过其结果将与上列并联电路参数呈"对偶"关系。这个问题可作为练习,留给读者研究。

借助表 2-2 很容易将机械系统等效类比为电路系统,考虑到近代电路研究手段日趋成熟,并具有很强的分析功能,因而,可以利用机电类比法分析与设计机械系统。

我们注意到,微电子与系统集成技术的飞速发展不仅使传统电路技术的实现与应用发生了一场革命,而且它的成功理念已经拓展到更为广泛的工程领域。近年来,出现了所谓"微电子机械系统"(micro electro mechanical systems,简写为 MEMS,中文简称微机电系统)。它将机械装置与电子控制电路整合在同一芯片上,构成了智能化的传感器和传动器,并且可以完成必要的检测与计算。例如借助电参数的测量来确定机械位移的数值(如速度或加速度)。与传统的机械设备相比较,这类系统具有体积、重量小,功能强,噪声低等诸多优点。已经广泛应用于诸如人体保健、生物工程、导航和汽车系统等各种领域。实际上图 2-2 所示结构的形成背景即源于测量加速度参量的"微型加速度计"。

用微分方程不仅可以建立描述电路、机械等工程系统的数学模型,而且还可用于构建生物系统、经济系统、社会系统等各种科学领域。

从本节两例分析可以看出,在建立系统微分方程的推导过程中,往往需要从多个低阶方程构建一元的高阶方程,微分和积分符号频繁出现。为简化表达方式,可利用"算子符号方法"。我们将在本章最后 2.10 节介绍这种描述工具。类似的思维方式将延伸到第四章中的拉普拉斯变换方法及其应用。

2.3　用时域经典法求解微分方程

系统的微分方程一经建立,如果给定激励信号函数形式以及系统的初始状态(微分方程的初始条件),即可求解所需的响应。

对于一阶或二阶微分方程描述的电路系统,读者已在数学与电路课程中了解其求解方法,下面在先修课程的基础上,将那里的方法引向高阶,给出 LTI 系统微分方程数学模型的一般求解规律。

如果组成系统的元件都是参数恒定的线性元件,则相应的数学模型是一个线性常系数常微分方程(简称定常系统)。若此系统中各元件起始无储能,则构成一个线性时不变系统。

设系统的激励信号为 $e(t)$，响应为 $r(t)$，它的数学模型可利用一高阶微分方程表示

$$C_0 \frac{\mathrm{d}^n r(t)}{\mathrm{d}t^n} + C_1 \frac{\mathrm{d}^{n-1} r(t)}{\mathrm{d}t^{n-1}} + \cdots + C_{n-1} \frac{\mathrm{d}r(t)}{\mathrm{d}t} + C_n r(t)$$

$$= E_0 \frac{\mathrm{d}^m e(t)}{\mathrm{d}t^m} + E_1 \frac{\mathrm{d}^{m-1} e(t)}{\mathrm{d}t^{m-1}} + \cdots + E_{m-1} \frac{\mathrm{d}e(t)}{\mathrm{d}t} + E_m e(t) \qquad (2-9)$$

由微分方程的时域经典求解方法可知，式(2-9)的完全解由两部分组成，即齐次解与特解。此外，还需借助初始条件求出待定系数。下面依次说明求解过程。

一、求齐次解 $r_{\mathrm{h}}(t)$

当式(2-9)中的激励项 $e(t)$ 及其各阶导数都为零时，此方程的解即为齐次解，它应满足

$$C_0 \frac{\mathrm{d}^n r(t)}{\mathrm{d}t} + C_1 \frac{\mathrm{d}^{n-1} r(t)}{\mathrm{d}t^{n-1}} + \cdots + C_{n-1} \frac{\mathrm{d}r(t)}{\mathrm{d}t} + C_n r(t) = 0 \qquad (2-10)$$

此方程也称为式(2-9)的齐次方程。齐次解的形式是形如 $Ae^{\alpha t}$ 函数的线性组合，将 $r(t) = Ae^{\alpha t}$ 代入式(2-10)则有

$$C_0 A \alpha^n e^{\alpha t} + C_1 A \alpha^{n-1} e^{\alpha t} + \cdots + C_{n-1} A \alpha e^{\alpha t} + C_n A e^{\alpha t} = 0$$

简化为

$$C_0 \alpha^n + C_1 \alpha^{n-1} + \cdots + C_{n-1} \alpha + C_n = 0 \qquad (2-11)$$

如果 α_k 是式(2-11)的根，则 $r(t) = Ae^{\alpha_k t}$ 将满足式(2-10)。称式(2-11)为微分方程式(2-9)的特征方程，对应的 n 个根 $\alpha_1, \alpha_2, \cdots, \alpha_n$ 称为微分方程的特征根。

在特征根各不相同(无重根)的情况下，微分方程的齐次解为

$$r_{\mathrm{h}}(t) = A_1 e^{\alpha_1 t} + A_2 e^{\alpha_2 t} + \cdots + A_n e^{\alpha_n t} = \sum_{i=1}^{n} A_i e^{\alpha_i t} \qquad (2-12)$$

其中常数 $A_1, A_2, \cdots, A_n$ 由初始条件决定。

若特征方程(2-11)有重根，例如 α_1 是方程(2-11)的 k 阶重根，即

$$C_0 \alpha^n + C_1 \alpha^{n-1} + \cdots + C_{n-1} \alpha + C_n = C_0 (\alpha - \alpha_1)^k \prod_{i=2}^{n-k+1} (\alpha - \alpha_i) \qquad (2-13)$$

则相应于 α_1 的重根部分将有 k 项，形如

$$(A_1 t^{k-1} + A_2 t^{k-2} + \cdots + A_{k-1} t + A_k) e^{\alpha_1 t} = \left(\sum_{i=1}^{k} A_i t^{k-i} \right) e^{\alpha_1 t} \qquad (2-14)$$

不难证明其中的每一项都满足式(2-10)的齐次方程。

例 2-3   求微分方程 $\dfrac{\mathrm{d}^3}{\mathrm{d}t^3}r(t)+7\dfrac{\mathrm{d}^2}{\mathrm{d}t^2}r(t)+16\dfrac{\mathrm{d}}{\mathrm{d}t}r(t)+12r(t)=e(t)$ 的齐次解。

解   系统的特征方程为

$$\alpha^3+7\alpha^2+16\alpha+12=0$$

$$(\alpha+2)^2(\alpha+3)=0$$

特征根 $\alpha_1=-2(\text{重根}),\alpha_2=-3$

因而对应的齐次解为

$$r_{\mathrm{h}}(t)=(A_1t+A_2)\mathrm{e}^{-2t}+A_3\mathrm{e}^{-3t}$$

二、求特解 $r_{\mathrm{p}}(t)$

微分方程的特解 $r_{\mathrm{p}}(t)$ 的函数形式与激励函数形式有关。将激励 $e(t)$ 代入方程式(2-9)的右端,化简后右端函数式称为"自由项"。通常由观察自由项试选特解函数式,代入方程后求得特解函数式中的待定系数,即可给出特解 $r_{\mathrm{p}}(t)$。几种典型激励函数对应的特解函数式列于表 2-3,求解方程时可以参考。

◎ 表 2-3   几种典型激励函数对应的特解函数式

激励函数 $e(t)$	响应函数 $r(t)$ 的特解
E(常数)	B
t^p	$B_1t^p+B_2t^{p-1}+\cdots+B_pt+B_{p+1}$
$\mathrm{e}^{\alpha t}$	$B\mathrm{e}^{\alpha t}$
$\cos(\omega t)$	$B_1\cos(\omega t)+B_2\sin(\omega t)$
$\sin(\omega t)$	
$t^p\mathrm{e}^{\alpha t}\cos(\omega t)$	$(B_1t^p+\cdots+B_pt+B_{p+1})\mathrm{e}^{\alpha t}\cos(\omega t)+$
$t^p\mathrm{e}^{\alpha t}\sin(\omega t)$	$(D_1t^p+\cdots+D_pt+D_{p+1})\mathrm{e}^{\alpha t}\sin(\omega t)$

注:(1) 表中 B、D 是待定系数。

(2) 若 $e(t)$ 由几种激励函数组合,则特解也为其相应的组合。

(3) 若表中所列特解与齐次解重复,如激励函数 $e(t)=\mathrm{e}^{\alpha t}$,齐次解也为 $\mathrm{e}^{\alpha t}$,则其特解为 $B_0t\mathrm{e}^{\alpha t}$。若特征根为二重根,即齐次解呈现 $t\mathrm{e}^{\alpha t}$ 形式时,则特解为 $B_0t^2\mathrm{e}^{\alpha t}$。高阶以此类推。

例 2-4   给定微分方程式

$$\frac{\mathrm{d}^2r(t)}{\mathrm{d}t^2}+2\frac{\mathrm{d}r(t)}{\mathrm{d}t}+3r(t)=\frac{\mathrm{d}e(t)}{\mathrm{d}t}+e(t)$$

如果已知:(1) $e(t)=t^2$;(2) $e(t)=\mathrm{e}^t$,分别求两种情况下此方程的特解。

解 （1）将 $e(t)=t^2$ 代入方程右端，得到 t^2+2t，为使等式两端平衡，试选特解函数式

$$r_p(t)=B_1t^2+B_2t+B_3$$

这里，B_1,B_2,B_3 为待定系数。将此式代入方程得到

$$3B_1t^2+(4B_1+3B_2)t+(2B_1+2B_2+3B_3)=t^2+2t$$

等式两端各对应幂次的系数应相等，于是有

$$\begin{cases} 3B_1=1 \\ 4B_1+3B_2=2 \\ 2B_1+2B_2+3B_3=0 \end{cases}$$

联解得到

$$B_1=\frac{1}{3},\ B_2=\frac{2}{9},\ B_3=-\frac{10}{27}$$

所以，特解为

$$r_p(t)=\frac{1}{3}t^2+\frac{2}{9}t-\frac{10}{27}$$

（2）当 $e(t)=e^t$ 时，很明显，可选 $r(t)=Be^t$。这里，B 是待定系数。代入方程后有

$$Be^t+2Be^t+3Be^t=e^t+e^t$$

$$B=\frac{1}{3}$$

于是，特解为 $\frac{1}{3}e^t$。

上面两部分求出的齐次解 $r_h(t)$ 和特解 $r_p(t)$ 相加即得方程的完全解

$$r(t)=\sum_{i=1}^{n}A_ie^{\alpha_i t}+r_p(t) \tag{2-15}$$

三、借助初始条件求待定系数 A

给定微分方程和激励信号 $e(t)$，为使方程有唯一解还必须给出一组求解区间内的边界条件，用以确定式（2-15）中的常数 $A_i(i=1,2,\cdots,n)$。对于 n 阶微分方程，若 $e(t)$ 是 $t=0$ 时刻加入，则把求解区间定为 $0\leqslant t<\infty$，一组边界条件可以给定为在此区间内任一时刻 t_0，要求解满足 $r(t_0),\dfrac{\mathrm{d}}{\mathrm{d}t}r(t_0),\dfrac{\mathrm{d}^2}{\mathrm{d}t^2}r(t_0),\cdots,\dfrac{\mathrm{d}^{n-1}}{\mathrm{d}t^{n-1}}r(t_0)$ 的各值。通常取 $t_0=0$，这样对应的一组条件就称为初始条件，记为 $r^{(k)}(0)(k=0,$

$1, \cdots, n-1$）。把 $r^{(k)}(0)$ 代入式（2-15），有

$$
\begin{cases}
r(0) = A_1 + A_2 + \cdots + A_n + r_\mathrm{p}(0) \\
\dfrac{\mathrm{d}}{\mathrm{d}t} r(0) = A_1 \alpha_1 + A_2 \alpha_2 + \cdots + A_n \alpha_n + \dfrac{\mathrm{d}}{\mathrm{d}t} r_\mathrm{p}(0) \\
\quad \vdots \\
\dfrac{\mathrm{d}^{n-1}}{\mathrm{d}t^{n-1}} r(0) = A_1 \alpha_1^{n-1} + A_2 \alpha_2^{n-1} + \cdots + A_n + \dfrac{\mathrm{d}^{n-1}}{\mathrm{d}t^{n-1}} r_\mathrm{p}(0)
\end{cases}
\tag{2-16}
$$

由此可以求出要求的常数 $A_i (i=1,2,\cdots,n)$。用矩阵形式表示为

$$
\begin{bmatrix}
r(0) - r_\mathrm{p}(0) \\
\dfrac{\mathrm{d}}{\mathrm{d}t} r(0) - \dfrac{\mathrm{d}}{\mathrm{d}t} r_\mathrm{p}(0) \\
\vdots \\
\dfrac{\mathrm{d}^{n-1}}{\mathrm{d}t^{n-1}} r(0) - \dfrac{\mathrm{d}^{n-1}}{\mathrm{d}t^{n-1}} r_\mathrm{p}(0)
\end{bmatrix}
=
\begin{bmatrix}
1 & 1 & \cdots & 1 \\
\alpha_1 & \alpha_2 & \cdots & \alpha_n \\
\vdots & \vdots & & \vdots \\
\alpha_1^{n-1} & \alpha_2^{n-1} & \cdots & \alpha_n^{n-1}
\end{bmatrix}
\begin{bmatrix}
A_1 \\
A_2 \\
\vdots \\
A_n
\end{bmatrix}
\tag{2-17}
$$

其中由各 α 值构成的矩阵称为范德蒙德矩阵（Vandermonde matrix，命名自 A.-T. Vandermonde，1735—1796）。由于 α_i 值各不相同，因而它的逆矩阵存在，这样就可以唯一地确定常数 $A_i (i=1,2,\cdots,n)$。

以上简单回顾了线性常系数微分方程的经典解法。从系统分析的角度，称线性常系数微分方程描述的系统为时不变系统。式（2-9）中齐次解表示系统的自由响应。由式（2-11）表示系统特性的特征方程根 $\alpha_i (i=1,2,\cdots,n)$ 称为系统的"固有频率"（或"自由频率""自然频率"），它决定了系统自由响应的全部形式。完全解中的特解称为系统的强迫响应，可见强迫响应只与激励函数的形式有关。整个系统的完全响应是由系统自身特性决定的自由响应 $r_\mathrm{h}(t)$ 和与外加激励信号 $e(t)$ 有关的强迫响应 $r_\mathrm{p}(t)$ 两部分组成，即式（2-15）。在 2.5 节我们将进一步讨论有关系统响应分解的问题。

为了说明上述方法的综合应用，下面给出一个借助时域经典法求解电路问题的实例。

例 2-5 图 2-3 所示电路，已知激励信号 $e(t) = \sin(2t)\mathrm{u}(t)$，初始时刻，电容端电压均为零，求输出信号 $v_2(t)$ 的表示式。

解 （1）列写微分方程式为

$$
\frac{\mathrm{d}^2 v_2(t)}{\mathrm{d}t^2} + 7 \frac{\mathrm{d} v_2(t)}{\mathrm{d}t} + 6 v_2(t) = 6\sin(2t) \quad (t \geqslant 0)
$$

（2）为求齐次解，写出特征方程

$$\alpha^2 + 7\alpha + 6 = 0$$

特征根为

$$\alpha_1 = -1, \alpha_2 = -6$$

齐次解为

$$A_1 e^{-t} + A_2 e^{-6t}$$

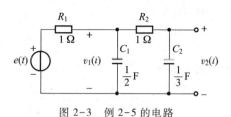

图 2-3　例 2-5 的电路

（3）查表 2-3 知特解为

$$B_1 \sin(2t) + B_2 \cos(2t)$$

代入原方程求系数 B

$$-4B_1 \sin(2t) - 4B_2 \cos(2t) + 14B_1 \cos(2t) - 14B_2 \sin(2t) +$$
$$6B_1 \sin(2t) + 6B_2 \cos(2t) = 6\sin(2t)$$

简化为

$$(2B_1 - 14B_2 - 6)\sin(2t) + (14B_1 + 2B_2)\cos(2t) = 0$$

因此

$$\left. \begin{array}{l} 2B_1 - 14B_2 - 6 = 0 \\ 14B_1 + 2B_2 = 0 \end{array} \right\}$$

解得

$$B_1 = \frac{3}{50}, \quad B_2 = -\frac{21}{50}$$

求出特解为

$$\frac{3}{50}\sin(2t) - \frac{21}{50}\cos(2t)$$

（4）完全解为

$$v_2(t) = A_1 e^{-t} + A_2 e^{-6t} + \frac{3}{50}\sin(2t) - \frac{21}{50}\cos(2t)$$

由于已知电容 C_2 初始端电压为零，因为 $v_2(0) = 0$，又因为电容 C_1 初始端电压也
为零，于是流过 R_2、C_2 的初始电流也为零，即 $\dfrac{dv_2(0)}{dt} = 0$。借助这两个初始条件，
可以写出

$$\left. \begin{array}{l} 0 = A_1 + A_2 - \dfrac{21}{50} \\[2mm] 0 = -A_1 - 6A_2 + \dfrac{3}{25} \end{array} \right\}$$

由此解得

$$A_1 = \frac{12}{25}, A_2 = -\frac{3}{50}$$

完全解为

$$v_2(t) = \frac{12}{25}e^{-t} - \frac{3}{50}e^{-6t} + \frac{3}{50}\sin(2t) - \frac{21}{50}\cos(2t) \qquad (t \geq 0)$$

以上讨论的求解线性、常系数微分方程之过程可用流程图示意于图 2-4。

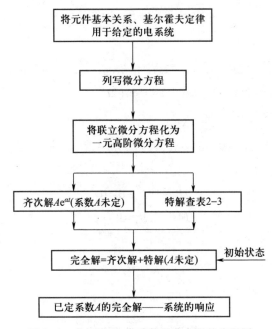

图 2-4   求解线性、常系数微分方程的流程图

以上扼要复习了时域经典法求解线性常微分方程的分析方法。很明显,这种方法的不足之处是求解过程比较麻烦,然而,对于表明和理解系统产生响应的物理概念比较清楚。待到第四章学习拉普拉斯变换方法之后可以认识到用该方法求解上述同类问题所需过程明显得以简化,但是物理概念被冲淡。由此看出,学习这两类方法的侧重点应有所不同。本章注重理解物理概念,而第四章注重常见电路的具体分析与计算。另外,对于比较复杂的信号或电路,完全可借助计算机软件工具求解,无须再用书面的手写计算(例如用 NI Multisim 软件或 MATLAB 软件)。

还需指出,下面的 2.4 节将进一步研究确定初始条件的有关问题,读者还会感受到时域经典法的烦琐之处,然而,认识有关现象将有助于理解系统中产生突变现象的物理本质。

2.4   **起始点的跳变——从 0_- 到 0_+ 状态的转换**

作为一个数学问题,往往把微分方程的初始条件设定为一组已知的数据,利用这组数据可以确定方程解中的系数 A。对于实际的系统模型,初始条件要根据激励信号接入瞬时系统所处的状态决定。在某些情况下,此状态可能发生跳变,这将使确定初始条件的工作复杂化。

为研究这一问题,首先初步介绍系统状态的概念。系统在 $t=t_0$ 时刻的状态是一组必须知道的最少量数据,根据这组数据、系统数学模型以及 $t>t_0$ 接入的激励信号,就能够完全确定 t_0 以后任意时刻系统的响应[①]。对于 n 阶系统,这组数据由 n 个独立条件给定,这 n 个独立条件可以是系统响应的各阶导数值。

由于激励信号的作用,响应 $r(t)$ 及其各阶导数有可能在 $t=0$ 时刻发生跳变,为区分跳变前后的状态,我们以 0_- 表示激励接入之前的瞬时,以 0_+ 表示激励接入以后的瞬时。与此对应,给出 0_- 时刻和 0_+ 时刻的两组状态,即

$$r^{(k)}(0_-) = \left[r(0_-), \frac{dr(0_-)}{dt}, \cdots, \frac{d^{n-1}r(0_-)}{dt^{n-1}} \right] \qquad (2\text{-}18)$$

我们称这组状态为"0_- 状态"或"起始状态"。它包含了为计算未来响应所需要的过去全部信息。另一组状态是

$$r^{(k)}(0_+) = \left[r(0_+), \frac{dr(0_+)}{dt}, \cdots, \frac{d^{n-1}r(0_+)}{dt^{n-1}} \right] \qquad (2\text{-}19)$$

这组状态被称为"0_+ 状态"或"初始状态",也可称为"导出的起始状态"。

一般情况下,用时域经典法求得微分方程的解答应限于 $0_+ < t < \infty$ 的时间范围。因而不能以 0_- 状态作为初始条件,而应当利用 0_+ 状态作为初始条件。也即将 0_+ 状态的数据代入式(2-16)或式(2-17),以求得系数 A_i。

对于实际的电网络系统,为决定其数学模型的初始条件,可以利用系统内部储能的连续性,这包括电容储存电荷的连续性以及电感储存磁链的连续性。具体表现规律为:在没有冲激电流(或阶跃电压)强迫作用于电容的条件下,电容两端电压 $v_C(t)$ 不发生跳变;在没有冲激电压(或阶跃电流)强迫作用于电感的条件下,流经电感的电流 $i_L(t)$ 不发生跳变。这时有

$$v_C(0_+) = v_C(0_-)$$
$$i_L(0_+) = i_L(0_-)$$

---

① 有关系统状态变量的详细分析见本书第十二章。

然后根据元件特性约束和网络拓扑约束求出 0_+ 时刻其他电流或电压值。

对于简单的电路,按上述原则容易判断待求函数及其导数起始值发生的跳变,读者在先修课程中已有初步认识。下面举两个例子,复习有关求解方法,并对起始值跳变的物理概念及其与数学方程的联系给出说明。

例 2-6 图 2-5(a)示出 RC 一阶电路,电路中无储能,起始电压和电流都为 0,激励信号 $e(t) = u(t)$,求 $t>0$ 系统的响应——电阻两端电压 $v_R(t)$。

解 根据 KVL 和元件特性写出微分方程式

$$e(t) = \frac{1}{RC} \int_{-\infty}^{t} v_R(\tau) \mathrm{d}\tau + v_R(t) \qquad (2\text{-}20)$$

也即

$$\frac{\mathrm{d}v_R(t)}{\mathrm{d}t} + \frac{1}{RC} v_R(t) = \frac{\mathrm{d}e(t)}{\mathrm{d}t} \qquad (2\text{-}21)$$

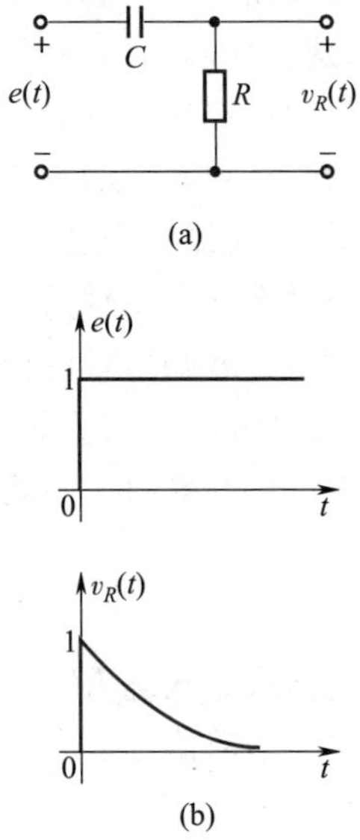

很明显,当 $RC \ll 1$ 时,这是一个近似微分电路,或从频域观察是一个高通滤波器。已知 $v_R(0_-) = 0$,当输入端激励信号发生跳变时,电容两端电压应保持连续值,仍等于 0,而电阻两端电压将产生跳变,即 $v_R(0_+) = 1$。至此,可依经典法求得齐次解等于 $Ae^{-\frac{t}{RC}}$,A 为待定系数;由于式(2-21)右端在 $t>0_+$ 以后等于零,故特解为 0。写出完全解

$$v_R(t) = Ae^{-\frac{t}{RC}} \qquad (2\text{-}22)$$

将 0_+ 条件代入求出 $A = 1$,最终给出本题解答

$$v_R(t) = e^{-\frac{t}{RC}} (\text{当 } t \geqslant 0) \qquad (2\text{-}23)$$

图 2-5 例 2-6 的电路和波形

画出波形如图 2-5(b)所示。

在以上分析过程中,利用了电容两端电压连续性这一物理概念求得 $v_R(0_+)$ 值。实际上,也可以不考虑物理意义,从微分方程的数学规律求得这一结果。为说明这一分析方法,将 $e(t) = u(t)$ 代入式(2-21)右端,可以得到

$$\frac{\mathrm{d}v_R(t)}{\mathrm{d}t} + \frac{1}{RC} v_R(t) = \delta(t) \qquad (2\text{-}24)$$

为保持方程左、右两端各阶奇异函数平衡,可以判断,等式左端最高阶项应包含 $\delta(t)$,由此推出 $v_R(t)$ 应包含单位跳变值,也即 $v_R(0_+) = v_R(0_-) + 1 = 1$。

这种方法可推广至二阶或高阶电路。

例2-7 电路如图2-6所示,在激励信号电流源 $i_s(t) = \delta(t)$ 的作用下,求电感支路电流 $i_L(t)$。激励信号接入之前系统中无储能,各支路电流 $i_R(0_-)$、$i_C(0_-)$和 $i_L(0_-)$ 都为零。

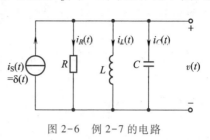

图 2-6 例 2-7 的电路

解 根据 KCL 和电路元件约束特性列出方程式

$$LC\frac{d^2 i_L(t)}{dt^2} + \frac{L}{R}\frac{di_L(t)}{dt} + i_L(t) = i_s(t) \quad (2\text{-}25)$$

整理后得

$$\frac{d^2 i_L(t)}{dt^2} + \frac{1}{RC}\frac{di_L(t)}{dt} + \frac{1}{LC}i_L(t) = \frac{1}{LC}\delta(t) \quad (2\text{-}26)$$

首先,判断 $i_L(0_+)$ 和 $\dfrac{di_L(0_+)}{dt}$ 值。根据方程式左、右两端奇异函数平衡原理可知,

左端二阶导数项应含有冲激项 $\dfrac{1}{LC}\delta(t)$ 以保持与右端对应,因而一阶导数项将产

生跳变值 $\dfrac{1}{LC}$;而一阶导数项不含 $\delta(t)$,因而 $i_L(t)$ 在零点没有跳变[若一阶导数

项含 $\delta(t)$,则二阶项要出现 $\delta'(t)$,破坏了左、右端平衡]。由此写出

$$i_L(0_+) = i_L(0_-) + 0 = 0$$

$$\frac{di_L(0_+)}{dt} = \frac{di_L(0_-)}{dt} + \frac{1}{LC} = \frac{1}{LC}$$

相应的物理意义解释如下:在激励作用瞬间,电感支路电流 $i_L(t)$ 没有发生跳变,

而它的电压 $L\dfrac{di_L(t)}{dt}$ 出现了 $\dfrac{1}{C}$ 的跳变值,当然这也是电容两端电压的跳变值。

写出系统的特征方程为

$$\alpha^2 + \frac{1}{RC}\alpha + \frac{1}{LC} = 0$$

齐次解表达式为

$$i_L(t) = A_1 e^{\alpha_1 t} + A_2 e^{\alpha_2 t} \quad (2\text{-}27)$$

式中的 A_1、A_2 为两个待定系数,α_1、α_2 是特征方程的两个根,它们分别等于

$$\alpha_{1,2} = -\frac{1}{2RC} \pm \sqrt{\frac{1}{(2RC)^2} - \frac{1}{LC}} \quad (2\text{-}28)$$

由于方程式右端在 $t>0_+$ 时刻之后为零,因而特解等于零,齐次解即为完全解。利用初始条件代入齐次解表达式可求得系数 A_1、A_2。

$$i_L(0_+) = A_1 + A_2 = 0$$

$$\frac{\mathrm{d}i_L(0_+)}{\mathrm{d}t} = \alpha_1 A_1 + \alpha_2 A_2 = \frac{1}{LC}$$

由此解得

$$A_1 = \frac{1}{LC} \cdot \frac{1}{\alpha_1 - \alpha_2}, A_2 = -\frac{1}{LC(\alpha_1 - \alpha_2)} \qquad (2-29)$$

为简化以下推导,引入符号

$$\omega_0 = \frac{1}{\sqrt{LC}} \qquad (2-30)$$

$$\omega_{\mathrm{d}} = \sqrt{\frac{1}{LC} - \frac{1}{(2RC)^2}} = \sqrt{\omega_0^2 - \frac{1}{(2RC)^2}} \qquad (2-31)$$

于是有

$$\alpha_{1,2} = -\frac{1}{2RC} \pm \sqrt{\frac{1}{(2RC)^2} - \omega_0^2} = -\frac{1}{2RC} \pm \mathrm{j}\omega_{\mathrm{d}} \qquad (2-32)$$

将 $\alpha_{1,2}$ 和 $A_{1,2}$ 分别代入式(2-27)可求得最终结果。下面考虑电路耗能与储能的不同相对条件,分成几种情况给出 $i_L(t)$ 表达式。

(1)电阻 $R \to \infty$

$$\alpha_{1,2} = \pm \mathrm{j}\omega_0$$

$$i_L(t) = \omega_0 \sin(\omega_0 t) \qquad (2-33)$$

由于并联电阻为无限大,没有损耗,电路中只有 L 与 C 的储能交换,因而形成等幅正弦振荡。

(2) $\dfrac{1}{2RC} < \omega_0$

$$i_L(t) = \frac{\omega_0^2}{\omega_{\mathrm{d}}} \mathrm{e}^{-\frac{t}{2RC}} \sin(\omega_{\mathrm{d}} t) \qquad (2-34)$$

电阻虽有一些损耗,但仍可产生衰减振荡。电阻 R 越大衰减越慢,而当 R 较小时,衰减很快,以致过渡到因阻尼过大而不能产生振荡,即以下(3)(4)两种情况。

(3) $\dfrac{1}{2RC} = \omega_0$ $\alpha_1 = \alpha_2 = \dfrac{1}{2RC}$

$$i_L(t) = t\mathrm{e}^{-\frac{t}{2RC}} \qquad (2-35)$$

（4）$\dfrac{1}{2RC} > \omega_0$

$$i_L(t) = \frac{\omega_0^2}{\omega_d}\mathrm{e}^{-\frac{t}{2RC}}\sinh(\omega_d t) \tag{2-36}$$

建议读者作为练习画出以上四种情况响应的波形，可以看到随着电路耗能的增大，从等幅振荡、衰减振荡到阻尼衰减的各种不同结果。在第四章我们还要利用拉普拉斯变换法分析 RLC 二阶电路的特性（见例 4–14 以及 4.9 节）。

给出本例的目的是进一步认识系统响应在起始点产生跳变的现象，并练习对简单电路从 0_- 状态导出 0_+ 状态的方法。不难发现，随着系统阶次的升高，无论从电路物理概念或借助方程左、右端奇异函数平衡的方法都将使求解过程更加麻烦。

参考书目[1]研究了利用 δ 函数平衡原则求解初始状态的数学推证方法[1]。这种研究方法最早源于美国伊利诺伊大学 Urbana-Champaign 分校 C.L.Liu（刘炯朗）和 Jane W.S.Liu（刘韵涛）教授所著教材[2]。后来在一些教科书中或多或少都引用了这种方法。实际上，利用拉普拉斯变换法可以比较简便地绕过求解 0_+ 状态的过程，直接利用 0_- 状态导出微分方程的完全解。在 4.5 节将介绍这种解法。另外，稍后在 2.6 节我们还将看到利用 δ 函数平衡原理按经典法直接求完全解中的待定系数，同样可绕过从 0_- 求 0_+ 状态的过程，使推演步骤略有简化。

综上分析可以看出，研究本节的主要目的是从时域观察系统初值产生跳变的物理现象，初步认识它与数学模型的对应，无须关注解题技巧。

2.5　　零输入响应与零状态响应

将信号从不同角度进行分解，往往给 LTI 系统响应的研究带来许多方便。在第一章 1.5 节我们初步建立起信号分析的一些基本概念。在 2.3 节我们把微分方程的完全解分为两个部分——齐次解和特解，同样体现了信号分解的研究思想。

齐次解的函数特性仅依赖于系统本身，与激励信号的函数形式无关，因而称为系统的自由响应（或固有响应）。但应注意，齐次解的系数 A 仍与激励信号有关。特解的形式完全由激励函数决定，因而称为系统的强迫响应（或受迫响应）。

---

① 参考书目[2]2.3 节 50~52 页。

② 参考书目[26]2.4 节 58 页。

把完全解分成齐次解与特解的组合仅仅是可能分解的形式之一。按照分析计算的方便或适应不同要求的物理解释,还可采取其他形式的分解。另一种广泛应用的重要形式是分解为"零输入响应"与"零状态响应"。

零输入响应的定义为:没有外加激励信号的作用,只由起始状态(起始时刻系统储能)所产生的响应。以 $r_{zi}(t)$ 表示。

零状态响应的定义为:不考虑起始时刻系统储能的作用(起始状态等于零),由系统外加激励信号所产生的响应。以 $r_{zs}(t)$ 表示。

按照上述定义,$r_{zi}(t)$ 必然满足方程

$$C_0 \frac{d^n}{dt^n} r_{zi}(t) + C_1 \frac{d^{n-1}}{dt^{n-1}} r_{zi}(t) + \cdots + C_{n-1} \frac{d}{dt} r_{zi}(t) + C_n r_{zi}(t) = 0 \qquad (2-37)$$

并符合起始状态 $r^{(k)}(0_-)$ 的约束。它是齐次解中的一部分,可以写出

$$r_{zi}(t) = \sum_{k=1}^{n} A_{zik} e^{\alpha_k t} \qquad (2-38)$$

由于从 $t<0$ 到 $t>0$ 都没有激励的作用,而且系统内部结构不会发生改变,因而系统的状态在零点不会发生变化,也即 $r^{(k)}(0_+) = r^{(k)}(0_-)$。常系数 A_{zik} 可由 $r^{(k)}(0_-)$ 决定。

而 $r_{zs}(t)$ 应满足方程

$$C_0 \frac{d^n}{dt^n} r_{zs}(t) + C_1 \frac{d^{n-1}}{dt^{n-1}} r_{zs}(t) + \cdots + C_{n-1} \frac{d}{dt} r_{zs}(t) + C_n r_{zs}(t)$$

$$= E_0 \frac{d^m}{dt^m} e(t) + E_1 \frac{d^{m-1}}{dt^{m-1}} e(t) + \cdots + E_{m-1} \frac{d}{dt} e(t) + E_m e(t) \qquad (2-39)$$

并符合 $r^{(k)}(0_-) = 0$ 的约束[①]。其表达式为

$$r_{zs}(t) = \sum_{k=1}^{n} A_{zsk} e^{\alpha_k t} + B(t) \qquad (2-40)$$

其中 $B(t)$ 是特解。可见,在激励信号作用下,零状态响应包括两个部分,即自由响应的一部分与强迫响应之和。

归纳上述分析结果,可写出以下表达式

$$r(t) = r_{zi}(t) + r_{zs}(t)$$

$$= \underbrace{\sum_{k=1}^{n} A_{zik} e^{\alpha_k t}}_{\text{零输入响应}} + \underbrace{\sum_{k=1}^{n} A_{zsk} e^{\alpha_k t} + B(t)}_{\text{零状态响应}}$$

---

① 关于这部分内容的进一步讨论可参看《信号与系统》(第一版)(郑君里,杨为理,应启珩著,人民教育出版社 1981 年出版)上册第 80 页式(2-24)~式(2-36)。

$$= \underbrace{\sum_{k=1}^{n} A_k e^{\alpha_k t}}_{\text{自由响应}} + \underbrace{B(t)}_{\text{强迫响应}} \qquad (2-41)$$

同时给出以下重要结论:

(1) 自由响应和零输入响应都满足齐次方程的解。

(2) 然而,它们的系数完全不同。零输入响应的 A_{zik} 仅由起始储能情况决定,而自由响应的 A_k 要同时依从于起始状态和激励信号。

(3) 自由响应由两部分组成,其中,一部分由起始状态决定,另一部分由激励信号决定。两者都与系统自身参数密切关联。

(4) 若系统起始无储能,即 0_- 状态为零,则零输入响应为零,但自由响应可以不为零,由激励信号与系统参数共同决定。

(5) 零输入响应由 0_- 时刻到 0_+ 时刻不跳变,此时刻若发生跳变可能出现在零状态响应分量之中。

下面给出一个简单的例题。通过一些具体数字的计算可以理解上述分析。

例 2-8 已知系统方程式

$$\frac{dr(t)}{dt} + 3r(t) = 3e(t)$$

若起始状态为 $r(0_-) = \dfrac{3}{2}$,激励信号 $e(t) = u(t)$,求系统的自由响应、强迫响应、零输入响应、零状态响应以及完全响应。

解 (1) 由方程式求出特征根 $\alpha = -3$,齐次解是 $A e^{-3t}$,由激励信号 $u(t)$ 求出特解是 1。完全响应表达式为

$$r(t) = A e^{-3t} + 1$$

由方程式两端奇异函数平衡条件易判断,$r(t)$ 在起始点无跳变,$r(0_+) = r(0_-) = \dfrac{3}{2}$。利用此条件解出系数 $A = \dfrac{1}{2}$,所以完全解为

$$r(t) = \frac{1}{2} e^{-3t} + 1$$

式中,第一项 $\dfrac{1}{2} e^{-3t}$ 为自由响应,第二项 1 为强迫响应。

(2) 求零输入响应。此时,特解为零。由初始条件求出系数 $A = \dfrac{3}{2}$,于是有

$$r_{zi}(t) = \frac{3}{2} e^{-3t}$$

再求零状态响应。此时令 $r(0_+) = 0$,解出相应的系数 $A = -1$,于是有

$$r_{zs}(t) = -e^{-3t} + 1$$

将以上两者合成为完全响应,并与第(1)步结果比较可以写出

$$r(t) = \overbrace{\frac{3}{2}e^{-3t}}^{\text{自由响应}} \underbrace{-\ e^{-3t}}_{} + \overbrace{1}^{\text{强迫响应}}$$

$$\underbrace{\phantom{\frac{3}{2}e^{-3t} - e^{-3t} + 1}}_{\text{零输入响应}\quad\text{零状态响应}}$$

　　对于 LTI 系统响应的分解,除按以上两种方式划分之外,另一种情况是将完全响应分解为"瞬态(暂态)响应"和"稳态响应"的组合。当 $t \to \infty$ 时,响应趋近于零的分量称为瞬态响应;而当 $t \to \infty$ 时,保留下来的分量称为稳态响应。例如在例 2-8 中 $\frac{1}{2}e^{-3t}$ 是瞬态响应,而稳态响应是 1。关于这对名词的进一步讨论将在 4.7 节给出。

　　基于观察问题的不同角度,形成了上述三种系统响应的分解方式。其中,自由响应与强迫响应分量的构成是沿袭经典法求解微分方程的传统概念,将完全响应划分为与系统特征对应以及和激励信号对应的两个部分。而零输入响应与零状态响应则是依据引起系统响应的原因来划分,前者是由系统内部储能引起的,而后者是外加激励信号产生的输出。至于瞬态与稳态响应的组合,只注重分析响应的结果,将长时间稳定之后的表现与短时间的过渡状态区分开来。

　　在当代 LTI 系统研究领域中,零状态响应的概念具有突出的重要意义,这是由于:

　　(1) 大量的通信与电子系统的实际问题只需研究零状态响应。

　　(2) 为求解零状态响应,可以不再采用比较烦琐的经典法,而是利用卷积方法求解(见 2.7 节至 2.9 节),这样可使问题简化并且便于和各种变换域方法沟通。

　　(3) 按零输入响应与零状态响应分解有助于理解线性系统叠加性和齐次性的特征。最后,就此问题做些说明。

　　前文已指出(2.3 节开始),若系统起始状态为零(内部无储能),则由常系数线性微分方程描述的系统是线性时不变系统,应满足叠加性与均匀性。例如,在上述例 2-8 中,如果我们保持起始状态仍为原值,将激励信号倍乘系数 C,那么,零状态响应也要倍乘 C,由于零输入响应没有变化,系统的完全响应与激励信号之间不能满足线性倍乘的规律,因此不能认为系统是线性的。然而,若令起始无储能,即零输入响应等于零,那么,激励信号的倍乘必将引起零状态响应(也即完全响应)的倍乘,当然系统是线性的。反过来,若将起始状态的作用也视为对系统施加的激励,当零状态响应为零(也即不加激励)时,起始状态的数值与零

输入响应之间同样满足线性倍乘规律。

综上所述,得出以下结论。由常系数线性微分方程描述的系统在下述意义上是线性的:

(1)零状态线性:当起始状态为零时,系统的零状态响应对于各激励信号呈线性。

(2)零输入线性:当激励为零时,系统的零输入响应对于各起始状态呈线性。

(3)把激励信号与起始状态都视为系统的外施作用,则系统的完全响应对两种外施作用也呈线性。

2.6　冲激响应与阶跃响应

以单位冲激信号 $\delta(t)$ 作激励,系统产生的零状态响应称为"单位冲激响应"或简称"冲激响应"。以 $h(t)$ 表示。

以单位阶跃信号 $u(t)$ 作激励,系统产生的零状态响应称为"单位阶跃响应"或简称"阶跃响应"。以 $g(t)$ 表示。

冲激函数与阶跃函数代表了两种典型信号,求它们引起的零状态响应是线性系统分析中常见的典型问题,这是我们对这两种响应感兴趣的原因之一。另一方面,在 1.5 节我们曾讨论到,信号分解的一种重要方式是把待研究的信号分解为许多冲激信号的基本单元之和,或阶跃信号之和。当我们要计算某种激励信号对于系统产生的零状态响应时,可先分别计算系统对其被分解的冲激信号或阶跃信号的零状态响应,然后叠加即得所需之结果。这就是用卷积求零状态响应的基本原理。因此,本节的研究,正是为卷积分析做准备。

若已知描述系统的方程式如式(2-9)所示,为便于讨论,将它抄写如下

$$C_0\frac{d^n r(t)}{dt^n}+C_1\frac{d^{n-1}r(t)}{dt^{n-1}}+\cdots+C_{n-1}\frac{dr(t)}{dt}+C_n r(t)$$

$$=E_0\frac{d^m e(t)}{dt^m}+E_1\frac{d^{m-1}e(t)}{dt^{m-1}}+\cdots+E_{m-1}\frac{de(t)}{dt}+E_m e(t)$$

在给定 $e(t)$ 为单位冲激信号的条件下,我们来求 $r(t)$,即冲激响应 $h(t)$。很明显,将 $e(t)=\delta(t)$ 代入方程,则等式右端就出现了冲激函数和它的逐次导数,即各阶的奇异函数。待求的 $h(t)$ 函数式应保证式(2-9)左、右两端奇异函数相平衡。$h(t)$ 的形式将与 m 和 n 的相对大小有着密切关系。一般情况下有 $n>m$,我们着重讨论这种情况。此时,方程式左端的 $\frac{d^n r(t)}{dt^n}$ 项应包含冲激函数的 m 阶导

数 $\dfrac{\mathrm{d}^m \delta(t)}{\mathrm{d}t^m}$，以便与右端相匹配，依次有 $\dfrac{\mathrm{d}^{n-1} r(t)}{\mathrm{d}t^{n-1}}$ 项对应有 $\dfrac{\mathrm{d}^{m-1} \delta(t)}{\mathrm{d}t^{m-1}}$，…。若 $n =$ $m+1$，则 $\dfrac{\mathrm{d}r(t)}{\mathrm{d}t}$ 项要对应有 $\delta(t)$，而 $r(t)$ 项将不包含 $\delta(t)$ 及其各阶导数项。这表明，在 $n>m$ 的条件下，冲激响应 $h(t)$ 函数式中将不包含 $\delta(t)$ 及其各阶导数项。

根据定义，$\delta(t)$ 及其各阶导数在 $t>0$ 时都等于零。于是，式(2-9)的右端在 $t>0$ 时恒等于零，因此，冲激响应 $h(t)$ 应与齐次解的形式相同，如果特征根包括 n 个非重根，则

$$h(t) = \sum_{k=1}^{n} A_k \mathrm{e}^{\alpha_k t} \qquad (2\text{-}42)$$

此结果表明，$\delta(t)$ 信号的加入，在 $t=0$ 时刻引起了系统的能量储存，而在 $t=0_+$ 以后，系统的外加激励为零，只有由冲激引入的能量储存作用，这样，就把冲激信号源转换（等效）为非零的起始条件，响应形式必然与零输入响应相同（相当于求齐次解）。

余下的问题是如何确定式(2-42)中的系数 A_k。回顾在例 2-7 中我们已经求解了 RLC 并联电路在电流源 $\delta(t)$ 作用下产生的冲激响应（而例 2-6 是求阶跃响应）。在那里，按照经典法的严格步骤从 0_- 值求得 0_+ 值，再由 0_+ 状态解出系数 A_k。在下面的例子中，我们将改变求解方法，利用方程式两端奇异函数系数匹配直接求出系数 A_k，这样可以省去求 0_+ 状态的过程，使问题简化。

例 2-9 设描述系统的微分方程式为

$$\frac{\mathrm{d}^2 r(t)}{\mathrm{d}t^2} + 4\frac{\mathrm{d}r(t)}{\mathrm{d}t} + 3r(t) = \frac{\mathrm{d}e(t)}{\mathrm{d}t} + 2e(t)$$

试求其冲激响应 $h(t)$。

解 首先求其特征根为

$$\alpha_1 = -1, \alpha_2 = -3$$

于是有

$$h(t) = (A_1 \mathrm{e}^{-t} + A_2 \mathrm{e}^{-3t}) u(t)$$

对 $h(t)$ 逐次求导得到

$$\frac{\mathrm{d}h(t)}{\mathrm{d}t} = (A_1 + A_2)\delta(t) + (-A_1 \mathrm{e}^{-t} - 3A_2 \mathrm{e}^{-3t}) u(t)$$

$$\frac{\mathrm{d}^2 h(t)}{\mathrm{d}t^2} = (A_1 + A_2)\delta'(t) + (-A_1 - 3A_2)\delta(t) +$$
$$(A_1 \mathrm{e}^{-t} + 9A_2 \mathrm{e}^{-3t}) u(t)$$

将 $r(t)=h(t)$,$e(t)=\delta(t)$代入给定之微分方程,其左端前两项得到

$$(A_1+A_2)\delta'(t)+(3A_1+A_2)\delta(t)$$

与其对应的右端为

$$\delta'(t)+2\delta(t)$$

令左、右两端 $\delta'(t)$的系数以及 $\delta(t)$系数对应相等,得到

$$\begin{cases}A_1+A_2=1\\3A_1+A_2=2\end{cases}$$

解得

$$A_1=\frac{1}{2},A_2=\frac{1}{2}$$

冲激响应的表示式为

$$h(t)=\frac{1}{2}(\mathrm{e}^{-t}+\mathrm{e}^{-3t})\mathrm{u}(t)$$

注意,这里的方法与例 2-7 采用的方法不同,在本例中,我们绕过了求 $h(0_+)$与 $h'(0_+)$的问题,将 $h(t)$表示式代入方程,利用奇异函数项平衡的原理,直接求出系数 A。

如果把这里的方法用于求解例 2-7,可以得到完全相同的答案,为便于讨论,将那里的系统模型表达式抄录如下

$$\frac{\mathrm{d}^2i_L(t)}{\mathrm{d}t^2}+\frac{1}{RC}\frac{\mathrm{d}i_L(t)}{\mathrm{d}t}+\frac{1}{LC}i_L(t)=\frac{1}{LC}\delta(t)$$

待求函数 $i_L(t)$即冲激响应 $h(t)$,设特征根为 α_1和 α_2,可以写出

$$h(t)=(A_1\mathrm{e}^{\alpha_1t}+A_2\mathrm{e}^{\alpha_2t})\mathrm{u}(t)$$

$$\frac{\mathrm{d}h(t)}{\mathrm{d}t}=(A_1+A_2)\delta(t)+(\alpha_1A_1\mathrm{e}^{\alpha_1t}+\alpha_2A_2\mathrm{e}^{\alpha_2t})\mathrm{u}(t)$$

$$\frac{\mathrm{d}^2h(t)}{\mathrm{d}t^2}=(A_1+A_2)\delta'(t)+(\alpha_1A_1+\alpha_2A_2)\delta(t)+$$

$$(\alpha_1^2A_1\mathrm{e}^{\alpha_1t}+\alpha_2^2A_2\mathrm{e}^{\alpha_2t})\mathrm{u}(t)$$

将此结果代入给定的微分方程,其左端前两项得到

$$(A_1+A_2)\delta'(t)+\left[\frac{1}{RC}(A_1+A_2)+\alpha_1A_1+\alpha_2A_2\right]\delta(t)$$

右端对应的 $\delta'(t)$ 项为零，而 $\delta(t)$ 项等于 $\dfrac{1}{LC}$，于是给出

$$\begin{cases} A_1 + A_2 = 0 \\ \dfrac{1}{RC}(A_1 + A_2) + \alpha_1 A_1 + \alpha_2 A_2 = \dfrac{1}{LC} \end{cases}$$

也即

$$\begin{cases} A_1 + A_2 = 0 \\ \alpha_1 A_1 + \alpha_2 A_2 = \dfrac{1}{LC} \end{cases}$$

至此，已经得到与前文例 2-7 中求解系数 A_1、A_2 的代数方程完全一致的结果。当然，以下全部答案也都一样。在此推导过程中也是绕过了求 $h(0_+)$ 和 $h'(0_+)$ 的步骤，直接找到了 A_1 和 A_2。

以上讨论了 $n>m$ 的情况。如果 $n=m$，冲激响应 $h(t)$ 将包含一个 $\delta(t)$ 项。而 $n<m$ 时，$h(t)$ 还要包含 $\delta(t)$ 的导数项。各奇异函数项系数的求法仍由方程式两边系数平衡而得到。

用以上方法求得一些一阶、二阶系统的冲激响应，列于表 2-4 备查。

◎ 表 2-4   冲激响应 $h(t)$

系统方程式		冲激响应 $h(t)$
一阶 （特征根 $\alpha = -C$）	$\dfrac{dr(t)}{dt} + Cr(t) = Ee(t)$	$Ee^{\alpha t}u(t)$
	$\dfrac{dr(t)}{dt} + Cr(t) = E\dfrac{de(t)}{dt}$	$E\delta(t) + E\alpha e^{\alpha t}u(t)$
二阶 $\left(\text{特征根 } \alpha_1, \alpha_2 = \dfrac{-C_1 \pm \sqrt{C_1^2 - 4C_2}}{2}\right)$	$\dfrac{d^2 r(t)}{dt^2} + C_1\dfrac{dr(t)}{dt} + C_2 r(t)$ $= Ee(t)$	$\dfrac{E}{\alpha_1 - \alpha_2}(e^{\alpha_1 t} - e^{\alpha_2 t})u(t)$
	$\dfrac{dr^2(t)}{dt^2} + C_1\dfrac{dr(t)}{dt} + C_2 r(t)$ $= E\dfrac{de(t)}{dt}$	$\dfrac{E}{\alpha_1 - \alpha_2}(\alpha_1 e^{\alpha_1 t} - \alpha_2 e^{\alpha_2 t})u(t)$

当系统受阶跃信号激励时，方程式右端可能包括阶跃函数、冲激函数及其导数。这时，求阶跃响应的方法与求冲激响应的方法类似，但应注意，由于方程右

端阶跃函数的出现,在阶跃响应的表示式中除齐次解之外还应增加特解项(阶跃函数项)。

求冲激响应与阶跃响应的另一种方法是拉普拉斯变换法,将在第四章研究。本章介绍的方法着重说明这两种响应的基本概念,而拉普拉斯变换法更简便、实用。以后,我们将看到,在信号与系统分析中,时域方法往往与变换域方法相互补充、配合运用。

冲激响应与阶跃响应完全由系统本身决定,与外界因素无关。这两种响应之间有一定的依从关系,当已求得其中之一,则另一响应即可确定。由第一章1.7节LTI系统的基本特性可知,若系统的输入由原激励信号改为其导数时,输出也由原响应函数变成其导数。显然,此结论也适用于激励信号由阶跃经求导而成为冲激的这一特殊情况。因此,若已知系统的阶跃响应为 $g(t)$,其冲激响应 $h(t)$ 可由下式求得

$$h(t) = \frac{\mathrm{d}}{\mathrm{d}t}g(t) \qquad (2-43)$$

反之,若已知冲激响应 $h(t)$,也可求出 $g(t)$

$$g(t) = \int_{-\infty}^{t} h(\tau)\mathrm{d}\tau \qquad (2-44)$$

在系统理论研究中,常利用冲激响应或阶跃响应表征系统的某些基本性能,例如,因果系统的充分必要条件可表示为:当 $t<0$ 时,冲激响应(或阶跃响应)等于零,即

$$h(t) = 0 \qquad (t<0) \qquad (2-45)$$

或

$$g(t) = 0 \qquad (t<0) \qquad (2-46)$$

此外,还可利用 $h(t)$ 说明系统的稳定性,将在第五章研究。

2.7　卷积

如果将施加于线性系统的信号分解,而且对于每个分量作用于系统产生之响应易于求得,那么,根据叠加定理,将这些响应取和即可得到原激励信号引起的响应。这种分解可表示为诸如冲激函数、阶跃函数或三角函数、指数函数这样一些基本函数之组合。卷积(convolution)方法的原理就是将信号分解为冲激信号之和,借助系统的冲激响应,求解系统对任意激励信号的零状态响应。将信号分解为三角函数或指数函数组合的研究将在第三章给出。

卷积方法最早的研究可追溯至 18—19 世纪的数学家欧拉(L.Euler,1707—1783)、泊松(S.Ð.Poisson,1781—1840)等人,以后许多科学家对此问题陆续做了大量工作,其中,最值得记起的是杜阿美尔(J.M.C.Duhamel,1797—1872)。

随着信号与系统理论研究的深入以及计算机技术的发展,卷积方法得到日益广泛的应用。在现代信号处理技术的多个领域,如通信系统、地震勘探、超声诊断、光学成像、系统辨识等方面都在借助卷积或解卷积(反卷积——卷积的逆运算)解决问题。许多有待深入开发研究的新课题也都依赖卷积方法。我们将要看到,卷积原理的应用几乎贯穿于本书的每一章。

一、借助冲激响应与叠加定理求系统零状态响应

设激励信号 $e(t)$ 可表示成如图 2-7(a)所示的曲线。我们把它分解为许多相邻的窄脉冲。以 $t=t_1$ 处的脉冲为例,设此脉冲的持续时间等于 Δt_1。Δt_1 取得越小,则脉冲幅值与函数值越为逼近。仿照第一章 1.5 节图 1-37(a)的近似分析,当 $\Delta t_1 \to 0$ 时,$e(t)$ 可表示为 $\sum e(t_1)\delta(t-t_1)\Delta t_1$[参看式(1-58)]。设此系统对单位冲激 $\delta(t)$ 的响应为 $h(t)$,那么,根据线性时不变系统的基本特性可求得,对于 $t=t_1$ 处的冲激信号 $[e(t_1)\Delta t_1]\delta(t-t_1)$ 的响应必然等于 $[e(t_1)\Delta t_1]\cdot h(t-t_1)$,如图 2-7(b)所示。

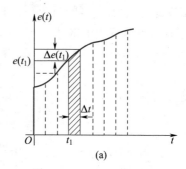
(a)

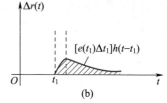
(b)

如果要求得到 $t=t_2$ 时刻的响应 $r(t_2)$,只要将 t_2 时刻以前所有冲激响应相加即得,图 2-7(c)示出了相加的过程和结果。将此结果写成数学表示式应为

$$r(t_2) = \lim_{\Delta t_1 \to 0} \sum_{t_1=0}^{t_2} e(t_1)h(t_2-t_1)\Delta t_1$$
(2-47)

或写为积分形式

$$r(t_2) = \int_0^{t_2} e(t_1)h(t_2-t_1)\mathrm{d}t_1 \quad (2-48)$$

如将上式中 t_2 改写为 t,把 t_1 以 τ 代替,于是得到

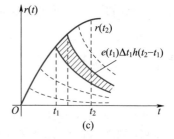
(c)

图 2-7　借助冲激响应与叠加
定理求系统零状态响应

$$r(t) = \int_0^t e(\tau)h(t-\tau)\mathrm{d}\tau \quad (2-49)$$

此结果表明,如果已知系统的冲激响应$h(t)$以及激励信号$e(t)$,欲求系统的零状态响应$r(t)$,可将$h(t)$与$e(t)$函数的自变量t分别改写作$t-\tau$和τ,取积分限为$0 \sim t$,计算$e(\tau)$与$h(t-\tau)$相乘函数对变量τ的积分,即得所需响应$r(t)$。注意,这里积分变量虽为τ,但经定积分运算,代入枳分限以后,所得结果仍为t的函数。此积分运算即为卷积积分。

上述导出过程也可用表2-5概括。很明显,这是在线性时不变(LTI)系统条件下得到的结果。

◎ 表2-5 卷积表达式的导出

激励信号	响应信号	理论依据
$\delta(t)$	$h(t)$	定义
$\delta(t-\tau)$	$h(t-\tau)$	时不变特性
$[e(\tau)\Delta\tau]\delta(t-\tau)$	$[e(\tau)\Delta\tau]h(t-\tau)$	齐次性(均匀性) 叠加性 }线性
$\sum\limits_{\tau=0}^{t} e(\tau)\delta(t-\tau)\Delta\tau$	$\sum\limits_{\tau=0}^{t} e(\tau)h(t-\tau)\Delta\tau$	
$\int_{0}^{t} e(\tau)\delta(t-\tau)\mathrm{d}\tau$	$\int_{0}^{t} e(\tau)h(t-\tau)\mathrm{d}\tau$	$\Delta\tau \to 0$ 求和$\to$积分

例2-10 图2-8所示RL电路,激励信号为电压源$e(t)$,响应是电流$i(t)$。求冲激响应$h(t)$,并利用卷积积分求系统对$e(t)=\mathrm{u}(t)-\mathrm{u}(t-t_0)$的响应。

解 (1) 求$h(t)$。为此,写出微分方程

$$L\frac{\mathrm{d}i}{\mathrm{d}t}+Ri=e(t) \tag{2-50}$$

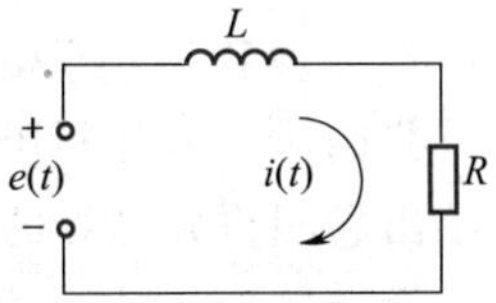

特征根

$$\alpha=-\frac{R}{L} \tag{2-51}$$

图2-8 RL 电路

查表2-4(或利用方程式两端奇异函数平衡关系)容易求得系统的冲激响应为

$$h(t)=\frac{1}{L}\mathrm{e}^{-\frac{R}{L}t}\mathrm{u}(t) \tag{2-52}$$

(2) 若$e(t)=\mathrm{u}(t)-\mathrm{u}(t-t_0)$,利用卷积积分求$i(t)$,即

$$i(t)=\int_{0}^{t}\left[\mathrm{u}(\tau)-\mathrm{u}(\tau-t_0)\right]\cdot\frac{1}{L}\mathrm{e}^{-\frac{R}{L}(t-\tau)}\mathrm{d}\tau$$

$$= \int_0^t \frac{1}{L} \cdot e^{-\frac{R}{L}(t-\tau)} d\tau \cdot u(t) - \int_{t_0}^t \frac{1}{L} \cdot e^{-\frac{R}{L}(t-\tau)} d\tau \cdot u(t-t_0)$$

$$= \frac{1}{R} e^{-\frac{R}{L}(t-\tau)} \bigg|_0^t \cdot u(t) - \frac{1}{R} e^{-\frac{R}{L}(t-\tau)} \bigg|_{t_0}^t \cdot u(t-t_0)$$

$$= \frac{1}{R} (1 - e^{-\frac{R}{L}t}) u(t) - \frac{1}{R} [1 - e^{-\frac{R}{L}(t-t_0)}] u(t-t_0) \tag{2-53}$$

卷积的方法借助于系统的冲激响应。与此方法对照,还可以利用系统的阶跃响应求系统对任意信号的零状态响应,这时,应把激励信号分解为许多阶跃信号之和,分别求其响应然后再叠加,这种方法称为杜阿美尔积分,其原理与卷积类似,此处不再讨论(见习题 2-22)。

在以上讨论中,我们把卷积积分的应用限于线性时不变系统。对于非线性系统,由于违反叠加定理,因而不能应用;而对于线性时变系统,仍可借助卷积求零状态响应。但应注意,由于系统的时变特性,冲激响应是两个变量的函数,这两个参量是:冲激加入时间 τ、响应观测时间 t,冲激响应的表示式为 $h(t,\tau)$。求零状态响应的卷积积分写为

$$r(t) = \int_0^t h(t,\tau) e(\tau) d\tau \tag{2-54}$$

前面研究的时不变系统仅仅是时变系统的一个特例,对于时不变系统,冲激响应由观测时刻与激励接入时刻的差值决定,于是式(2-54)中的 $h(t,\tau)$ 简化为 $h(t-\tau)$,这就是前面式(2-49)的结果。

二、卷积积分及其积分限的确定

我们暂且离开利用卷积求线性系统零状态响应的物理问题,而从数学意义上给出卷积积分运算的定义,并研究其积分限的确定。

设函数 $f_1(t)$ 与函数 $f_2(t)$ 具有相同的变量 t,将 $f_1(t)$ 与 $f_2(t)$ 经以下的积分可得到第三个相同变量的函数 $s(t)$

$$s(t) = \int_{-\infty}^{\infty} f_1(\tau) f_2(t-\tau) d\tau \tag{2-55}$$

此积分称为卷积积分,常用简写符号" * "表示 $f_1(t)$ 与 $f_2(t)$ 的卷积运算,于是,式(2-55)写为

$$s(t) = \int_{-\infty}^{\infty} f_1(\tau) f_2(t-\tau) d\tau = f_1(t) * f_2(t) \tag{2-56}$$

式(2-55)规定的变量置换、相乘、积分的运算规律与前面式(2-49)完全一致,只是积分限有所不同。下面说明,当 $f_1(t)$ 与 $f_2(t)$ 受到某种限制时,可以得到

与前面相同的积分限。

如果对于 $t<0$，$f_1(t)=0$，那么，在式（2-55）中的 $f_1(\tau)$ 可表示为 $f_1(\tau)\cdot u(\tau)$，因此积分下限应从零开始，于是有

$$f_1(t)*f_2(t)=\int_0^\infty f_1(\tau)f_2(t-\tau)\mathrm{d}\tau \qquad (2\text{-}57)$$

相反，若 $f_1(t)$ 不受此限，而当 $t<0$ 时 $f_2(t)=0$，那么，在式（2-55）中的函数 $f_2(t-\tau)$ 对于 $t-\tau<0$ 的时间范围（即 $\tau>t$ 范围）应等于零，因此积分上限取 t，于是有

$$f_1(t)*f_2(t)=\int_{-\infty}^t f_1(\tau)f_2(t-\tau)\mathrm{d}\tau \qquad (2\text{-}58)$$

若 $f_1(t)$ 与 $f_2(t)$ 在 $t<0$ 时都等于零，就会得到

$$f_1(t)*f_2(t)=\begin{cases}0 & (t<0)\\ \int_0^t f_1(\tau)f_2(t-\tau)\mathrm{d}\tau & (t\geq 0)\end{cases} \qquad (2\text{-}59)$$

现在，可以回到式（2-49），在那里，由于激励信号 $e(t)$ 在 $t=0$ 时刻接入，也即在 $t<0$ 时 $e(t)$ 等于零，而且对于因果系统，其冲激响应 $h(t)$ 在 $t<0$ 时也等于零，因此，卷积积分的积分限应与式（2-59）一致，也是 $0\sim t$。借助卷积的图形解释，可以把积分限的关系看得更清楚。

三、卷积的图形解释

卷积积分的图解说明可以帮助我们理解卷积的概念，把一些抽象的关系形象化，便于分段计算。

设系统的激励信号为 $e(t)$，如图 2-9（a）所示，冲激响应为 $h(t)$，如图 2-9（b）所示。利用卷积求零状态响应的一般表达式为

$$r(t)=e(t)*h(t)=\int_{-\infty}^\infty e(\tau)h(t-\tau)\mathrm{d}\tau \qquad (2\text{-}60)$$

可以看出，式中积分变量为 τ，而 $h(t-\tau)$ 表示在 τ 的坐标系中 $h(\tau)$ 需要进行反褶和移位，分别如图 2-9（c）、（d）所示，然后将 $e(\tau)$ 与 $h(t-\tau)$ 的重叠部分相乘做积分。按照上述理解可将卷积运算分解为以下五个步骤：

（1）改换图形横坐标自变量，波形仍保持原状，将 t 改写为 τ，如图 2-9（a）、（b）中所注。

（2）把其中的一个信号反褶［如图 2-9（c）所示］。

（3）把反褶后的信号移位，移位量是 t，这样 t 是一个参变量。在 τ 坐标系中，$t>0$ 图形右移；$t<0$ 图形左移［如图 2-9（d）所示］。

（4）两信号重叠部分相乘 $e(\tau)h(t-\tau)$。

（5）完成相乘后图形的积分。

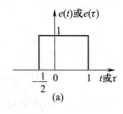

(a)

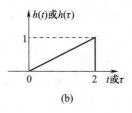

(b)

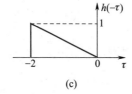

(c)

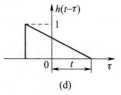

(d)

图 2-9　卷积的图形解释

按上述步骤完成的卷积积分结果如下：

（1）$-\infty<t<-\dfrac{1}{2}$，如图 2-10（a）所示。

$$e(t) * h(t) = 0$$

（2）$-\dfrac{1}{2}\leqslant t<1$，如图 2-10（b）所示。

$$e(t) * h(t) = \int_{-\frac{1}{2}}^{t} 1 \times \frac{1}{2}(t-\tau)\,\mathrm{d}\tau$$

$$= \frac{t^2}{4} + \frac{t}{4} + \frac{1}{16}$$

（3）$1\leqslant t<\dfrac{3}{2}$，如图 2-10（c）所示。

$$e(t) * h(t) = \int_{-\frac{1}{2}}^{1} 1 \times \frac{1}{2}(t-\tau)\,\mathrm{d}\tau$$

$$= \frac{3}{4}t - \frac{3}{16}$$

（4）$\dfrac{3}{2}\leqslant t<3$，如图 2-10（d）所示。

$$e(t) * h(t) = \int_{t-2}^{1} 1 \times \frac{1}{2}(t-\tau)\,\mathrm{d}\tau$$

$$= -\frac{t^2}{4} + \frac{t}{2} + \frac{3}{4}$$

（5）$3 \leqslant t < \infty$，如图 2-10(e)所示。

$$e(t) * h(t) = 0$$

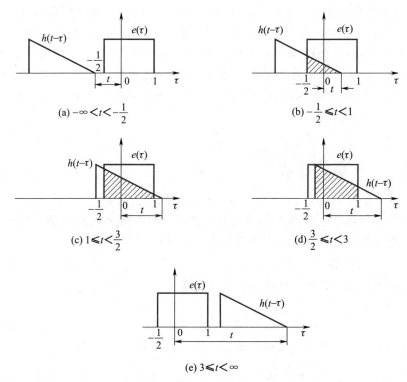

(a) $-\infty < t < -\dfrac{1}{2}$

(b) $-\dfrac{1}{2} \leqslant t < 1$

(c) $1 \leqslant t < \dfrac{3}{2}$

(d) $\dfrac{3}{2} \leqslant t < 3$

(e) $3 \leqslant t < \infty$

图 2-10　卷积积分的求解过程

以上各图中的阴影面积，即为相乘积分的结果。最后，若以 t 为横坐标，将与 t 对应的积分值描成曲线，就是卷积积分 $e(t) * h(t)$ 的函数图像，如图 2-11 所示。

注意，上述用阴影面积理解相乘积分仅适用于 $e(t)$[或 $h(t)$]的非零值恒等于 1 或常量的特殊情况，对一般的 $e(t)$[或 $h(t)$]并不成立。

从以上图解分析可以看出，卷积中积分限的确定取决于两个图形交叠部分的范围。卷积结果所占有的时宽等于两个函数各自时宽的总和。

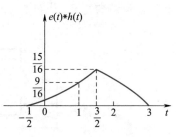

图 2-11　图 2-9 卷积积分结果

也可以把 $e(t)$ 反褶、移位计算,得到的结果相同,读者可自行完成。其理论依据是卷积运算的交换律,详见 2.8 节。

对于一些简单信号的卷积运算,可借助图解分析方法较快地看到运算结果。例如,两个波形完全相同的矩形脉冲,若宽度都为 T,则两者卷积后将得到底宽为 $2T$ 的三角形脉冲。读者可练习画图研究这一过程,并注意观察当矩形脉冲出现时间改变时,相应的三角形产生的位置也将随之移动。这个题目虽然很简单,却十分重要。在本书以后各章和后续课程中可能经常遇到,建议熟记有关结论。

另外,两个时间宽度不同的矩形脉冲经卷积运算后应得到梯形脉冲波形。请读者继续做此练习。

2.8　卷积的性质

作为一种数学运算,卷积运算具有某些特殊性质,这些性质在信号与系统分析中有重要作用。利用这些性质还可以使卷积运算简化。

一、卷积代数

通常乘法运算中的某些代数定律也适用于卷积运算。

1. 交换律

$$f_1(t) * f_2(t) = f_2(t) * f_1(t) \tag{2-61}$$

把积分变量 τ 改换为 $(t-\lambda)$,即可证明此定律

$$f_1(t) * f_2(t) = \int_{-\infty}^{\infty} f_1(\tau) f_2(t-\tau) \mathrm{d}\tau = \int_{-\infty}^{\infty} f_2(\lambda) f_1(t-\lambda) \mathrm{d}\lambda = f_2(t) * f_1(t)$$

这意味着两函数在卷积积分中的次序是可以交换的。

2. 分配律

$$f_1(t) * [f_2(t) + f_3(t)] = f_1(t) * f_2(t) + f_1(t) * f_3(t) \tag{2-62}$$

分配律用于系统分析,相当于并联系统的冲激响应,等于组成并联系统的各子系统冲激响应之和,如图 2-12 所示。

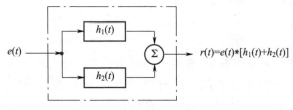

图 2-12　并联系统的 $h(t) = h_1(t) + h_2(t)$

3. 结合律

$$[f_1(t) * f_2(t)] * f_3(t) = f_1(t) * [f_2(t) * f_3(t)] \qquad (2-63)$$

这里包含两次卷积运算,是一个二重积分,只要改换积分次序即可证明此定律

$$[f_1(t) * f_2(t)] * f_3(t) = \int_{-\infty}^{\infty} \left[\int_{-\infty}^{\infty} f_1(\lambda) f_2(\tau - \lambda) \mathrm{d}\lambda \right] f_3(t - \tau) \mathrm{d}\tau$$

$$= \int_{-\infty}^{\infty} f_1(\lambda) \left[\int_{-\infty}^{\infty} f_2(\tau - \lambda) f_3(t - \tau) \mathrm{d}\tau \right] \mathrm{d}\lambda$$

$$= \int_{-\infty}^{\infty} f_1(\lambda) \left[\int_{-\infty}^{\infty} f_2(\tau) f_3(t - \tau - \lambda) \mathrm{d}\tau \right] \mathrm{d}\lambda$$

$$= f_1(t) * [f_2(t) * f_3(t)]$$

结合律用于系统分析,相当于串联系统的冲激响应,等于组成串联系统的各子系统冲激响应的卷积,如图 2-13 所示。

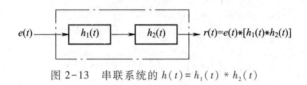

图 2-13　串联系统的 $h(t) = h_1(t) * h_2(t)$

二、卷积的微分与积分

上述卷积代数定律与乘法运算的性质类似,但是卷积的微分或积分却与两函数相乘的微分或积分性质不同。

两个函数卷积后的导数等于其中一函数的导数与另一函数的卷积,其表示式为

$$\frac{\mathrm{d}}{\mathrm{d}t}[f_1(t) * f_2(t)] = f_1(t) * \frac{\mathrm{d}f_2(t)}{\mathrm{d}t}$$

$$= \frac{\mathrm{d}f_1(t)}{\mathrm{d}t} * f_2(t) \qquad (2-64)$$

由卷积定义可证明此关系式

$$\frac{\mathrm{d}}{\mathrm{d}t}[f_1(t) * f_2(t)] = \frac{\mathrm{d}}{\mathrm{d}t} \int_{-\infty}^{\infty} f_1(\tau) f_2(t - \tau) \mathrm{d}\tau$$

$$= \int_{-\infty}^{\infty} f_1(\tau) \frac{\mathrm{d}f_2(t - \tau)}{\mathrm{d}t} \mathrm{d}\tau$$

$$= f_1(t) * \frac{\mathrm{d}f_2(t)}{\mathrm{d}t} \qquad (2-65)$$

同样可以证得

$$\frac{\mathrm{d}}{\mathrm{d}t}[f_2(t) * f_1(t)] = f_2(t) * \frac{\mathrm{d}f_1(t)}{\mathrm{d}t} \qquad (2-66)$$

显然，$f_2(t) * f_1(t)$ 也即 $f_1(t) * f_2(t)$，故式（2-66）成立。

两函数卷积后的积分等于其中一函数之积分与另一函数之卷积。其表示式为

$$\int_{-\infty}^{t} [f_1(\lambda) * f_2(\lambda)] \mathrm{d}\lambda = f_1(t) * \int_{-\infty}^{t} f_2(\lambda) \mathrm{d}\lambda$$

$$= f_2(t) * \int_{-\infty}^{t} f_1(\lambda) \mathrm{d}\lambda \qquad (2-67)$$

证明如下

$$\int_{-\infty}^{t} [f_1(\lambda) * f_2(\lambda)] \mathrm{d}\lambda$$

$$= \int_{-\infty}^{t} \left[\int_{-\infty}^{\infty} f_1(\tau) f_2(\lambda - \tau) \mathrm{d}\tau \right] \mathrm{d}\lambda$$

$$= \int_{-\infty}^{\infty} f_1(\tau) \left[\int_{-\infty}^{t} f_2(\lambda - \tau) \mathrm{d}\lambda \right] \mathrm{d}\tau$$

$$= f_1(t) * \int_{-\infty}^{t} f_2(\lambda) \mathrm{d}\lambda \qquad (2-68)$$

借助卷积交换律同样可求得 $f_2(t)$ 与 $f_1(t)$ 之积分相卷积的形式，于是式（2-67）全部得到证明。

应用类似的推演可以导出卷积的高阶导数或多重积分之运算规律。

设 $s(t) = [f_1(t) * f_2(t)]$，则有

$$s^{(i)}(t) = f_1^{(j)}(t) * f_2^{(i-j)}(t) \qquad (2-69)$$

此处，当 i,j 取正整数时为导数的阶次，取负整数时为重积分的次数。读者可自行证明。一个简单的例子是

$$\frac{\mathrm{d}f_1(t)}{\mathrm{d}t} * \int_{-\infty}^{t} f_2(\lambda) \mathrm{d}\lambda = f_1(t) * f_2(t) \qquad (2-70)$$

在运用式（2-70）求解时必须注意 $f_1(t)$ 和 $f_2(t)$ 应满足时间受限条件，当 $t \to -\infty$ 时函数值应等于零。试做习题 2-19(b) 即可理解这一结论。

三、与冲激函数或阶跃函数的卷积

函数 $f(t)$ 与单位冲激函数 $\delta(t)$ 卷积的结果仍然是函数 $f(t)$ 本身。根据卷积定义以及冲激函数的特性［第一章 1.4 节式（1-39）］容易证明

$$f(t) * \delta(t) = \int_{-\infty}^{\infty} f(\tau)\delta(t - \tau)\mathrm{d}\tau$$

$$= \int_{-\infty}^{\infty} f(\tau)\delta(\tau - t)\mathrm{d}\tau$$

$$= f(t) \tag{2-71}$$

这里用到 $\delta(x) = \delta(-x)$，因此 $\delta(t-\tau) = \delta(\tau-t)$。

此结论对我们并不陌生，在 1.5 节将信号分解为冲激函数之叠加时，曾导出与此类似的式(1-60)。今后将要看到，在信号与系统分析中，此性质应用广泛。

进一步有

$$f(t) * \delta(t - t_0) = \int_{-\infty}^{\infty} f(\tau)\delta(t - t_0 - \tau)\mathrm{d}\tau$$

$$= f(t-t_0) \tag{2-72}$$

这表明，与 $\delta(t-t_0)$ 信号相卷积的结果，相当于把函数本身延迟 t_0。

利用卷积的微分、积分特性、不难得到以下一系列结论。

对于冲激偶 $\delta'(t)$，有

$$f(t) * \delta'(t) = f'(t) \tag{2-73}$$

对于单位阶跃函数 $\mathrm{u}(t)$，可以求得

$$f(t) * \mathrm{u}(t) = \int_{-\infty}^{t} f(\lambda)\mathrm{d}\lambda \tag{2-74}$$

推广到一般情况可得

$$f(t) * \delta^{(k)}(t) = f^{(k)}(t) \tag{2-75}$$

$$f(t) * \delta^{(k)}(t-t_0) = f^{(k)}(t-t_0) \tag{2-76}$$

式中 k 表示求导或取重积分的次数，当 k 取正整数时表示导数阶次，k 取负整数时为重积分的次数，例如 $\delta^{(-1)}(t)$ 即 $\delta(t)$ 的积分——单位阶跃函数 $\mathrm{u}(t)$，$\mathrm{u}(t)$ 与 $f(t)$ 之卷积得到 $f^{(-1)}(t)$，即 $f(t)$ 的一次积分式，这就是式(2-74)。

一些常用函数卷积积分的结果制成表格见附录一，备需用时参考。

卷积的性质可以用来简化卷积运算，以图 2-9 的两函数卷积运算为例，利用式(2-70)的关系，可得

$$r(t) = e(t) * h(t) = \frac{\mathrm{d}}{\mathrm{d}t}e(t) * \int_{-\infty}^{t} h(\lambda)\mathrm{d}\lambda$$

其中

$$\frac{\mathrm{d}}{\mathrm{d}t}e(t) = \delta\left(t+\frac{1}{2}\right) - \delta(t-1)$$

其图形如图 2-14(a)所示。

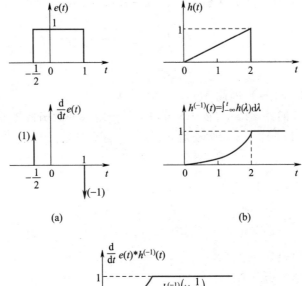

(a)   (b)

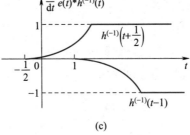

(c)

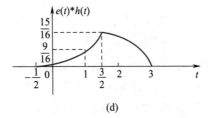

(d)

图 2-14   利用卷积性质简化卷积运算

$$h^{(-1)}(t) = \int_{-\infty}^{t} h(\lambda)\,d\lambda = \int_{-\infty}^{t} \frac{1}{2}\lambda \left[u(\lambda) - u(\lambda - 2) \right] d\lambda$$

$$= \left(\int_{0}^{t} \frac{1}{2}\lambda\,d\lambda \right) u(t) - \left(\int_{2}^{t} \frac{1}{2}\lambda\,d\lambda \right) u(t-2)$$

$$= \frac{1}{4}t^2 u(t) - \frac{1}{4}(t^2 - 4) u(t-2)$$

$$= \frac{1}{4}t^2 \left[u(t) - u(t-2) \right] + u(t-2)$$

其图形如图 2-14(b)所示。

$$
\frac{\mathrm{d}}{\mathrm{d}t}e(t) * \int_{-\infty}^{t} h(\lambda)\,\mathrm{d}\lambda = \frac{1}{4}\left(t+\frac{1}{2}\right)^{2}\left[u\left(t+\frac{1}{2}\right)-u\left(t-\frac{3}{2}\right)\right] + u\left(t-\frac{3}{2}\right) -
$$

$$
\left\{\frac{1}{4}(t-1)^{2}\left[u(t-1)-u(t-3)\right]+u(t-3)\right\}
$$

$$
= \begin{cases}
\dfrac{1}{4}\left(t+\dfrac{1}{2}\right)^{2} & \left(-\dfrac{1}{2}\leqslant t<1\right) \\[3mm]
\dfrac{1}{4}\left(t+\dfrac{1}{2}\right)^{2}-\dfrac{1}{4}(t-1)^{2}=\dfrac{3}{4}\left(t-\dfrac{1}{4}\right) & \left(1\leqslant t<\dfrac{3}{2}\right) \\[3mm]
1-\dfrac{1}{4}(t-1)^{2} & \left(\dfrac{3}{2}\leqslant t<3\right)
\end{cases}
$$

如图 2-14(c)和(d)所示,与前面图 2-9 的结果一致。从以上讨论可以看出如果对某一信号微分后出现冲激信号,则卷积最终结果是另一信号对应积分后平移叠加结果。

卷积积分的工程近似计算是把信号按需要进行抽样离散化形成序列,积分运算用求和代替,因而问题化为两序列的卷积和,得出的结果再适当进行内插,求出最终结果。关于离散信号卷积和将在第七章讨论。

2.9 利用卷积分析通信系统多径失真的消除方法

至此,我们已经介绍了卷积的基本定义、性质、计算和图解分析方法。在本书以后的许多章节中将不断地应用这些概念。

在结束本章之前,我们给出一个借助卷积研究实际应用问题的例子,即通信信号传输过程中多径失真的消除。在无线通信系统中,当接收机从正常途径收到发射信号时,可能还有其他寄生的传输路径,例如从发射机经某些建筑物反射到达接收端,产生所谓"回波"(回声)现象(参看图 2-15);又如,当我们需要完成室内录音时,除了直接进入传声器的正常信号之外,经墙壁反射的信号也可能被采集录入,这也是一种"回声"现象。为这种多径传输现象建立数学模型的简单方法就是定义一个接收信号 $r(t)$,它包括正常传输信号 $e(t)$ 与回波分量 $ae(t-T)$ 两者之和,即

$$
r(t)=e(t)+ae(t-T) \tag{2-77}
$$

此处,T 表示回波路径引入的传输延时,而系数 $a<1$,表示回波路径对信号强度产生衰减。若 $e(t)$ 是一个声音信号,当 T 为 100 ms 量级时,人耳能够感觉到一

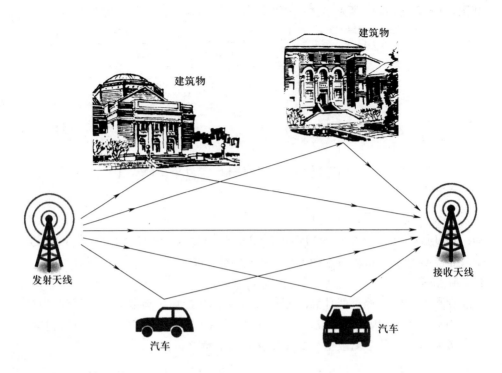

图 2-15   无线通信环境中信号的多径传输

个可区分的回声。如果传输环境有更多的附加路径,那么这一数学模型可表示为

$$r(t) = \sum_{m=0}^{N} a_m e(t - T_m) \qquad (2-78)$$

下角 m 表示每条路径的序号,共有 $N+1$ 条。而 T_m 和 a_m 分别表示各条路径的延迟时间和衰减系数。实际上,我们把这种情况称为"混响"。而当 T 较短且 a 也很小时,人耳感觉的声音效果类似于"空洞"回声。

根据以上分析容易写出回波系统的冲激响应表达式为

$$h(t) = \delta(t) + a\delta(t - T) \qquad (2-79)$$

或对多个回声有

$$h(t) = \sum_{m=0}^{N} a_m \delta(t - T_m) \qquad (2-80)$$

一般在信号 $e(t)$ 激励情况下产生的响应 $r(t)$ 可借助卷积关系表示为

$$r(t) = h(t) * e(t) \qquad (2-81)$$

为了从含有干扰信号的回波系统中取出正常信号,需要设计一个"逆系统"进行

补偿,如图 2-16 所示。可以写出最终恢复信号应为 $e(t)$,逆系统的冲激响应以 $h_i(t)$ 表示,则

$$
\begin{aligned}
e(t) &= r(t) * h_i(t) \\
&= [e(t) * h(t)] * h_i(t) \\
&= e(t) * [h(t) * h_i(t)]
\end{aligned} \tag{2-82}
$$

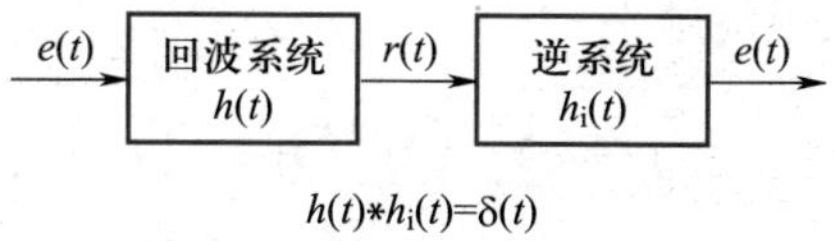

$$h(t)*h_i(t)=\delta(t)$$

图 2-16 用逆系统来补偿回波

显然,必须满足

$$h(t) * h_i(t) = \delta(t) \tag{2-83}$$

即可保证两系统级联后的输出为原激励信号

$$e(t) = e(t) * \delta(t) \tag{2-84}$$

还可写出

$$
\begin{aligned}
\delta(t) &= h(t) * h_i(t) \\
&= [\delta(t) + a\delta(t-T)] * h_i(t)
\end{aligned} \tag{2-85}
$$

接下来的工作是要从上式求出 $h_i(t)$,注意到我们已知等式左端的卷积结果和等式右端的第一个函数,而右端第二个函数是待求结果,这样的问题称为"解卷积"或"反卷积"。对于连续时间信号与系统,解卷积的问题不能导出一般的求解公式,而对于离散时间信号与系统可以给出求"解卷积"的一般计算方法,这将在 7.7 节研究。对于式(2-85)的求解问题,我们可以用直观的屡试方法寻求答案,下面从概念分析逐步给出。

先假定逆系统冲激响应的可能结果为 $h_{i1}(t)$,然后经逐步修正找到最终的 $h_i(t)$,可以写出

$$h_{i1}(t) = \delta(t) - a\delta(t-T) \tag{2-86}$$

上式右端的 $\delta(t)$ 可以保证经卷积计算后保留 $\delta(t)$ 项,而 $-a\delta(t-T)$ 的引入是为了抵消 $a\delta(t-T)$ 这个回波。将 $h_{i1}(t)$ 与 $h(t)$ 卷积后得到

$$
\begin{aligned}
h(t) * h_{i1}(t) &= [\delta(t) + a\delta(t-T)] * [\delta(t) - a\delta(t-T)] \\
&= \delta(t) - a^2\delta(t-2T)
\end{aligned} \tag{2-87}
$$

很遗憾,这种假设虽然可以消除 $a\delta(t-T)$ 项,但是又多出了一个 $-a^2 \cdot \delta(t-2T)$ 项。由于 $a<1$,这个回波较 $a\delta(t-T)$ 的强度有所衰减,而且延迟到 $2T$ 出现。虽然,这里没有能够完全消除回声,然而,已经使干扰的影响明显削弱。按此思路修改逆系统的冲激响应,有望进一步减少回声。为此,再假设待求 $h_i(t)$ 为

$h_{i2}(t)$，即

$$h_{i2}(t) = \delta(t) - a\delta(t-T) + a^2\delta(t-2T) \tag{2-88}$$

增补的一项刚好可以抵消式(2-87)中的多余项$-a^2\delta(t-2T)$。可以求得

$$h(t) * h_{i2}(t) = \delta(t) + a^3\delta(t-3T) \tag{2-89}$$

与前类似，当满足 $a<1$ 时，多余的回波将更小，而且出现的时刻延迟到 $3T$。依此
递推，可以导出 $h_i(t)$ 的最终结果

$$h_i(t) = \sum_{k=0}^{\infty} (-a)^k \delta(t-kT) \tag{2-90}$$

可见，当逆系统的 $h_i(t)$ 选择上式时，可使回波强度趋近于零(当 $a<1$)，且出现时
间推迟到 ∞。实际上构成 $h_i(t)$ 的延迟补偿并不需要无穷多项，可以根据具体环
境要求，将 k 值取若干有限项即可满足消除回声之要求。

  以上我们用直观的屡试方法求出了逆系统的冲激响应，待到研究离散时间
信号与系统时，可以给出求逆系统的严格计算方法，详见本书下册 7.7 节(解卷
积)。另外，利用变换域方法(拉普拉斯变换或傅里叶变换)也可以比较简便地
求得逆系统的冲激响应(或系统函数)，我们将在第四章习题 4-51 和第五章习
题 5-27 分别看到。

2.10   用算子符号表示微分方程

  这是一种简化微分、积分方程式表达(书写)的方法。先给出算子符号法的
一些基本规则和运算规律，然后通过实例分析说明这种方法带来的方便。

一、算子符号的基本规则

我们把微分、积分方程中不断出现的微分与积分符号用下列算子表示

$$p = \frac{\mathrm{d}}{\mathrm{d}t} \tag{2-91}$$

$$\frac{1}{p} = \int_{-\infty}^{t} (\,\cdot\,)\,\mathrm{d}\tau \tag{2-92}$$

$$px = \frac{\mathrm{d}}{\mathrm{d}t}x \tag{2-93}$$

$$p^n x = \frac{\mathrm{d}^n}{\mathrm{d}t^n}x \tag{2-94}$$

$$\frac{1}{p}x = \int_{-\infty}^{t} x\,\mathrm{d}\tau \tag{2-95}$$

例如,按此规定我们可以把下列方程

$$\frac{\mathrm{d}^2 r(t)}{\mathrm{d}t^2} + 5\frac{\mathrm{d}r(t)}{\mathrm{d}t} + 6r(t) = \frac{\mathrm{d}e(t)}{\mathrm{d}t} + 3e(t) \tag{2-96}$$

用算子符号写作

$$p^2 r + 5pr + 6r = pe + 3e \tag{2-97}$$

即

$$(p^2 + 5p + 6)r = (p + 3)e \tag{2-98}$$

必须注意,式(2-98)表示的不是代数方程,而是微分方程。$(p^2+5p+6)r$ 并非指(p^2+5p+6)去乘以 $r(t)$ 函数,而是表示对 $r(t)$ 按规定进行相应的微分运算。而代数方程中的运算规则在算子方程式中并非都适用,下面说明。

(1) p 多项式可以进行类似于代数运算的因式分解或因式相乘展开,例如

$$\begin{aligned}
(p^2 + 5p + 6)x &= (p+3)(p+2)x \\
&= \left(\frac{\mathrm{d}}{\mathrm{d}t} + 3\right)\left(\frac{\mathrm{d}x}{\mathrm{d}t} + 2x\right) \\
&= \frac{\mathrm{d}}{\mathrm{d}t}\left[\frac{\mathrm{d}}{\mathrm{d}t}x + 2x\right] + 3\left[\frac{\mathrm{d}}{\mathrm{d}t}x + 2x\right] \\
&= \frac{\mathrm{d}^2}{\mathrm{d}t^2}x + 5\frac{\mathrm{d}}{\mathrm{d}t}x + 6x
\end{aligned} \tag{2-99}$$

写作一般形式有

$$(p+a)(p+b)x = [p^2 + (a+b)p + ab]x \tag{2-100}$$

(2) 等式两端的符号 p 不可任意消去。

如果

$$\frac{\mathrm{d}x}{\mathrm{d}t} = \frac{\mathrm{d}y}{\mathrm{d}t} \tag{2-101}$$

两端积分后可得

$$x = y + c \tag{2-102}$$

这里,c 是积分常数。由此可见,对于算子方程式

$$px = py \tag{2-103}$$

其左右两端的算子符号 p 不能消去。

(3) 微分与积分的顺序不得倒换,也即

$$p \cdot \frac{1}{p}x \neq \frac{1}{p} \cdot px \tag{2-104}$$

这是因为

$$p \cdot \frac{1}{p}x = \frac{\mathrm{d}}{\mathrm{d}t}\int_{-\infty}^{t} x\mathrm{d}\tau = x \tag{2-105}$$

而

$$\frac{1}{p} \cdot px = \int_{-\infty}^{t} \frac{d}{dt}x d\tau$$

$$= x(t) - x(-\infty) \neq x \qquad (2-106)$$

这表明"先乘后除"的算子运算（对应先微分后积分）不能相消，而"先除后乘"（先积分后微分）则可以相消。显然，算子乘、除的顺序（微分、积分的先后）不可随意颠倒。

二、用算子符号建立微分方程

用算子符号表示微分方程不仅书写简便，而且在建立系统数学模型时也很方便。电感、电容的等效算子符号分别为

对电感 $$\qquad v_L(t) = L\frac{d}{dt}i_L(t) = Lpi_L(t) \qquad (2-107)$$

对电容

$$v_C(t) = \frac{1}{C}\int_{-\infty}^{t} i_C(\tau) d\tau = \frac{1}{Cp}i_C(t) \qquad (2-108)$$

Lp 和 $\dfrac{1}{Cp}$ 分别是用算子符号表示的等效电感或等效电容的阻抗值。

现用算子符号来建立图 2-17(a)所示系统的微分方程。首先画出包含用算子符号表示的电感和电容电路图，如图 2-17(b)所示。

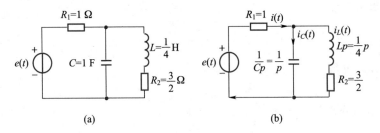

(a)   (b)

图 2-17   用算子符号表示电路图举例

列写电路的回路方程

$$\begin{cases} \left(R_1 + \dfrac{1}{Cp}\right)i(t) - \dfrac{1}{Cp}i_L(t) = e(t) \\ -\dfrac{1}{Cp}i(t) + \left(Lp + R_2 + \dfrac{1}{Cp}\right)i_L(t) = 0 \end{cases}$$

应用克拉默（G.Cramer, 1704—1752）法则解此方程

$$i(t) = \cfrac{\begin{vmatrix} e(t) & -\cfrac{1}{Cp} \\ 0 & Lp+R_2+\cfrac{1}{Cp} \end{vmatrix}}{\begin{vmatrix} R_1+\cfrac{1}{Cp} & -\cfrac{1}{Cp} \\ -\cfrac{1}{Cp} & Lp+R_2+\cfrac{1}{Cp} \end{vmatrix}}$$

$$= \cfrac{\left(\cfrac{1}{R_1}p+\cfrac{R_2}{R_1L}+\cfrac{1}{R_1LCp}\right)e(t)}{p+\left(\cfrac{R_2}{L}+\cfrac{1}{R_1C}\right)+\left(\cfrac{1}{LC}+\cfrac{R_2}{R_1LC}\right)\cfrac{1}{p}}$$

为化解成微分方程表示，分子、分母同乘以 p，这相当于先积分后微分，符合前述规则，因而可以消去 $\cfrac{1}{p}$，得

$$i(t) = \cfrac{\left(\cfrac{1}{R_1}p^2+\cfrac{R_2}{R_1L}p+\cfrac{1}{R_1LC}\right)}{p^2+\left(\cfrac{R_2}{L}+\cfrac{1}{R_1C}\right)p+\left(\cfrac{1}{LC}+\cfrac{R_2}{R_1LC}\right)}e(t) \qquad (2\text{-}109)$$

系统的微分方程表示为

$$\left[p^2+\left(\frac{R_2}{L}+\frac{1}{R_1C}\right)p+\left(\frac{1}{LC}+\frac{R_2}{R_1LC}\right)\right]i(t) = \left(\frac{1}{R_1}p^2+\frac{R_2}{R_1L}p+\frac{1}{R_1LC}\right)e(t) \qquad (2\text{-}110)$$

代入具体元件值有

$$\frac{d^2}{dt^2}i(t)+7\frac{d}{dt}i(t)+10i(t) = \frac{d^2}{dt^2}e(t)+6\frac{d}{dt}e(t)+4e(t) \qquad (2\text{-}111)$$

从上例可以看出，用算子符号建立电路微分方程可以给我们带来方便，但是在列写过程中一定要注意遵守算子运算的基本规则。

三、传输算子 $H(p)$

下面给出借助算子符号表示微分方程的一般形式。对于 2.3 节的高阶微分方程式（2-9）可以表示为

$$C_0p^nr(t)+C_1p^{n-1}r(t)+\cdots+C_{n-1}pr(t)+C_nr(t)$$

$$= E_0p^me(t)+E_1p^{m-1}e(t)+\cdots+E_{m-1}pe(t)+E_me(t) \qquad (2\text{-}112)$$

或简化为

$$(C_0 p^n + C_1 p^{n-1} + \cdots + C_{n-1}p + C_n)\, r(t) = (E_0 p^m + E_1 p^{m-1} + \cdots + E_{m-1}p + E_m)\, e(t) \quad (2\text{-}113)$$

若进一步令

$$\begin{cases} D(p) = C_0 p^n + C_1 p^{n-1} + \cdots + C_{n-1}p + C_n \\ N(p) = E_0 p^m + E_1 p^{m-1} + \cdots + E_{m-1}p + E_m \end{cases} \quad (2\text{-}114)$$

分别表示两个算子多项式,则式(2-113)可以简化为

$$D(p)\big[\,r(t)\,\big] = N(p)\big[\,e(t)\,\big] \quad (2\text{-}115)$$

把响应 $r(t)$ 与激励 $e(t)$ 之间关系表示成显式形式

$$r(t) = \frac{N(p)}{D(p)} e(t) \quad (2\text{-}116)$$

则 $H(p) = \dfrac{N(p)}{D(p)}$ 定义为系统传输算子。此传输算子完整地建立了描述系统的数学模型,一些有用的系统特性可以通过对 $H(p)$ 分析得出。

不难看出,对于前文图 2-17 所示电路的分析,根据式(2-109)可以导出其传输算子表达式为

$$H(p) = \frac{\left(\dfrac{1}{R_1}p^2 + \dfrac{R_2}{R_1 L}p + \dfrac{1}{R_1 LC} \right)}{p^2 + \left(\dfrac{R_2}{L} + \dfrac{1}{R_1 C} \right)p + \left(\dfrac{1}{LC} + \dfrac{R_2}{R_1 LC} \right)} \quad (2\text{-}117)$$

在时域分析中,算子符号提供了简单易行的辅助分析手段,但本质上仍与经典法分析系统相同。待到第四章我们将要看到拉普拉斯变换法与算子符号法在表达形式上十分相似。拉普拉斯变换法彻底改变了经典法的求解过程,使问题得以简化(见 4.2 节)。

习　题

2-1 对题图 2-1 所示电路图分别列写求电压 $v_o(t)$ 的微分方程表示。

2-2 题图 2-2 所示为理想火箭推动器模型。火箭质量为 m_1,荷载舱质量为 m_2,两者中间用刚度系数为 k 的弹簧相连接。火箭和荷载舱各自受到摩擦力的作用,摩擦因数分别为 f_1 和 f_2。求火箭推进力 $e(t)$ 与荷载舱运动速度 $v_2(t)$ 之间的微分方程表示。

2-3 题图 2-3 是汽车底盘缓冲装置模型图,汽车底盘的高度 $z(t) = y(t) + y_0$,其中 y_0 是弹簧不受任何力时的位置。缓冲器等效为弹簧与减震器并联组成,刚度系数和阻尼系数分别为 k 和 f。由于路面的凹凸不平[表示为 $x(t)$ 的起伏]通过缓冲器间接作用到汽车底盘,使汽车振动减弱。求汽车底盘的位移量 $y(t)$ 和路面不平度 $x(t)$ 之间的微分方程。

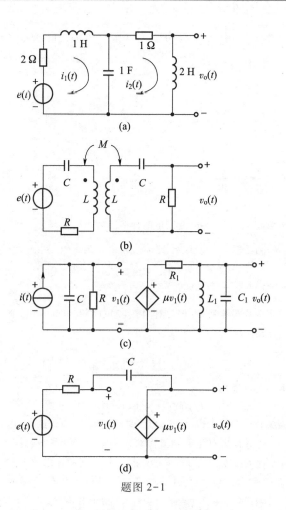

题图 2-1

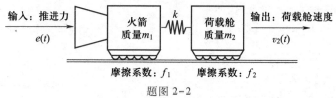

题图 2-2

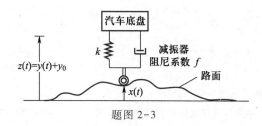

题图 2-3

2-4 已知系统相应的齐次方程及其对应的 0_+ 状态条件,求系统的零输入响应。

(1) $\dfrac{d^2}{dt^2}r(t)+2\dfrac{d}{dt}r(t)+2r(t)=0$

给定:$r(0_+)=1,r'(0_+)=2$

(2) $\dfrac{d^2}{dt^2}r(t)+2\dfrac{d}{dt}r(t)+r(t)=0$

给定:$r(0_+)=1,r'(0_+)=2$

(3) $\dfrac{d^3}{dt^3}r(t)+2\dfrac{d^2}{dt^2}r(t)+\dfrac{d}{dt}r(t)=0$

给定:$r(0_+)=r'(0_+)=0,r''(0_+)=1$

2-5 给定系统微分方程、起始状态以及以下两种情况的激励信号:

(1) $\dfrac{d}{dt}r(t)+2r(t)=e(t),r(0_-)=0,e(t)=u(t)$

(2) $\dfrac{d}{dt}r(t)+2r(t)=3\dfrac{d}{dt}e(t),r(0_-)=0,e(t)=u(t)$

试判断在起始点是否发生跳变,据此对(1)、(2)分别写出其 $r(0_+)$ 值。

2-6 给定系统微分方程

$$\dfrac{d^2}{dt^2}r(t)+3\dfrac{d}{dt}r(t)+2r(t)=\dfrac{d}{dt}e(t)+3e(t)$$

若激励信号和起始状态为

$$e(t)=u(t),r(0_-)=1,r'(0_-)=2$$

试求它的完全响应,并指出其零输入响应、零状态响应、自由响应、强迫响应各分量。

提示:将 $e(t)$ 代入方程后可见右端最高阶次奇异函数为 $\delta(t)$,故左端最高阶次也为 $\delta(t)$,因而,$r(t)$ 项无跳变,而 $r'(t)$ 项跳变值应为 1,由此导出 $r(0_+)$ 和 $r'(0_+)$。

2-7 电路如题图 2-7 所示,$t=0$ 以前开关位于"1",已进入稳态,$t=0$ 时刻,S_1 与 S_2 同时自"1"转至"2",求输出电压 $v_o(t)$ 的完全响应,并指出其零输入、零状态、自由、强迫各响应分量(E 和 I_s 各为常量)。

2-8 题图 2-8 所示电路,$t<0$ 时,开关位于"1"且已达到稳态,$t=0$ 时刻,开关自"1"转至"2"。

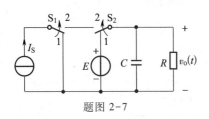

题图 2-7

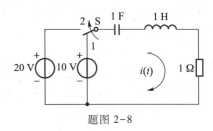

题图 2-8

(1) 试从物理概念判断 $i(0_-),i'(0_-)$ 和 $i(0_+),i'(0_+)$;

(2) 写出 $t\geq 0_+$ 时间内描述系统的微分方程表示,求 $i(t)$ 的完全响应。

2-9 求下列微分方程描述的系统冲激响应 $h(t)$ 和阶跃响应 $g(t)$。

（1）$\dfrac{\mathrm{d}}{\mathrm{d}t}r(t)+3r(t)=2\dfrac{\mathrm{d}}{\mathrm{d}t}e(t)$

（2）$\dfrac{\mathrm{d}^2}{\mathrm{d}t^2}r(t)+\dfrac{\mathrm{d}}{\mathrm{d}t}r(t)+r(t)=\dfrac{\mathrm{d}}{\mathrm{d}t}e(t)+e(t)$

（3）$\dfrac{\mathrm{d}}{\mathrm{d}t}r(t)+2r(t)=\dfrac{\mathrm{d}^2}{\mathrm{d}t^2}e(t)+3\dfrac{\mathrm{d}}{\mathrm{d}t}e(t)+3e(t)$

2-10 一因果性的 LTI 系统，其输入、输出用下列微分-积分方程表示：

$$\dfrac{\mathrm{d}}{\mathrm{d}t}r(t)+5r(t)=\int_{-\infty}^{\infty}e(\tau)f(t-\tau)\,\mathrm{d}\tau-e(t)$$

其中 $f(t)=\mathrm{e}^{-t}\mathrm{u}(t)+3\delta(t)$，求该系统的单位冲激响应 $h(t)$。

2-11 设系统的微分方程表示为

$$\dfrac{\mathrm{d}^2}{\mathrm{d}t^2}r(t)+5\dfrac{\mathrm{d}}{\mathrm{d}t}r(t)+6r(t)=\mathrm{e}^{-t}\mathrm{u}(t)$$

求使完全响应为 $r(t)=C\mathrm{e}^{-t}\mathrm{u}(t)$ 时的系统起始状态 $r(0_-)$ 和 $r'(0_-)$，并确定常数 C 值。

2-12 有一系统对激励为 $e_1(t)=\mathrm{u}(t)$ 时的完全响应为 $r_1(t)=2\mathrm{e}^{-t}\mathrm{u}(t)$，对激励为 $e_2(t)=\delta(t)$ 时的完全响应为 $r_2(t)=\delta(t)$。

（1）求该系统的零输入响应 $r_{zi}(t)$；

（2）系统的起始状态保持不变，求其对于激励为 $e_3(t)=\mathrm{e}^{-t}\mathrm{u}(t)$ 的完全响应 $r_3(t)$。

2-13 求下列各函数 $f_1(t)$ 与 $f_2(t)$ 的卷积 $f_1(t)*f_2(t)$。

（1）$f_1(t)=\mathrm{u}(t)$，$f_2(t)=\mathrm{e}^{-\alpha t}\mathrm{u}(t)$

（2）$f_1(t)=\delta(t)$，$f_2(t)=\cos(\omega t+45°)$

（3）$f_1(t)=(1+t)[\mathrm{u}(t)-\mathrm{u}(t-1)]$，$f_2(t)=\mathrm{u}(t-1)-\mathrm{u}(t-2)$

（4）$f_1(t)=\cos(\omega t)$，$f_2(t)=\delta(t+1)-\delta(t-1)$

（5）$f_1(t)=\mathrm{e}^{-\alpha t}\mathrm{u}(t)$，$f_2(t)=(\sin t)\,\mathrm{u}(t)$

2-14 求下列两组卷积，并注意相互间的区别。

（1）$f(t)=\mathrm{u}(t)-\mathrm{u}(t-1)$，求 $s(t)=f(t)*f(t)$；

（2）$f(t)=\mathrm{u}(t-1)-\mathrm{u}(t-2)$，求 $s(t)=f(t)*f(t)$。

2-15 已知 $f_1(t)=\mathrm{u}(t+1)-\mathrm{u}(t-1)$，$f_2(t)=\delta(t+5)+\delta(t-5)$，$f_3(t)=\delta\left(t+\dfrac{1}{2}\right)+\delta\left(t-\dfrac{1}{2}\right)$，画出下列各卷积波形。

（1）$s_1(t)=f_1(t)*f_2(t)$

（2）$s_2(t)=f_1(t)*f_2(t)*f_2(t)$

（3）$s_3(t)=\{[f_1(t)*f_2(t)][\mathrm{u}(t+5)-\mathrm{u}(t-5)]\}*f_2(t)$

（4）$s_4(t)=f_1(t)*f_3(t)$

2-16 设 $r(t)=\mathrm{e}^{-t}\mathrm{u}(t)*\displaystyle\sum_{k=-\infty}^{\infty}\delta(t-3k)$，证明 $r(t)=A\mathrm{e}^{-t}$，$0\leqslant t\leqslant 3$，并求出 A 值。

2-17 已知某一 LTI 系统对输入激励 $e(t)$ 的零状态响应

$$r_{zs}(t) = \int_{t-2}^{\infty} e^{t-\tau} e(\tau - 1) d\tau$$

求该系统的单位冲激响应。

2-18 某 LTI 系统,输入信号 $e(t) = 2e^{-3t} u(t-1)$,在该输入下的响应为 $r(t)$,即 $r(t) = H[e(t)]$,又已知

$$H\left[\frac{d}{dt}e(t)\right] = -3r(t) + e^{-2t} u(t)$$

求该系统的单位冲激响应 $h(t)$。

2-19 对题图 2-19 所示的各组函数,用图解的方法粗略画出 $f_1(t)$ 与 $f_2(t)$ 卷积的波形,并计算卷积积分 $f_1(t) * f_2(t)$。

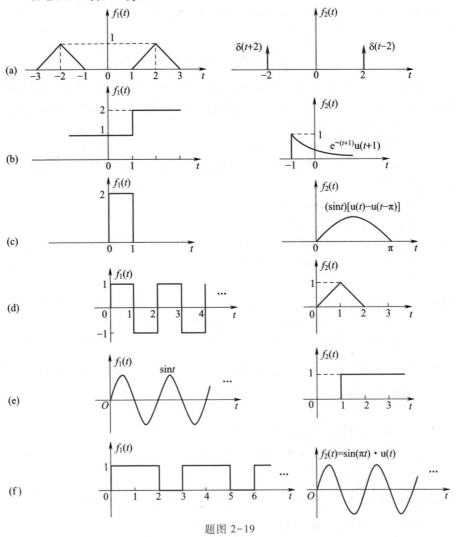

题图 2-19

2-20 题图 2-20 所示系统由几个"子系统"组成,各子系统的冲激响应分别为

$$h_1(t) = u(t) \quad (积分器)$$
$$h_2(t) = \delta(t-1) \quad (单位延时)$$
$$h_3(t) = -\delta(t) \quad (倒相器)$$

试求总的系统的冲激响应 $h(t)$。

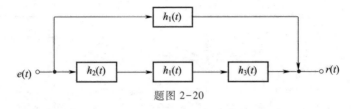

题图 2-20

2-21 已知系统的冲激响应 $h(t) = e^{-2t}u(t)$。

（1）若激励信号为

$$e(t) = e^{-t}[u(t) - u(t-2)] + \beta\delta(t-2)$$

式中 β 为常数,试决定响应 $r(t)$;

（2）若激励信号表示为

$$e(t) = x(t)[u(t) - u(t-2)] + \beta\delta(t-2)$$

式中 $x(t)$ 为任意 t 函数,若要求系统在 $t>2$ 的响应为零,试确定 β 值应等于多少。

2-22 如果把施加于系统的激励信号 $e(t)$ 按题图 2-22 那样分解为许多阶跃信号的叠加,设阶跃响应为 $g(t)$,$e(t)$ 的初始值为 $e(0_+)$,在 t_1 时刻阶跃信号的幅度为 $\Delta e(t_1)$。试写出以阶跃响应的叠加取和而得到的系统响应近似式;证明,当取 $\Delta t_1 \to 0$ 的极限时,响应 $r(t)$ 的表示式为

$$r(t) = e(0_+)g(t) + \int_{0_+}^{t} \frac{de(\tau)}{d\tau} g(t-\tau) d\tau$$

[此式称为杜阿美尔积分,参看第一章式（1-63）以及 2.7 节（一）。]

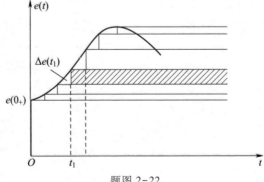

题图 2-22

2-23 若一个 LTI 系统的冲激响应为 $h(t)$，激励信号是 $e(t)$，响应是 $r(t)$。试证明此系统可以用题图 2-23 所示的方框图近似模拟。

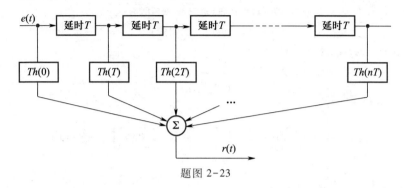

题图 2-23

2-24 若线性系统的响应 $r(t)$ 分别用以下各算子符号式表达，且系统起始状态为零，写出各问的时域表达式。

(1) $\dfrac{A}{p+\alpha}\delta(t)$

(2) $\dfrac{A}{(p+\alpha)^2}\delta(t)$

(3) $\dfrac{A}{(p+\alpha)(p+\beta)}\delta(t)$

2-25 设 $H(p)$ 是线性时不变系统的传输算子，且系统起始状态为零，试证明

$$[H(p)\delta(t)]e^{-\alpha t}=H(p+\alpha)\delta(t)$$

3.1 　　引言

从本章开始由时域分析转入变换域分析,在变换域分析中,首先讨论傅里叶变换。傅里叶变换是在傅里叶级数正交函数展开的基础上发展而产生的,这方面的问题也称为傅里叶分析。

傅里叶分析的研究与应用至今已经历了两百余年。1822 年法国数学家傅里叶(J.Fourier,1768—1830)在研究热传导理论时发表了《热的分析理论》,提出并证明了将周期函数展开为正弦级数的原理,奠定了傅里叶级数的理论基础。其后,泊松(S.D.Poisson,1781—1840)、高斯(J.C.F.Gauss,1777—1855)等人把这一成果应用到电学中。虽然,在电力工程中,伴随着电机制造、交流电的产生与传输等实际问题的需要,三角函数、指数函数以及傅里叶分析等数学工具早已得到广泛的应用。但是,在通信系统中普遍应用这些数学工具还经历了一段过程,因为当时要找到简便而实用的方法来产生、传输、分离和变换各种频率的正弦信号还有一定的困难。直到 19 世纪末,人们才制造出用于工程实际的电容器。进入 20 世纪以后,谐振电路、滤波器、正弦振荡器等一系列具体问题的解决为正弦函数与傅里叶分析的进一步应用开辟了广阔的前景。从此,人们逐渐认识到,在通信与控制系统的理论研究和实际应用之中,采用频率域(频域)的分析方法较之经典的时间域(时域)方法有许多突出的优点。当今,傅里叶分析方法已经成为信号分析与系统设计不可缺少的重要工具。

20 世纪 70 年代以来,随着计算机、数字集成电路技术的发展,人们对各种二值正交函数(如沃尔什函数)的研究产生了兴趣,它为通信、数字信号处理等技术领域的研究提供了多种途径和手段。虽然,人们认识到傅里叶分析绝不是信息科学与技术领域中唯一的变换域方法,但也不得不承认,在此领域中,傅里叶分析始终有着极其广泛的应用,是研究其他变换方法的基础。而且由于计算机技术的普遍应用,在傅里叶分析方法中出现了所谓"快速傅里叶变换"(FFT),它为这一数学工具赋予了新的生命力。目前,快速傅里叶变换的研究与应用已相当成熟,而且仍在不断更新与发展。

傅里叶分析方法不仅应用于电力工程、通信和控制领域之中,而且在力学、光学、量子物理和各种线性系统分析等许多有关数学、物理和工程技术领域中得到广泛而普遍的应用。

本章从傅里叶级数正交函数展开问题开始讨论,引出傅里叶变换,建立信号频谱的概念。通过典型信号频谱以及傅里叶变换性质的研究,初步掌握傅里叶分析方法的应用。对于周期信号而言,在进行频谱分析时可以利用傅里叶级数,也可利用傅里叶变换,傅里叶级数相当于傅里叶变换的一种特殊表达形式。在3.9 节专门研究周期信号的傅里叶变换。3.9 节与 3.10 节将对比研究周期信号与抽样信号的傅里叶变换,这将有利于从连续时间信号分析逐步过渡到离散时间信号分析。作为傅里叶变换的最重要应用之一,在最后一节介绍抽样定理,这一定理奠定了现代数字通信的理论基础,本章给出初步概念,在第五章将继续讨论有关它的实际应用。

3.2　周期信号的傅里叶级数分析

一、三角函数形式的傅里叶级数

由数学分析课程已知,按照傅里叶级数的定义,周期函数 $f(t)$ 可由三角函数的线性组合来表示,若 $f(t)$ 的周期为 T_1,角频率 $\omega_1 = \dfrac{2\pi}{T_1}$,频率 $f_1 = \dfrac{1}{T_1}$,傅里叶级数展开表达式为

$$
\begin{aligned}
f(t) &= a_0 + a_1\cos(\omega_1 t) + b_1\sin(\omega_1 t) + a_2\cos(2\omega_1 t) + \\
&\quad b_2\sin(2\omega_1 t) + \cdots + a_n\cos(n\omega_1 t) + b_n\sin(n\omega_1 t) + \cdots \\
&= a_0 + \sum_{n=1}^{\infty}\left[\, a_n\cos(n\omega_1 t) + b_n\sin(n\omega_1 t)\,\right]
\end{aligned}
\tag{3-1}
$$

式中 n 为正整数,各次谐波成分的幅度值按以下各式计算:

直流分量

$$
a_0 = \frac{1}{T_1}\int_{t_0}^{t_0+T_1} f(t)\,\mathrm{d}t
\tag{3-2}
$$

余弦分量的幅度

$$
a_n = \frac{2}{T_1}\int_{t_0}^{t_0+T_1} f(t)\cos(n\omega_1 t)\,\mathrm{d}t
\tag{3-3}
$$

正弦分量的幅度

$$b_n = \frac{2}{T_1} \int_{t_0}^{t_0+T_1} f(t) \sin(n\omega_1 t)\,\mathrm{d}t \qquad (3\text{-}4)$$

其中 $n = 1, 2, \cdots$。

为方便起见,通常积分区间 $t_0 \sim t_0 + T_1$ 取为 $0 \sim T_1$ 或 $-\dfrac{T_1}{2} \sim +\dfrac{T_1}{2}$。

三角函数集是一组完备的正交函数集,关于正交函数集的定义、性质以及进一步的应用将在第六章详细讨论。本章着重研究从傅里叶级数引出信号频谱以及傅里叶变换的概念。

必须指出,并非任意周期信号都能进行傅里叶级数展开。被展开的函数 $f(t)$ 需要满足如下的一组充分条件,这组条件称为"狄里赫利(J.P.G.L.Dirichlet, 1805—1859)条件":

(1) 在一周期内,如果有间断点存在,则间断点的数目应是有限个;

(2) 在一周期内,极大值和极小值的数目应是有限个;

(3) 在一周期内,信号是绝对可积的,即 $\displaystyle\int_{t_0}^{t_0+T_1} |f(t)|\,\mathrm{d}t$ 等于有限值(T_1 为周期)。

通常我们遇到的周期性信号都能满足狄里赫利条件,因此,以后除非特殊需要,一般不再考虑这一条件。

若将式(3-1)中同频率项加以合并,可以写成另一种形式

$$f(t) = c_0 + \sum_{n=1}^{\infty} c_n \cos(n\omega_1 t + \varphi_n) \qquad (3\text{-}5)$$

或

$$f(t) = d_0 + \sum_{n=1}^{\infty} d_n \sin(n\omega_1 t + \theta_n)$$

比较式(3-1)和式(3-5),可以看出傅里叶级数中各个量之间有如下关系

$$\left.\begin{array}{l}
a_0 = c_0 = d_0 \\[2mm]
c_n = d_n = \sqrt{a_n^2 + b_n^2} \\[2mm]
a_n = c_n \cos\varphi_n = d_n \sin\theta_n \\[2mm]
b_n = -c_n \sin\varphi_n = d_n \cos\theta_n \\[2mm]
\tan\theta_n = \dfrac{a_n}{b_n} \\[3mm]
\tan\varphi_n = -\dfrac{b_n}{a_n} \\[3mm]
(n = 1, 2, \cdots)
\end{array}\right\} \qquad (3\text{-}6)$$

式(3-1)表明：任何周期信号只要满足狄里赫利条件就可以分解成直流分量及许多正弦、余弦分量。这些正弦、余弦分量的频率必定是基频 $f_1(f_1 = 1/T_1)$ 的整数倍。通常把频率为 f_1 的分量称为基波，频率为 $2f_1$，$3f_1$，…的分量分别称为二次谐波、三次谐波、…。显然，直流分量的大小以及基波与各次谐波的幅度、相位取决于周期信号的波形。

从式(3-3)至式(3-6)可以看出，各分量的幅度 a_n，b_n，c_n 及相位 φ_n 都是 $n\omega_1$ 的函数。如果把 c_n 对 $n\omega_1$ 的关系绘成如图 3-1 那样的线图，便可清楚而直观地看出各频率分量的相对大小。这种图称为信号的幅度频谱或简称为幅度谱。图 3-1 中每条线代表某一频率分量的幅度，称为谱线。连接各谱线顶点的曲线［如图 3-1(a)中虚线所示］称为包络线，它反映各分量的幅度变化情况。类似地，还可以画出各分量的相位 φ_n 对频率 $n\omega_1$ 的线图，这种图称为相位频谱或简称相位谱。幅度谱和相位谱的例子如图 3-1 所示。周期信号的频谱只会出现在 0，ω_1，$2\omega_1$，…离散频率点上，这种频谱称为离散谱，它是周期信号频谱的主要特点。

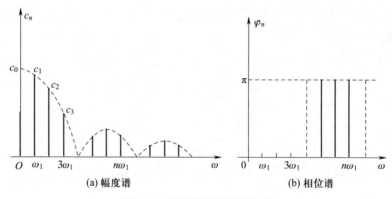

图 3-1　周期信号的频谱举例

二、指数形式的傅里叶级数

周期信号的傅里叶级数展开也可表示为指数形式，已知

$$f(t) - a_0 + \sum_{n=1}^{\infty} \left[a_n\cos(n\omega_1 t) + b_n\sin(n\omega_1 t) \right] \tag{3-7}$$

根据欧拉公式

$$\cos(n\omega_1 t) = \frac{1}{2}(e^{jn\omega_1 t} + e^{-jn\omega_1 t})$$

$$\sin(n\omega_1 t) = \frac{1}{2j}(e^{jn\omega_1 t} - e^{-jn\omega_1 t})$$

把上式代入式(3-7),得到

$$f(t)=a_0+\sum_{n=1}^{\infty}\left(\frac{a_n-jb_n}{2}e^{jn\omega_1t}+\frac{a_n+jb_n}{2}e^{-jn\omega_1t}\right) \tag{3-8}$$

令

$$F(n\omega_1)=\frac{1}{2}(a_n-jb_n)\qquad(n=1,2,\cdots) \tag{3-9}$$

考虑到 a_n 是 n 的偶函数,b_n 是 n 的奇函数[见式(3-3)、式(3-4)],由式(3-9)可知

$$F(-n\omega_1)=\frac{1}{2}(a_n+jb_n)$$

将上述结果代入式(3-8),得到

$$f(t)=a_0+\sum_{n=1}^{\infty}\left[F(n\omega_1)e^{jn\omega_1t}+F(-n\omega_1)e^{-jn\omega_1t}\right]$$

令 $F(0)=a_0$,考虑到

$$\sum_{n=1}^{\infty}F(-n\omega_1)e^{-jn\omega_1t}=\sum_{n=-1}^{-\infty}F(n\omega_1)e^{jn\omega_1t}$$

得到 $f(t)$ 的指数形式傅里叶级数,它是

$$f(t)=\sum_{n=-\infty}^{\infty}F(n\omega_1)e^{jn\omega_1t} \tag{3-10}$$

若将式(3-3)、式(3-4)代入式(3-9),就可以得到指数形式傅里叶级数的系数 $F(n\omega_1)$(或简写作 F_n),它等于

$$F_n=\frac{1}{T_1}\int_{t_0}^{t_0+T_1}f(t)e^{-jn\omega_1t}dt \tag{3-11}$$

其中 n 为从 $-\infty$ 到 $+\infty$ 的整数。

从式(3-6)、式(3-9)可以看出,F_n 与其他系数有如下关系

$$\left.\begin{aligned}
&F_0=c_0=d_0=a_0\\
&F_n=|F_n|e^{j\varphi_n}=\frac{1}{2}(a_n-jb_n)\\
&F_{-n}=|F_{-n}|e^{-j\varphi_n}=\frac{1}{2}(a_n+jb_n)\\
&|F_n|=|F_{-n}|=\frac{1}{2}c_n=\frac{1}{2}d_n=\frac{1}{2}\sqrt{a_n^2+b_n^2}\\
&|F_n|+|F_{-n}|=c_n\\
&F_n+F_{-n}=a_n\\
&b_n=j(F_n-F_{-n})\\
&c_n^2=d_n^2=a_n^2+b_n^2=4F_nF_{-n}\\
&\qquad(n=1,2,\cdots)
\end{aligned}\right\} \tag{3-12}$$

　　同样可以画出指数形式表示的信号频谱。因为 F_n 一般是复函数,所以称这种频谱为复数频谱。根据 $F_n = |F_n| \mathrm{e}^{\mathrm{j}\varphi_n}$,可以画出复数幅度谱 $|F_n| - \omega$ 与复数相位谱 $\varphi_n - \omega$,如图 3-2(a)、(b) 所示。然而当 F_n 为实数时,可以用 F_n 的正、负表示 φ_n 的 0、π,因此经常把幅度谱与相位谱合画在一张图上,如图 3-2(c) 所示。由上可知,图中每条谱线长度 $|F_n| = \dfrac{1}{2} c_n$。由于在式 (3-10) 中不仅包括正频率项而且含有负频率项,因此这种频谱相对于纵轴是左右对称的。

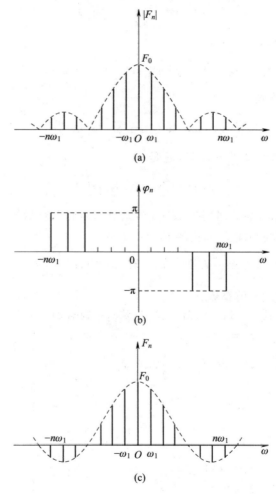

图 3-2　周期信号的复数频谱

　　比较图 3-1 和图 3-2 可以看出这两种频谱表示方法实质上是一样的,其不同之处仅在于图 3-1 中每条谱线代表一个分量的幅度,而图 3-2 中每个分量的幅度一分为二,在正、负频率相对应的位置上各为一半,所以,只有把正、负频率上对应的这两条谱线矢量相加起来才代表一个分量的幅度。应该指出,在复数频谱中出现的负频率是由于将 $\sin(n\omega_1 t)$, $\cos(n\omega_1 t)$ 写成指数形式时,从数学的观点自然分成 $\mathrm{e}^{\mathrm{j}n\omega_1 t}$ 以及 $\mathrm{e}^{-\mathrm{j}n\omega_1 t}$ 两项,因而引入了 $-\mathrm{j}n\omega_1 t$ 项。所以,负频率的出现完全是数学运算的结果,并没有任何物理意义,只有把负频率项与相应的正频率项成对地合并起来,才是实际的频谱函数。

下面利用傅里叶级数的有关结论研究周期信号的功率特性。为此,把傅里叶级数表示式(3-1)或式(3-10)的两边平方,并在一个周期内进行积分,再利用三角函数及复指数函数的正交性,可以得到周期信号 $f(t)$ 的平均功率 P 与傅里叶系数有下列关系

$$P = \overline{f^2(t)} = \frac{1}{T_1} \int_{t_0}^{t_0+T_1} f^2(t)\,\mathrm{d}t$$

$$= a_0^2 + \frac{1}{2} \sum_{n=1}^{\infty} (a_n^2 + b_n^2) = c_0^2 + \frac{1}{2} \sum_{n=1}^{\infty} c_n^2$$

$$= \sum_{n=-\infty}^{\infty} |F_n|^2 \tag{3-13}$$

此式表明,周期信号的平均功率等于傅里叶级数展开各谐波分量有效值的平方和,也即时域和频域的能量守恒。式(3-13)称为帕塞瓦尔定理(或方程),在第六章还要讨论与此式有关的问题。

三、函数的对称性与傅里叶系数的关系

在要求把已知周期信号 $f(t)$ 展为傅里叶级数的时候,如果 $f(t)$ 是实函数而且它的波形满足某种对称性,则在其傅里叶级数中有些项将不出现,留下的各项系数的表示式也变得比较简单。波形的对称性有两类,一类是对整周期对称,例如偶函数和奇函数;另一类是对半周期对称,例如奇谐函数。前者决定级数中只可能含有余弦项或正弦项,后者决定级数中只可能含有偶次项或奇次项。

下面讨论几种对称条件。

1. 偶函数

若信号波形相对于纵轴是对称的,即满足

$$f(t) = f(-t)$$

此时 $f(t)$ 是偶函数,图 3-3 给出示例。

这样,式(3-3)、式(3-4)中的 $f(t)\cos(n\omega_1 t)$ 为偶函数,而 $f(t)\sin(n\omega_1 t)$ 为奇函数,于是级数中的系数等于

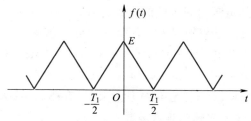

图 3-3 偶函数示例

$$a_n = \frac{4}{T_1}\int_0^{\frac{T_1}{2}} f(t)\cos(n\omega_1 t)\,\mathrm{d}t \left.\begin{array}{c} \\ \\ \\ \end{array}\right\} \qquad (3-14)$$
$$b_n = 0$$

由式(3-6)、式(3-12)可以得到

$$c_n = d_n = a_n = 2F_n$$

$$F_n = F_{-n} = \frac{a_n}{2}$$

$$\varphi_n = 0$$

$$\theta_n = \frac{\pi}{2}$$

所以,偶函数的 F_n 为实数。在偶函数的傅里叶级数中不会含有正弦项,只可能含有直流项和余弦项。

例如图 3-3 所示的周期三角信号是偶函数,它的傅里叶级数如下式

$$f(t) = \frac{E}{2} + \frac{4E}{\pi^2}\left[\cos(\omega_1 t) + \frac{1}{9}\cos(3\omega_1 t) + \frac{1}{25}\cos(5\omega_1 t) + \cdots\right]$$

2. 奇函数

若波形相对于纵坐标是反对称的,即满足

$$f(t) = -f(-t)$$

此时 $f(t)$ 是奇函数。图 3-4 给出示例。

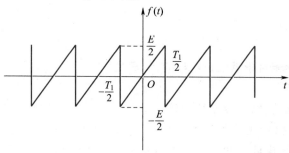

图 3-4 奇函数示例

由式(3-3)、式(3-4)可以看出级数中的系数等于

$$\left. \begin{array}{l} a_0 = 0, a_n = 0 \\ \\ b_n = \dfrac{4}{T_1}\displaystyle\int_0^{\frac{T_1}{2}} f(t)\sin(n\omega_1 t)\,\mathrm{d}t \end{array} \right\} \tag{3-15}$$

由式(3-6)、式(3-12)可以得到

$$c_n = d_n = b_n = 2\mathrm{j}F_n$$

$$F_n = -F_{-n} = -\frac{1}{2}\mathrm{j}b_n$$

$$\varphi_n = -\frac{\pi}{2}$$

$$\theta_n = 0$$

所以,奇函数的 F_n 为虚数。在奇函数的傅里叶级数中不会含有余弦项,只可能包含正弦项。虽然在奇函数上加以直流成分,它不再是奇函数,但在它的级数中仍然不会含有余弦项。

例如图 3-4 所示的周期锯齿信号是奇函数,它的傅里叶级数如下式所示。显然,不包含余弦项,只含有正弦项。

$$f(t) = \frac{E}{\pi}\left[\sin(\omega_1 t) - \frac{1}{2}\sin(2\omega_1 t) + \frac{1}{3}\sin(3\omega_1 t) - \cdots\right]$$

3. 奇谐函数

若波形沿时间轴平移半个周期并相对于该轴上下反转,此时波形并不发生变化,即满足

$$f(t) = -f\left(t \pm \frac{T_1}{2}\right)$$

这样的函数被称为半波对称函数或奇谐函数,如图 3-5(a)所示。

由图 3-5(a)可以明显地看出,直流分量 a_0 必然等于零。为了说明半波对称对傅里叶系数 a_n, b_n 的影响,图 3-5(b),(c),(d),(e)中用虚线分别画出了 $\cos(\omega_1 t)$, $\sin(\omega_1 t)$, $\cos(2\omega_1 t)$ 及 $\sin(2\omega_1 t)$ 的波形,而图中的实线表示半波对称函数 $f(t)$。从这几幅图可以定性地看出,式(3-3)和式(3-4)中被积函数 $f(t) \cdot \cos(n\omega_1 t)$, $f(t)\sin(n\omega_1 t)$ 的形状。显然 $f(t)\cos(\omega_1 t)$ 和 $f(t)\sin(\omega_1 t)$ 积分非零,而 $f(t)\cos(2\omega_1 t)$ 和 $f(t)\sin(2\omega_1 t)$ 积分为零。这样可以得到

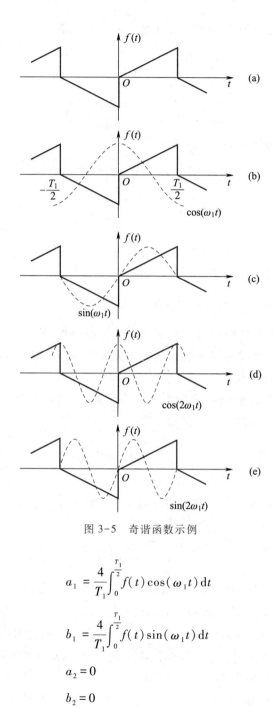

图 3-5   奇谐函数示例

$$a_1 = \frac{4}{T_1}\int_0^{\frac{T_1}{2}} f(t)\cos(\omega_1 t)\,\mathrm{d}t$$

$$b_1 = \frac{4}{T_1}\int_0^{\frac{T_1}{2}} f(t)\sin(\omega_1 t)\,\mathrm{d}t$$

$$a_2 = 0$$

$$b_2 = 0$$

以此类推,可以得到

$$\left.\begin{aligned} a_0 &= 0 \\ a_n &= b_n = 0 \qquad\qquad (n \text{ 为偶数}) \\ a_n &= \frac{4}{T_1} \int_0^{\frac{T_1}{2}} f(t) \cos(n\omega_1 t)\,\mathrm{d}t \quad (n \text{ 为奇数}) \\ b_n &= \frac{4}{T_1} \int_0^{\frac{T_1}{2}} f(t) \sin(n\omega_1 t)\,\mathrm{d}t \quad (n \text{ 为奇数}) \end{aligned}\right\} \tag{3-16}$$

可见,在半波对称周期函数的傅里叶级数中,只会含有基波和奇次谐波的正弦、余弦项,而不会包含偶次谐波项,这也是"奇谐函数"名称的来由。应该注意,不要把奇函数和奇谐函数相混淆,前者只可能包含正弦项,而后者只可能包含奇次谐波的正弦、余弦项。

为查阅方便,把上述几种函数的对称性与傅里叶系数的关系汇总列于表 3-1。

由上可见,当波形满足某种对称关系时,在傅里叶级数中某些项将不出现。熟悉傅里叶级数的这种性质后,可以对波形应包含哪些谐波成分迅速作出判断,以便简化傅里叶系数的计算。在允许的情况下,可以移动函数的图像使波形具有某种对称性,以简化运算。

四、傅里叶有限级数与最小方均误差

一般来说,任意周期函数表示为傅里叶级数时需要无限多项才能完全逼近原函数。但在实际应用中,经常采用有限项级数来代替无限项级数。显然,选取有限项级数是一种近似的方法,所选项数越多,有限项级数越逼近原函数,也就是说,其方均误差越小。

已知周期函数 $f(t)$ 的傅里叶级数为

$$f(t) = a_0 + \sum_{n=1}^{\infty} \left[a_n \cos(n\omega_1 t) + b_n \sin(n\omega_1 t) \right]$$

若取傅里叶级数的前 $(2N+1)$ 项来逼近周期函数 $f(t)$,则有限项傅里叶级数为

$$S_N(t) = a_0 + \sum_{n=1}^{N} \left[a_n \cos(n\omega_1 t) + b_n \sin(n\omega_1 t) \right]$$

这样用 $S_N(t)$ 逼近 $f(t)$ 引起的误差函数为

$$\varepsilon_N(t) = f(t) - S_N(t)$$

方均误差等于

$$E_N = \overline{\varepsilon_N^2(t)} = \frac{1}{T_1} \int_{t_0}^{t_0+T_1} \varepsilon_N^2(t)\,\mathrm{d}t$$

◎ 表 3-1　函数的对称性与傅里叶系数的关系

函数 $f(t)$	波形举例	直流分量 a_0, F_0	余弦分量 $a_n (n \neq 0)$	正弦分量 b_n	复指数分量 F_n
偶函数 $f(t)=f(-t)$		$\dfrac{2}{T_1}\displaystyle\int_0^{\frac{T_1}{2}} f(t)\,\mathrm{d}t$	$\dfrac{4}{T_1}\displaystyle\int_0^{\frac{T_1}{2}} f(t)\cos(n\omega_1 t)\,\mathrm{d}t$ $(n=1,2,\cdots)$	0	$\dfrac{a_n}{2}$ （实数） $(n=1,2,\cdots)$
奇函数 $f(t)=-f(-t)$		0	0	$\dfrac{4}{T_1}\displaystyle\int_0^{\frac{T_1}{2}} f(t)\sin(n\omega_1 t)\,\mathrm{d}t$ $(n=1,2,\cdots)$	$-\mathrm{j}\dfrac{b_n}{2}$ （虚数） $(n=1,2,\cdots)$
奇谐函数 $f(t)=$ $-f\left(t \pm \dfrac{T_1}{2}\right)$		0	$\dfrac{4}{T_1}\displaystyle\int_0^{\frac{T_1}{2}} f(t)\cos(n\omega_1 t)\,\mathrm{d}t$ $(n=1,3,\cdots)$	$\dfrac{4}{T_1}\displaystyle\int_0^{\frac{T_1}{2}} f(t)\sin(n\omega_1 t)\,\mathrm{d}t$ $(n=1,3,\cdots)$	$\dfrac{a_n - \mathrm{j}b_n}{2}$ （复数） $(n=1,3,\cdots)$

注：其中 $\omega_1 = \dfrac{2\pi}{T_1}$，$f(t)$ 为实函数

将 $f(t)$，$S_N(t)$ 所表示的级数代入上式，并利用式(3-13)经化简得到

$$E_N = \overline{\varepsilon_N^2(t)} = \overline{f^2(t)} - \left[a_0^2 + \frac{1}{2}\sum_{n=1}^{N}(a_n^2 + b_n^2) \right]$$

下面以图 3-6(a)所示的对称方波为例，说明取不同的项数时有限级数对原函数的逼近情况，并计算由此引起的方均误差。这样可以比较直观地了解傅里叶级数的含义，并观察到级数中各种频率分量对波形的影响。

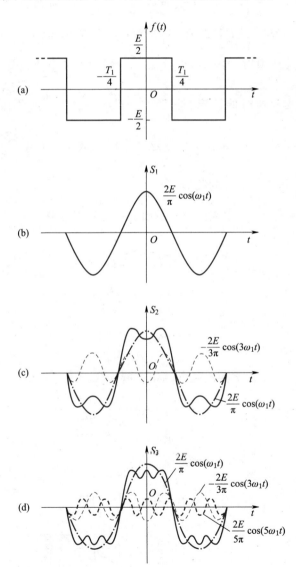

图 3-6 对称方波有限项傅里叶级数的波形

由图 3-6(a)可见，$f(t)$ 既是偶函数，又是奇谐函数。因此，在它的傅里叶级数中只可能含有奇次谐波的余弦项。由式(3-3)可得

$$a_n = \frac{2E}{n\pi}\sin\left(\frac{n\pi}{2}\right)$$

于是

$$f(t) = \frac{2E}{\pi}\left[\cos(\omega_1 t) - \frac{1}{3}\cos(3\omega_1 t) + \frac{1}{5}\cos(5\omega_1 t) - \cdots\right]$$

图 3-6 示出对称方波 $f(t)$ 的傅里叶级数在取有限项时的波形，其中图 3-6(b) 是只取基波分量一项时的波形，即 $S_1 = \frac{2E}{\pi}\cos(\omega_1 t)$ 的波形；图 3-6(c) 是取基波和三次谐波两项时的波形，即 $S_2 = \frac{2E}{\pi}\left[\cos(\omega_1 t) - \frac{1}{3}\cos(3\omega_1 t)\right]$ 的波形；图 3-6(d) 是取基波、三次和五次谐波这三项时的波形，即 $S_3 = \frac{2E}{\pi}\left[\cos(\omega_1 t) - \frac{1}{3}\cos(3\omega_1 t) + \frac{1}{5}\cos(5\omega_1 t)\right]$ 的波形。

用有限级数 S_1、S_2、S_3 去逼近 $f(t)$ 所引起的方均误差分别为

$$E_1 = \overline{\varepsilon_1^2} = \overline{f^2(t)} - \frac{1}{2}a_1^2$$

$$= \left(\frac{E}{2}\right)^2 - \frac{1}{2}\left(\frac{2E}{\pi}\right)^2$$

$$\approx 0.05E^2$$

$$E_3 = \overline{\varepsilon_3^2} = \overline{f^2(t)} - \frac{1}{2}(a_1^2 + a_3^2)$$

$$= \left(\frac{E}{2}\right)^2 - \frac{1}{2}\left(\frac{2E}{\pi}\right)^2 - \frac{1}{2}\left(\frac{2E}{3\pi}\right)^2$$

$$\approx 0.02E^2$$

$$E_5 = \overline{\varepsilon_5^2} = \overline{f^2(t)} - \frac{1}{2}(a_1^2 + a_3^2 + a_5^2)$$

$$= \left(\frac{E}{2}\right)^2 - \frac{1}{2}\left(\frac{2E}{\pi}\right)^2 - \frac{1}{2}\left(\frac{2E}{3\pi}\right)^2 - \frac{1}{2}\left(\frac{2E}{5\pi}\right)^2$$

$$\approx 0.015E^2$$

　　从图 3-6 可以看出：(1)傅里叶级数所取项数 $n(=N)$ 越多,相加后波形越逼近原信号 $f(t)$,两者的方均误差越小。显然,当 $N\rightarrow\infty$, S_N 波形必然等于 $f(t)$;(2)当信号 $f(t)$ 是脉冲信号时,其高频分量主要影响脉冲的跳变沿,而低频分量主要影响脉冲的顶部。所以,$f(t)$ 波形变化越剧烈,所包含的高频分量越丰富;变化越缓慢,所包含的低频分量越丰富;(3)当信号中任一频谱分量的幅度或相位发生相对变化时,输出波形一般要发生失真。

　　从图 3-6 还可以看出这样一种现象:当选取傅里叶有限级数的项数越多,在所合成的波形 S_N 中出现的峰起越靠近 $f(t)$ 的不连续点。在第五章中将会证明,当所选取的项数 N 很大时,该峰起值趋于一个常数,它大约等于总跳变值的9%,并从不连续点开始以起伏振荡的形式逐渐衰减下去。这种现象通常称为吉布斯现象(J.W.Gibbs,1839—1903)。在图 3-7 中画出了矩形波和锯齿波所呈现的吉布斯现象。

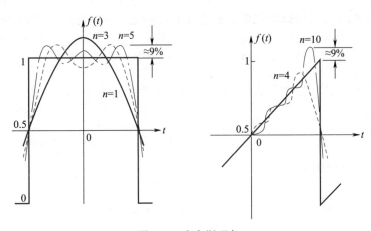

图 3-7　吉布斯现象

典型周期信号的傅里叶级数

　　周期信号的频谱分析可利用傅里叶级数,也可借助傅里叶变换。本节以傅里叶级数展开形式研究典型周期信号的频谱,第 3.9 节利用傅里叶变换研究周期信号频谱。

一、周期矩形脉冲信号

　　设周期矩形脉冲信号 $f(t)$ 的脉冲宽度为 τ ,脉冲幅度为 E ,重复周期为 T_1（显然,角频率 $\omega_1 = 2\pi f_1 = 2\pi/T_1$ ）,如图 3-8 所示。

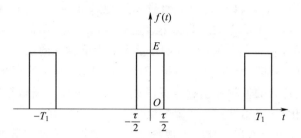

图 3-8   周期矩形信号的波形

此信号在一个周期内 $\left(-\dfrac{T_1}{2}\leqslant t\leqslant\dfrac{T_1}{2}\right)$ 的表示式为

$$f(t)=E\left[\mathrm{u}\left(t+\frac{\tau}{2}\right)-\mathrm{u}\left(t-\frac{\tau}{2}\right)\right]$$

利用式(3-1),可以把周期矩形信号 $f(t)$ 展成三角函数形式傅里叶级数

$$f(t)=a_0+\sum_{n=1}^{\infty}\left[a_n\cos(n\omega_1 t)+b_n\sin(n\omega_1 t)\right]$$

根据式(3-3)、式(3-4)可以求出各系数,其中直流分量

$$a_0=\frac{1}{T_1}\int_{-\frac{T_1}{2}}^{\frac{T_1}{2}}f(t)\,\mathrm{d}t=\frac{1}{T_1}\int_{-\frac{\tau}{2}}^{\frac{\tau}{2}}E\mathrm{d}t=\frac{E\tau}{T_1} \tag{3-17}$$

余弦分量的幅度为

$$a_n=\frac{2}{T_1}\int_{-\frac{T_1}{2}}^{\frac{T_1}{2}}f(t)\cos(n\omega_1 t)\,\mathrm{d}t$$

$$=\frac{2}{T_1}\int_{-\frac{\tau}{2}}^{\frac{\tau}{2}}E\cos\left(n\frac{2\pi}{T_1}t\right)\mathrm{d}t$$

$$=\frac{2E}{n\pi}\sin\left(\frac{n\pi\tau}{T_1}\right)$$

或写作

$$a_n=\frac{2E\tau}{T_1}\mathrm{Sa}\left(\frac{n\pi\tau}{T_1}\right)$$

$$=\frac{E\tau\omega_1}{\pi}\mathrm{Sa}\left(\frac{n\omega_1\tau}{2}\right) \tag{3-18}$$

其中 Sa 为抽样函数,它等于

$$\mathrm{Sa}\!\left(\frac{n\pi\tau}{T_1}\right) = \frac{\sin\!\left(\dfrac{n\pi\tau}{T_1}\right)}{\dfrac{n\pi\tau}{T_1}}$$

由于 $f(t)$ 是偶函数,由式(3-4)可知

$$b_n = 0$$

这样,周期矩形信号的三角函数形式傅里叶级数为

$$f(t) = \frac{E\tau}{T_1} + \frac{2E\tau}{T_1}\sum_{n=1}^{\infty}\mathrm{Sa}\!\left(\frac{n\pi\tau}{T_1}\right)\cos(n\omega_1 t) \qquad\qquad (3-19)$$

或

$$f(t) = \frac{E\tau}{T_1} + \frac{E\tau\omega_1}{\pi}\sum_{n=1}^{\infty}\mathrm{Sa}\!\left(\frac{n\omega_1\tau}{2}\right)\cos(n\omega_1 t)$$

若将 $f(t)$ 展开指数形式的傅里叶级数,由式(3-11)可得

$$F_n = \frac{1}{T_1}\int_{-\frac{\tau}{2}}^{\frac{\tau}{2}} E\mathrm{e}^{-\mathrm{j}n\omega_1 t}\mathrm{d}t$$

$$= \frac{E\tau}{T_1}\mathrm{Sa}\!\left(\frac{n\omega_1\tau}{2}\right)$$

所以

$$f(t) = \sum_{n=-\infty}^{\infty} F_n \mathrm{e}^{\mathrm{j}n\omega_1 t}$$

$$= \frac{E\tau}{T_1}\sum_{n=-\infty}^{\infty}\mathrm{Sa}\!\left(\frac{n\omega_1\tau}{2}\right)\mathrm{e}^{\mathrm{j}n\omega_1 t}$$

对式(3-19)而言,若给定 τ,T_1(或 ω_1),E 就可以求出直流分量、基波与各次谐波分量的幅度,它们等于

$$c_n = a_n = \frac{2E\tau}{T_1}\mathrm{Sa}\!\left(\frac{n\pi\tau}{T_1}\right) \qquad\qquad (n=1,2,\cdots)$$

$$c_0 = a_0 = \frac{E\tau}{T_1}$$

图 3-9(a)和 3-9(b)分别示出幅度谱 $|c_n|$ 和相位谱 φ_n 的图形,考虑到这里 c_n 是实数,因此一般把幅度谱 c_n、相位谱 φ_n 合画在一幅图上,如图 3-9(c)所示,同样,也可画出复数频谱 F_n,如图 3-9(d)所示。

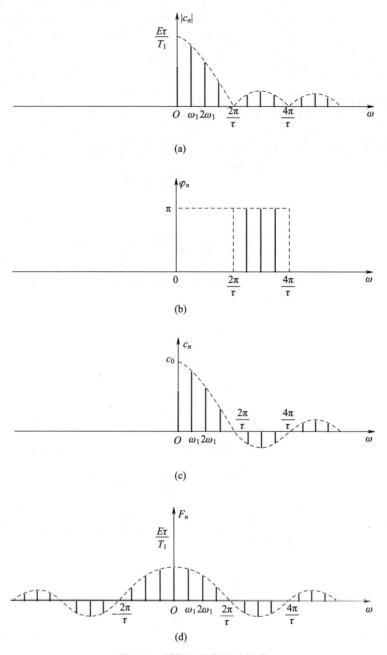

图 3-9   周期矩形信号的频谱

从以上分析可以看出：

（1）周期矩形脉冲如同一般的周期信号那样，它的频谱是离散的，两谱线的

间隔为 $\omega_1(=2\pi/T_1)$，当脉冲重复周期越大，谱线越靠近。

（2）直流分量、基波及各谐波分量的大小正比于脉幅 E 和脉宽 τ，反比于周期 T_1。各谱线的幅度按 $\mathrm{Sa}\left(\dfrac{n\pi\tau}{T_1}\right)$ 包络线的规律而变化。譬如，$n=1$ 时，基波幅度为 $\dfrac{2E}{\pi}\sin\left(\dfrac{\pi\tau}{T_1}\right)$；$n=2$ 时，二次谐波的幅度为 $\dfrac{E}{\pi}\sin\left(\dfrac{2\pi\tau}{T_1}\right)$。当 $\omega=\dfrac{2m\pi}{\tau}(m=1,2,\cdots)$ 时，谱线的包络线经过零点。当 ω 位于 $0,2.86\dfrac{\pi}{\tau}\left(\approx3\dfrac{\pi}{\tau}\right),4.92\dfrac{\pi}{\tau}\left(\approx5\dfrac{\pi}{\tau}\right),\cdots$ 时，谱线的包络线为极值，极值的大小分别为 $\dfrac{2E\tau}{T_1}$ 及 $-0.217\times\left(\dfrac{2E\tau}{T_1}\right)$，$0.128\left(\dfrac{2E\tau}{T_1}\right),\cdots$，如图 3-10 所示。

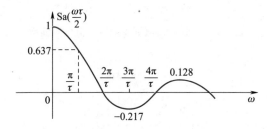

图 3-10　周期矩形信号归一化频谱包络线

（3）周期矩形信号包含无穷多条谱线，也就是说它可以分解成无穷多个频率分量。但其主要能量集中在第一个零点以内，实际上，在允许一定失真的条件下，可以要求一个通信系统只把 $\omega\leqslant\dfrac{2\pi}{\tau}$ 频率范围内的各个频谱分量传送过去，而舍弃 $\omega>\dfrac{2\pi}{\tau}$ 的分量。这样，常常把 $\omega=0\sim\dfrac{2\pi}{\tau}$ 这段频率范围称为矩形信号的频带宽度，记作 B，于是

$$B_\omega=\frac{2\pi}{\tau}$$

或

$$B_f=\frac{1}{\tau} \tag{3-20}$$

显然，频带宽度 B 只与脉宽 τ 有关，而且成反比关系。

为了说明在不同脉宽 τ 和不同周期 T_1 的情况下周期矩形信号频谱的变化规律，图 3-11 画出了当 τ 保持不变，而 $T_1=5\tau$ 和 $T_1=10\tau$ 两种情况时的频谱；

图 3-12 画出了当 T_1 保持不变,而 $\tau = \dfrac{T_1}{5}$ 与 $\tau = \dfrac{T_1}{10}$ 两种情况时的频谱。

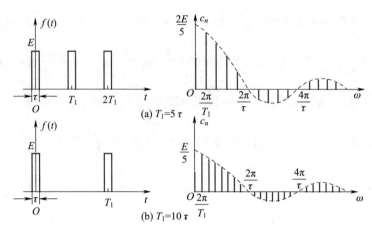

(a) $T_1 = 5\tau$

(b) $T_1 = 10\tau$

图 3-11　不同 T_1 值下周期矩形信号的频谱

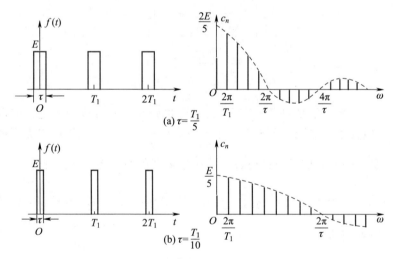

(a) $\tau = \dfrac{T_1}{5}$

(b) $\tau = \dfrac{T_1}{10}$

图 3-12　不同 τ 值下周期矩形信号的频谱

上一节图 3-6 所讨论的对称方波信号是矩形信号的一种特殊情况,两者相比较,对称方波信号有两个特点:

（1）它是正负交替的信号,其直流分量(a_0)等于零。

（2）它的脉宽恰等于周期的一半,即 $\tau = \dfrac{T_1}{2}$。

这样,由周期矩形信号的傅里叶级数式(3-19)可以直接得到对称方波的傅

里叶级数,它是

$$f(t) = \frac{2E}{\pi}\left[\cos(\omega_1 t) - \frac{1}{3}\cos(3\omega_1 t) + \frac{1}{5}\cos(5\omega_1 t) - \cdots\right]$$

$$= \frac{2E}{\pi}\sum_{n=1}^{\infty}\frac{1}{n}\sin\left(\frac{n\pi}{2}\right)\cos(n\omega_1 t) \tag{3-21}$$

或者写作

$$f(t) = \frac{2E}{\pi}\left[\cos(\omega_1 t) + \frac{1}{3}\cos(3\omega_1 t + \pi) + \frac{1}{5}\cos(5\omega_1 t) + \cdots\right]$$

其波形与频谱如图 3-13 所示。

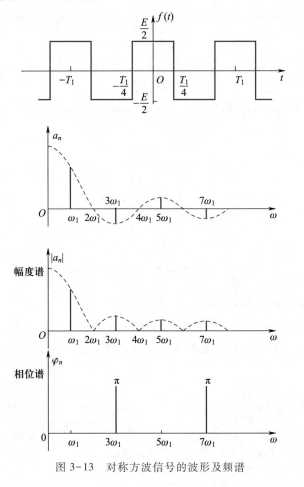

图 3-13　对称方波信号的波形及频谱

　　由于对称方波的偶次谐波恰恰落在频谱包络线的零值点,所以它的频谱只包含基波和奇次谐波。上一节已经指出,该信号既是偶函数,同时又是奇谐函数,因此在它的频谱中只会包含基波和奇次谐波的余弦分量。

　　由式(3-19)、式(3-21)还可以看到,在周期矩形信号及对称方波信号的频谱中,谐波的幅度以 $\dfrac{1}{n}$ 规律收敛于零。

二、周期锯齿脉冲信号

　　周期锯齿脉冲信号的波形如图 3-14 所示。显然它是奇函数,因而 $a_n = 0$,并由式(3-4)可以求出傅里叶级数的系数 b_n。这样,便可得到周期锯齿脉冲信号的傅里叶级数为

$$f(t) = \frac{E}{\pi}\left[\sin(\omega_1 t) - \frac{1}{2}\sin(2\omega_1 t) + \frac{1}{3}\sin(3\omega_1 t) - \frac{1}{4}\sin(4\omega_1 t) + \cdots \right]$$

$$= \frac{E}{\pi}\sum_{n=1}^{\infty}(-1)^{n+1}\frac{1}{n}\sin(n\omega_1 t) \qquad (3-22)$$

周期锯齿脉冲信号的频谱只包含正弦分量,谐波的幅度以 $\dfrac{1}{n}$ 的规律收敛。

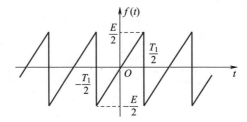

图 3-14　周期锯齿脉冲信号的波形

三、周期三角脉冲信号

　　周期三角脉冲信号的波形如图 3-15 所示。显然它是偶函数,因而 $b_n = 0$,由式(3-2)、式(3-3)可以求出傅里叶级数的系数 a_0, a_n。这样,便可得到该信号的傅里叶级数

$$f(t) = \frac{E}{2} + \frac{4E}{\pi^2}\left[\cos(\omega_1 t) + \frac{1}{3^2}\cos(3\omega_1 t) + \frac{1}{5^2}\cos(5\omega_1 t) + \cdots \right]$$

$$= \frac{E}{2} + \frac{4E}{\pi^2}\sum_{n=1}^{\infty}\frac{1}{n^2}\sin^2\left(\frac{n\pi}{2}\right)\cos(n\omega_1 t) \qquad (3-23)$$

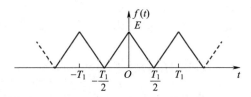

图 3-15 周期三角脉冲信号的波形

周期三角脉冲的频谱只包含直流、基波及奇次谐波频率分量,谐波的幅度以 $\dfrac{1}{n^2}$ 的规律收敛。

四、周期半波余弦信号

周期半波余弦信号的波形如图 3-16 所示。显然它是偶函数,因而 $b_n = 0$,由式(3-2)、式(3-3)可以求出傅里叶级数的系数 a_0,a_n。这样便可得到该信号的傅里叶级数为

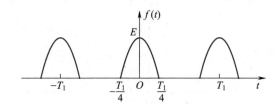

图 3-16 周期半波余弦信号的波形

$$f(t) = \frac{E}{\pi} + \frac{E}{2}\left[\cos(\omega_1 t) + \frac{4}{3\pi}\cos(2\omega_1 t) - \frac{4}{15\pi}\cos(4\omega_1 t) + \cdots\right]$$

$$= \frac{E}{\pi} - \frac{2E}{\pi}\sum_{n=1}^{\infty}\frac{1}{(n^2-1)}\cos\left(\frac{n\pi}{2}\right)\cos(n\omega_1 t) \tag{3-24}$$

其中
$$\omega_1 = \frac{2\pi}{T_1}$$

周期半波余弦信号的频谱只含有直流、基波和偶次谐波频率分量。谐波的幅度以 $\dfrac{1}{n^2}$ 规律收敛。

五、周期全波余弦信号

令余弦信号为

$$f_1(t) = E\cos(\omega_0 t)$$

其中
$$\omega_0 = \frac{2\pi}{T_0}$$

此时,全波余弦信号 $f(t)$ 为
$$f(t) = |f_1(t)| = E|\cos(\omega_0 t)| \tag{3-25}$$

由图 3-17 可见,$f(t)$ 的周期 T 是 $f_1(t)$ 的一半,即 $T_1 = T = \frac{T_0}{2}$,而频率 $\omega_1 = \frac{2\pi}{T_1} = 2\omega_0$。因为 $f(t)$ 是偶函数,所以 $b_n = 0$。由式(3-2)、式(3-3)可以求出傅里叶级数的系数 a_0, a_n。这样便可得到周期全波余弦信号的傅里叶级数

$$\begin{aligned}
f(t) &= \frac{2E}{\pi} + \frac{4E}{3\pi}\cos(\omega_1 t) - \frac{4E}{15\pi}\cos(2\omega_1 t) + \frac{4E}{35\pi}\cos(3\omega_1 t) - \cdots \\
&= \frac{2E}{\pi} + \frac{4E}{\pi}\left[\frac{1}{3}\cos(2\omega_0 t) - \frac{1}{15}\cos(4\omega_0 t) + \frac{1}{35}\cos(6\omega_0 t) - \cdots\right] \\
&= \frac{2E}{\pi} + \frac{4E}{\pi}\sum_{n=1}^{\infty}(-1)^{n+1}\frac{1}{(4n^2-1)}\cos(2n\omega_0 t)
\end{aligned} \tag{3-26}$$

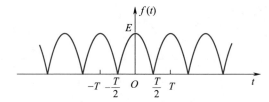

图 3-17   周期全波余弦信号的波形

可见,周期全波余弦信号的频谱包含直流分量及 ω_1 的基波和各次谐波分量,或者说,只包含直流分量及 ω_0 的偶次谐波分量。谐波的幅度以 $\frac{1}{n^2}$ 规律收敛。

一些常用周期信号的傅里叶级数列于附录二的表格中。

3.4   傅里叶变换

在前两节已经讨论了周期信号的傅里叶级数,并得到了它的离散频谱。本节把上述傅里叶分析方法推广到非周期信号中去,导出傅里叶变换(简称傅氏变换)。

仍以周期矩形信号为例,由图 3-18 可见,当周期 T_1 无限增大时,周期信号就转化为非周期性的单脉冲信号。所以可以把非周期信号看成是周期 T_1 趋于无限大的周期信号。上一节已经指出,当周期信号的周期 T_1 增大时,谱线的间

隔 $\omega_1\left(=\dfrac{2\pi}{T_1}\right)$ 变小,若周期 T_1 趋于无限大,则谱线的间隔趋于无限小,这样,离散
频谱就变成连续频谱了。同时,由式(3-11)可知,由于周期 T_1 趋于无限大,谱线
的长度 $F(n\omega_1)$ 趋于零。这就是说,3.2 节所表示的频谱将化为乌有,失去应有
的意义。但是,从物理概念上考虑,既然成为一个信号,必然含有一定的能量,无
论信号怎样分解,其所含能量是不变的。所以不管周期增大到什么程度,频谱的
分布依然存在。或者从数学角度看,在极限情况下,无限多的无穷小量之和,仍
可等于一有限值,此有限值的大小取决于信号的能量。

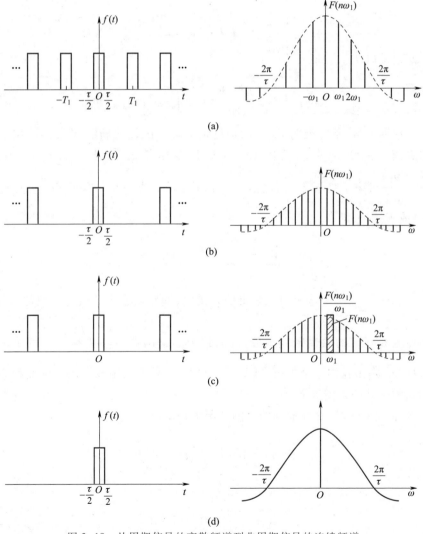

图 3-18　从周期信号的离散频谱到非周期信号的连续频谱

基于上述原因,对非周期信号不能再采用 3.2 节那种频谱的表示方法,而必须引入一个新的量——频谱密度函数。下面由周期信号的傅里叶级数推导出傅里叶变换,并说明频谱密度函数的意义。

设有一周期信号 $f(t)$ 及其复数频谱 $F(n\omega_1)$ 如图 3-18 所示,将 $f(t)$ 展成指数形式的傅里叶级数,它是

$$f(t) = \sum_{n=-\infty}^{\infty} F(n\omega_1) e^{jn\omega_1 t}$$

其频谱

$$F(n\omega_1) = \frac{1}{T_1} \int_{-\frac{T_1}{2}}^{\frac{T_1}{2}} f(t) e^{-jn\omega_1 t} dt$$

两边乘以 T_1,得到

$$F(n\omega_1)T_1 = \frac{2\pi F(n\omega_1)}{\omega_1} = \int_{-\frac{T_1}{2}}^{\frac{T_1}{2}} f(t) e^{-jn\omega_1 t} dt \tag{3-27}$$

对于非周期信号,重复周期 $T_1 \to \infty$,重复频率 $\omega_1 \to 0$,谱线间隔 $\Delta(n\omega_1) \to d\omega$,而离散频率 $n\omega_1$ 变成连续频率 ω。在这种极限情况下,$F(n\omega_1) \to 0$,但量 $2\pi \dfrac{F(n\omega_1)}{\omega_1}$ 可望不趋于零,而趋近于有限值,且变成一个连续函数,通常记作 $F(\omega)$ 或 $F(j\omega)$,即

$$F(\omega) = \lim_{\omega_1 \to 0} \frac{2\pi F(n\omega_1)}{\omega_1} = \lim_{T_1 \to \infty} F(n\omega_1)T_1 \tag{3-28}$$

在此式中 $\dfrac{F(n\omega_1)}{\omega_1}$ 表示单位频带的频谱值,即频谱密度的概念。因此 $F(\omega)$ 称为原函数 $f(t)$ 的频谱密度函数,或简称为频谱函数。若以 $\dfrac{F(n\omega_1)}{\omega_1}$ 的幅度为高,以间隔 ω_1 为宽画一个小矩形[如图 3-18(c)所示],则该小矩形的面积等于 $\omega = n\omega_1$ 频率处的频谱值 $F(n\omega_1)$。

这样,式(3-27)在非周期信号的情况下将变成

$$F(\omega) = \lim_{T_1 \to \infty} \int_{-\frac{T_1}{2}}^{\frac{T_1}{2}} f(t) e^{-jn\omega_1 t} dt$$

即

$$F(\omega) = \int_{-\infty}^{\infty} f(t) e^{-j\omega t} dt \tag{3-29}$$

同样,傅里叶级数

$$f(t) = \sum_{n=-\infty}^{\infty} F(n\omega_1) e^{jn\omega_1 t}$$

考虑到谱线间隔 $\Delta(n\omega_1) = \omega_1$,上式可改写为

$$f(t) = \sum_{n\omega_1=-\infty}^{\infty} \frac{F(n\omega_1)}{\omega_1} e^{jn\omega_1 t} \Delta(n\omega_1)$$

在前述极限的情况下,上式中各量应作如下改变

$$n\omega_1 \to \omega$$

$$\Delta(n\omega_1) \to d\omega$$

$$\frac{F(n\omega_1)}{\omega_1} \to \frac{F(\omega)}{2\pi}$$

$$\sum_{n\omega_1=-\infty}^{\infty} \to \int_{-\infty}^{\infty}$$

于是,傅里叶级数变成积分形式,它等于

$$f(t) = \frac{1}{2\pi} \int_{-\infty}^{\infty} F(\omega) e^{j\omega t} d\omega \tag{3-30}$$

式(3-29)、式(3-30)是用周期信号的傅里叶级数通过极限的方法导出的非周期信号频谱的表示式,称为傅里叶变换。通常式(3-29)称为傅里叶正变换,式(3-30)称为傅里叶逆变换。为书写方便,习惯上采用如下符号:

傅里叶正变换

$$F(\omega) = \mathscr{F}[f(t)] = \int_{-\infty}^{\infty} f(t) e^{-j\omega t} dt$$

傅里叶逆变换

$$f(t) = \mathscr{F}^{-1}[F(\omega)] = \frac{1}{2\pi} \int_{-\infty}^{\infty} F(\omega) e^{j\omega t} d\omega$$

式中 $F(\omega)$ 是 $f(t)$ 的频谱函数,它 一般是复函数,可以写作

$$F(\omega) = |F(\omega)| e^{j\varphi(\omega)}$$

其中 $|F(\omega)|$ 是 $F(\omega)$ 的模,它代表信号中各频率分量的相对大小。$\varphi(\omega)$ 是 $F(\omega)$ 的相位函数,它表示信号中各频率分量之间的相位关系。为了与周期信号的频谱一致,在这里人们习惯上也把 $|F(\omega)|-\omega$ 与 $\varphi(\omega)-\omega$ 曲线分别称为非周期信号的幅度频谱与相位频谱。由图 3-18 可以看出,它们都是频率 ω 的连续函数,在形状上与相应的周期信号频谱包络线相同。

与周期信号相类似,也可以将式(3-30)改写为三角函数形式,即

$$f(t) = \frac{1}{2\pi}\int_{-\infty}^{\infty} F(\omega) \mathrm{e}^{\mathrm{j}\omega t} \mathrm{d}\omega = \frac{1}{2\pi}\int_{-\infty}^{\infty} |F(\omega)| \mathrm{e}^{\mathrm{j}[\omega t + \varphi(\omega)]} \mathrm{d}\omega$$

$$= \frac{1}{2\pi}\int_{-\infty}^{\infty} |F(\omega)| \cos[\omega t + \varphi(\omega)] \mathrm{d}\omega +$$

$$\frac{\mathrm{j}}{2\pi}\int_{-\infty}^{\infty} |F(\omega)| \sin[\omega t + \varphi(\omega)] \mathrm{d}\omega$$

若 $f(t)$ 是实函数,由式(3-29)可知 $|F(\omega)|$ 和 $\varphi(\omega)$ 分别是频率 ω 的偶函数与奇函数。这样,上式化简为

$$f(t) = \frac{1}{2\pi}\int_{-\infty}^{\infty} |F(\omega)| \cos[\omega t + \varphi(\omega)] \mathrm{d}\omega$$

$$= \frac{1}{\pi}\int_{0}^{\infty} |F(\omega)| \cos[\omega t + \varphi(\omega)] \mathrm{d}\omega$$

可见,非周期信号和周期信号一样,也可以分解成许多不同频率的正、余弦分量。所不同的是,由于非周期信号的周期趋于无限大,基波趋于无限小,于是它包含了从零到无限高的所有频率分量。同时,由于周期趋于无限大,因此,对任一能量有限的信号(如单脉冲信号),在各频率点的分量幅度 $\dfrac{|F(\omega)| \mathrm{d}\omega}{\pi}$ 趋于无限小。所以频谱不能再用幅度表示,而改用密度函数来表示。

在上面的讨论中,利用周期信号取极限变成非周期信号的方法,由周期信号的傅里叶级数导出傅里叶变换,从离散谱演变为连续谱。在 3.9 节和 3.10 节将要看到,这一过程还可以反过来进行,亦即由非周期信号演变成周期信号,从连续谱引出离散谱。这表明周期信号与非周期信号,傅里叶级数与傅里叶变换,离散谱与连续谱,在一定条件下可以互相转化并统一起来。

必须指出,在前面推导傅里叶变换时并未遵循数学上的严格步骤。从理论上讲,傅里叶变换也应该满足一定的条件才能存在。这种条件类似于傅里叶级数的狄里赫利条件,不同之处仅仅在于时间范围由一个周期变成无限的区间。傅里叶变换存在的充分条件是在无限区间内满足绝对可积条件,即要求

$$\int_{-\infty}^{\infty} |f(t)| \mathrm{d}t < \infty$$

必须指出,借助奇异函数(如冲激函数)的概念,可使许多不满足绝对可积条件的信号,如周期信号、阶跃信号、符号函数等存在傅里叶变换,在 3.5 节、3.6 节和 3.9 节将详细讨论这一问题。

典型非周期信号的傅里叶变换

本节利用傅里叶变换求几种典型非周期信号的频谱。

一、单边指数信号

已知单边指数信号的表示式为

$$f(t)=\begin{cases} \mathrm{e}^{-at} & (t \geqslant 0) \\ 0 & (t<0) \end{cases}$$

其中 a 为正实数。

因
$$F(\omega)=\int_{-\infty}^{\infty} f(t)\mathrm{e}^{-\mathrm{j}\omega t}\mathrm{d}t$$

$$=\int_{0}^{\infty} \mathrm{e}^{-at}\mathrm{e}^{-\mathrm{j}\omega t}\mathrm{d}t$$

$$=\int_{0}^{\infty} \mathrm{e}^{-(a+\mathrm{j}\omega)t}\mathrm{d}t$$

得

$$\left.\begin{array}{c} F(\omega)=\dfrac{1}{a+\mathrm{j}\omega} \\[2mm] |F(\omega)|=\dfrac{1}{\sqrt{a^2+\omega^2}} \\[2mm] \varphi(\omega)=-\arctan\left(\dfrac{\omega}{a}\right) \end{array}\right\} \qquad (3-31)$$

单边指数信号的波形 $f(t)$、幅度谱 $|F(\omega)|$ 和相位谱 $\varphi(\omega)$ 如图 3-19 所示。

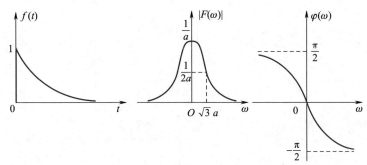

图 3-19 单边指数信号的波形 $f(t)$、幅度谱 $|F(\omega)|$ 和相位谱 $\varphi(\omega)$

二、双边指数信号

已知双边指数信号的表示式为

$$f(t) = e^{-a|t|} \quad (-\infty < t < \infty)$$

其中 a 为正实数。

因

$$F(\omega) = \int_{-\infty}^{\infty} f(t) e^{-j\omega t} dt = \int_{-\infty}^{\infty} e^{-a|t|} e^{-j\omega t} dt$$

得

$$\left. \begin{array}{l} F(\omega) = \dfrac{2a}{a^2 + \omega^2} \\[3mm] |F(\omega)| = \dfrac{2a}{a^2 + \omega^2} \\[3mm] \varphi(\omega) = 0 \end{array} \right\} \tag{3-32}$$

双边指数信号的波形 $f(t)$、幅度谱 $|F(\omega)|$ 如图 3-20 所示。

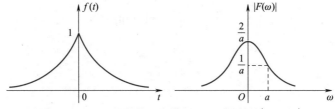

图 3-20 双边指数信号的波形 $f(t)$、幅度谱 $|F(\omega)|$

三、矩形脉冲信号

已知矩形脉冲信号的表示式为

$$f(t) = E\left[u\left(t + \frac{\tau}{2}\right) - u\left(t - \frac{\tau}{2}\right) \right]$$

其中 E 为脉冲幅度，τ 为脉冲宽度。

因

$$F(\omega) = \int_{-\infty}^{\infty} f(t) e^{-j\omega t} dt$$

$$= \int_{-\frac{\tau}{2}}^{\frac{\tau}{2}} E e^{-j\omega t} dt$$

得

$$F(\omega) = \frac{2E}{\omega} \sin\left(\frac{\omega \tau}{2}\right)$$

$$= E\tau \left[\frac{\sin\left(\dfrac{\omega \tau}{2}\right)}{\dfrac{\omega \tau}{2}} \right] \tag{3-33}$$

因为

$$\frac{\sin\left(\dfrac{\omega\tau}{2}\right)}{\dfrac{\omega\tau}{2}} = \mathrm{Sa}\left(\dfrac{\omega\tau}{2}\right)$$

所以

$$F(\omega) = E\tau \cdot \mathrm{Sa}\left(\dfrac{\omega\tau}{2}\right)$$

这样,矩形脉冲信号的幅度谱和相位谱分别为

$$\left| F(\omega) \right| = E\tau \left| \mathrm{Sa}\left(\dfrac{\omega\tau}{2}\right) \right|$$

$$\varphi(\omega) = \begin{cases} 0 & \left[\dfrac{4n\pi}{\tau} < |\omega| < \dfrac{2(2n+1)\pi}{\tau}\right] \\ \pi & \left[\dfrac{2(2n+1)\pi}{\tau} < |\omega| < \dfrac{4(n+1)\pi}{\tau}\right] \end{cases}$$

$$(n = 0, 1, 2, \cdots)$$

因为 $F(\omega)$ 在这里是实函数,通常用一条 $F(\omega)$ 曲线同时表示幅度谱 $|F(\omega)|$ 和相位谱 $\varphi(\omega)$,如图 3-21 所示。

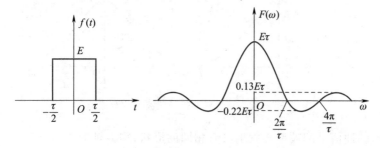

图 3-21 矩形脉冲信号的波形及频谱

由上可见,虽然矩形脉冲信号在时域集中于有限的范围内,然而它的频谱却以 $\mathrm{Sa}\left(\dfrac{\omega\tau}{2}\right)$ 的规律变化,分布在无限宽的频率范围上,但是其主要的信号能量处于 $f = 0 \sim \dfrac{1}{\tau}$ 范围。因而,通常认为这种信号占有频率范围(频带)B 近似为 $\dfrac{1}{\tau}$,即

$$B \approx \frac{1}{\tau} \tag{3-34}$$

四、钟形脉冲信号

钟形脉冲亦即高斯脉冲,它的表示式为

$$f(t) = Ee^{-\left(\frac{t}{\tau}\right)^2} \quad (-\infty < t < \infty) \tag{3-35}$$

因

$$F(\omega) = \int_{-\infty}^{\infty} f(t)e^{-j\omega t}dt$$

$$= \int_{-\infty}^{\infty} Ee^{-\left(\frac{t}{\tau}\right)^2}e^{-j\omega t}dt$$

$$= E\int_{-\infty}^{\infty} e^{-\left(\frac{t}{\tau}\right)^2}[\cos(\omega t) - j\sin(\omega t)]dt$$

$$= 2E\int_{0}^{\infty} e^{-\left(\frac{t}{\tau}\right)^2}\cos(\omega t)dt$$

积分后可得

$$F(\omega) = \sqrt{\pi}E\tau \cdot e^{-\left(\frac{\omega\tau}{2}\right)^2} \tag{3-36}$$

它是一个正实函数,所以钟形脉冲信号的相位谱为零。图 3-22 画出了该信号的波形和频谱。

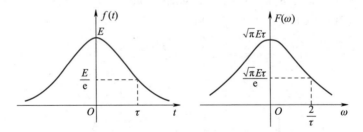

图 3-22   钟形脉冲信号的波形和频谱

钟形脉冲信号的波形和频谱具有相同的形状,均为钟形。

五、符号函数

符号函数(或称正负号函数)以符号 sgn 记,其表示式为

$$f(t) = \text{sgn}(t) = \begin{cases} 1 & (t>0) \\ 0 & (t=0) \\ -1 & (t<0) \end{cases} \tag{3-37}$$

显然,这种信号不满足绝对可积条件,但它却存在傅里叶变换。可以借助符号函数与双边指数衰减函数相乘,先求得此乘积信号 $f_1(t)$ 的频谱,然后取极限,从而得出符号函数 $f(t)$ 的频谱。

下面先求乘积信号 $f_1(t)$ 的频谱 $F_1(\omega)$。

因为

$$F_1(\omega) = \int_{-\infty}^{\infty} f_1(t) \mathrm{e}^{-\mathrm{j}\omega t} \mathrm{d}t$$

这样

$$F_1(\omega) = \int_{-\infty}^{0} (-\mathrm{e}^{at}) \mathrm{e}^{-\mathrm{j}\omega t} \mathrm{d}t + \int_{0}^{\infty} \mathrm{e}^{-at} \cdot \mathrm{e}^{-\mathrm{j}\omega t} \mathrm{d}t$$

其中 $a>0$。

积分并化简,可得

$$\left.\begin{aligned}
F_1(\omega) &= \frac{-2\mathrm{j}\omega}{a^2+\omega^2} \\[2mm]
|F_1(\omega)| &= \frac{2|\omega|}{a^2+\omega^2} \\[2mm]
\varphi_1(\omega) &= \begin{cases} \dfrac{\pi}{2} & (\omega<0) \\[3mm] -\dfrac{\pi}{2} & (\omega>0) \end{cases}
\end{aligned}\right\} \tag{3-38}$$

其波形和幅度谱如图 3-23 所示。

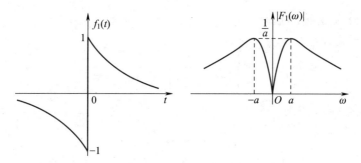

图 3-23 指数信号 $f_1(t)$ 的波形和幅度谱

符号函数 $\mathrm{sgn}(t)$ 的频谱 $F(\omega)$ 为

$$F(\omega) = \lim_{a \to 0} F_1(\omega)$$

$$= \lim_{a \to 0} \left(\frac{-2\mathrm{j}\omega}{a^2+\omega^2} \right)$$

所以

$$
\left.
\begin{aligned}
F(\omega) &= \frac{2}{j\omega} \\[2mm]
|F(\omega)| &= \frac{2}{|\omega|} \\[2mm]
\varphi(\omega) &=
\begin{cases}
-\dfrac{\pi}{2} & (\omega>0) \\[3mm]
\dfrac{\pi}{2} & (\omega<0)
\end{cases}
\end{aligned}
\right\}
\qquad (3-39)
$$

其波形和频谱如图 3-24 所示。

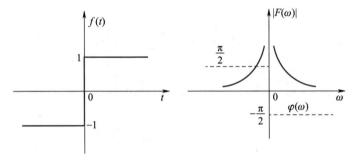

图 3-24   符号函数的波形和频谱

六、升余弦脉冲信号

升余弦脉冲信号的表示式为

$$
f(t) = \frac{E}{2}\left[1+\cos\left(\frac{\pi t}{\tau}\right)\right] \qquad (0 \leqslant |t| \leqslant \tau) \qquad (3-40)
$$

其波形如图 3-25 所示。

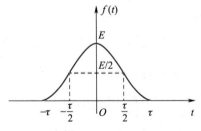

图 3-25   升余弦脉冲信号的波形

因为

$$F(\omega) = \int_{-\infty}^{\infty} f(t) e^{-j\omega t} dt$$

$$= \int_{-\tau}^{\tau} \frac{E}{2} \left[1 + \cos\left(\frac{\pi t}{\tau}\right) \right] e^{-j\omega t} dt$$

$$= \frac{E}{2} \int_{-\tau}^{\tau} e^{-j\omega t} dt + \frac{E}{4} \int_{-\tau}^{\tau} e^{j\frac{\pi t}{\tau}} \cdot e^{-j\omega t} dt +$$

$$\frac{E}{4} \int_{-\tau}^{\tau} e^{-j\frac{\pi t}{\tau}} \cdot e^{-j\omega t} dt$$

$$= E\tau \mathrm{Sa}(\omega\tau) + \frac{E\tau}{2} \mathrm{Sa}\left[\left(\omega - \frac{\pi}{\tau} \right) \tau \right] +$$

$$\frac{E\tau}{2} \mathrm{Sa}\left[\left(\omega + \frac{\pi}{\tau} \right) \tau \right]$$

显然 $F(\omega)$ 是由三项构成,它们都是矩形脉冲的频谱,只是有两项沿频率轴左、右平移了 $\omega = \dfrac{\pi}{\tau}$。把上式化简,则可以得到

$$F(\omega) = \frac{E\sin(\omega\tau)}{\omega \left[1 - \left(\dfrac{\omega\tau}{\pi} \right)^2 \right]} = \frac{E\tau \mathrm{Sa}(\omega\tau)}{1 - \left(\dfrac{\omega\tau}{\pi} \right)^2} \tag{3-41}$$

其频谱如图 3-26 所示。

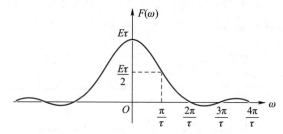

图 3-26 升余弦脉冲信号的频谱

由上可知,升余弦脉冲信号的频谱比矩形脉冲的频谱更加集中。对于半幅度宽度为 τ 的升余弦脉冲信号,它的绝大部分能量集中在 $\omega = 0 \sim \dfrac{2\pi}{\tau}$ (即 $f = 0 \sim \dfrac{1}{\tau}$) 范围内。

3.6   冲激函数和阶跃函数的傅里叶变换

通过前章讨论,我们已经认识到奇异函数在信号与系统的时域分析中所起的重要作用,这涉及冲激响应、阶跃响应及卷积等许多基本概念。在变换域分析中,奇异函数仍然扮演着重要角色,要了解它们的种种巧妙应用,首先需要研究冲激函数与阶跃函数的傅里叶变换。

一、冲激函数的傅里叶变换

1. 冲激函数的傅里叶变换

单位冲激函数 $\delta(t)$ 的傅里叶变换 $F(\omega)$ 是

$$F(\omega) = \int_{-\infty}^{\infty} \delta(t) \mathrm{e}^{-\mathrm{j}\omega t} \mathrm{d}t$$

由冲激函数的抽样性质可知上式右边的积分是 1,所以

$$F(\omega) = \mathscr{F}[\delta(t)] = 1 \tag{3-42}$$

上述结果也可由矩形脉冲取极限得到,当脉宽 τ 逐渐变窄时,其频谱必然展宽。可以想象,若 $\tau \to 0$,而 $E\tau = 1$,这时矩形脉冲就变成了 $\delta(t)$,其相应频谱 $F(\omega)$ 必等于常数 1。

可见,单位冲激函数的频谱等于常数,也就是说,在整个频率范围内频谱是均匀分布的。显然,在时域中变化异常剧烈的冲激函数包含幅度相等的所有频率分量。因此,这种频谱常称为"均匀谱"或"白色谱",如图 3-27 所示。

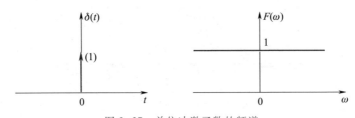

图 3-27   单位冲激函数的频谱

2. 冲激函数的傅里叶逆变换

前文已述,冲激函数的频谱等于常数,反过来,怎样的函数其频谱为冲激函数呢? 也就是需要求 $\delta(\omega)$ 的傅里叶逆变换。由逆变换定义容易求得

$$\mathscr{F}^{-1}[\delta(\omega)] = \frac{1}{2\pi} \tag{3-43}$$

此结果表明,直流信号的傅里叶变换是冲激函数。

这一结果也可由宽度为 τ 的矩形脉冲取 $\tau \to \infty$ 的极限而求得,参看图 3-28 来推证此结论。

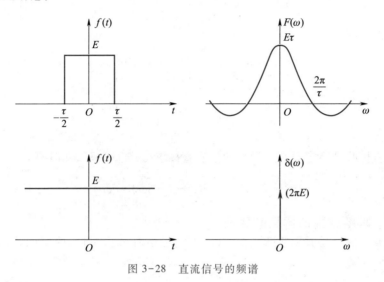

图 3-28　直流信号的频谱

当 $\tau \to \infty$ 时,矩形脉冲成为直流信号 E,此时有

$$\mathscr{F}[E] = \lim_{\tau \to \infty} E\tau \cdot \mathrm{Sa}\left(\frac{\omega\tau}{2}\right) \tag{3-44}$$

由第一章冲激函数的定义可知

$$\delta(\omega) = \lim_{k \to \infty} \frac{k}{\pi} \mathrm{Sa}(k\omega) \tag{3-45}$$

若令 $k = \dfrac{\tau}{2}$,比较上两式则可以得到

$$\begin{aligned}\mathscr{F}(E) &= 2\pi E\delta(\omega) \\ \mathscr{F}(1) &= 2\pi\delta(\omega)\end{aligned} \tag{3-46}$$

可见,直流信号的傅里叶变换是位于 $\omega = 0$ 的冲激函数。

二、冲激偶的傅里叶变换

因为
$$\mathscr{F}[\delta(t)] = 1$$

$$\delta(t) = \frac{1}{2\pi}\int_{-\infty}^{\infty} \mathrm{e}^{\mathrm{j}\omega t}\mathrm{d}\omega$$

将上式两边求导

$$\frac{d}{dt}[\delta(t)] = \frac{1}{2\pi}\int_{-\infty}^{\infty}(j\omega)e^{j\omega t}d\omega$$

得

$$\mathscr{F}\left[\frac{d}{dt}\delta(t)\right] = j\omega \tag{3-47}$$

同理可得

$$\left.\begin{array}{l}\mathscr{F}\left[\dfrac{d^{n}}{dt^{n}}\delta(t)\right] = (j\omega)^{n} \\[3mm] \mathscr{F}(t^{n}) = 2\pi(j)^{n}\dfrac{d^{n}}{d\omega^{n}}[\delta(\omega)]\end{array}\right\} \tag{3-48}$$

也可按傅里叶变换定义和冲激偶的性质直接求得式(3-47),此时有

$$\int_{-\infty}^{\infty}\delta'(t)e^{-j\omega t}dt = -(-j\omega) = j\omega$$

三、阶跃函数的傅里叶变换

从波形中容易看出阶跃函数 $u(t)$ 不满足绝对可积条件,即使如此,它仍存在傅里叶变换。

因为

$$u(t) = \frac{1}{2} + \frac{1}{2}\text{sgn}(t)$$

两边进行傅里叶变换

$$\mathscr{F}[u(t)] = \mathscr{F}\left(\frac{1}{2}\right) + \frac{1}{2}\mathscr{F}[\text{sgn}(t)]$$

由式(3-46)、式(3-39)可得 $u(t)$ 的傅里叶变换为

$$\mathscr{F}[u(t)] = \pi\delta(\omega) + \frac{1}{j\omega} \tag{3-49}$$

单位阶跃函数 $u(t)$ 的波形和频谱如图 3-29 所示。

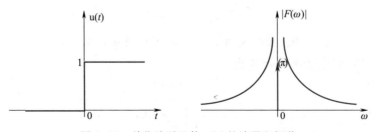

图 3-29　单位阶跃函数 $u(t)$ 的波形和频谱

可见,单位阶跃函数 $u(t)$ 的频谱在 $\omega=0$ 点存在一个冲激函数,因 $u(t)$ 含有直流分量,这是在预料之中的。此外,由于 $u(t)$ 不是纯直流信号,它在 $t=0$ 点有跳变,因此在频谱中还出现其他频率分量。

这一结果的导出还可以采用其他多种方法。如果读者有兴趣可查阅参考书目[2]《信号与系统》(第二版)第122页第3行,或者参考书目[4]《教与写的记忆——信号与系统评注》第80页的3.3-4小节:阶跃信号傅里叶变换 $\mathscr{F}[u(t)]$ 的多种求解方法。

3.7 傅里叶变换的基本性质

式(3-29)和式(3-30)表示的傅里叶变换建立了时间函数 $f(t)$ 与频谱函数 $F(\omega)$ 之间的对应关系。其中,一个函数确定之后,另一函数随之被唯一地确定。在信号分析的理论研究与实际设计工作中,经常需要了解当信号在时域进行某种运算后在频域发生何种变化,或者反过来,从频域的运算推测时域的变动。这时,可以利用式(3-29)与式(3-30)求积分计算,也可以借助傅里叶变换的基本性质给出结果。后一种方法计算过程比较简便,而且物理概念清楚。因此,熟悉傅里叶变换的一些基本性质成为信号分析研究工作中最重要的内容之一。本节和下节讨论这些基本性质。

一、对称性

若 $F(\omega)=\mathscr{F}[f(t)]$,则

$$\mathscr{F}[F(t)]=2\pi f(-\omega)$$

证明

因为

$$f(t)=\frac{1}{2\pi}\int_{-\infty}^{\infty}F(\omega)e^{j\omega t}d\omega$$

显然

$$f(-t)-\frac{1}{2\pi}\int_{-\infty}^{\infty}F(\omega)e^{-j\omega t}d\omega$$

将变量 t 与 ω 互换,可以得到

$$2\pi f(-\omega)=\int_{-\infty}^{\infty}F(t)e^{-j\omega t}dt$$

所以

$$\mathscr{F}[F(t)]=2\pi f(-\omega) \tag{3-50}$$

若 $f(t)$ 是偶函数,式(3-50)变成

$$\mathscr{F}[F(t)]=2\pi f(\omega) \tag{3-51}$$

从式(3-50)看出,在一般情况下,若 $f(t)$ 的频谱为 $F(\omega)$,为求得 $F(t)$ 之频谱可利用 $f(-\omega)$ 给出。当 $f(t)$ 为偶函数时,由式(3-51)可知,这种对称关系得到简化,即 $f(t)$ 的频谱为 $F(\omega)$,那么形状为 $F(t)$ 的波形,其频谱必为 $f(\omega)$。显然,矩形脉冲的频谱为 Sa 函数,而 Sa 形脉冲的频谱必然为矩形函数。同样,直流信号的频谱为冲激函数,而冲激函数的频谱必然为常数等,如图 3-30 和图 3-31 所示。

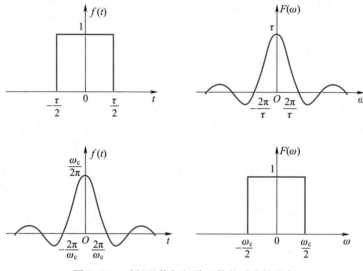

图 3-30 时间函数与频谱函数的对称性举例

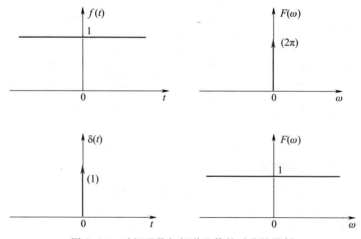

图 3-31 时间函数与频谱函数的对称性举例

二、线性(叠加性)

若 $\mathscr{F}[f_i(t)] = F_i(\omega)\,(i=1,2,\cdots,n)$,则

$$\mathscr{F}\Big[\sum_{i=1}^{n} a_i f_i(t)\Big] - \sum_{i=1}^{n} a_i F_i(\omega) \tag{3-52}$$

其中 a_i 为常数,n 为正整数。

由傅里叶变换的定义式很容易证明上述结论。显然傅里叶变换是一种线性运算,它满足叠加定理。所以,相加信号的频谱等于各个单独信号的频谱之和。

三、奇偶虚实性

为便于下面的讨论,我们把 $f(t)$ 的傅里叶变换式重写如下

$$F(\omega) = \mathscr{F}[f(t)] = \int_{-\infty}^{\infty} f(t)\,\mathrm{e}^{-\mathrm{j}\omega t}\,\mathrm{d}t$$

在一般的情况下,$F(\omega)$ 是复函数,因而可以把它表示成模与相位或者实部与虚部两部分,即

$$F(\omega) = |F(\omega)|\,\mathrm{e}^{\mathrm{j}\varphi(\omega)} = R(\omega) + \mathrm{j}X(\omega)$$

显然

$$\left.\begin{array}{l} |F(\omega)| = \sqrt{R^2(\omega) + X^2(\omega)} \\[2mm] \varphi(\omega) = \arctan\left[\dfrac{X(\omega)}{R(\omega)}\right] \end{array}\right\} \tag{3-53}$$

下面讨论两种特定情况。

1. $f(t)$ 是实函数

因为

$$F(\omega) = \int_{-\infty}^{\infty} f(t)\,\mathrm{e}^{-\mathrm{j}\omega t}\,\mathrm{d}t$$

$$= \int_{-\infty}^{\infty} f(t)\cos(\omega t)\,\mathrm{d}t - \mathrm{j}\int_{-\infty}^{\infty} f(t)\sin(\omega t)\,\mathrm{d}t$$

在这种情况下,显然

$$\left.\begin{array}{l} R(\omega) = \displaystyle\int_{-\infty}^{\infty} f(t)\cos(\omega t)\,\mathrm{d}t \\[3mm] X(\omega) = -\displaystyle\int_{-\infty}^{\infty} f(t)\sin(\omega t)\,\mathrm{d}t \end{array}\right\} \tag{3-54}$$

$R(\omega)$ 为偶函数,$X(\omega)$ 为奇函数,即满足下列关系

$$R(\omega) = R(-\omega)$$

$$X(\omega) = -X(-\omega)$$

$$F(-\omega) = F^*(\omega)$$

由于 $R(\omega)$ 是偶函数，$X(\omega)$ 是奇函数，利用式（3-53）可证得 $|F(\omega)|$ 是偶函数，$\varphi(\omega)$ 是奇函数。我们可以检查已求得的各种实函数的频谱都应满足这一结论，即实函数傅里叶变换的幅度谱和相位谱分别为偶、奇函数。这一特性在信号分析中得到广泛应用。

当 $f(t)$ 在积分区间内为实偶函数，上述结论可进一步简化，此时

$$f(t) = f(-t)$$

式（3-54）成为

$$X(\omega) = 0$$

此时

$$F(\omega) = R(\omega) = 2\int_0^\infty f(t)\cos(\omega t)\,\mathrm{d}t$$

可见，若 $f(t)$ 是实偶函数，$F(\omega)$ 必为 ω 的实偶函数。

若 $f(t)$ 为实奇函数，即

$$f(-t) = -f(t)$$

那么，由式（3-54）求得

$$R(\omega) = 0$$

此时

$$F(\omega) = \mathrm{j}X(\omega) = -2\mathrm{j}\int_0^\infty f(t)\sin(\omega t)\,\mathrm{d}t$$

可见，若 $f(t)$ 是实奇函数，则 $F(\omega)$ 必为 ω 的虚奇函数。

2. $f(t)$ 是虚函数

令 $f(t) = \mathrm{j}g(t)$，则

$$R(\omega) = \int_{-\infty}^\infty g(t)\sin(\omega t)\,\mathrm{d}t$$

$$X(\omega) = \int_{-\infty}^\infty g(t)\cos(\omega t)\,\mathrm{d}t$$

在这种情况下，$R(\omega)$ 为奇函数，$X(\omega)$ 为偶函数，即满足

$$R(\omega) = -R(-\omega)$$

$$X(\omega) = X(-\omega)$$

此外，无论 $f(t)$ 为实函数或复函数，都具有以下性质

$$\left.\begin{array}{l}\mathscr{F}[f(-t)] = F(-\omega) \\ \mathscr{F}[f^*(t)] = F^*(-\omega) \\ \mathscr{F}[f^*(-t)] = F^*(\omega)\end{array}\right\} \tag{3-55}$$

证明过程留给读者作为练习。

例 3-1 已知

$$f(t) = \begin{cases} e^{-at} & (t>0) \\ -e^{at} & (t<0) \end{cases}$$

式中 a 为正实数。求该奇函数的频谱。

解　　　　　$F(\omega) = \int_{-\infty}^{\infty} f(t) e^{-j\omega t} dt$

$$= -\int_{-\infty}^{0} e^{at} \cdot e^{-j\omega t} dt + \int_{0}^{\infty} e^{-at} \cdot e^{-j\omega t} dt$$

显然,此积分结果即式(3-38),为便于讨论,重复写在下面

$$F(\omega) = \frac{-2j\omega}{a^2 + \omega^2} \qquad\qquad (3-56)$$

$$|F(\omega)| = \frac{2|\omega|}{a^2 + \omega^2}$$

$$\varphi(\omega) = \begin{cases} -\dfrac{\pi}{2} & (\omega>0) \\ \dfrac{\pi}{2} & (\omega<0) \end{cases}$$

波形和幅度谱如图 3-32 所示。显然,实奇函数的频谱必然是虚奇函数。

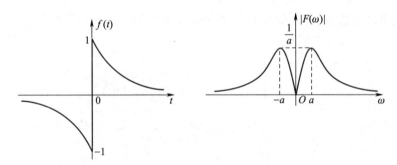

图 3-32 奇对称指数函数的波形和频谱

四、尺度变换特性

若　$\mathscr{F}[f(t)] = F(\omega)$,则

$$\mathscr{F}[f(at)] = \frac{1}{|a|} F\left(\frac{\omega}{a}\right) \qquad (a \text{ 为非零的实常数})$$

证明

因为　　　　　$\mathscr{F}[f(at)] = \int_{-\infty}^{\infty} f(at) e^{-j\omega t} dt$

令
$$x = at$$
当　$a>0$
$$\mathscr{F}[f(at)] = \frac{1}{a}\int_{-\infty}^{\infty}f(x)\,\mathrm{e}^{-\mathrm{j}\omega\frac{x}{a}}\mathrm{d}x$$
$$= \frac{1}{a}F\left(\frac{\omega}{a}\right)$$
当　$a<0$
$$\mathscr{F}[f(at)] = \frac{1}{a}\int_{\infty}^{-\infty}f(x)\,\mathrm{e}^{-\mathrm{j}\omega\frac{x}{a}}\mathrm{d}x$$
$$= \frac{-1}{a}\int_{-\infty}^{\infty}f(x)\,\mathrm{e}^{-\mathrm{j}\omega\frac{x}{a}}\mathrm{d}x$$
$$= \frac{-1}{a}F\left(\frac{\omega}{a}\right)$$

综合上述两种情况,便可得到尺度变换特性表示式为
$$\mathscr{F}[f(at)] = \frac{1}{|a|}F\left(\frac{\omega}{a}\right) \tag{3-57}$$
对于 $a=-1$ 这种特殊情况,式(3-57)变成
$$\mathscr{F}[f(-t)] = F(-\omega)$$
为了说明尺度变换特性,在图 3-33 中画出了矩形脉冲的几种情况。

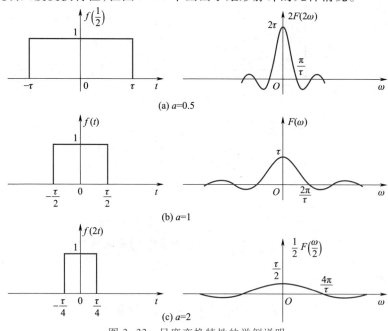

(a) $a=0.5$

(b) $a=1$

(c) $a=2$

图 3-33   尺度变换特性的举例说明

由上可见,信号在时域中压缩($a>1$)等效于在频域中扩展;反之,信号在时域中扩展($a<1$)则等效于在频域中压缩。对于 $a=-1$ 的情况,它说明信号在时域中沿纵轴反褶等效于在频域中频谱也沿纵轴反褶。上述结论是不难理解的,因为信号的波形压缩为原来的 $1/a$,信号随时间变化加快 a 倍,所以它所包含的频率分量增加 a 倍,也就是说频谱展宽 a 倍。根据能量守恒定律,各频率分量的大小必然减小为原来的 $1/a$。

下面从另一角度来说明尺度变换特性。对任意形状的 $f(t)$ 和 $F(\omega)$ [假设 $t\to\infty$, $\omega\to\infty$ 时, $f(t)$, $F(\omega)$ 趋近于零],因为

$$F(\omega) = \int_{-\infty}^{\infty} f(t)\,\mathrm{e}^{-\mathrm{j}\omega t}\,\mathrm{d}t$$

所以

$$F(0) = \int_{-\infty}^{\infty} f(t)\,\mathrm{d}t \qquad (3-58)$$

同样,因为

$$f(t) = \frac{1}{2\pi}\int_{-\infty}^{\infty} F(\omega)\,\mathrm{e}^{\mathrm{j}\omega t}\,\mathrm{d}\omega$$

所以

$$f(0) = \frac{1}{2\pi}\int_{-\infty}^{\infty} F(\omega)\,\mathrm{d}\omega \qquad (3-59)$$

式(3-58)、式(3-59)分别说明 $f(t)$ 与 $F(\omega)$ 所覆盖的面积等于 $F(\omega)$ 与 $2\pi f(t)$ 在零点的数值 $F(0)$ 与 $2\pi f(0)$。

如果 $f(0)$ 与 $F(0)$ 各自等于 $f(t)$ 与 $F(\omega)$ 曲线的最大值,如图 3-34 所示。这时,定义 τ 和 B 分别为 $f(t)$ 和 $F(\omega)$ 的等效宽度,可写出以下关系式

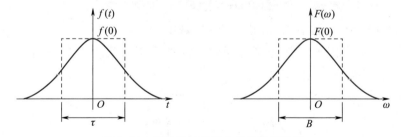

图 3-34 等效脉冲宽度与等效频带宽度

$$f(0)\tau = F(0)$$

$$F(0)B = 2\pi f(0)$$

由此求得

$$B = \frac{2\pi}{\tau} \qquad\qquad (3-60)$$

从式(3-60)可以看出:信号的等效脉冲宽度与占有的等效带宽成反比,若要压缩信号的持续时间,则不得不以展宽频带作代价。所以在通信系统中,通信速度和占用频带宽度是一对矛盾。

五、时移特性

若　$\mathscr{F}[f(t)] = F(\omega)$,则

$$\mathscr{F}[f(t-t_0)] = F(\omega)\mathrm{e}^{-\mathrm{j}\omega t_0}$$

证明

因

$$\mathscr{F}[f(t-t_0)] = \int_{-\infty}^{\infty} f(t-t_0)\mathrm{e}^{-\mathrm{j}\omega t}\mathrm{d}t$$

令

$$x = t - t_0$$

那么

$$\mathscr{F}[f(t-t_0)] = \mathscr{F}[f(x)] = \int_{-\infty}^{\infty} f(x)\mathrm{e}^{-\mathrm{j}\omega(x+t_0)}\mathrm{d}x$$

$$= \mathrm{e}^{-\mathrm{j}\omega t_0}\int_{-\infty}^{\infty} f(x)\mathrm{e}^{-\mathrm{j}\omega x}\mathrm{d}x$$

所以

$$\mathscr{F}[f(t-t_0)] = \mathrm{e}^{-\mathrm{j}\omega t_0} \cdot F(\omega) \qquad\qquad (3-61)$$

同理可得

$$\mathscr{F}[f(t+t_0)] = \mathrm{e}^{\mathrm{j}\omega t_0} \cdot F(\omega)$$

从式(3-61)可以看出,信号 $f(t)$ 在时域中沿时间轴右移(延时)t_0 等效于在频域中频谱乘以因子 $\mathrm{e}^{-\mathrm{j}\omega t_0}$,也就是说信号右移后,其幅度谱不变,而相位谱产生附加变化($-\omega t_0$)。

不难证明

$$\mathscr{F}[f(at-t_0)] = \frac{1}{|a|}F\left(\frac{\omega}{a}\right)\mathrm{e}^{-\mathrm{j}\frac{\omega t_0}{a}}$$

$$\mathscr{F}[f(t_0-at)] = \frac{1}{|a|}F\left(-\frac{\omega}{a}\right)\mathrm{e}^{-\mathrm{j}\frac{\omega t_0}{a}}$$

显然尺度变换特性和时移特性是上式的两种特殊情况,即 $t_0 = 0$ 和 $a = \pm 1$ 的

情况。

例 3-2 求图 3-35 所示三脉冲信号的频谱。

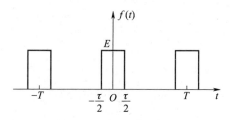

图 3-35 三脉冲信号的波形

解 令 $f_0(t)$ 表示矩形单脉冲信号,由式(3-33)知 $f_0(t)$ 的频谱函数 $F_0(\omega)$ 为

$$F_0(\omega) = E\tau \cdot \text{Sa}\left(\frac{\omega\tau}{2}\right)$$

因为

$$f(t) = f_0(t) + f_0(t+T) + f_0(t-T)$$

由时移特性知 $f(t)$ 的频谱函数 $F(\omega)$ 为

$$F(\omega) = F_0(\omega)(1 + \text{e}^{\text{j}\omega T} + \text{e}^{-\text{j}\omega T})$$

$$= E\tau \cdot \text{Sa}\left(\frac{\omega\tau}{2}\right)\left[1 + 2\cos(\omega T)\right]$$

其频谱如图 3-36 所示。

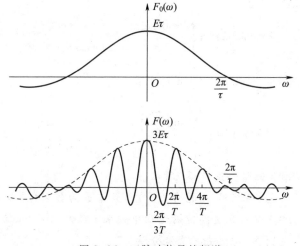

图 3-36 三脉冲信号的频谱

例 3-3   已知双 Sa 信号

$$f(t) = \frac{\omega_c}{\pi} \{ \mathrm{Sa}(\omega_c t) - \mathrm{Sa}[\omega_c(t-2\tau)] \}$$

试求其频谱。

解 令

$$f_0(t) = \frac{\omega_c}{\pi} \mathrm{Sa}(\omega_c t)$$

因 $f_0(t)$ 为 Sa 波形,其频谱 $F_0(\omega)$ 为矩形。$f_0(t)$ 和 $f(t)$ 的波形和频谱如图 3-37 所示。

已知

$$\mathscr{F}[f_0(t)] = \begin{cases} 1 & (|\omega|<\omega_c) \\ 0 & (|\omega|>\omega_c) \end{cases}$$

由时移特性得到

$$\mathscr{F}[f_0(t-2\tau)] = \begin{cases} \mathrm{e}^{-\mathrm{j}2\omega\tau} & (|\omega|<\omega_c) \\ 0 & (|\omega|>\omega_c) \end{cases}$$

因此 $f(t)$ 的频谱等于

$$F(\omega) = \mathscr{F}[f_0(t)] - \mathscr{F}[f_0(t-2\tau)]$$

$$= \begin{cases} 1-\mathrm{e}^{-\mathrm{j}2\omega\tau} & (|\omega|<\omega_c) \\ 0 & (|\omega|>\omega_c) \end{cases} \tag{3-62}$$

从中可以得到幅度谱为

$$|F(\omega)| = \begin{cases} 2|\sin(\omega\tau)| & (|\omega|<\omega_c) \\ 0 & (|\omega|>\omega_c) \end{cases} \tag{3-63}$$

在实际中往往选 $\tau = \dfrac{\pi}{\omega_c}$,此时式(3-63)变成

$$|F'(\omega)| = \begin{cases} 2\left|\sin\left(\dfrac{\pi\omega}{\omega_c}\right)\right| & (|\omega|<\omega_c) \\ 0 & (|\omega|>\omega_c) \end{cases}$$

双 Sa 信号的波形和频谱如图 3-37 所示。

由图 3-37 可见,虽然单 Sa 信号 $f_0(t)$ 的频谱最为集中(为矩形谱),但是它含有直流分量,这使得它在实际传输过程中带来不便。而双 Sa 信号的频谱仍然限制在 $|\omega|<\omega_c$ 范围内,却消去了直流分量。

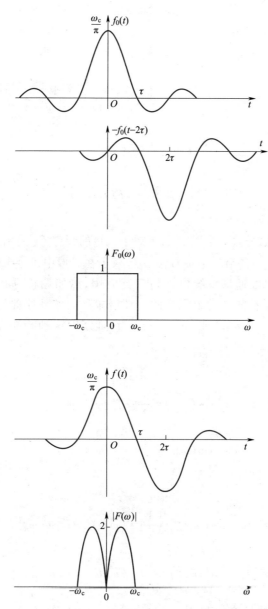

图 3-37 双 Sa 信号的波形和频谱

六、频移特性

若 $\mathscr{F}[f(t)] = F(\omega)$，则

$$\mathscr{F}[f(t)\mathrm{e}^{j\omega_0 t}] = F(\omega - \omega_0)$$

证明

因为

$$\mathscr{F}\left[f(t)\,\mathrm{e}^{\mathrm{j}\omega_0 t}\right] = \int_{-\infty}^{\infty} f(t)\,\mathrm{e}^{\mathrm{j}\omega_0 t}\cdot\,\mathrm{e}^{-\mathrm{j}\omega t}\mathrm{d}t$$

$$= \int_{-\infty}^{\infty} f(t)\,\mathrm{e}^{-\mathrm{j}(\omega-\omega_0)t}\mathrm{d}t$$

所以

$$\mathscr{F}\left[f(t)\,\mathrm{e}^{\mathrm{j}\omega_0 t}\right] = F(\omega-\omega_0) \tag{3-64}$$

同理

$$\mathscr{F}\left[f(t)\,\mathrm{e}^{-\mathrm{j}\omega_0 t}\right] = F(\omega+\omega_0)$$

其中 ω_0 为实常数。

可见,若时间信号 $f(t)$ 乘以 $\mathrm{e}^{\mathrm{j}\omega_0 t}$,等效于 $f(t)$ 的频谱 $F(\omega)$ 沿频率轴右移 ω_0,或者说在频域中将频谱沿频率轴右移 ω_0 等效于在时域中信号乘以因子 $\mathrm{e}^{\mathrm{j}\omega_0 t}$。

频谱搬移技术在通信系统中得到广泛应用,诸如调幅、同步解调、变频等过程都是在频谱搬移的基础上完成的。频谱搬移的实现原理是将信号 $f(t)$ 乘以所谓载频信号 $\cos(\omega_0 t)$ 或 $\sin(\omega_0 t)$。下面分析这种相乘作用引起的频谱搬移。

因为

$$\cos(\omega_0 t) = \frac{1}{2}(\mathrm{e}^{\mathrm{j}\omega_0 t}+\mathrm{e}^{-\mathrm{j}\omega_0 t})$$

$$\sin(\omega_0 t) = \frac{1}{2\mathrm{j}}(\mathrm{e}^{\mathrm{j}\omega_0 t}-\mathrm{e}^{-\mathrm{j}\omega_0 t})$$

那么,可以导出

$$\mathscr{F}\left[f(t)\cos(\omega_0 t)\right] = \frac{1}{2}\left[F(\omega+\omega_0)+F(\omega-\omega_0)\right]$$
$$\tag{3-65}$$
$$\mathscr{F}\left[f(t)\sin(\omega_0 t)\right] = \frac{\mathrm{j}}{2}\left[F(\omega+\omega_0)-F(\omega-\omega_0)\right]$$

所以,若时间信号 $f(t)$ 乘以 $\cos(\omega_0 t)$ 或 $\sin(\omega_0 t)$,等效于 $f(t)$ 的频谱 $F(\omega)$ 一分为二,沿频率轴向左和向右各平移 ω_0。

例 3-4 已知矩形调幅信号

$$f(t) = G(t)\cos(\omega_0 t)$$

其中 $G(t)$ 为矩形脉冲,脉幅为 E,脉宽为 τ,如图 3-38 中点画线所示。试求其频谱函数。

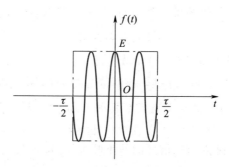

图 3-38   矩形调幅信号的波形

解   由式(3-33)知矩形脉冲 $G(t)$ 的频谱 $G(\omega)$ 为

$$G(\omega) = E\tau \cdot \text{Sa}\left(\frac{\omega\tau}{2}\right)$$

因为

$$f(t) = \frac{1}{2}G(t)(e^{j\omega_0 t} + e^{-j\omega_0 t})$$

根据频移特性,可得 $f(t)$ 的频谱 $F(\omega)$ 为

$$F(\omega) = \frac{1}{2}G(\omega - \omega_0) + \frac{1}{2}G(\omega + \omega_0)$$

$$= \frac{E\tau}{2}\text{Sa}\left[(\omega - \omega_0)\frac{\tau}{2}\right] + \frac{E\tau}{2}\text{Sa}\left[(\omega + \omega_0)\frac{\tau}{2}\right] \qquad (3-66)$$

可见,调幅信号的频谱等于将包络线的频谱一分为二,各向左、右移载频 ω_0。矩形调幅信号的频谱 $F(\omega)$ 如图 3-39 所示。

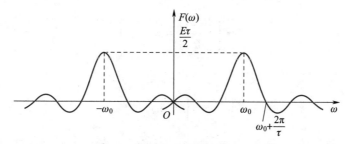

图 3-39   矩形调幅信号的频谱 $F(\omega)$

例 3-5   已知 $f(t) = \cos(\omega_0 t)$,利用频移定理求余弦信号的频谱。

解 已知直流信号的频谱是位于 $\omega=0$ 点的冲激函数,也即

$$\mathscr{F}[1]=2\pi\delta(\omega)$$

利用频移定理,根据式(3-65)容易求得

$$\mathscr{F}[\cos(\omega_0 t)]=\pi[\delta(\omega+\omega_0)+\delta(\omega-\omega_0)] \tag{3-67}$$

可见,周期余弦信号的傅里叶变换完全集中于 $\pm\omega_0$ 点,是位于 $\pm\omega_0$ 点的冲激函数,频谱中不包含任何其他成分。这与直观感觉一致。

在 3.9 节将专门讨论周期信号的傅里叶变换,包括余弦信号、正弦信号和一般的周期性信号。

七、微分特性

若 $\mathscr{F}[f(t)]=F(\omega)$,则

$$\mathscr{F}\left[\frac{\mathrm{d}f(t)}{\mathrm{d}t}\right]=\mathrm{j}\omega F(\omega)$$

$$\mathscr{F}\left[\frac{\mathrm{d}^n f(t)}{\mathrm{d}t^n}\right]=(\mathrm{j}\omega)^n F(\omega)$$

证明
因为

$$f(t)=\frac{1}{2\pi}\int_{-\infty}^{\infty}F(\omega)\mathrm{e}^{\mathrm{j}\omega t}\mathrm{d}\omega$$

两边对 t 求导数,得

$$\frac{\mathrm{d}f(t)}{\mathrm{d}t}=\frac{1}{2\pi}\int_{-\infty}^{\infty}[\mathrm{j}\omega F(\omega)]\mathrm{e}^{\mathrm{j}\omega t}\mathrm{d}\omega$$

所以

$$\mathscr{F}\left[\frac{\mathrm{d}f(t)}{\mathrm{d}t}\right]=\mathrm{j}\omega F(\omega) \tag{3-68}$$

同理,可推出

$$\mathscr{F}\left[\frac{\mathrm{d}^n f(t)}{\mathrm{d}t^n}\right]=(\mathrm{j}\omega)^n F(\omega) \tag{3-69}$$

式(3-68)、式(3-69)表示时域的微分特性,它说明在时域中 $f(t)$ 对 t 取 n 阶导数等效于在频域中 $f(t)$ 的频谱 $F(\omega)$ 乘以 $(\mathrm{j}\omega)^n$。

同理,可以导出频域的微分特性如下:

若　$\mathscr{F}[f(t)] = F(\omega)$，则

$$\mathscr{F}^{-1}\left[\frac{\mathrm{d}F(\omega)}{\mathrm{d}\omega}\right] = (-\mathrm{j}t)f(t) \qquad (3-70)$$

$$\mathscr{F}^{-1}\left[\frac{\mathrm{d}^n F(\omega)}{\mathrm{d}\omega^n}\right] = (-\mathrm{j}t)^n f(t) \qquad (3-71)$$

对于时域微分定理，容易举出简单的应用例子。若已知单位阶跃信号 $\mathrm{u}(t)$ 的傅里叶变换，可利用此定理求出 $\delta(t)$ 和 $\delta'(t)$ 的变换式

$$\mathscr{F}[\mathrm{u}(t)] = \frac{1}{\mathrm{j}\omega} + \pi\delta(\omega)$$

$$\mathscr{F}[\delta(t)] = \mathrm{j}\omega\left[\frac{1}{\mathrm{j}\omega} + \pi\delta(\omega)\right] = 1$$

$$\mathscr{F}[\delta'(t)] = \mathrm{j}\omega$$

八、积分特性

若　$\mathscr{F}[f(t)] = F(\omega)$，则

$$\mathscr{F}\left[\int_{-\infty}^{t} f(\tau)\,\mathrm{d}\tau\right] = \frac{F(\omega)}{\mathrm{j}\omega} + \pi F(0)\delta(\omega) \qquad (3-72)$$

证明

$$\mathscr{F}\left[\int_{-\infty}^{t} f(\tau)\,\mathrm{d}\tau\right] = \int_{-\infty}^{\infty}\left[\int_{-\infty}^{t} f(\tau)\,\mathrm{d}\tau\right]\mathrm{e}^{-\mathrm{j}\omega t}\,\mathrm{d}t$$

$$= \int_{-\infty}^{\infty}\left[\int_{-\infty}^{\infty} f(\tau)\,\mathrm{u}(t-\tau)\,\mathrm{d}\tau\right]\mathrm{e}^{-\mathrm{j}\omega t}\,\mathrm{d}t \qquad (3-73)$$

此处，将被积函数 $f(\tau)$ 乘以 $\mathrm{u}(t-\tau)$，同时将积分上限 t 改写为 ∞，结果不变。交换积分次序，并引用延时阶跃信号的傅里叶变换关系式

$$\mathscr{F}[\mathrm{u}(t-\tau)] = \left[\pi\delta(\omega) + \frac{1}{\mathrm{j}\omega}\right]\mathrm{e}^{-\mathrm{j}\omega\tau}$$

则式 $(3-73)$ 成为

$$\int_{-\infty}^{\infty} f(\tau)\left[\int_{-\infty}^{\infty} \mathrm{u}(t-\tau)\,\mathrm{e}^{-\mathrm{j}\omega t}\,\mathrm{d}t\right]\mathrm{d}\tau$$

$$= \int_{-\infty}^{\infty} f(\tau)\,\pi\delta(\omega)\,\mathrm{e}^{-\mathrm{j}\omega\tau}\,\mathrm{d}\tau + \int_{-\infty}^{\infty} f(\tau)\,\frac{\mathrm{e}^{-\mathrm{j}\omega\tau}}{\mathrm{j}\omega}\,\mathrm{d}\tau$$

$$= \pi F(0)\delta(\omega) + \frac{F(\omega)}{\mathrm{j}\omega} \qquad (3-74)$$

如果 $F(0)=0$，式(3-74)简化为

$$\mathscr{F}\left[\int_{-\infty}^{t} f(\tau)\,\mathrm{d}\tau\right]=\frac{F(\omega)}{\mathrm{j}\omega} \qquad (3-75)$$

例 3-6　已知三角脉冲信号

$$f(t)=\begin{cases} E\left(1-\dfrac{2}{\tau}\,|t|\right) & \left(|t|<\dfrac{\tau}{2}\right) \\ 0 & \left(|t|>\dfrac{\tau}{2}\right) \end{cases}$$

如图 3-40 所示，求其频谱 $F(\omega)$。

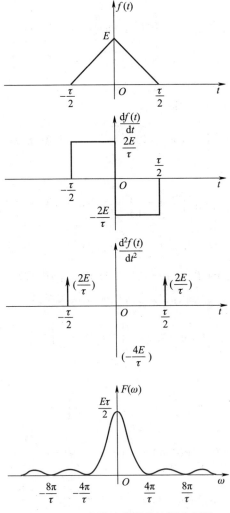

图 3-40　三角脉冲信号的波形和频谱

解 将 $f(t)$ 取一阶与二阶导数,得到

$$\frac{\mathrm{d}f(t)}{\mathrm{d}t}=\begin{cases}\dfrac{2E}{\tau} & \left(-\dfrac{\tau}{2}<t<0\right)\\[2mm] -\dfrac{2E}{\tau} & \left(0<t<\dfrac{\tau}{2}\right)\\[2mm] 0 & \left(|t|>\dfrac{\tau}{2}\right)\end{cases}$$

及

$$\frac{\mathrm{d}^2 f(t)}{\mathrm{d}t^2}=\frac{2E}{\tau}\left[\delta\left(t+\frac{\tau}{2}\right)+\delta\left(t-\frac{\tau}{2}\right)-2\delta(t)\right] \tag{3-76}$$

它们的形状如图 3-40 所示。

以 $F(\omega)$,$F_1(\omega)$ 和 $F_2(\omega)$ 分别表示 $f(t)$ 及其一、二阶导数的傅里叶变换,先求得 $F_2(\omega)$ 如下

$$F_2(\omega)=\mathscr{F}\left[\frac{\mathrm{d}^2 f(t)}{\mathrm{d}t^2}\right]=\frac{2E}{\tau}(\mathrm{e}^{-\mathrm{j}\omega\frac{\tau}{2}}+\mathrm{e}^{\mathrm{j}\omega\frac{\tau}{2}}-2)$$

$$=\frac{2E}{\tau}\left[2\cos\left(\frac{\omega\tau}{2}\right)-2\right]=-\frac{8E}{\tau}\sin^2\left(\frac{\omega\tau}{4}\right)$$

利用积分定理容易求得

$$F_1(\omega)=\mathscr{F}\left[\frac{\mathrm{d}f(t)}{\mathrm{d}t}\right]$$

$$=\left(\frac{1}{\mathrm{j}\omega}\right)\left[-\frac{8E}{\tau}\sin^2\left(\frac{\omega\tau}{4}\right)\right]+\pi F_2(0)\delta(\omega)$$

$$F(\omega)=\mathscr{F}[f(t)]$$

$$=\frac{1}{(\mathrm{j}\omega)^2}\left[-\frac{8E}{\tau}\sin^2\left(\frac{\omega\tau}{4}\right)\right]+\pi F_1(0)\delta(\omega)$$

$$=\frac{E\tau}{2}\cdot\frac{\sin^2\left(\dfrac{\omega\tau}{4}\right)}{\left(\dfrac{\omega\tau}{4}\right)^2}=\frac{E\tau}{2}\mathrm{Sa}^2\left(\frac{\omega\tau}{4}\right)$$

在以上两式中 $F_2(0)$ 和 $F_1(0)$ 都等于零。

例 3-7　求下列截平的斜变信号(见图 3-41)的频谱。

$$y(t) = \begin{cases} 0 & (t<0) \\ \dfrac{t}{t_0} & (0 \leqslant t \leqslant t_0) \\ 1 & (t>t_0) \end{cases} \tag{3-77}$$

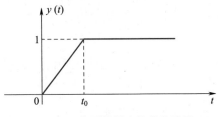

图 3-41　截平的斜变信号的波形

解　利用积分特性求 $y(t)$ 的频谱 $Y(\omega)$。把 $y(t)$ 看成脉幅为 $1/t_0$，脉宽为 t_0 的矩形脉冲 $f(\tau)$ 的积分，即

$$y(t) = \int_{-\infty}^{t} f(\tau)\,\mathrm{d}\tau$$

由于

$$f(\tau) = \begin{cases} 0 & (\tau<0) \\ 1/t_0 & (0<\tau<t_0) \\ 0 & (\tau>t_0) \end{cases}$$

根据矩形脉冲的频谱及时移特性，可得 $f(\tau)$ 的频谱 $F(\omega)$ 为

$$F(\omega) = \mathrm{Sa}\left(\frac{\omega t_0}{2}\right) \mathrm{e}^{-\mathrm{j}\omega\frac{t_0}{2}}$$

注意到

$$F(0) = 1 \neq 0$$

求得

$$Y(\omega) = \mathscr{F}[y(t)]$$

$$= \frac{1}{\mathrm{j}\omega}F(\omega) + \pi F(0)\delta(\omega)$$

$$= \frac{1}{\mathrm{j}\omega}\mathrm{Sa}\left(\frac{\omega t_0}{2}\right)\mathrm{e}^{-\mathrm{j}\frac{\omega t_0}{2}} + \pi\delta(\omega) \tag{3-78}$$

显然,当 $t_0 \to 0, y(t) \to u(t), f(\tau) \to \delta(\tau)$,此时式(3-78)变成

$$\mathscr{F}[u(t)] = \frac{1}{j\omega} + \pi\delta(\omega)$$

与式(3-49)的结果完全相同。

此外,还可导出频域积分特性如下:

若 $\mathscr{F}[f(t)] = F(\omega)$,则

$$\mathscr{F}^{-1}\left[\int_{-\infty}^{\omega} F(\Omega)\,\mathrm{d}\Omega\right]$$

$$= -\frac{f(t)}{jt} + \pi f(0)\delta(t)$$

由于此特性应用较少,此处不再讨论。

到此为止介绍了傅里叶变换的八个基本性质,下一节和以后的章节还要讨论其他性质。

3.8 卷积特性(卷积定理)

这是在通信系统和信号处理研究领域中应用最广的傅里叶变换性质之一,在以后各章节中将认识到这一点。

一、时域卷积定理

若给定两个时间函数 $f_1(t), f_2(t)$,已知

$$\mathscr{F}[f_1(t)] = F_1(\omega)$$

$$\mathscr{F}[f_2(t)] = F_2(\omega)$$

则

$$\mathscr{F}[f_1(t) * f_2(t)] = F_1(\omega)F_2(\omega)$$

证明

根据第二章中卷积的定义,已知

$$f_1(t) * f_2(t) = \int_{-\infty}^{\infty} f_1(\tau)f_2(t-\tau)\,\mathrm{d}\tau \qquad (3-79)$$

因此

$$\mathscr{F}[f_1(t) * f_2(t)] = \int_{-\infty}^{\infty}\left[\int_{-\infty}^{\infty} f_1(\tau)f_2(t-\tau)\,\mathrm{d}\tau\right]e^{-j\omega t}\,\mathrm{d}t$$

$$= \int_{-\infty}^{\infty} f_1(\tau)\left[\int_{-\infty}^{\infty} f_2(t-\tau)e^{-j\omega t}\,\mathrm{d}t\right]\mathrm{d}\tau$$

$$= \int_{-\infty}^{\infty} f_1(\tau) F_2(\omega) \mathrm{e}^{-\mathrm{j}\omega\tau} \mathrm{d}\tau$$

$$= F_2(\omega) \int_{-\infty}^{\infty} f_1(\tau) \mathrm{e}^{-\mathrm{j}\omega\tau} \mathrm{d}\tau$$

所以

$$\mathscr{F}[f_1(t) * f_2(t)] = F_1(\omega) F_2(\omega) \tag{3-80}$$

式(3-80)称为时域卷积定理,它说明两个时间函数卷积的频谱等于各个时间函数频谱的乘积,即两信号在时域中的卷积等效于在频域中频谱相乘。

二、频域卷积定理

类似于时域卷积定理,由频域卷积定理可知,若

$$\mathscr{F}[f_1(t)] = F_1(\omega)$$

$$\mathscr{F}[f_2(t)] = F_2(\omega)$$

则

$$\mathscr{F}[f_1(t) \cdot f_2(t)] = \frac{1}{2\pi} F_1(\omega) * F_2(\omega) \tag{3-81}$$

其中

$$F_1(\omega) * F_2(\omega) = \int_{-\infty}^{\infty} F_1(u) F_2(\omega - u) \mathrm{d}u$$

证明方法同时域卷积定理,读者可自行证明,这里不再重复。

式(3-81)称为频域卷积定理,它说明两时间函数频谱的卷积等效于两函数的乘积。或者说,两时间函数乘积的频谱等于各个函数频谱的卷积乘以 $\frac{1}{2\pi}$。显然时域与频域卷积定理是对称的,这由傅里叶变换的对称性所决定。

下面举例说明如何利用卷积定理求信号频谱。

例 3-8 已知

$$f(t) = \begin{cases} E\cos\left(\dfrac{\pi t}{\tau}\right) & \left(|t| \leqslant \dfrac{\tau}{2}\right) \\ \\ 0 & \left(|t| > \dfrac{\tau}{2}\right) \end{cases}$$

利用卷积定理求余弦脉冲的频谱。

解 把余弦脉冲 $f(t)$ 看成矩形脉冲 $G(t)$ 与无穷长余弦函数 $\cos\left(\dfrac{\pi t}{\tau}\right)$ 的乘积,如图 3-42 所示,其表达式为

$$f(t) = G(t)\cos\left(\frac{\pi t}{\tau}\right)$$

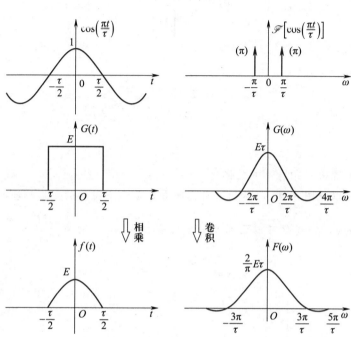

图 3-42 利用卷积定理求余弦脉冲的频谱

由式(3-33)知矩形脉冲的频谱为

$$G(\omega) = \mathscr{F}[G(t)] = E\tau\mathrm{Sa}\left(\frac{\omega\tau}{2}\right)$$

由式(3-65)知

$$\mathscr{F}\left[\cos\left(\frac{\pi t}{\tau}\right)\right] = \pi\delta\left(\omega+\frac{\pi}{\tau}\right) + \pi\delta\left(\omega-\frac{\pi}{\tau}\right)$$

根据频域卷积定理,可以得到 $f(t)$ 的频谱为

$$F(\omega) = \mathscr{F}\left[G(t)\cos\left(\frac{\pi t}{\tau}\right)\right]$$

$$= \frac{1}{2\pi}E\tau\mathrm{Sa}\left(\frac{\omega\tau}{2}\right) * \pi\left[\delta\left(\omega+\frac{\pi}{\tau}\right) + \delta\left(\omega-\frac{\pi}{\tau}\right)\right]$$

$$= \frac{E\tau}{2}\mathrm{Sa}\left[\left(\omega+\frac{\pi}{\tau}\right)\frac{\tau}{2}\right] + \frac{E\tau}{2}\mathrm{Sa}\left[\left(\omega-\frac{\pi}{\tau}\right)\frac{\tau}{2}\right]$$

上式化简后得到余弦脉冲的频谱为

$$F(\omega) = \frac{2E\tau}{\pi} \frac{\cos\left(\dfrac{\omega\tau}{2}\right)}{\left[1 - \left(\dfrac{\omega\tau}{\pi}\right)^2\right]} \tag{3-82}$$

如图 3-42 所示。

例 3-9 已知

$$f(t) = \begin{cases} E\left(1 - \dfrac{2|t|}{\tau}\right) & \left(|t| \leqslant \dfrac{\tau}{2}\right) \\ 0 & \left(|t| > \dfrac{\tau}{2}\right) \end{cases}$$

利用卷积定理求三角脉冲的频谱。

解   可以把图 3-43 所示的三角脉冲看成是两个同样的矩形脉冲的卷积,而矩形脉冲的幅度、宽度可以由卷积的定义直接看出,分别为 $\sqrt{\dfrac{2E}{\tau}}$ 及 $\dfrac{\tau}{2}$。根据时域卷积定理,可以很简单地求出三角脉冲的频谱 $F(\omega)$。

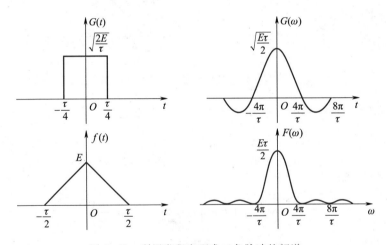

图 3-43   利用卷积定理求三角脉冲的频谱

因为

$$f(t) = G(t) * G(t)$$

$$G(\omega) = \sqrt{\frac{2E}{\tau}} \cdot \frac{\tau}{2} \mathrm{Sa}\left(\frac{\omega\tau}{4}\right)$$

所以

$$F(\omega) = \left[\sqrt{\frac{2E}{\tau}} \cdot \frac{\tau}{2} \cdot \mathrm{Sa}\left(\frac{\omega\tau}{4}\right)\right]^2$$

$$= \frac{E\tau}{2} \text{Sa}^2 \left(\frac{\omega\tau}{4} \right) \tag{3-83}$$

如图 3-43 所示。

频域卷积定理的典型应用实例是通信系统中的调制与解调,这将是 5.7 节的主要内容。

最后,将本节与上节讨论的傅里叶变换的基本性质列于表 3-2,表中最后的几个性质将在 3.10 节和 6.5 节中讨论。

◎ 表 3-2 傅里叶变换的基本性质

性质	时域 $f(t)$	频域 $F(\omega)$	时域频域对应关系
1. 线性	$\displaystyle\sum_{i=1}^{n} a_i f_i(t)$	$\displaystyle\sum_{i=1}^{n} a_i F_i(\omega)$	线性叠加
2. 对称性	$F(t)$	$2\pi f(-\omega)$	对称
3. 尺度变换	$f(at)$	$\dfrac{1}{\lvert a\rvert} F\left(\dfrac{\omega}{a}\right)$	压缩与扩展
	$f(-t)$	$F(-\omega)$	反褶
4. 时移	$f(t-t_0)$	$F(\omega)\,\mathrm{e}^{-j\omega t_0}$	时移与相移
	$f(at-t_0)$	$\dfrac{1}{\lvert a\rvert} F\left(\dfrac{\omega}{a}\right) \mathrm{e}^{-j\frac{\omega t_0}{a}}$	
5. 频移	$f(t)\,\mathrm{e}^{j\omega_0 t}$	$F(\omega-\omega_0)$	调制与频移
	$f(t)\cos(\omega_0 t)$	$\dfrac{1}{2}\left[F(\omega+\omega_0) + F(\omega-\omega_0) \right]$	
	$f(t)\sin(\omega_0 t)$	$\dfrac{j}{2}\left[F(\omega+\omega_0) - F(\omega-\omega_0) \right]$	
6. 时域微分	$\dfrac{\mathrm{d}f(t)}{\mathrm{d}t}$	$j\omega F(\omega)$	
	$\dfrac{\mathrm{d}^n f(t)}{\mathrm{d}t^n}$	$(j\omega)^n F(\omega)$	
7. 频域微分	$-jt f(t)$	$\dfrac{\mathrm{d}F(\omega)}{\mathrm{d}\omega}$	
	$(-jt)^n f(t)$	$\dfrac{\mathrm{d}^n F(\omega)}{\mathrm{d}\omega^n}$	

续表

性质	时域 $f(t)$	频域 $F(\omega)$	时域频域对应关系
8. 时域积分	$\displaystyle\int_{-\infty}^{t} f(\tau)\,\mathrm{d}\tau$	$\dfrac{1}{\mathrm{j}\omega}F(\omega)+\pi F(0)\delta(\omega)$	
9. 时域卷积	$f_1(t)*f_2(t)$	$F_1(\omega)F_2(\omega)$	乘积与卷积
10. 频域卷积	$f_1(t)f_2(t)$	$\dfrac{1}{2\pi}F_1(\omega)*F_2(\omega)$	
11. 时域抽样	$\displaystyle\sum_{n=-\infty}^{\infty} f(t)\delta(t-nT_s)$	$\dfrac{1}{T_s}\displaystyle\sum_{n=-\infty}^{\infty} F\left(\omega-\dfrac{2\pi n}{T_s}\right)$	抽样与重复
12. 频域抽样	$\dfrac{1}{\omega_s}\displaystyle\sum_{n=-\infty}^{\infty} f\left(t-\dfrac{2\pi n}{\omega_s}\right)$	$\displaystyle\sum_{n=-\infty}^{\infty} F(\omega)\delta(\omega-n\omega_s)$	
13. 相关	$R_{12}(\tau)$ $R_{21}(\tau)$	$F_1(\omega)F_2^*(\omega)$ $F_1^*(\omega)F_2(\omega)$	
14. 自相关	$R(\tau)$	$\left\|F(\omega)\right\|^2$	

3.9　周期信号的傅里叶变换

　　以上几节讨论了周期信号的傅里叶级数,以及非周期信号的傅里叶变换问题。在推导傅里叶变换时,令周期信号的周期趋近无穷大,这样,将周期信号变成非周期信号,将傅里叶级数演变成傅里叶变换,由周期信号的离散谱过渡成连续谱。现在研究周期信号傅里叶变换的特点以及它与傅里叶级数之间的联系,目的是力图把周期信号与非周期信号的分析方法统一起来,使傅里叶变换这一工具得到更广泛的应用,使我们对它的理解更加深入、全面。前已指出,虽然周期信号不满足绝对可积条件,但是在允许冲激函数存在并认为它是有意义的前提下,绝对可积条件就成为不必要的限制了,在这种意义上说周期信号的傅里叶变换是存在的。在 3.7 节频移定理的应用举例中(例 3-5)已给出余弦信号的傅里叶变换。现在,仍借助频移定理导出指数、余弦、正弦信号的频谱函数,然后研究一般周期信号的傅里叶变换。

　　一、正弦、余弦信号的傅里叶变换

　　若　　　　　　　　　　　　$\mathscr{F}[f_0(t)]=F_0(\omega)$

由频移特性［式（3-64）］知

$$\mathscr{F}[f_0(t)\mathrm{e}^{\mathrm{j}\omega_1 t}] = F_0(\omega-\omega_1) \qquad (3\text{-}84)$$

在上式中，令 $\qquad\qquad f_0(t) = 1$

由式（3-46）知 $f_0(t)$ 的傅里叶变换为

$$F_0(\omega) = \mathscr{F}[1] = 2\pi\delta(\omega)$$

这样，式（3-84）变成

$$\mathscr{F}[\mathrm{e}^{\mathrm{j}\omega_1 t}] = 2\pi\delta(\omega-\omega_1) \qquad (3\text{-}85)$$

同理

$$\mathscr{F}[\mathrm{e}^{-\mathrm{j}\omega_1 t}] = 2\pi\delta(\omega+\omega_1) \qquad (3\text{-}86)$$

由式（3-85）、式（3-86）及欧拉公式，可以得到

$$\left.\begin{array}{l}\mathscr{F}[\cos(\omega_1 t)] = \pi[\delta(\omega+\omega_1)+\delta(\omega-\omega_1)]\\[2mm]\mathscr{F}[\sin(\omega_1 t)] = \mathrm{j}\pi[\delta(\omega+\omega_1)-\delta(\omega-\omega_1)]\end{array}\right\} \qquad (3\text{-}87)$$

$$(t\ \text{为任意值})$$

式（3-85）、式（3-87）表示指数、余弦和正弦函数的傅里叶变换。这类信号的频谱只包含位于 $\pm\omega_1$ 处的冲激函数，如图 3-44 所示。

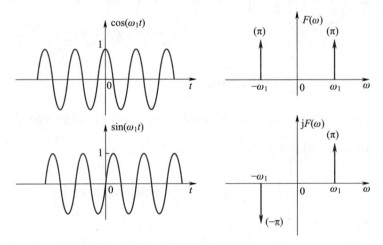

图 3-44　余弦和正弦信号的频谱

另外，还可以用极限的方法求正弦信号 $\sin(\omega_1 t)$、余弦信号 $\cos(\omega_1 t)$ 及指数信号 $\mathrm{e}^{\mathrm{j}\omega_1 t}$ 的傅里叶变换。

先令 $f_0(t)$ 为有限长的余弦信号，它只存在于 $-\dfrac{\tau}{2}\sim\dfrac{\tau}{2}$ 的区间，即把有限长的

余弦信号看成矩形脉冲 $G(t)$ 与余弦信号 $\cos(\omega_1 t)$ 的乘积。

这样

$$f_0(t) = G(t)\cos(\omega_1 t)$$

因为

$$G(\omega) = \mathscr{F}[G(t)]$$

$$= \tau\mathrm{Sa}\left(\frac{\omega\tau}{2}\right)$$

根据频移特性,可知 $f_0(t)$ 的频谱为

$$F_0(\omega) = \frac{1}{2}\big[\,G(\omega+\omega_1) + G(\omega-\omega_1)\,\big]$$

$$= \frac{\tau}{2}\mathrm{Sa}\left[(\omega+\omega_1)\frac{\tau}{2}\right] + \frac{\tau}{2}\mathrm{Sa}\left[(\omega-\omega_1)\frac{\tau}{2}\right]$$

如图 3-45 所示。

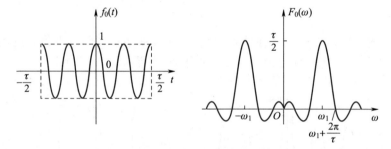

图 3-45　有限长余弦信号的频谱

显然,余弦信号 $\cos(\omega_1 t)$ 的傅里叶变换为 $\tau\to\infty$ 时 $F_0(\omega)$ 的极限,即

$$\mathscr{F}[\cos(\omega_1 t)] = \lim_{\tau\to\infty} F_0(\omega)$$

$$= \lim_{\tau\to\infty}\left\{\frac{\tau}{2}\mathrm{Sa}\left[(\omega+\omega_1)\frac{\tau}{2}\right] + \frac{\tau}{2}\mathrm{Sa}\left[(\omega-\omega_1)\frac{\tau}{2}\right]\right\}$$

由式(1-35)

$$\delta(\omega) = \lim_{k\to\infty}\frac{k}{\pi}\mathrm{Sa}(k\omega)$$

可知余弦信号的傅里叶变换为

$$\mathscr{F}[\cos(\omega_1 t)] = \pi[\delta(\omega+\omega_1) + \delta(\omega-\omega_1)]$$

同理可求得 $\sin(\omega_1 t)$,$\mathrm{e}^{\mathrm{j}\omega_1 t}$ 的频谱,结果与式(3-87)、式(3-85)完全一致。

对上述结果可做如下解释,当有限长余弦信号 $f_0(t)$ 的宽度 τ 增大时,频谱

$F_0(\omega)$ 越来越集中到 $\pm\omega_1$ 的附近,当 $\tau\to\infty$,有限长余弦信号就变成无穷长余弦信号,此时频谱在 $\pm\omega_1$ 处成为无穷大,而在其他频率处均为零。也就是说,$F_0(\omega)$ 由抽样函数变成位于 $\pm\omega_1$ 的两个冲激函数。

二、一般周期信号的傅里叶变换

令周期信号 $f(t)$ 的周期为 T_1,角频率为 $\omega_1\left(=2\pi f_1=\dfrac{2\pi}{T_1}\right)$,可以将 $f(t)$ 展成傅里叶级数,它是

$$f(t)=\sum_{n=-\infty}^{\infty}F_n\mathrm{e}^{jn\omega_1 t}$$

将上式两边取傅里叶变换

$$\mathscr{F}[f(t)]=\mathscr{F}\sum_{n=-\infty}^{\infty}F_n\mathrm{e}^{jn\omega_1 t}$$

$$=\sum_{n=-\infty}^{\infty}F_n\mathscr{F}[\mathrm{e}^{jn\omega_1 t}] \tag{3-88}$$

由式(3-85)知

$$\mathscr{F}[\mathrm{e}^{jn\omega_1 t}]=2\pi\delta(\omega-n\omega_1)$$

把它代入式(3-88),便可得到周期信号 $f(t)$ 的傅里叶变换为

$$\mathscr{F}[f(t)]=2\pi\sum_{n=-\infty}^{\infty}F_n\delta(\omega-n\omega_1) \tag{3-89}$$

其中 F_n 是 $f(t)$ 的傅里叶级数的系数,已经知道它等于

$$F_n=\frac{1}{T_1}\int_{-\frac{T_1}{2}}^{\frac{T_1}{2}}f(t)\mathrm{e}^{-jn\omega_1 t}\mathrm{d}t \tag{3-90}$$

式(3-89)表明:周期信号 $f(t)$ 的傅里叶变换是由一些冲激函数组成的,这些冲激位于信号的谐频($0,\pm\omega_1,\pm2\omega_1,\cdots$)处,每个冲激的强度等于 $f(t)$ 的傅里叶级数相应系数 F_n 的 2π 倍。显然,周期信号的频谱是离散的,这一点与 3.2 节的结论一致。然而,由于傅里叶变换是反映频谱密度的概念,因此周期信号的傅里叶变换不同于傅里叶级数,这里不是有限值,而是冲激函数,它表明在无穷小的频带范围内(即谐频点)取得了无限大的频谱值。

下面再来讨论周期性脉冲序列的傅里叶级数与单脉冲的傅里叶变换的关系。已知周期信号 $f(t)$ 的傅里叶级数是

$$f(t)=\sum_{n=-\infty}^{\infty}F_n\mathrm{e}^{jn\omega_1 t}$$

其中,傅里叶系数

$$F_n = \frac{1}{T_1} \int_{-\frac{T_1}{2}}^{\frac{T_1}{2}} f(t) \mathrm{e}^{-jn\omega_1 t} \mathrm{d}t \qquad (3-91)$$

从周期性脉冲序列 $f(t)$ 中截取一个周期,得到所谓单脉冲信号。它的傅里叶变换 $F_0(\omega)$ 等于

$$F_0(\omega) = \int_{-\frac{T_1}{2}}^{\frac{T_1}{2}} f(t) \mathrm{e}^{-j\omega t} \mathrm{d}t \qquad (3-92)$$

比较式(3-91)和式(3-92),显然可以得到

$$F_n = \frac{1}{T_1} F_0(\omega) \bigg|_{\omega = n\omega_1} \qquad (3-93)$$

或写作

$$F_n = \frac{1}{T_1} \left[\int_{-\frac{T_1}{2}}^{\frac{T_1}{2}} f(t) \mathrm{e}^{-j\omega t} \mathrm{d}t \right] \bigg|_{\omega = n\omega_1}$$

式(3-93)表明:周期脉冲序列的傅里叶级数的系数 F_n 等于单脉冲的傅里叶变换 $F_0(\omega)$ 在 $n\omega_1$ 频率点的值乘以 $\frac{1}{T_1}$。利用单脉冲的傅里叶变换式可以很方便地求出周期性脉冲序列的傅里叶系数。

例 3-10   若单位冲激函数的间隔为 T_1,用符号 $\delta_T(t)$ 表示周期单位冲激序列,即

$$\delta_T(t) = \sum_{n=-\infty}^{\infty} \delta(t-nT_1)$$

如图 3-46 所示。求周期单位冲激序列的傅里叶级数与傅里叶变换。

解   因为 $\delta_T(t)$ 是周期函数,所以可以把它展成傅里叶级数

$$\delta_T(t) = \sum_{n=-\infty}^{\infty} F_n \mathrm{e}^{jn\omega_1 t}$$

其中

$$\omega_1 = \frac{2\pi}{T_1}$$

$$F_n = \frac{1}{T_1} \int_{-\frac{T_1}{2}}^{\frac{T_1}{2}} \delta_T(t) \mathrm{e}^{-jn\omega_1 t} \mathrm{d}t$$

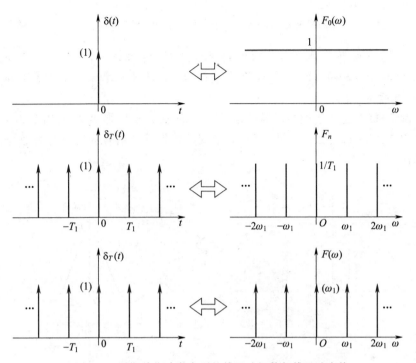

图 3-46   周期单位冲激序列的傅里叶级数与傅里叶变换

$$= \frac{1}{T_1} \int_{-\frac{T_1}{2}}^{\frac{T_1}{2}} \delta(t) \, \mathrm{e}^{-jn\omega_1 t} \mathrm{d}t$$

$$= \frac{1}{T_1}$$

这样,得到

$$\delta_T(t) = \frac{1}{T_1} \sum_{n=-\infty}^{\infty} \mathrm{e}^{jn\omega_1 t} \qquad\qquad (3\text{-}94)$$

可见,在周期单位冲激序列的傅里叶级数中只包含位于 $\omega = 0, \pm\omega_1, \pm 2\omega_1, \cdots,$ $\pm n\omega_1, \cdots$ 处的频率分量,每个频率分量的大小是相等的,均等于 $1/T_1$。

下面求 $\delta_T(t)$ 的傅里叶变换。

由式(3-89),知

$$\mathscr{F}[f(t)] = 2\pi \sum_{n=-\infty}^{\infty} F_n \delta(\omega - n\omega_1)$$

因 $F_n = \dfrac{1}{T_1}$,所以,$\delta_T(t)$ 的傅里叶变换为

$$F(\omega) = \mathscr{F}[\delta_T(t)] = \omega_1 \sum_{n=-\infty}^{\infty} \delta(\omega - n\omega_1) \tag{3-95}$$

可见,在周期单位冲激序列的傅里叶变换中,同样,也只包含位于 $\omega = 0$, $\pm\omega_1, \pm 2\omega_1, \cdots, \pm n\omega_1, \cdots$ 频率处的冲激函数,其强度是相等的,均等于 ω_1,如图 3-46 所示。

例 3-11　已知周期矩形脉冲信号 $f(t)$ 的幅度为 E,脉宽为 τ,周期为 T_1,角频率为 $\omega_1 = 2\pi/T_1$,如图 3-47 所示。求周期矩形脉冲信号的傅里叶级数与傅里叶变换。

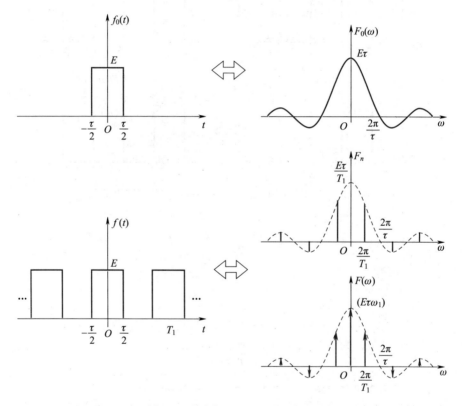

图 3-47　周期矩形脉冲信号的傅里叶级数与傅里叶变换

解　利用本节所给出的方法可以很方便地求出傅里叶级数与傅里叶变换。在此从熟悉的单脉冲入手,已知矩形脉冲 $f_0(t)$ 的傅里叶变换 $F_0(\omega)$ 等于

$$F_0(\omega) = E\tau \mathrm{Sa}\left(\frac{\omega\tau}{2}\right)$$

由式(3-93)可以求出周期矩形脉冲信号的傅里叶系数 F_n

$$F_n = \frac{1}{T_1} F_0(\omega) \bigg|_{\omega = n\omega_1} = \frac{E\tau}{T_1} \mathrm{Sa}\left(\frac{n\omega_1\tau}{2}\right)$$

这样,$f(t)$ 的傅里叶级数为

$$f(t) = \frac{E\tau}{T_1} \sum_{n=-\infty}^{\infty} \mathrm{Sa}\left(\frac{n\omega_1\tau}{2}\right) \mathrm{e}^{jn\omega_1 t}$$

再由式(3-89)便可得到 $f(t)$ 的傅里叶变换 $F(\omega)$,它是

$$F(\omega) = 2\pi \sum_{n=-\infty}^{\infty} F_n \delta(\omega - n\omega_1)$$

$$= E\tau\omega_1 \sum_{n=-\infty}^{\infty} \mathrm{Sa}\left(\frac{n\omega_1\tau}{2}\right) \delta(\omega - n\omega_1)$$

如图 3-47 所示。

从此例也可以看出,单脉冲的频谱是连续函数,而周期信号的频谱是离散函数。对于 $F(\omega)$ 来说,它包含间隔为 ω_1 的冲激序列,其强度的包络线的形状与单脉冲频谱的形状相同。上述结论也可以由例 3-2 定性地看出来,在图 3-36 中已经画出了三脉冲信号的频谱,显然,当脉冲数目增多时,频谱更加向 $n\omega_1 \left(\omega_1 = \dfrac{2\pi}{T_1}\right)$ 处聚集;当脉冲数目为无限多时,它将变成周期脉冲信号,此时频谱在 $n\omega_1$ 处聚集成冲激函数。

3.10 ____ 抽样信号的傅里叶变换

所谓"抽样"就是利用抽样脉冲序列 $p(t)$ 从连续信号 $f(t)$ 中"抽取"一系列的离散样值,这种离散信号通常称为"抽样信号",以 $f_s(t)$ 表示,如图 3-48 所示。

必须指出,在信号分析与处理研究领域中,习惯上把 $\mathrm{Sa}(t) = \dfrac{\sin t}{t}$ 称为"抽样函数",与这里所指的"抽样"或"抽样信号"具有完全不同的含义。此外,这里的抽样也称为"采样"或"取样"。

图 3-49 示出实现抽样的原理方框图。由图 3-49 可见,连续信号经抽样作用变成抽样信号以后,往往需要再经量化、编码变成数字信号。这种数字信号经传输,然后进行上述过程的逆变换就可恢复出原连续信号。基于这种原理所构成的数字通信系统在很多性能上都要比模拟通信系统优越。随着数字技术与计算机的迅速发展,这种通信方式已经得到了广泛的应用。本节只研究信号经抽

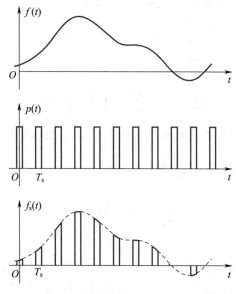

图 3-48 抽样信号的波形

样后频谱的变化规律。量化和编码的概念将在第五章 5.10 节介绍。

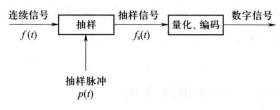

图 3-49 实现抽样的原理方框图

摆在我们面前的两个问题是：(1) 抽样信号 $f_s(t)$ 的傅里叶变换是什么样子？它和未经抽样的原连续信号 $f(t)$ 的傅里叶变换有什么联系？(2) 连续信号被抽样后，它是否保留了原信号 $f(t)$ 的全部信息，也即，在什么条件下，可从抽样信号 $f_s(t)$ 中无失真地恢复出原连续信号 $f(t)$？我们把第(2)个问题留待下节专门研究，本节只解决第(1)个问题。与时域抽样相对应，在本节也要研究频域抽样——频谱函数在 ω 轴上被抽样脉冲抽取离散值的原理。通过本节与下节的讨论，将把傅里叶分析的方法从连续信号与系统推广到离散信号与系统，为第七至十二章以及数字信号处理课程的研究作一初步准备。

一、时域抽样

令连续信号 $f(t)$ 的傅里叶变换为 $\qquad F(\omega)=\mathscr{F}[f(t)]$；

抽样脉冲序列 $p(t)$ 的傅里叶变换为 $\quad P(\omega) = \mathscr{F}[p(t)]$；

抽样后信号 $f_s(t)$ 的傅里叶变换为 $\quad F_s(\omega) = \mathscr{F}[f_s(t)]$。

若采用均匀抽样，抽样周期为 T_s，抽样频率为

$$\omega_s = 2\pi f_s = \frac{2\pi}{T_s}$$

在一般情况下，抽样过程是通过抽样脉冲序列 $p(t)$ 与连续信号 $f(t)$ 相乘来完成，即满足

$$f_s(t) = f(t)p(t) \tag{3-96}$$

因为 $p(t)$ 是周期信号，那么由式（3-89）可以知道 $p(t)$ 的傅里叶变换等于

$$P(\omega) = 2\pi \sum_{n=-\infty}^{\infty} P_n \delta(\omega - n\omega_s) \tag{3-97}$$

其中

$$P_n = \frac{1}{T_s} \int_{-\frac{T_s}{2}}^{\frac{T_s}{2}} p(t) e^{-jn\omega_s t} dt \tag{3-98}$$

它是 $p(t)$ 的傅里叶级数的系数。

根据频域卷积定理可知

$$F_s(\omega) = \frac{1}{2\pi} F(\omega) * P(\omega)$$

将式（3-97）代入上式，化简后得到抽样信号 $f_s(t)$ 的傅里叶变换为

$$F_s(\omega) = \sum_{n=-\infty}^{\infty} P_n F(\omega - n\omega_s) \tag{3-99}$$

式（3-99）表明：信号在时域被抽样后，它的频谱 $F_s(\omega)$ 是连续信号频谱 $F(\omega)$ 的形状以抽样频率 ω_s 为间隔周期地重复而得到，在重复的过程中幅度被 $p(t)$ 的傅里叶系数 P_n 所加权。因为 P_n 只是 n（而不是 ω）的函数，所以 $F(\omega)$ 在重复过程中不会使形状发生变化。

式（3-99）中加权系数 P_n 取决于抽样脉冲序列的形状，下面讨论两种典型的情况。

1. 矩形脉冲抽样

在这种情况下，抽样脉冲 $p(t)$ 是矩形，令它的脉冲幅度为 E，脉宽为 τ，抽样角频率为 ω_s（抽样间隔为 T_s）。由于 $f_s(t) = f(t)p(t)$，所以抽样信号 $f_s(t)$ 在抽样期间的脉冲顶部不是平的，而是随 $f(t)$ 而变化，如图 3-50 所示。这种抽样称为"自然抽样"。现在只讨论自然抽样的情况，在抽样期间脉冲为平顶的情况将在

5.9 节讨论。对于自然抽样,由式(3-98)可求出

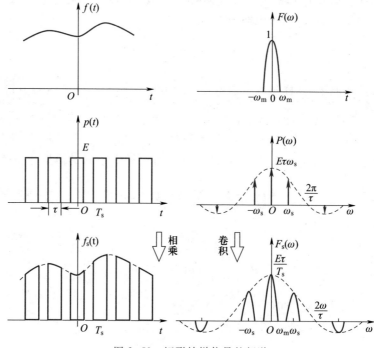

图 3-50　矩形抽样信号的频谱

$$P_n = \frac{1}{T_s} \int_{-\frac{T_s}{2}}^{\frac{T_s}{2}} p(t)\, \mathrm{e}^{-\mathrm{j}n\omega_s t}\mathrm{d}t$$

$$= \frac{1}{T_s} \int_{-\frac{\tau}{2}}^{\frac{\tau}{2}} E\mathrm{e}^{-\mathrm{j}n\omega_s t}\mathrm{d}t$$

积分后得到

$$P_n = \frac{E\tau}{T_s}\mathrm{Sa}\left(\frac{n\omega_s \tau}{2}\right) \tag{3-100}$$

这个结果是早已熟悉的,若将它代入式(3-99),便可得到矩形抽样信号的频谱为

$$F_s(\omega) = \frac{E\tau}{T_s} \sum_{n=-\infty}^{\infty} \mathrm{Sa}\left(\frac{n\omega_s \tau}{2}\right) F(\omega - n\omega_s) \tag{3-101}$$

显然,在这种情况下,$F(\omega)$ 在以 ω_s 为周期的重复过程中幅度以 $\mathrm{Sa}\left(\dfrac{n\omega_s \tau}{2}\right)$ 的规律变化,如图 3-50 所示。

2. 冲激抽样

若抽样脉冲 $p(t)$ 是冲激序列,这种抽样则称为"冲激抽样"或"理想抽样"。
因为

$$p(t) = \delta_T(t) = \sum_{n=-\infty}^{\infty} \delta(t - nT_s)$$

$$f_s(t) = f(t)\delta_T(t)$$

所以,在这种情况下抽样信号 $f_s(t)$ 是由一系列冲激函数构成,每个冲激的间隔
为 T_s 而强度等于连续信号的抽样值 $f(nT_s)$,如图 3-51 所示。

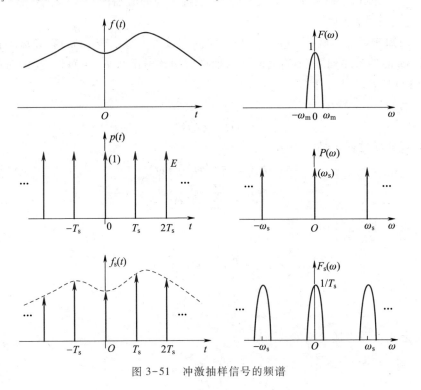

图 3-51 冲激抽样信号的频谱

由式(3-98)可以求出 $\delta_T(t)$ 的傅里叶系数

$$P_n = \frac{1}{T_s} \int_{-\frac{T_s}{2}}^{\frac{T_s}{2}} \delta_T(t) e^{-jn\omega_s t} dt$$

$$= \frac{1}{T_s} \int_{-\frac{T_s}{2}}^{\frac{T_s}{2}} \delta(t) e^{-jn\omega_s t} dt$$

$$= \frac{1}{T_s}$$

把它代入到式(3-99),将得到冲激抽样信号的频谱为

$$F_s(\omega) = \frac{1}{T_s} \sum_{n=-\infty}^{\infty} F(\omega - n\omega_s) \tag{3-102}$$

式(3-102)表明:由于冲激序列的傅里叶系数 P_n 为常数,所以 $F(\omega)$ 以 ω_s 为周期等幅地重复,如图 3-51 所示。

显然冲激抽样和矩形脉冲抽样是式(3-99)的两种特定情况,而前者又是后者的一种极限情况(脉宽 $\tau \to 0$)。在实际中通常采用矩形脉冲抽样,但是为了便于问题的分析,当脉宽 τ 相对较窄时,往往近似为冲激抽样。

二、频域抽样

已知连续频谱函数 $F(\omega)$,对应的时间函数为 $f(t)$。若 $F(\omega)$ 在频域中被间隔为 ω_1 的冲激序列 $\delta_\omega(\omega)$ 抽样,那么抽样后的频谱函数 $F_1(\omega)$ 所对应的时间函数 $f_1(t)$ 与 $f(t)$ 具有什么样的关系?

已知

$$F(\omega) = \mathscr{F}[f(t)]$$

若频域抽样过程满足

$$F_1(\omega) = F(\omega)\delta_\omega(\omega) \tag{3-103}$$

其中

$$\delta_\omega(\omega) = \sum_{n=-\infty}^{\infty} \delta(\omega - n\omega_1)$$

由式(3-95)知

$$\mathscr{F}\left[\sum_{n=-\infty}^{\infty} \delta(t - nT_1)\right] = \omega_1 \sum_{n=-\infty}^{\infty} \delta(\omega - n\omega_1)$$

$$\left(\omega_1 = \frac{2\pi}{T_1}\right)$$

于是上式可写为逆变换形式

$$\mathscr{F}^{-1}[\delta_\omega(\omega)] = \mathscr{F}^{-1}\left[\sum_{n=-\infty}^{\infty} \delta(\omega - n\omega_1)\right]$$

$$= \frac{1}{\omega_1} \sum_{n=-\infty}^{\infty} \delta(t - nT_1) = \frac{1}{\omega_1}\delta_T(t) \tag{3-104}$$

由式(3-103)、式(3-104),根据时域卷积定理,可知

$$\mathscr{F}^{-1}[F_1(\omega)] = \mathscr{F}^{-1}[F(\omega)] * \mathscr{F}^{-1}[\delta_\omega(\omega)]$$

即

$$f_1(t) = f(t) * \frac{1}{\omega_1} \sum_{n=-\infty}^{\infty} \delta(t - nT_1)$$

这样,便可得到 $F(\omega)$ 被抽样后 $F_1(\omega)$ 所对应的时间函数

$$f_1(t) = \frac{1}{\omega_1} \sum_{n=-\infty}^{\infty} f(t - nT_1) \qquad (3-105)$$

式(3-105)表明:若 $f(t)$ 的频谱 $F(\omega)$ 被间隔为 ω_1 的冲激序列在频域中抽样,则在时域中等效于 $f(t)$ 以 $T_1\left(=\dfrac{2\pi}{\omega_1}\right)$ 为周期而重复(如图 3-52 所示)。也就是说,周期信号的频谱是离散的,显然与 3.2 节、3.9 节的结论一致。

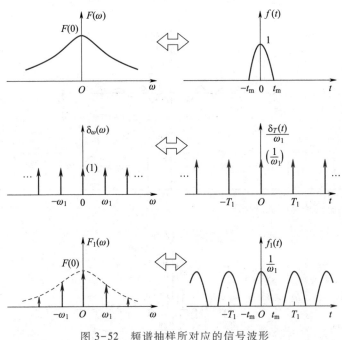

图 3-52 频谱抽样所对应的信号波形

通过上面时域与频域的抽样特性讨论,得到了傅里叶变换的又一条重要性质,即信号的时域与频域呈抽样(离散)与周期(重复)对应关系。表 3-3 给出了这一结论的要点。此性质也在表 3-2 中列出(第 11、12 项)。

◎ 表 3-3 周期信号和抽样信号的特性

时域	频域
周期信号 周期为 T_1	离散频谱 离散间隔 $\omega_1 = \dfrac{2\pi}{T_1}$
抽样信号(离散) 抽样间隔 $T_s = \dfrac{2\pi}{\omega_s}$	重复频谱(周期) 重复周期为 ω_s

例 3-12   大致画出图 3-53 所示周期矩形信号冲激抽样后信号的频谱。

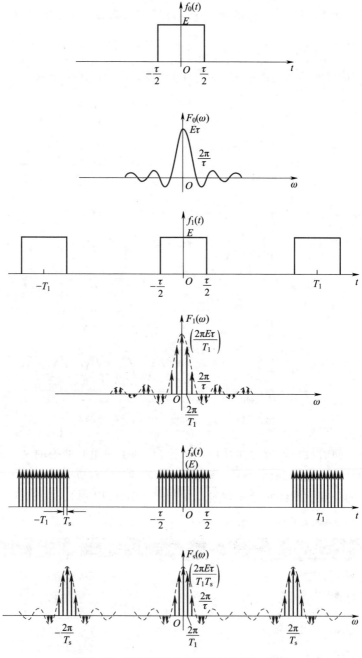

图 3-53   周期矩形抽样信号的波形与频谱

已知周期矩形脉冲为 $f_1(t)$，它的脉幅为 E，脉宽为 τ，周期为 T_1，其傅里叶变换以 $F_1(\omega)$ 表示。

若 $f_1(t)$ 被间隔为 T_s 的冲激序列所抽样，令抽样后的信号为 $f_s(t)$，其傅里叶变换为 $F_s(\omega)$。

解　仍从单脉冲入手并利用傅里叶变换的抽样特性来解答本题。

如图 3-53 所示，已知矩形单脉冲 $f_0(t)$ 的傅里叶变换为

$$F_0(\omega) = E\tau \mathrm{Sa}\left(\frac{\omega\tau}{2}\right)$$

若 $f_0(t)$ 以 T_1 为周期进行重复便构成周期信号 $f_1(t)$，即

$$f_1(t) = \sum_{n=-\infty}^{\infty} f_0(t-nT_1)$$

根据频域抽样特性可知 $f_1(t)$ 的傅里叶变换 $F_1(\omega)$ 是由 $F_0(\omega)$ 经过间隔为 $\omega_1\left(=\dfrac{2\pi}{T_1}\right)$ 冲激抽样而得到。由式（3-103）、式（3-105）知

$$F_1(\omega) = \omega_1 F_0(\omega)\delta_\omega(\omega)$$
$$= \omega_1 E\tau \mathrm{Sa}\left(\frac{\omega\tau}{2}\right) \sum_{n=-\infty}^{\infty} \delta(\omega-n\omega_1)$$
$$= \omega_1 E\tau \sum_{n=-\infty}^{\infty} \mathrm{Sa}\left(\frac{n\omega_1\tau}{2}\right) \delta(\omega-n\omega_1)$$

若 $f_1(t)$ 被间隔为 T_s 的冲激序列所抽样，便构成周期矩形抽样信号 $f_s(t)$，即

$$f_s(t) = f_1(t)\delta_T(t)$$

根据时域抽样特性可知 $f_s(t)$ 的傅里叶变换 $F_s(\omega)$ 是 $F_1(\omega)$ 以 $\omega_s\left(=\dfrac{2\pi}{T_s}\right)$ 为间隔重复而得到。由式（3-102）知

$$F_s(\omega) = \frac{1}{T_s} \sum_{m=-\infty}^{\infty} F_1(\omega-m\omega_s)$$
$$= \frac{\omega_1 E\tau}{T_s} \sum_{m=-\infty}^{\infty} \sum_{n=-\infty}^{\infty} \mathrm{Sa}\left(\frac{n\omega_1\tau}{2}\right) \delta(\omega-m\omega_s-n\omega_1)$$

如图 3-53 所示。

3.11　抽样定理

本节讨论前节提出的第（2）个问题，即如何从抽样信号中恢复原连续信号，

以及在什么条件下才可以无失真地完成这种恢复作用。

著名的"抽样定理"对此作出了明确而精辟的回答。抽样定理在通信系统、信息传输理论方面占有十分重要的地位,许多近代通信方式(如数字通信系统)都以此定理作为理论基础。在第五章5.9节和5.10节将初步介绍它的有关应用,在这里只讨论抽样定理的内容以及借助此定理回答恢复连续信号的问题。

一、时域抽样定理

时域抽样定理说明:一个频谱受限的信号$f(t)$,如果频谱只占据$-\omega_m \sim \omega_m$的范围,则信号$f(t)$可以用等间隔的抽样值唯一地表示。而抽样间隔必须不大于$\dfrac{1}{2f_m}$(其中$\omega_m = 2\pi f_m$),或者说,最低抽样频率为$2f_m$。

参看图3-54来证明此定理。从上一节可以看出,假定信号$f(t)$的频谱$F(\omega)$限制在$-\omega_m \sim \omega_m$范围内,若以间隔T_s(或重复频率$\omega_s = \dfrac{2\pi}{T_s}$)对$f(t)$进行抽样,抽样后信号$f_s(t)$的频谱$F_s(\omega)$是$F(\omega)$以$\omega_s$为周期重复。若抽样过程满足式(3-96)(如冲激抽样),则$F(\omega)$频谱在重复过程中是不产生失真的。在此情况下,只有满足$\omega_s \geqslant 2\omega_m$条件,$F_s(\omega)$才不会产生频谱的混叠。这样,抽样信号$f_s(t)$保留了原连续信号$f(t)$的全部信息,完全可以用$f_s(t)$唯一地表示$f(t)$,或者说,完全可以由$f_s(t)$恢复出$f(t)$。图3-54画出了当抽样率$\omega_s > 2\omega_m$(不混叠时)及$\omega_s < 2\omega_m$(混叠时)两种情况下冲激抽样信号的频谱。

对于抽样定理,可以从物理概念上做如下解释。由于一个频带受限的信号波形绝不可能在很短的时间内产生独立的、实质的变化,它的最高变化速度受最高频率分量ω_m的限制。因此为了保留这一频率分量的全部信息,一个周期的间隔内至少抽样两次,即必须满足$\omega_s \geqslant 2\omega_m$或$f_s \geqslant 2f_m$。

通常把最低允许的抽样率$f_s = 2f_m$称为"奈奎斯特频率"(H.Nyquist,1889—1976),把最大允许的抽样间隔$T_s = \dfrac{\pi}{\omega_m} = \dfrac{1}{2f_m}$称为"奈奎斯特间隔"。

从图3-54可以看出,在满足抽样定理的条件下,为了从频谱$F_s(\omega)$中无失真地选出$F(\omega)$,可以用如下的矩形函数$H(\omega)$与$F_s(\omega)$相乘,即

$$F(\omega) = F_s(\omega)H(\omega)$$

其中

$$H(\omega) = \begin{cases} T_s & |\omega| < \omega_m \\ 0 & |\omega| > \omega_m \end{cases}$$

学习5.4节之后就会知道,实现$F_s(\omega)$与$H(\omega)$相乘的方法就是将抽样信号$f_s(t)$

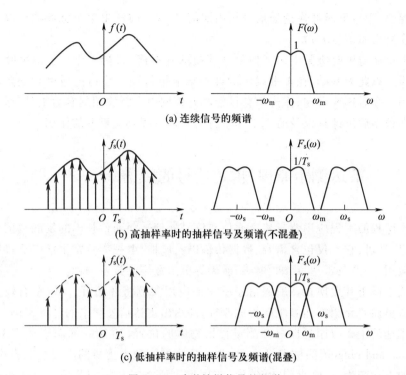

(a) 连续信号的频谱

(b) 高抽样率时的抽样信号及频谱(不混叠)

(c) 低抽样率时的抽样信号及频谱(混叠)

图 3-54　冲激抽样信号的频谱

施加于"理想低通滤波器"[此滤波器的传输函数为 $H(\omega)$],这样,在滤波器的输出端就可以得到频谱为 $F(\omega)$ 的连续信号 $f(t)$。这相当于从图 3-54 无混叠情况下的 $F_s(\omega)$ 频谱中只取出 $|\omega|<\omega_m$ 的成分,当然,这就恢复了 $F(\omega)$,也即恢复了 $f(t)$。

以上从频域解释了由抽样信号的频谱恢复连续信号频谱的原理,也可以从时域直接说明由 $f_s(t)$ 经理想低通滤波器产生 $f(t)$ 的原理,这也是第五章 5.9 节将要讨论的内容。

二、频域抽样定理

根据时域与频域的对称性,可以由时域抽样定理直接推论出频域抽样定理。频域抽样定理的内容是:若信号 $f(t)$ 是时间受限信号,它集中在 $-t_m \sim t_m$ 的时间范围内,若在频域中以不大于 $\dfrac{1}{2t_m}$ 的频率间隔(以 Hz 为单位,非角频率)对 $f(t)$ 的频谱 $F(\omega)$ 进行抽样,则抽样后的频谱 $F_1(\omega)$ 可以唯一地表示原信号。

从物理概念上不难理解,因为在频域中对 $F(\omega)$ 进行抽样,等效于 $f(t)$ 在时域中重复形成周期信号 $f_1(t)$。只要抽样间隔不大于 $\dfrac{1}{2t_m}$,则在时域中波形不会产生混叠,用矩形脉冲作选通信号从周期信号 $f_1(t)$ 中选出单个脉冲就可以无失真地恢复出原信号 $f(t)$。

本章从傅里叶级数引出了傅里叶变换的基本概念,初步介绍了傅里叶变换的性质。以此为基础,在本书以后的许多章节里将进一步讨论傅里叶变换的各种应用。今后还要看到,作为信息科学研究领域中广泛应用的有力工具,傅里叶变换在很多后续课程以及研究工作中将不断地发挥至关重要的作用。

3.12　雷达测距原理、雷达信号的频谱

本课程的工程应用背景着重通信和信号处理。而通信技术的发展范围十分宽阔,广义讲,它不仅包含语音、数据传输以及广播、电视等日常生活广泛接触的各类应用,还涉及雷达、声纳、遥感、航天等更为宽广的技术领域。

关于傅里叶变换在一般通信系统中的应用实例将在第五、六两章有较多讨论。这里简要介绍雷达测距的构成原理,并给出雷达信号频谱的计算实例。

雷达的主要应用是探寻并测量目标物体的位置(雷达一词源于英文 Radio detecting and ranging 简称 Radar),例如战争中搜索敌方飞机的出现并准确攻击。早期的雷达产生于 20 世纪 30 年代(美国海军研究实验室的莱昂·克劳福德·杨(Leo Crawford Young)和罗伯特·莫里斯·佩奇(Robert Morris Page)等人研制)。而雷达的主要进展是在第二次世界大战前夕和大战期间。此时,许多国家都制作了付诸实际应用的雷达,在战争中发挥了重要作用。二战结束后,美国麻省理工学院(MIT)出版了一部雷达丛书共 28 卷,该书对当时的电子学、信号与系统理论、微波天线技术进行了全面、系统的论述,广为流传。在我国,雷达的研究与生产曾相当落后,近年来这种局面已经产生了重大变化。国庆 70 周年阅兵式上我们看到了雷达预警方队,包括多型我国自行研制的对空雷达,它们正在逐步接近和达到国际先进水平。

雷达搜索目标的过程依赖于电磁波的传播及其反射。电磁波的传播速度是 3×10^8 m/s,也即 300 m/μs。如果反射目标距雷达发射站为 300 m,则发射信号与回波传播时间共需 2 μs,在接收机显示器上可以看到发、收两信号之间的延时,由此计算出目标距离(稍后给出一般计算公式),而目标所处之方位要依靠天线波束辐射之方向角决定。

图 3-55 示出雷达测距系统的简化方框图。相应的主要波形示意于图 3-56。脉冲信号产生器给出的矩形周期性信号对高频振荡进行调制,由此形成微波(射频)脉冲序列。微波频率在几百兆赫到几十吉赫,例如,一个雷达的实际频

率值为 10 GHz,其波长为 3 cm,此频率值处于所谓 x 波段。矩形脉冲信号的宽度(图 3-56 中的 T_0)在 μs 至 ms 量级。脉冲波形占空比(图 3-56 中的 T_1 与 T_0 之比)约为 1 000 倍。如果微波脉冲的峰值发射功率为 100 kW,那么发射机的平均发射功率为 100 W。微波信号经天线辐射到达目标物形成反射波,经天线再送回到接收机。对微波信号检波、放大之后得到一个大体上仍为矩形的延时脉冲。测量两信号的延迟时间(图 3-55 和图 3-56 标注的 τ)即可折算出目标距离。

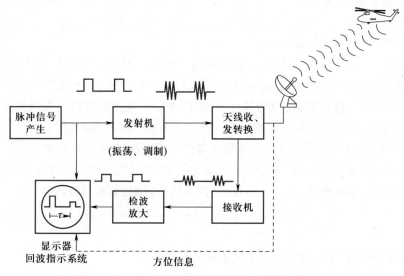

图 3-55 雷达测距系统的简化方框图

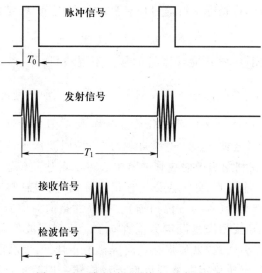

图 3-56 雷达测距系统主要波形示意

注意到在图 3-55 中雷达测距系统的发射机和接收机可以共用一个天线。借助天线自动转换的收、发开关(简称 T/R 单元)控制发射或接收信号与天线接通。T/R 单元可以保护接收机输入电路不致为强大的发射功率所损坏。为了准确测定目标位置,雷达天线应具有很好的方向性,辐射波束很窄,而且能够自动旋转调整方向(借助机械或电信号控制方式)。针对雷达各种功能类型,可选用不同形式的天线。例如,在方位角上非常窄而在仰角上很宽的波束(犹如扇子,可称为扇形波束)服务于搜索雷达(预警雷达),它可指示出某一确定方位但仰角不同的所有目标;而对于跟踪雷达或炮瞄雷达则天线波束在所有方向上都应尽可能狭窄(可称为针状波束)。

由于目标反射特性各异以及电磁辐射空间可能引入噪声干扰,在图 3-56 中的回波接收信号与发射信号波形之间可能产生失真。图 3-56 所示只是一种简化的理想情况,没有考虑这种失真。而抵抗或消除噪声的方法是雷达系统实际研究工作中的重要内容(我们将在第六章 6.9 节简介这种技术的原理)。下面暂以图 3-56 中的波形给出雷达测距信号延迟与目标距离关系的计算公式。仍如前文规定,射频脉冲持续时间为 T_0、发送信号周期为 T_1,目标与雷达之间距离为 d(以 m 为单位),光速 $c = 3 \times 10^8$ m/s,τ 代表往返时间,容易写出

$$\tau = \frac{2d}{c}$$

为了考察测距精度质量给出以下两个指标数据:

(1)距离分辨力:雷达能够可靠测量的两目标距离最小间隔 Δd 将受 T_0 所限 $\Delta d = \dfrac{cT_0}{2}$。也即邻近目标回波信号应在脉冲持续时间 T_0 结束之后到达,不得过早。

(2)距离模糊性:雷达能够测量的最大不混淆目标距离 d_{max} 将受 T_1 所限,$d_{max} = \dfrac{cT_1}{2}$。这表明回波信号必须在发射下一个脉冲之前回到雷达接收机。

在图 3-55 中示意给出的回波指示系统称为 A 型显示器,它需要借助延时折算距离。很明显,这种方法还不够直观,另一种回波指示设备称为"平面位置显示器(PPI)"。它利用阴极射线管屏幕中心表示雷达站位置,每次扫描开始都自屏幕中心产生一个亮点,此亮点以恒速沿半径向外扫描(称为距离扫描)并随天线方位变化同步旋转(称为方位扫描)。扫描的指向对应着天线的方位角,若天线指向正北方向时,扫描线设定为垂直向上。反射回波信号可以控制屏幕在各个位置产生加强亮点,如果加强亮点离屏幕中心越远,表示目标物体与雷达站距离越远。利用长余辉显示屏幕可以使天线旋转一周时亮点强度保持不变,从

而形成受回波反射信号全面控制的二维图像。我们在电视天气预报中看到的乌云反射构成之平面图形就是这类系统的应用实例。

综上所述可以看出,雷达测距系统是一个涉及多种技术领域的综合性系统。它包含微波通信、天线、自动控制、信号处理、计算机、网络传输、光学等许多学科门类。在此,我们仅关注雷达信号频谱之特征,给出计算例题。

例 3-13 假设图 3-56 所示波形中的基本参数如下:

高频振荡(载波、射频)频率 $f_c = 200$ MHz

矩形脉冲(调制信号)宽度 $T_0 = 100$ ns

矩形脉冲重复周期 $T_1 = 100$ μs

求(1)高频振荡受单个矩形脉冲调制时发射信号之频谱;

(2)高频振荡受周期重复之矩形脉冲调制时发射信号之频谱;指出它与(1)问之联系;

(3)上列数据与实际雷达采用之数据尚有差距,若改选比较符合实际情况之参数令 $f_c = 3\,000$ MHz,$T_0 = 1$ μs,$T_1 = 2\,500$ μs 重复以上(1)、(2)所问,试讨论 $F(\omega)$ 图形将有何改变。

解 (1)写出高频振荡信号的时域表达式,令 $\omega_c = 2\pi f_c$

$$f_c(t) = \cos(\omega_c t)$$

单个矩形脉冲信号的时域表达式为

$$g(t) = \mathrm{u}\left(t + \frac{T_0}{2}\right) - \mathrm{u}\left(t - \frac{T_0}{2}\right)$$

两者相乘即可求得单脉冲发射信号的时域表达式

$$
\begin{aligned}
f(t) &= g(t) f_c(t) \\
&= \left[\mathrm{u}\left(t + \frac{T_0}{2}\right) - \mathrm{u}\left(t - \frac{T_0}{2}\right)\right]\cos(\omega_c t)
\end{aligned}
$$

$f(t)$ 的傅里叶变换式 $F(\omega) = \mathscr{F}[f(t)]$ 可以利用 $g(t)$ 与 $f_c(t)$ 频谱之卷积求得(根据频域卷积定理)。也可借助频移定理(参看例 3-4)直接写出

$$F(\omega) = \frac{T_0}{2}\mathrm{Sa}\left[(\omega - \omega_c)\frac{T_0}{2}\right] + \frac{T_0}{2}\mathrm{Sa}\left[(\omega + \omega_c)\frac{T_0}{2}\right]$$

可见,此图形相当于把位于零点两侧的 Sa 函数搬移到 $\pm\omega_c$ 两侧(参看图 3-39),而 Sa 函数各过零点之间距为 $\dfrac{2\pi}{T_0}$(在 ω_c 两旁过零间距为 $\dfrac{4\pi}{T_0}$),按本题数据画出 ω 取正值的幅度谱如图 3-57 所示。

(2)周期重复矩形脉冲之时域表达式为

$$g_T(t) = \sum\left[\mathrm{u}(t + T_0 - nT_1) - \mathrm{u}(t - T_0 - nT_1)\right]$$

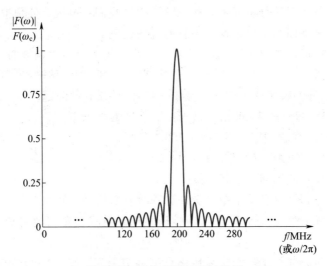

图 3-57 雷达信号幅度谱举例

将此 $g_T(t)$ 与载波 $f_c(t)$ 相乘即得此时周期性发射信号之时域表达式。仿照(1)之解法借助卷积定理或频移定理即可求出它的频谱。其结果与前问所得 $F(\omega)$ 图形包络(轮廓)完全相同,只是由于其周期性,致使连续谱变为离散谱,即在频率间隔为 $\dfrac{2\pi}{T_1}$、$2\left(\dfrac{2\pi}{T_1}\right)$、$3\left(\dfrac{2\pi}{T_1}\right)$、$\cdots$、$n\left(\dfrac{2\pi}{T_1}\right)$ 各点出现谱线,其傅里叶变换呈 δ 函数,即 $\delta\left(\omega-\dfrac{2\pi}{T_1}\right)$、$\delta\left(\omega-\dfrac{4\pi}{T_1}\right)$、$\delta\left(\omega-\dfrac{6\pi}{T_1}\right)$、$\cdots$、$\delta\left(\omega-\dfrac{2n\pi}{T_1}\right)$ 等,而这些 δ 函数之强度按前问所得之 Sa 包络取值。如果改用傅里叶级数表示,则在这些点呈现离散谱线。由于 ω_c 值为 $\dfrac{2\pi}{T_1}$ 的 20 000 倍,因而在图 3-57 中这些离散谱线相距太近,很难按比例画出。最后可以写出周期矩形脉冲 $g_T(t)$ 对载波 $f_c(t)$ 进行调制时(两者时域相乘)发射信号的频谱为

$$\mathscr{F}[g_T(t)f_c(t)]$$

$$= \frac{\pi T_0}{T_1} \sum_{n=-\infty}^{\infty} \left\{ \mathrm{Sa}\left[(\omega - \omega_c)\frac{T_0}{2} \right] + \mathrm{Sa}\left[(\omega + \omega_c)\frac{T_0}{2} \right] \right\} \cdot \delta\left(\omega - \frac{2n\pi}{T_1} \right)$$

$$= \frac{\pi T_0}{T_1} \sum_{n=-\infty}^{\infty} \left\{ \mathrm{Sa}\left[\left(\frac{2n\pi}{T_1} - \omega_c\right)\frac{T_0}{2} \right] + \mathrm{Sa}\left[\left(\frac{2n\pi}{T_1} + \omega_c\right)\frac{T_0}{2} \right] \right\} \cdot$$

$$\delta\left(\omega - \frac{2n\pi}{T_1} \right)$$

（3）对于本题给出的两组参数，其频谱表达式形式完全相同，因而 $F(\omega)$ 仍然是位于 f_c 两侧的 Sa 函数包络。令 $T_c = \dfrac{1}{f_c}$，对于第二组参数，由于 $\dfrac{T_0}{T_c}$ 以及 $\dfrac{T_1}{T_0}$ 都很大，致使按比例画出的旁瓣将非常拥挤、密集，实际上看不清楚图形，因此我们只利用第一组数据绘图。当然，这并不妨碍对频谱结构特征的认识和理解。

虽然雷达测距技术的发明与应用已有八十余年历史，然而，当今对这一领域的兴趣依然强烈而广泛，许多实际困难和新理论吸引着人们进一步研究和实践，创新潜力巨大。例如，为了解决探寻隐身目标、反辐射导弹、应对低空突防、抵御电子干扰等实际问题，迫切需要研究雷达优化配置与组网、信息压缩及其传输、信息融合与决策、雷达目标的大规模综合显示以及人工智能技术的应用等新概念和新理论，并建立全新的数字化、软件化、全自动化的防空雷达网。

关于雷达测距的简要原理讨论至此。在第六章 6.8 节和第七章 7.7 节将继续研究有关雷达信号分析的其他问题。

习　题

3-1　求题图 3-1 所示对称周期矩形信号的傅里叶级数（三角函数形式与指数形式）。

3-2　周期矩形信号如题图 3-2 所示。

若：　　重复频率　　　　　　　　$f = 5$ kHz
　　　　脉宽　　　　　　　　　　$\tau = 20$ μs
　　　　幅度　　　　　　　　　　$E = 10$ V

求直流分量大小以及基波、二次和三次谐波的有效值。

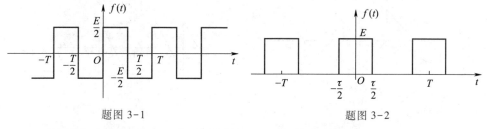

题图 3-1　　　　　　　　　　　　　　　题图 3-2

3-3　若周期矩形信号 $f_1(t)$ 和 $f_2(t)$ 波形如题图 3-2 所示，$f_1(t)$ 的参数为 $\tau = 0.5$ μs，$T = 1$ μs，$E = 1$ V；$f_2(t)$ 的参数为 $\tau = 1.5$ μs，$T = 3$ μs，$E = 3$ V，分别求：

（1）$f_1(t)$ 的谱线间隔和带宽（第一零点位置），频率单位以 kHz 表示；

（2）$f_2(t)$ 的谱线间隔和带宽；

（3）$f_1(t)$ 与 $f_2(t)$ 的基波幅度之比；

（4）$f_1(t)$ 基波与 $f_2(t)$ 三次谐波幅度之比。

3-4 求题图 3-4 所示周期三角信号的傅里叶级数并画出频谱图。

3-5 求题图 3-5 所示半波余弦信号的傅里叶级数。若 $E = 10$ V，$f = 10$ kHz，大致画出幅度谱。

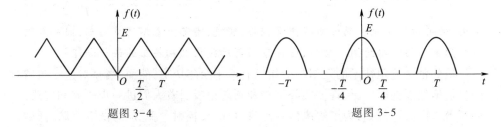

题图 3-4　　　　　　　　　　　　　　题图 3-5

3-6 求题图 3-6 所示周期锯齿信号的指数形式傅里叶级数，并大致画出频谱图。

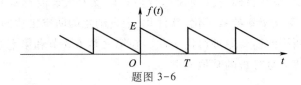

题图 3-6

3-7 利用信号 $f(t)$ 的对称性，定性判断题图 3-7 中各周期信号的傅里叶级数中所含有的频率分量。

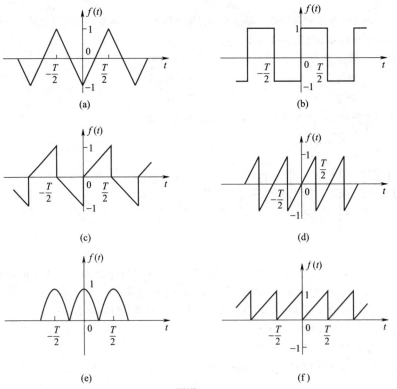

(a)　　　　　　　　　　　　　　　　(b)

(c)　　　　　　　　　　　　　　　　(d)

(e)　　　　　　　　　　　　　　　　(f)

题图 3-7

3-8　求题图 3-8 中两种周期信号的傅里叶级数。

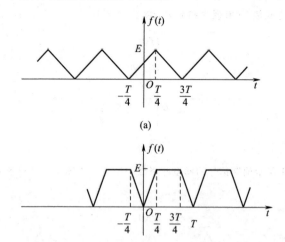

题图 3-8

3-9　求题图 3-9 所示周期余弦切顶脉冲波的傅里叶级数,并求直流分量 I_0 以及基波和 k 次谐波的幅度(I_1 和 I_k)。

(1) θ=任意值;

(2) θ=60°;

(3) θ=90°。

$$\left[\text{提示}:i(t)=I_m\frac{\cos(\omega_1 t)-\cos\theta}{1-\cos\theta},\omega_1\text{为}i(t)\text{的重复角频率}\text{。}\right]$$

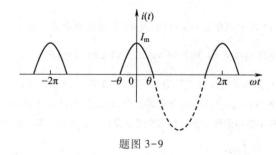

题图 3-9

3-10　已知周期函数 $f(t)$ 前四分之一周期的波形如题图 3-10 所示。根据下列各种情况的要求画出 $f(t)$ 在一个周期($0<t<T$)内的波形。

(1) $f(t)$ 是偶函数,只含有偶次谐波;

(2) $f(t)$ 是偶函数,只含有奇次谐波;

(3) $f(t)$ 是偶函数,含有偶次和奇次谐波;

(4) $f(t)$ 是奇函数,只含有偶次谐波;

（5）$f(t)$是奇函数，只含有奇次谐波；

（6）$f(t)$是奇函数，含有偶次和奇次谐波。

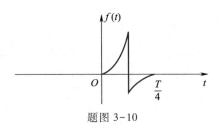

题图 3-10

3-11 求题图 3-11 所示周期信号的傅里叶级数的系数。题图 3-11（a）求 a_n,b_n；题图 3-11（b）求 F_n。

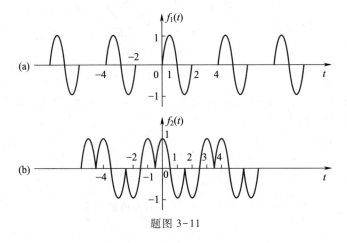

题图 3-11

3-12 将如题图 3-12 所示周期信号 $v_i(t)$ 加到 RC 低通滤波电路。已知 $v_i(t)$ 的重复频率 $f_1 = \dfrac{1}{T} = 1\ \text{kHz}$，电压幅度 $E = 1\ \text{V}, R = 1\ \text{k}\Omega, C = 0.1\ \mu\text{F}$。分别求：

（1）稳态时电容两端电压之直流分量、基波和五次谐波之幅度；

（2）求上述各分量与 $v_i(t)$ 相应分量的比值，讨论此电路对各频率分量响应的特点。

（提示：利用电路课所学正弦稳态交流电路的计算方法分别求各频率分量之响应。）

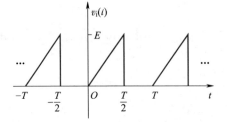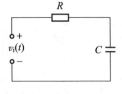

题图 3-12

3-13 学习电路课时已知,LC 谐振电路具有选择频率的作用,当输入正弦信号频率与 LC 电路的谐振频率一致时,将产生较强的输出响应,而当输入信号频率适当偏离时,输出响应相对值很弱,几乎为零(相当于窄带通滤波器)。利用这一原理可从非正弦周期信号中选择所需的正弦频率成分。题图 3-13 所示 RLC 并联电路和电流源 $i_1(t)$ 都是理想模型。已知电路的谐振频率为 $f_0 = \dfrac{1}{2\pi\sqrt{LC}} = 100 \text{ kHz}, R = 100 \text{ k}\Omega$,谐振电路品质因数 Q 足够高(可滤除邻近频率成分)。$i_1(t)$ 为周期矩形波,幅度为 1 mA。当 $i_1(t)$ 的参数(τ, T)为下列情况时,粗略地画出输出电压 $v_2(t)$ 的波形,并注明幅度值。

(1) $\tau = 5 \text{ }\mu\text{s}, T = 10 \text{ }\mu\text{s}$;

(2) $\tau = 10 \text{ }\mu\text{s}, T = 20 \text{ }\mu\text{s}$;

(3) $\tau = 15 \text{ }\mu\text{s}, T = 30 \text{ }\mu\text{s}$。

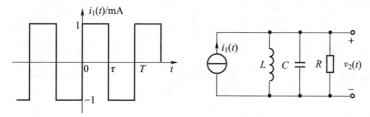

题图 3-13

3-14 若信号波形和电路结构仍如题图 3-13 所示,波形参数为 $\tau = 5 \text{ }\mu\text{s}, T = 10 \text{ }\mu\text{s}$。

(1) 适当设计电路参数,能否分别从矩形波中选出以下频率分量的正弦信号:50 kHz,100 kHz,150 kHz,200 kHz,300 kHz,400 kHz?

(2) 对于那些不能选出的频率成分,试分别利用其他电路(示意表明)获得所需频率分量的信号。(提示:需用到电路、模拟电路、数字电路等课程的综合知识,可行方案可能不止一种。)

3-15 求题图 3-15 所示半波余弦脉冲的傅里叶变换,并画出频谱图。

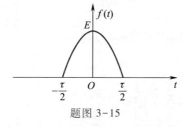

题图 3-15

3-16 求题图 3-16 所示锯齿脉冲与单周正弦脉冲的傅里叶变换。

3-17 题图 3-17 所示各波形的傅里叶变换可在本章正文或附录中找到,利用这些结果给出各波形频谱所占带宽 B_f(频谱图或频谱包络图的第一零点值),注意图中的时间单位都为 μs。

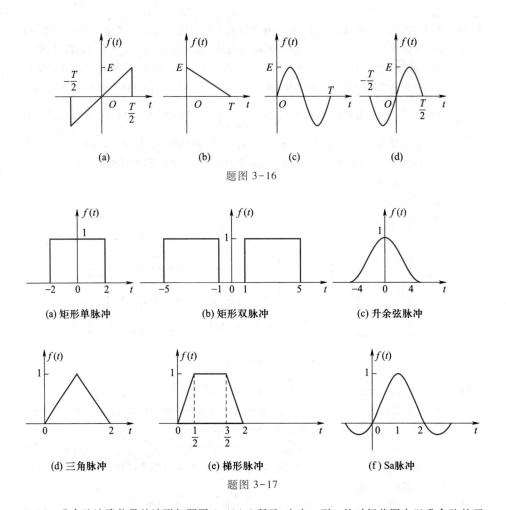

题图 3-16

(a) 矩形单脉冲   (b) 矩形双脉冲   (c) 升余弦脉冲

(d) 三角脉冲   (e) 梯形脉冲   (f) Sa脉冲

题图 3-17

3-18   升余弦滚降信号的波形如题图 3-18(a)所示,它在 t_2 到 t_3 的时间范围内以升余弦的函数规律滚降变化。

设 $t_3 - \dfrac{\tau}{2} = \dfrac{\tau}{2} - t_2 = t_0$,升余弦脉冲信号的表示式可以写成

$$f(t) = \begin{cases} E & \left(|t| < \dfrac{\tau}{2} - t_0 \right) \\[4mm] \dfrac{E}{2} \left[1 + \cos \dfrac{\pi \left(t - \dfrac{\tau}{2} + t_0 \right)}{2t_0} \right] & \left(\dfrac{\tau}{2} - t_0 \leqslant |t| \leqslant \dfrac{\tau}{2} + t_0 \right) \end{cases}$$

或写作

$$f(t)=\begin{cases}E & \left(|t|<\dfrac{\tau}{2}-t_0\right)\\[4mm]\dfrac{E}{2}\left[1-\sin\dfrac{\pi\left(|t|-\dfrac{\tau}{2}\right)}{k_T}\right] & \left(\dfrac{\tau}{2}-t_0\leqslant|t|\leqslant\dfrac{\tau}{2}+t_0\right)\end{cases}$$

其中,滚降系数

$$k=\frac{t_0}{\dfrac{\tau}{2}}=\frac{2t_0}{\tau}$$

求此信号的傅里叶变换式,并画频谱图。讨论 $k=0$ 和 $k=1$ 两种特殊情况的结果。

[提示:将 $f(t)$ 分解为 $f_1(t)$ 和 $f_2(t)$ 之和,见题图 3-18(b),分别求傅里叶变换再相加。]

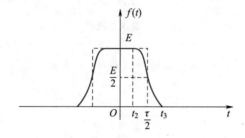

(a) 升余弦滚降信号的波形

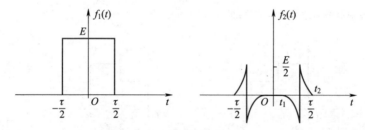

(b) 升余弦滚降信号的分解

题图 3-18

3-19 求题图 3-19 所示 $F(\omega)$ 的傅里叶逆变换 $f(t)$。

3-20 函数 $f(t)$ 可以表示成偶函数 $f_e(t)$ 与奇函数 $f_o(t)$ 之和,试证明:

（1）若 $f(t)$ 是实函数,且 $\mathscr{F}[f(t)]=F(\omega)$,则

$$\mathscr{F}[f_e(t)]=\mathrm{Re}[F(\omega)]$$
$$\mathscr{F}[f_o(t)]=\mathrm{jIm}[F(\omega)]$$

（2）若 $f(t)$ 是复函数,可表示为

$$f(t)=f_r(t)+jf_i(t)$$

且

$$\mathscr{F}[f(t)]=F(\omega)$$

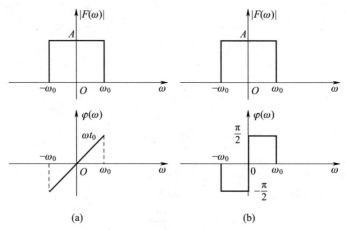

题图 3-19

则
$$\mathscr{F}[f_r(t)] = \frac{1}{2}[F(\omega) + F^*(-\omega)]$$

$$\mathscr{F}[f_i(t)] = \frac{1}{2j}[F(\omega) - F^*(-\omega)]$$

其中
$$F^*(-\omega) = \mathscr{F}[f^*(t)]$$

3-21 对题图 3-21 所示波形，若已知 $\mathscr{F}[f_1(t)] = F_1(\omega)$，利用傅里叶变换的性质求 $f_1(t)$ 以

$\dfrac{t_0}{2}$ 为轴反褶后所得 $f_2(t)$ 的傅里叶变换。

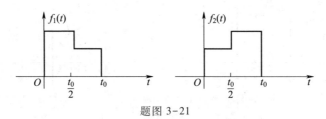

题图 3-21

3-22 利用时域与频域的对称性，求下列傅里叶变换的时间函数。

(1) $F(\omega) = \delta(\omega - \omega_0)$

(2) $F(\omega) = u(\omega + \omega_0) - u(\omega - \omega_0)$

(3) $F(\omega) = \begin{cases} \dfrac{\omega_0}{\pi} & (\mid \omega \mid \leqslant \omega_0) \\ 0 & (其他) \end{cases}$

3-23 若已知矩形脉冲的傅里叶变换，利用时移特性求题图 3-23 所示信号的傅里叶变换，
并大致画出幅度谱。

3-24 求题图 3-24 所示三角形调幅信号的频谱。

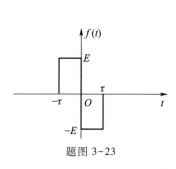

题图 3-23

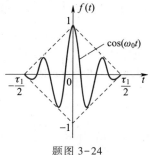

题图 3-24

3-25 题图 3-25 所示信号 $f(t)$,已知其傅里叶变换式 $\mathscr{F}[f(t)] = F(\omega) = |F(\omega)|\mathrm{e}^{\mathrm{j}\varphi(\omega)}$,利用傅里叶变换的性质(不作积分运算),求:

(1) $\varphi(\omega)$;

(2) $F(0)$;

(3) $\int_{-\infty}^{\infty} F(\omega)\mathrm{d}\omega$;

(4) $\mathscr{F}^{-1}\{\mathrm{Re}[F(\omega)]\}$ 之图形。

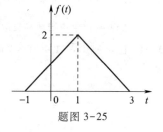

题图 3-25

3-26 利用微分定理求题图 3-26 所示梯形脉冲的傅里叶变换,并大致画出 $\tau = 2\tau_1$ 情况下该脉冲的频谱图。

3-27 利用微分定理求题图 3-27 所示半波正弦脉冲 $f(t)$ 及其二阶导数 $\dfrac{\mathrm{d}^2 f(t)}{\mathrm{d}t^2}$ 的频谱。

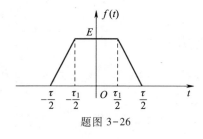

题图 3-26

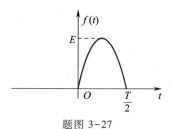

题图 3-27

3-28 (1) 已知 $\mathscr{F}[\mathrm{e}^{-at}\mathrm{u}(t)] = \dfrac{1}{a+\mathrm{j}\omega}$,求 $f(t) = t\mathrm{e}^{-at}\mathrm{u}(t)$ 的傅里叶变换;

(2) 证明 $t\mathrm{u}(t)$ 的傅里叶变换为 $\mathrm{j}\pi\delta'(\omega) + \dfrac{1}{(\mathrm{j}\omega)^2}$。

(提示:利用频域微分定理。)

3-29 若已知 $\mathscr{F}[f(t)] = F(\omega)$,利用傅里叶变换的性质确定下列信号的傅里叶变换。

(1) $tf(2t)$ (2) $(t-2)f(t)$

（3）$(t-2)f(-2t)$

（4）$t\dfrac{\mathrm{d}f(t)}{\mathrm{d}t}$

（5）$f(1-t)$

（6）$(1-t)f(1-t)$

（7）$f(2t-5)$

3-30 试分别利用下列几种方法证明

$$\mathscr{F}[\,\mathrm{u}(t)\,]=\pi\delta(\omega)+\frac{1}{\mathrm{j}\omega}$$

（1）利用符号函数 $\left[\mathrm{u}(t)=\dfrac{1}{2}+\dfrac{1}{2}\mathrm{sgn}(t)\right]$；

（2）利用矩形脉冲取极限 $(\tau\rightarrow\infty)$；

（3）利用积分定理 $\left[\mathrm{u}(t)=\displaystyle\int_{-\infty}^{t}\delta(\tau)\mathrm{d}\tau\right]$；

（4）利用单边指数函数取极限 $\left[\mathrm{u}(t)=\displaystyle\lim_{a\rightarrow0}\mathrm{e}^{-at},t\geqslant0\right]$。

3-31 已知题图 3-31 中两矩形脉冲 $f_1(t)$ 及 $f_2(t)$，且

$$\mathscr{F}[f_1(t)]=E_1\tau_1\mathrm{Sa}\left(\frac{\omega\tau_1}{2}\right)$$

$$\mathscr{F}[f_2(t)]=E_2\tau_2\mathrm{Sa}\left(\frac{\omega\tau_2}{2}\right)$$

（1）画出 $f_1(t)*f_2(t)$ 的图形；

（2）求 $f_1(t)*f_2(t)$ 的频谱，并与习题 3-26 所用的方法进行比较。

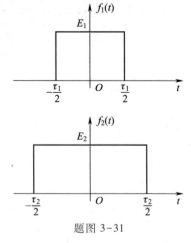

题图 3-31

3-32 已知阶跃函数和正弦、余弦函数的傅里叶变换：

$$\mathscr{F}[\,\mathrm{u}(t)\,]=\frac{1}{\mathrm{j}\omega}+\pi\delta(\omega)$$

$$\mathscr{F}[\cos(\omega_0t)]=\pi[\,\delta(\omega+\omega_0)+\delta(\omega-\omega_0)\,]$$

$$\mathscr{F}[\sin(\omega_0 t)] = j\pi[\delta(\omega+\omega_0)-\delta(\omega-\omega_0)]$$

求单边正弦函数和单边余弦函数的傅里叶变换。

3-33 已知三角脉冲 $f_1(t)$ 的傅里叶变换为

$$F_1(\omega) = \frac{E\tau}{2}\mathrm{Sa}^2\left(\frac{\omega\tau}{4}\right)$$

试利用有关定理求 $f_2(t) = f_1\left(t-\frac{\tau}{2}\right)\cos(\omega_0 t)$ 的傅里叶变换 $F_2(\omega)$。$f_1(t)$，$f_2(t)$ 的波形如题图 3-33 所示。

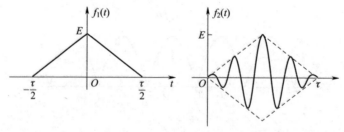

题图 3-33

3-34 若 $f(t)$ 的频谱 $F(\omega)$ 如题图 3-34 所示，利用卷积定理粗略画出 $f(t)\cos(\omega_0 t)$，$f(t)e^{j\omega_0 t}$，$f(t)\cos(\omega_1 t)$ 的频谱（注明频谱的边界频率）。

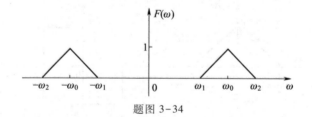

题图 3-34

3-35 求题图 3-35 所示信号的频谱（包络为三角脉冲，载波为对称方波）。并说明与题图 3-24 所示信号频谱的区别。

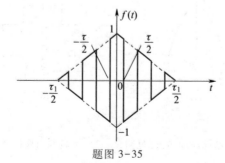

题图 3-35

3-36 已知单个梯形脉冲和单个余弦脉冲的傅里叶变换（见附录三），求题图 3-36 所示周期梯形信号和周期全波余弦信号的傅里叶级数和傅里叶变换。并示意画出它们的频谱图。

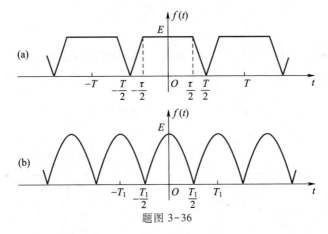

题图 3-36

3-37 已知矩形脉冲和余弦脉冲信号的傅里叶变换（见附录三），根据傅里叶变换的定义和性质，利用三种以上的方法计算题图 3-37 所示各脉冲信号的傅里叶变换，并比较三种方法。

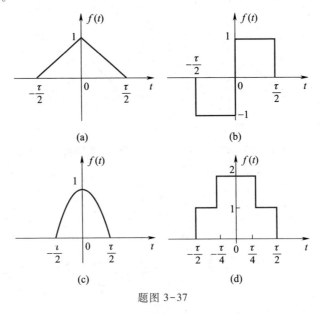

题图 3-37

3-38 已知三角形、升余弦脉冲的频谱（见附录三）。大致画出题图 3-38 中各脉冲被冲激抽样后信号的频谱（抽样间隔为 T_s，令 $T_s = \dfrac{\tau}{8}$）。

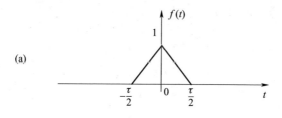

(a)

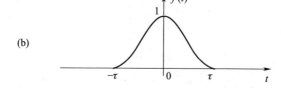

(b)

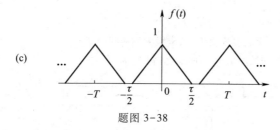

(c)

题图 3-38

3-39 确定下列信号的最低抽样率与奈奎斯特间隔。

（1）$\mathrm{Sa}(100t)$

（2）$\mathrm{Sa}^2(100t)$

（3）$\mathrm{Sa}(100t)+\mathrm{Sa}(50t)$

（4）$\mathrm{Sa}(100t)+\mathrm{Sa}^2(60t)$

3-40 若 $\mathscr{F}[f(t)]=F(\omega)$，$p(t)$ 是周期信号，基波频率为 ω_0，$p(t)=\displaystyle\sum_{n=-\infty}^{\infty} a_n \mathrm{e}^{\mathrm{j}n\omega_0 t}$。

（1）令 $f_p(t)=f(t)p(t)$，求相乘信号的傅里叶变换表达式 $F_p(\omega)=\mathscr{F}[f_p(t)]$；

（2）若 $F(\omega)$ 的图形如题图 3-40 所示，当 $p(t)$ 的函数表达式为 $p(t)=\cos\left(\dfrac{t}{2}\right)$ 或以下

各小题时，分别求 $F_p(\omega)$ 的表达式并画出频谱图；

（3）$p(t)=\cos t$；

（4）$p(t)=\cos(2t)$；

（5）$p(t)=(\sin t)\sin(2t)$；

（6）$p(t)=\cos(2t)-\cos t$；

（7）$p(t)=\displaystyle\sum_{n=-\infty}^{\infty} \delta(t-\pi n)$；

（8）$p(t)=\displaystyle\sum_{n=-\infty}^{\infty} \delta(t-2\pi n)$；

(9) $p(t) = \sum\limits_{n=-\infty}^{\infty} \delta(t-2\pi n) - \dfrac{1}{2} \sum\limits_{n=-\infty}^{\infty} \delta(t-\pi n)$;

(10) $p(t)$ 是题图 3-2 所示周期矩形波, 其参数为 $T=\pi, \tau = \dfrac{T}{3} = \dfrac{\pi}{3}, E=1$。

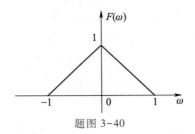

题图 3-40

3-41   系统如题图 3-41 所示, $f_1(t) = \mathrm{Sa}(1\,000\pi t)$, $f_2(t) = \mathrm{Sa}(2\,000\pi t)$, $p(t) = \sum\limits_{n=-\infty}^{\infty} \delta(t-nT)$, $f(t) = f_1(t)f_2(t)$, $f_s(t) = f(t)p(t)$。

(1) 为从 $f_s(t)$ 无失真恢复 $f(t)$, 求最大抽样间隔 $T_{\max}$;

(2) 当 $T=T_{\max}$ 时, 画出 $f_s(t)$ 的幅度谱 $|F_s(\omega)|$。

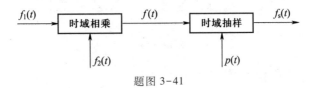

题图 3-41

3-42   若连续信号 $f(t)$ 的频谱 $F(\omega)$ 是带状的 $(\omega_1 \sim \omega_2)$, 如题图 3-42 所示。

(1) 利用卷积定理说明当 $\omega_2 = 2\omega_1$ 时, 最低抽样率只要等于 ω_2 就可以使抽样信号不产生频谱混叠;

(2) 证明带通抽样定理, 该定理要求最低抽样率 ω_s 满足下列关系

$$\omega_s = \dfrac{2\omega_2}{m}$$

其中 m 为不超过 $\dfrac{\omega_2}{\omega_2 - \omega_1}$ 的最大整数。

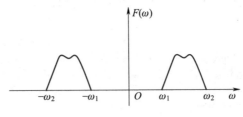

题图 3-42

引言

19 世纪末,英国工程师希维赛德(O. Heaviside, 1850—1925)发明了"运算法"(算子法)解决电工程计算中遇到的一些基本问题。他所进行的工作成为拉普拉斯变换方法的先驱。希维赛德的方法很快地被许多人采用,但是由于缺乏严密的数学论证,曾经受到某些数学家的谴责。而希维赛德以及另一些追随他的学者(例如卡尔逊(J. R. Carson, 1886—1940)、布罗姆维奇(T. J. Bromwich, 1875—1929)等人)坚信这一方法的正确性,继续坚持不懈地深入研究。后来,人们终于在法国数学家拉普拉斯(P. S. Laplace, 1749—1827)的著作中为希维赛德运算法找到了可靠的数学依据,重新给予严密的数学定义,为之取名拉普拉斯变换(简称拉氏变换)方法。从此,拉氏变换方法在电学、力学等众多的工程与科学领域中得到广泛应用。尤其是在电路理论的研究中,在相当长的时期内,人们几乎无法把电路理论与拉普拉斯变换分开来讨论。

20 世纪 70 年代以后,电子线路计算机辅助设计(CAD)技术迅速发展,利用 CAD 软件(例如 NI Multisim 软件)可以很方便地求解电路分析问题,因而,拉氏变换在这方面的应用相对减少。此外,离散系统、非线性系统、时变系统的研究与应用日益广泛,而拉氏变换方法在这些方面是无能为力的,于是,它长期占据的传统重要地位正在让给一些新的方法。然而,利用拉氏变换建立的系统函数及其零、极点分析的概念仍在发挥着重要作用,在连续、线性、时不变系统分析中,拉氏变换仍然是不可缺少的强有力工具。此外,还应注意到与拉氏变换类似的概念和方法在离散时间系统的 z 变换(本书第八章)分析中得到应用。

运用拉氏变换方法,可以把线性时不变系统的时域模型简便地进行变换,经求解再还原为时间函数。从数学角度来看,拉氏变换方法是求解常系数线性微分方程的工具,它的优点表现在:

(1)求解的步骤得到简化,同时可以给出微分方程的特解和补解(齐次解),而且初始条件自动地包含在变换式里。

（2）拉氏变换分别将"微分"与"积分"运算转换为"乘法"和"除法"运算。也即把积分微分方程转换为代数方程。这种变换与初等数学中的对数变换很相似,在那里,乘、除法被转换为加、减法运算。当然,对数变换所处理的对象是"数",而拉氏变换所处理的对象是函数。图 4-1 用运算流程方框图表明了拉氏变换与对数变换的比较。

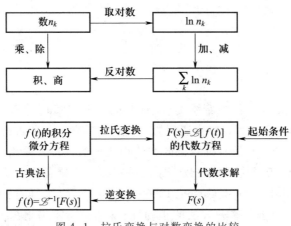

图 4-1　拉氏变换与对数变换的比较

（3）指数函数、超越函数以及有不连续点的函数,经拉氏变换可转换为简单的初等函数。对于某些非周期性的具有不连续点的函数,用古典法求解比较烦琐,而用拉氏变换方法就很简便。

（4）拉氏变换把时域中两函数的卷积运算转换为变换域中两函数的乘法运算,在此基础上建立了系统函数的概念,这一重要概念的应用为研究信号经线性系统传输问题提供了许多方便。

（5）利用系统函数零、极点分布可以简明、直观地表达系统性能的许多规律。系统的时域、频域特性集中地以其系统函数零、极点特征表现出来,从系统的观点看,对于输入-输出描述情况,往往不关心组成系统内部的结构和参数,只需从外部特性,从零、极点特性来考察和处理各种问题。

本章前 4 节给出拉氏变换的基本定义和性质,4.5 节、4.6 节讨论拉氏变换在电路分析中的应用并导出系统函数 $H(s)$。4.7 节~4.11 节研究 $H(s)$ 零、极点分布对系统性能的影响。以上各节限于单边拉氏变换,在 4.12 节专门研究双边拉氏变换的定义与应用。最后,4.13 节对傅氏变换与拉氏变换进行了比较,讨论它们之间的区别与联系。

一、从傅里叶变换到拉普拉斯变换

由前章已知,当函数 $f(t)$ 满足狄里赫利条件时,便可构成一对傅里叶变换式

$$F(\omega) = \int_{-\infty}^{\infty} f(t) \mathrm{e}^{-\mathrm{j}\omega t} \mathrm{d}t$$

$$f(t) = \frac{1}{2\pi} \int_{-\infty}^{\infty} F(\omega) \mathrm{e}^{\mathrm{j}\omega t} \mathrm{d}\omega$$

考虑到在实际问题中遇到的总是因果信号,令信号起始时刻为零,于是在 $t<0$ 的时间范围内 $f(t)$ 等于零,这样,正变换表示式之积分下限可从零开始

$$F(\omega) = \int_0^{\infty} f(t) \mathrm{e}^{-\mathrm{j}\omega t} \mathrm{d}t \tag{4-1}$$

但 $F(\omega)$ 仍包含有 $-\omega$ 与 ω 两部分分量,因此逆变换式的积分限不改变。

再从狄里赫利条件考虑,在此条件之中,绝对可积的要求限制了某些增长信号如 $\mathrm{e}^{at}(a>0)$ 傅里叶变换的存在,而对于阶跃信号、周期信号虽未受此约束,但其变换式中出现冲激函数 $\delta(\omega)$,为使更多的函数存在变换,并简化某些变换形式或运算过程,引入一个衰减因子 $\mathrm{e}^{-\sigma t}$(σ 为任意实数),使它与 $f(t)$ 相乘,于是 $\mathrm{e}^{-\sigma t} f(t)$ 得以收敛,绝对可积条件就容易满足。按此原理,写出 $\mathrm{e}^{-\sigma t} f(t)$ 的傅里叶变换

$$F_1(\omega) = \int_0^{\infty} [f(t) \mathrm{e}^{-\sigma t}] \mathrm{e}^{-\mathrm{j}\omega t} \mathrm{d}t = \int_0^{\infty} f(t) \mathrm{e}^{-(\sigma+\mathrm{j}\omega) t} \mathrm{d}t \tag{4-2}$$

将式中 $(\sigma+\mathrm{j}\omega)$ 用符号 s 代替,令

$$s = \sigma + \mathrm{j}\omega$$

式(4-2)遂可写作

$$F(s) = \int_0^{\infty} f(t) \mathrm{e}^{-st} \mathrm{d}t \tag{4-3}$$

下面由傅里叶逆变换表示式求 $[f(t) \mathrm{e}^{-\sigma t}]$,再寻找由 $F(s)$ 求 $f(t)$ 的一般表示式

$$f(t) \mathrm{e}^{-\sigma t} = \frac{1}{2\pi} \int_{-\infty}^{\infty} F_1(\omega) \mathrm{e}^{\mathrm{j}\omega t} \mathrm{d}\omega \tag{4-4}$$

等式两边各乘以 $\mathrm{e}^{\sigma t}$,因为它不是 ω 的函数,可放到积分号内,于是得到

$$f(t) = \frac{1}{2\pi} \int_{-\infty}^{\infty} F_1(\omega) e^{(\sigma + j\omega)t} d\omega \tag{4-5}$$

已知 $s = \sigma + j\omega$，所以 $ds = d\sigma + jd\omega$，若 σ 为选定之常量，则 $ds = jd\omega$，以此代入式 (4-5)，并相应地改变积分上下限，得到

$$f(t) = \frac{1}{2\pi j} \int_{\sigma - j\infty}^{\sigma + j\infty} F(s) e^{st} ds \tag{4-6}$$

式 (4-3) 和式 (4-6) 就是一对拉普拉斯变换式 (或称拉氏变换对)。两式中的 $f(t)$ 称为"原函数"，$F(s)$ 称为"像函数"。已知 $f(t)$ 求 $F(s)$ 可由式 (4-3) 取得拉氏变换。反之，利用式 (4-6) 由 $F(s)$ 求 $f(t)$ 时称为逆拉氏变换 (或拉氏逆变换)。常用记号 $\mathscr{L}[f(t)]$ 表示取拉氏变换，以记号 $\mathscr{L}^{-1}[F(s)]$ 表示取拉氏逆变换。于是，式 (4-3) 和式 (4-6) 可分别写作

$$\mathscr{L}[f(t)] = F(s) = \int_0^{\infty} f(t) e^{-st} dt$$

$$\mathscr{L}^{-1}[F(s)] = f(t) = \frac{1}{2\pi j} \int_{\sigma - j\infty}^{\sigma + j\infty} F(s) e^{st} ds$$

拉氏变换与傅氏变换定义的表示式形式相似，以后将要讲到它们的性质也有许多相同之处。

拉普拉斯变换与傅里叶变换的基本差别在于：傅氏变换将时域函数 $f(t)$ 变换为频域函数 $F(\omega)$，或作相反变换，时域中的变量 t 和频域中的变量 ω 都是实数；而拉氏变换是将时间函数 $f(t)$ 变换为复变函数 $F(s)$，或作相反变换，这时，时域变量 t 虽是实数，$F(s)$ 的变量 s 却是复数，与 ω 相比较，变量 s 可称为"复频率"。傅里叶变换建立了时域和频域间的联系，而拉氏变换则建立了时域与复频域 (s 域) 间的联系。

在以上讨论中，$e^{-\sigma t}$ 衰减因子的引入是一个关键问题。从数学观点看，这是将函数 $f(t)$ 乘以因子 $e^{-\sigma t}$ 使之满足绝对可积条件；从物理意义看，是将频率 ω 变换为复频率 s，ω 只能描述振荡的重复频率，而 s 不仅能给出重复频率，还可以表示振荡幅度的增长速率或衰减速率。

此外，还应指出，在引入衰减因子之前曾把正变换积分下限由 $-\infty$ 限制为 0，如果不作这一改变，则将出现形式为 $\int_{-\infty}^{\infty} f(t) e^{-st} dt$ 的正变换定义。为区分以上两种情况，前者称为"单边拉氏变换"，后者称为"双边拉氏变换"。本章 4.11 节之前仅讨论单边拉氏变换，4.12 节专门讨论双边拉氏变换。

二、从算子符号法的概念说明拉氏变换的定义

在第二章曾初步介绍用算子符号法解微分方程。采用这种方法可将函数

$f(t)$ 的微分运算表示为 $f(t)$ 与算子 p "相乘"的形式。现在设想为函数 $f(t)$ 建立某种变换关系,这种变换关系应具有如下特性:如果把 t 变量的函数 $f(t)$ 变换为 s 变量的函数 $F(s)$,那么,$\dfrac{\mathrm{d}f(t)}{\mathrm{d}t}$ 的变换式应为 $sF(s)$,暂以 "⟶" 表示变换,则有

$$\left.\begin{array}{r} f(t) \longrightarrow F(s) \\[2mm] \dfrac{\mathrm{d}f(t)}{\mathrm{d}t} \longrightarrow sF(s) \end{array}\right\} \tag{4-7}$$

假定,此变换关系可通过下示积分运算来完成

$$F(s) = \int_0^\infty f(t)h(t,s)\,\mathrm{d}t \tag{4-8}$$

这表明,在所研究的时间范围 0 到 ∞ 之间,对变量 t 积分,即可得到变量 s 的函数。现在的问题是,如何选择一个合适的 $h(t,s)$,使它满足式(4-7)的要求,也即

$$sF(s) = \int_0^\infty f'(t)h(t,s)\,\mathrm{d}t \tag{4-9}$$

利用分部积分展开得到

$$\int_0^\infty f'(t)h(t,s)\,\mathrm{d}t = f(t)h(t,s)\Big|_0^\infty - \int_0^\infty f(t)h'(t,s)\,\mathrm{d}t \tag{4-10}$$

为确定式中第一项,应代入 t 的初值与终值,要保证 $f(t)h(t,s)$ 的积分收敛,规定 $t \to \infty$ 时此项等于零;此外,选择初值为最简单的形式代入,即 $f(0)=0$,至于 $f(0)$ 为其他任意值的情况,下面还要讨论。按上述条件求得

$$sF(s) = \int_0^\infty f'(t)h(t,s)\,\mathrm{d}t = -\int_0^\infty f(t)h'(t,s)\,\mathrm{d}t$$

$$s\int_0^\infty f(t)h(t,s)\,\mathrm{d}t = -\int_0^\infty f(t)h'(t,s)\,\mathrm{d}t$$

故

$$sh(t,s) = -h'(t,s) = -\frac{\mathrm{d}h(t,s)}{\mathrm{d}t}$$

$$\frac{\mathrm{d}h(t,s)}{h(t,s)} = -s\mathrm{d}t$$

$$\ln[h(t,s)] = -st$$

$$h(t,s) = \mathrm{e}^{-st} \tag{4-11}$$

将找到的 $h(t,s)$ 函数 e^{-st} 代入式(4-8),写出

$$F(s) = \int_0^\infty f(t) e^{-st} dt$$

显然,这就是拉氏变换的定义式(4-3)。

下面考虑 $f(0) \neq 0$ 的情况,这时,由式(4-10)可写出 $f'(t)$ 的拉氏变换为

$$\int_0^\infty f'(t) e^{-st} dt = f(t) e^{-st} \Big|_0^\infty - \int_0^\infty \left[-sf(t) e^{-st} \right] dt = -f(0) + sF(s) \quad (4-12)$$

此结果表明,当 $f(0) \neq 0$ 时,$\dfrac{df(t)}{dt}$ 的拉氏变换并非 $sF(s)$,而是 $sF(s) - f(0)$。我们回忆起,在算子符号法中,由于未能表示出初始条件的作用,只好在运算过程中作出一些规定,限制某些因子相消。现在,这里的 s 虽与算子符号 p 处于类似的地位,然而,拉氏变换法可以把初始条件的作用计入,这就避免了算子法分析过程中的一些禁忌,便于把微分方程转换为代数方程,使求解过程简化。

三、拉氏变换的收敛

从以上讨论可知,当函数 $f(t)$ 乘以衰减因子 $e^{-\sigma t}$ 以后,就有可能满足绝对可积条件。然而,是否一定满足,还要由 $f(t)$ 的性质与 σ 值的相对关系而定。例如,为使 $f(t) = e^{at}$ 收敛,衰减因子 $e^{-\sigma t}$ 中的 σ 必须满足 $\sigma > a$,否则,$e^{at} \cdot e^{-\sigma t}$ 在 $t \to \infty$ 时仍不能收敛。

下面分析关于这一特性的一般规律。

函数 $f(t)$ 乘以因子 $e^{-\sigma t}$ 以后,取时间 $t \to \infty$ 的极限,若当 $\sigma > \sigma_0$ 时,该极限等于零,则函数 $f(t) e^{-\sigma t}$ 在 $\sigma > \sigma_0$ 的全部范围内是收敛的,其积分存在,可以进行拉普拉斯变换。这一关系可表示为

$$\lim_{t \to \infty} f(t) e^{-\sigma t} = 0 \quad (\sigma > \sigma_0) \quad (4-13)$$

σ_0 与函数 $f(t)$ 的性质有关,它指出了收敛条件。根据 σ_0 的数值,可将 s 平面划分为两个区域,如图 4-2 所示。通过 σ_0 的垂直线是收敛区(收敛域)的边界,称为收敛轴,σ_0 在 s 平面内称为收敛坐标。凡满足式(4-13)的函数称为"指数阶函数"。指数阶函数若具有发散特性可借助于指数函数的衰减压下去,使之成为收敛函数。

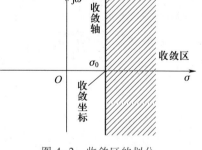

图 4-2 收敛区的划分

凡是有始有终,能量有限的信号,如单个脉冲信号,其收敛坐标落于 $-\infty$,全部 s 平面都属于收敛区。也即,有界的非周期信号的拉氏变换一定存在。

　　如果信号的幅度既不增长也不衰减而等于稳定值，则其收敛坐标落在原点，s 右半平面属于收敛区。也即，对任何周期信号只要稍加衰减就可收敛。

　　不难证明

$$\lim_{t \to \infty} t e^{-\sigma t} = 0 \quad (\sigma > 0)$$

所以任何随时间成正比增长的信号，其收敛坐标落于原点。同样由于

$$\lim_{t \to \infty} t^n e^{-\sigma t} = 0 \quad (\sigma > 0)$$

故与 t^n 成比例增长之函数，收敛坐标也落在原点。

　　如果函数按指数规律 e^{at} 增长，前已述及，只有当 $\sigma > a$ 时才满足

$$\lim_{t \to \infty} e^{at} e^{-\sigma t} = 0 \quad (\sigma > a)$$

所以收敛坐标为

$$\sigma_0 = a$$

　　对于一些比指数函数增长得更快的函数，不能找到它们的收敛坐标，因而，不能进行拉氏变换。例如 e^{t^2} 或 $t e^{t^2}$（定义域为 $0 \leqslant t \leqslant \infty$）就不是指数阶函数，但是，若把这种函数限定在有限时间范围之内，还是可以找到收敛坐标，进行拉氏变换的，如

$$f(t) = \begin{cases} e^{t^2} & (0 \leqslant t < T) \\ 0 & (t < 0, t > T) \end{cases}$$

它的拉氏变换存在。

　　以上研究了单边拉氏变换的收敛条件，在 4.12 节将要看到，双边拉氏变换的收敛问题将比较复杂，收敛条件将受到更多限制。由于单边拉氏变换的收敛问题比较简单，一般情况下，求函数单边拉氏变换时不再加注其收敛范围。

四、一些常用函数的拉氏变换

下面按拉普拉斯变换的定义式(4-3)来推导几个常用函数的变换式。

1. 阶跃函数

$$\mathscr{L}[u(t)] = \int_0^\infty e^{-st} dt = -\frac{e^{-st}}{s}\Big|_0^\infty = \frac{1}{s} \tag{4-14}$$

2. 指数函数

$$\mathscr{L}[e^{-at}] = \int_0^\infty e^{-at} e^{-st} dt = -\frac{e^{-(a+s)t}}{a+s}\Big|_0^\infty = \frac{1}{a+s} \quad (\sigma > -a) \tag{4-15}$$

显然，令式(4-15)中的常数 a 等于零，也可得出式(4-14)的结果。

3. t^n（n 是正整数）

$$\mathscr{L}[t^n] = \int_0^\infty t^n e^{-st} dt$$

用分部积分法,得

$$\int_0^\infty t^n \mathrm{e}^{-st} \mathrm{d}t = -\frac{t^n}{s} \mathrm{e}^{-st} \bigg|_0^\infty + \frac{n}{s} \int_0^\infty t^{n-1} \mathrm{e}^{-st} \mathrm{d}t = \frac{n}{s} \int_0^\infty t^{n-1} \mathrm{e}^{-st} \mathrm{d}t$$

所以

$$\mathscr{L}\left[t^n\right] = \frac{n}{s} \mathscr{L}\left[t^{n-1}\right] \tag{4-16}$$

容易求得,当 $n = 1$ 时

$$\mathscr{L}\left[t\right] = \frac{1}{s^2} \tag{4-17}$$

而 $n = 2$ 时

$$\mathscr{L}\left[t^2\right] = \frac{2}{s^3} \tag{4-18}$$

以此类推,得

$$\mathscr{L}\left[t^n\right] = \frac{n!}{s^{n+1}} \tag{4-19}$$

必须注意到,我们所讨论的单边拉氏变换是从零点开始积分的,因此,$t < 0$ 区间的函数值与变换结果无关。例如,图 4-3 中三个函数 $f_1(t)$,$f_2(t)$,$f_3(t)$ 都具有相同的变换式

$$F(s) = \frac{1}{s+a} \tag{4-20}$$

当取式(4-20)的逆变换时,只能给出在 $t \geq 0$ 时间范围内的函数值

$$\mathscr{L}^{-1}\left[\frac{1}{s+a}\right] = \mathrm{e}^{-at} \quad (t \geq 0) \tag{4-21}$$

以后将要看到,单边变换的这一特点,并未给它的应用带来不便,因为在系统分析问题中,往往也是只需求解 $t \geq 0$ 的系统响应,而 $t < 0$ 的情况由激励接入以前系统的状态所决定。

此外,从图 4-3(a) 看到,此函数在 $t = 0$ 时产生了跳变,这样,初始条件 $f(0)$ 容易发生混淆,为使 $f(0)$ 有明确意义,我们仍以 $f(0_-)$ 与 $f(0_+)$ 分别表示 t 从左、右两端趋近于 0 时所得之 $f(0)$ 值,显然,对于图 4-3(a),$f(0_-) = 0$,$f(0_+) = 1$。

当函数 $f(t)$ 在 0 点有跳变时,其导数 $\dfrac{\mathrm{d}f(t)}{\mathrm{d}t}$ 将出现冲激函数项,为便于研究在 $t = 0$ 点发生的跳变现象,我们规定单边拉氏变换的定义式(4-3)积分下限从 0_- 开始

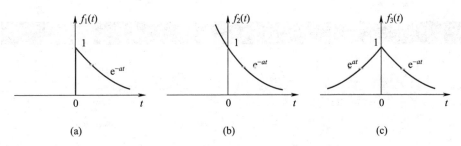

图 4-3 三个具有相同单边拉氏变换的函数

$$F(s) = \int_{0_-}^{\infty} f(t) e^{-st} dt \qquad (4-22)$$

这样定义的好处是把 $t=0$ 处冲激函数的作用考虑在变换之中,当利用拉氏变换方法解微分方程时,可以直接引用已知的起始状态 $f(0_-)$ 而求得全部结果,无需专门计算由 0_- 至 0_+ 的跳变;否则,若取积分下限从 0_+ 开始,对于 t 从 0_- 至 0_+ 发生的变化还需另行处理(见例 4-13)。以上两种规定分别称为拉氏变换的 0_- 系统或拉氏变换的 0_+ 系统。本书中在一般情况下采用 0_- 系统,今后,未加标注之 $t=0$,均指 $t=0_-$。

4. 冲激函数

由以上规定写出

$$\mathscr{L}\left[\delta(t)\right] = \int_{0_-}^{\infty} \delta(t) e^{-st} dt = 1 \qquad (4-23)$$

如果冲激出现在 $t=t_0$ 时刻($t_0>0$),有

$$\mathscr{L}\left[\delta(t-t_0)\right] = \int_{0}^{\infty} \delta(t-t_0) e^{-st} dt = e^{-st_0} \qquad (4-24)$$

将上述结果以及其他常用函数的拉氏变换(在下节继续导出)列于表 4-1。以后分析电路问题时会经常用到此表。

◎ 表 4-1 一些常用函数的拉氏变换

序号	$f(t)$　($t>0$)	$F(s)=\mathscr{L}\left[f(t)\right]$
1	冲激 $\delta(t)$	1
2	阶跃 $u(t)$	$\dfrac{1}{s}$
3	e^{-at}	$\dfrac{1}{s+a}$

续表

序号	$f(t)$　$(t>0)$	$F(s)=\mathscr{L}[f(t)]$
4	t^n　（n 是正整数）	$\dfrac{n!}{s^{n+1}}$
5	$\sin(\omega t)$	$\dfrac{\omega}{s^2+\omega^2}$
6	$\cos(\omega t)$	$\dfrac{s}{s^2+\omega^2}$
7	$e^{-at}\sin(\omega t)$	$\dfrac{\omega}{(s+a)^2+\omega^2}$
8	$e^{-at}\cos(\omega t)$	$\dfrac{s+a}{(s+a)^2+\omega^2}$
9	te^{-at}	$\dfrac{1}{(s+a)^2}$
10	$t^n e^{-at}$（n 是正整数）	$\dfrac{n!}{(s+a)^{n+1}}$
11	$t\sin(\omega t)$	$\dfrac{2\omega s}{(s^2+\omega^2)^2}$
12	$t\cos(\omega t)$	$\dfrac{s^2-\omega^2}{(s^2+\omega^2)^2}$
13	$\sinh(at)$	$\dfrac{a}{s^2-a^2}$
14	$\cosh(at)$	$\dfrac{s}{s^2-a^2}$

4.3　拉普拉斯变换的基本性质

　　虽然,由拉氏变换的定义式(4-3)可以求得一些常用信号的拉氏变换,但是,在实际应用中常常不去作这一积分运算,而是利用拉氏变换的一些基本性质

（或称"定理"）得出它们的变换式。这种方法在傅氏变换（第三章）的分析中曾被采用，下面将要看到，对于拉氏变换，在掌握了一些性质之后，运用有关定理，可以很方便地求得表 4-1 中所列各变换式。

一、线性（叠加）

函数之和的拉氏变换等于各函数拉氏变换之和。当函数乘以常数 K 时，其变换式乘以相同的常数 K。

这个性质的数学形式为

若 $\mathscr{L}[f_1(t)]=F_1(s)$，$\mathscr{L}[f_2(t)]=F_2(s)$，$K_1,K_2$ 为常数时，则

$$\mathscr{L}[K_1 f_1(t)+K_2 f_2(t)]=K_1 F_1(s)+K_2 F_2(s) \tag{4-25}$$

证明

$$\begin{aligned}
\mathscr{L}[K_1 f_1(t)+K_2 f_2(t)] &=\int_0^\infty [K_1 f_1(t)+K_2 f_2(t)]\mathrm{e}^{-st}\mathrm{d}t\\
&=\int_0^\infty K_1 f_1(t)\mathrm{e}^{-st}\mathrm{d}t+\int_0^\infty K_2 f_2(t)\mathrm{e}^{-st}\mathrm{d}t\\
&=K_1 F_1(s)+K_2 F_2(s) \tag{4-26}
\end{aligned}$$

例 4-1　求 $f(t)=\sin(\omega t)$ 的拉氏变换 $F(s)$。

解　已知

$$f(t)=\sin(\omega t)=\frac{1}{2\mathrm{j}}(\mathrm{e}^{\mathrm{j}\omega t}-\mathrm{e}^{-\mathrm{j}\omega t})$$

$$\mathscr{L}[\mathrm{e}^{\mathrm{j}\omega t}]=\frac{1}{s-\mathrm{j}\omega}$$

$$\mathscr{L}[\mathrm{e}^{-\mathrm{j}\omega t}]=\frac{1}{s+\mathrm{j}\omega}$$

所以由叠加性可知

$$\mathscr{L}[\sin(\omega t)]=\frac{1}{2\mathrm{j}}\left[\frac{1}{s-\mathrm{j}\omega}-\frac{1}{s+\mathrm{j}\omega}\right]=\frac{\omega}{s^2+\omega^2}$$

用同样方法可求得

$$\mathscr{L}[\cos(\omega t)]=\frac{s}{s^2+\omega^2}$$

二、原函数微分

若　$\mathscr{L}[f(t)]=F(s)$，则

$$\mathscr{L}\left[\frac{\mathrm{d}f(t)}{\mathrm{d}t}\right]=sF(s)-f(0) \tag{4-27}$$

其中 $f(0)$ 是 $f(t)$ 在 $t=0$ 时的起始值。

　　本性质已在 4.2 节给出证明。此处需要指出，当 $f(t)$ 在 $t=0$ 处不连续时，$\dfrac{\mathrm{d}f(t)}{\mathrm{d}t}$ 在 $t=0$ 处有冲激 $\delta(t)$ 存在，按前节规定，式（4-27）取拉氏变换时，积分下限要从 0_- 开始，这时，$f(0)$ 应写作 $f(0_-)$，即

$$\mathscr{L}\left[\frac{\mathrm{d}f(t)}{\mathrm{d}t}\right]=sF(s)-f(0_-) \tag{4-28}$$

　　例 4-2　已知流经电感的电流 $i_L(t)$ 的拉氏变换为 $\mathscr{L}[i_L(t)]=I_L(s)$，求电感电压 $v_L(t)$ 的拉氏变换。

　　解　因为

$$v_L(t)=L\frac{\mathrm{d}i_L}{\mathrm{d}t}$$

所以　　　　　$V_L(s)=\mathscr{L}[v_L(t)]=\mathscr{L}\left[L\frac{\mathrm{d}i_L}{\mathrm{d}t}\right]=sLI_L(s)-Li_L(0)$

这里 $i_L(0)$ 是电流 $i_L(t)$ 的起始值。如果 $i_L(0)=0$，得到

$$V_L(s)=sLI_L(s)$$

这个结论和正弦稳态分析中的相量法形式相似，在那里，电感的电压相量与电流相量的关系为

$$\dot{V}_L=\mathrm{j}\omega L\dot{I}_L$$

在拉氏变换式中的"s"对应相量法中的"$\mathrm{j}\omega$"。拉氏变换把微分运算变为乘法。

　　上述对一阶导数的微分定理可推广到高阶导数。类似地，对 $\dfrac{\mathrm{d}^2f(t)}{\mathrm{d}t^2}$ 的拉氏变换以分部积分展开得到

$$\begin{aligned}
\mathscr{L}\left[\frac{\mathrm{d}^2f(t)}{\mathrm{d}t^2}\right]&=\left.\mathrm{e}^{-st}\frac{\mathrm{d}f(t)}{\mathrm{d}t}\right|_0^\infty+s\int_0^\infty\frac{\mathrm{d}f(t)}{\mathrm{d}t}\mathrm{e}^{-st}\mathrm{d}t\\
&=-f'(0)+s[sF(s)-f(0)]\\
&=s^2F(s)-sf(0)-f'(0)
\end{aligned} \tag{4-29}$$

式中 $f'(0)$ 是 $\dfrac{\mathrm{d}f(t)}{\mathrm{d}t}$ 在 0_- 时刻的取值。

　　重复以上过程，可导出一般公式如下

$$\mathscr{L}\left[\frac{\mathrm{d}^nf(t)}{\mathrm{d}t^n}\right]=s^nF(s)-\sum_{r=0}^{n-1}s^{n-r-1}f^{(r)}(0) \tag{4-30}$$

式中 $f^{(r)}(0)$ 是 r 阶导数 $\dfrac{\mathrm{d}^r f(t)}{\mathrm{d}t^r}$ 在 0_- 时刻的取值。

三、原函数的积分

若 $\mathscr{L}[f(t)] = F(s)$，则

$$\mathscr{L}\left[\int_{-\infty}^{t} f(\tau)\,\mathrm{d}\tau\right] = \frac{F(s)}{s} + \frac{f^{(-1)}(0)}{s} \tag{4-31}$$

式中 $f^{(-1)}(0) = \displaystyle\int_{-\infty}^{0} f(\tau)\,\mathrm{d}\tau$ 是 $f(t)$ 积分式在 $t=0$ 的取值。与前类似，考虑积分式在 $t=0$ 处可能有跳变，取 0_- 值，即 $f^{(-1)}(0_-)$。

证明

由于 $\mathscr{L}\left[\displaystyle\int_{-\infty}^{t} f(\tau)\,\mathrm{d}\tau\right] = \mathscr{L}\left[\displaystyle\int_{-\infty}^{0} f(\tau)\,\mathrm{d}\tau + \int_{0}^{t} f(\tau)\,\mathrm{d}\tau\right]$，而其中第一项为常量，即 $\displaystyle\int_{-\infty}^{0} f(\tau)\,\mathrm{d}\tau = f^{(-1)}(0)$，所以

$$\mathscr{L}\left[\int_{-\infty}^{0} f(\tau)\,\mathrm{d}\tau\right] = \frac{f^{(-1)}(0)}{s}$$

第二项可借助分部积分求得

$$\mathscr{L}\left[\int_{0}^{t} f(\tau)\,\mathrm{d}\tau\right] = \int_{0}^{\infty}\left[\int_{0}^{t} f(\tau)\,\mathrm{d}\tau\right]\mathrm{e}^{-st}\,\mathrm{d}t$$

$$= \left[-\frac{\mathrm{e}^{-st}}{s}\int_{0}^{t} f(\tau)\,\mathrm{d}\tau\right]_{0}^{\infty} + \frac{1}{s}\int_{0}^{\infty} f(t)\mathrm{e}^{-st}\,\mathrm{d}t = \frac{1}{s}F(s)$$

所以

$$\mathscr{L}\left[\int_{-\infty}^{t} f(\tau)\,\mathrm{d}\tau\right] = \frac{F(s)}{s} + \frac{f^{(-1)}(0)}{s}$$

例 4-3 已知流经电容的电流 $i_C(t)$ 的拉氏变换为 $\mathscr{L}[i_C(t)] = I_C(s)$，求电容电压 $v_C(t)$ 的变换式。

解 因为

$$v_C(t) = \frac{1}{C}\int_{-\infty}^{t} i_C(\tau)\,\mathrm{d}\tau$$

所以

$$V_C(s) = \mathscr{L}\left[\frac{1}{C}\int_{-\infty}^{t} i_C(\tau)\,\mathrm{d}\tau\right]$$

$$= \frac{I_C(s)}{Cs} + \frac{i_C^{(-1)}(0)}{Cs} = \frac{I_C(s)}{Cs} + \frac{v_C(0)}{s}$$

式中
$$i_C^{(-1)}(0)=\int_{-\infty}^{0}i_C(\tau)\,\mathrm{d}\tau$$

它的物理意义是电容两端的起始电荷量。而 $v_C(0)$ 是起始电压。

如果 $i_C^{(-1)}(0)=0$（电容初始无电荷），得到

$$V_C(s)=\frac{I_C(s)}{sC}$$

把这个结果也和相量形式的运算规律相比较，在那里，电容的电压电流关系式为

$$\dot{V}_C=\frac{\dot{I}_C}{\mathrm{j}\omega C}$$

仍有"s"与"$\mathrm{j}\omega$"相对应之规律。

下面说明如何用拉氏变换的方法求解微分方程。

例 4-4　图 4-4 所示电路在 $t=0$ 时开关 S 闭合，求输出信号 $v_C(t)$。

解　（1）列写微分方程

$$Ri(t)+v_C(t)=Eu(t)$$

$$v_C(t)\big|_{t=0}=0$$

将此式改写为只含有一个未知函数 $v_C(t)$ 的形式

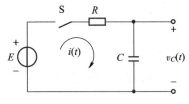

图 4-4　例 4-4 的电路

$$RC\frac{\mathrm{d}v_C(t)}{\mathrm{d}t}+v_C(t)=Eu(t)$$

（2）再将上式中各项取拉氏变换得到

$$RCsV_C(s)+V_C(s)=\frac{E}{s}$$

解此代数方程，求得

$$V_C(s)=\frac{E}{s(1+RCs)}=\frac{E}{RCs\left(s+\dfrac{1}{RC}\right)}$$

（3）求 $V_C(s)$ 的逆变换，将 $V_C(s)$ 表示式分解为以下形式

$$V_C(s)=E\left(\frac{1}{s}-\frac{1}{s+\dfrac{1}{RC}}\right)$$

$$v_C(t) = \mathscr{L}^{-1}[V_C(s)] = E(1 - e^{-\frac{t}{RC}}) \quad (t \geqslant 0)$$

四、延时（时域平移）

若 $\mathscr{L}[f(t)] = F(s)$，则

$$\mathscr{L}[f(t-t_0)u(t-t_0)] = e^{-st_0}F(s) \qquad (4-32)$$

证明

$$\mathscr{L}[f(t-t_0)u(t-t_0)] = \int_0^\infty [f(t-t_0)u(t-t_0)]e^{-st}dt = \int_{t_0}^\infty f(t-t_0)e^{-st}dt$$

令

$$\tau = t - t_0$$

则有 $t = \tau + t_0$，代入上式得

$$\mathscr{L}[f(t-t_0)u(t-t_0)] = \int_0^\infty f(\tau)e^{-st_0}e^{-s\tau}d\tau = e^{-st_0}F(s)$$

此性质表明：若波形延迟 t_0，则它的拉氏变换应乘以 e^{-st_0}。例如延迟 t_0 时间的单位阶跃函数 $u(t-t_0)$，其变换式为 $\dfrac{e^{-st_0}}{s}$。

例 4-5 求图 4-5(a)所示矩形脉冲的拉氏变换。矩形脉冲 $f(t)$ 的宽度为 t_0，幅度为 E，它可以分解为阶跃信号 $Eu(t)$ 与延迟阶跃信号 $Eu(t-t_0)$ 之差，如图 4-5(b)和(c)所示。

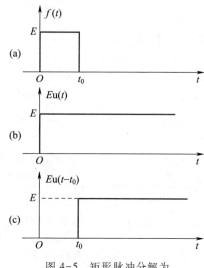

解 已知 $f(t) = Eu(t) - Eu(t-t_0)$

$$\mathscr{L}[Eu(t)] = \frac{E}{s}$$

由延时定理

$$\mathscr{L}[Eu(t-t_0)] = e^{-st_0}\frac{E}{s}$$

所以

$$\mathscr{L}[f(t)] = \mathscr{L}[Eu(t) - Eu(t-t_0)]$$

$$= \frac{E}{s}(1 - e^{-st_0})$$

图 4-5 矩形脉冲分解为两个阶跃信号之差

五、s 域平移

若 $\mathscr{L}[f(t)] = F(s)$，则

$$\mathscr{L}[f(t)e^{-at}] = F(s+a) \qquad (4-33)$$

证明

$$\mathscr{L}[f(t)\,\mathrm{e}^{-at}] = \int_0^\infty f(t)\,\mathrm{e}^{-(s+a)t}\,\mathrm{d}t = F(s+a)$$

此性质表明,时间函数乘以 e^{-at},相当于变换式在 s 域内平移 a。

例 4-6 求 $\mathrm{e}^{-at}\sin(\omega t)$ 和 $\mathrm{e}^{-at}\cos(\omega t)$ 的拉氏变换。

解 已知

$$\mathscr{L}[\sin(\omega t)] = \frac{\omega}{s^2+\omega^2}$$

由 s 域平移定理

$$\mathscr{L}[\mathrm{e}^{-at}\sin(\omega t)] = \frac{\omega}{(s+a)^2+\omega^2}$$

同理,因

$$\mathscr{L}[\cos(\omega t)] = \frac{s}{s^2+\omega^2}$$

故有

$$\mathscr{L}[\mathrm{e}^{-at}\cos(\omega t)] = \frac{s+a}{(s+a)^2+\omega^2}$$

六、尺度变换

若 $\mathscr{L}[f(t)] = F(s)$,则

$$\mathscr{L}[f(at)] = \frac{1}{a}F\left(\frac{s}{a}\right) \qquad (a>0) \tag{4-34}$$

证明

$$\mathscr{L}[f(at)] = \int_0^\infty f(at)\,\mathrm{e}^{-st}\,\mathrm{d}t$$

令 $\tau = at$,则上式变成

$$\mathscr{L}[f(at)] = \int_0^\infty f(\tau)\,\mathrm{e}^{-\left(\frac{s}{a}\right)\tau}\,\mathrm{d}\left(\frac{\tau}{a}\right) = \frac{1}{a}\int_0^\infty f(\tau)\,\mathrm{e}^{-\left(\frac{s}{a}\right)\tau}\,\mathrm{d}\tau = \frac{1}{a}F\left(\frac{s}{a}\right)$$

例 4-7 已知 $\mathscr{L}[f(t)] = F(s)$,若 $a>0,b>0$,求 $\mathscr{L}[f(at-b)\mathrm{u}(at-b)]$。

解 此问题既要用到尺度变换定理,也要引用延时定理。

先由延时定理求得

$$\mathscr{L}[f(t-b)\mathrm{u}(t-b)] = F(s)\,\mathrm{e}^{-bs}$$

再借助尺度变换定理即可求出所需结果

$$\mathscr{L}[f(at-b)\mathrm{u}(at-b)] = \frac{1}{a}F\left(\frac{s}{a}\right)\mathrm{e}^{-s\frac{b}{a}}$$

另一种做法是先引用尺度变换定理,再借助延时定理。这时首先得到

$$\mathscr{L}\left[f(at)\mathrm{u}(at)\right]=\frac{1}{a}F\left(\frac{s}{a}\right)$$

然后由延时定理求出

$$\mathscr{L}\left\{f\left[a\left(t-\frac{b}{a}\right)\right]\mathrm{u}\left[a\left(t-\frac{b}{a}\right)\right]\right\}=\frac{1}{a}F\left(\frac{s}{a}\right)\mathrm{e}^{-s\frac{b}{a}}$$

也即

$$\mathscr{L}\left[f(at-b)\mathrm{u}(at-b)\right]=\frac{1}{a}F\left(\frac{s}{a}\right)\mathrm{e}^{-s\frac{b}{a}}$$

两种方法结果一致。

七、初值

若函数 $f(t)$ 及其导数 $\dfrac{\mathrm{d}f(t)}{\mathrm{d}t}$ 可以进行拉氏变换,$f(t)$ 的变换式为 $F(s)$,则

$$\lim_{t\to 0_+}f(t)=f(0_+)=\lim_{s\to\infty}sF(s) \tag{4-35}$$

证明

由原函数微分定理可知

$$sF(s)-f(0_-)=\mathscr{L}\left[\frac{\mathrm{d}f(t)}{\mathrm{d}t}\right]$$

$$=\int_{0_-}^{\infty}\frac{\mathrm{d}f(t)}{\mathrm{d}t}\mathrm{e}^{-st}\mathrm{d}t$$

$$=\int_{0_-}^{0_+}\frac{\mathrm{d}f(t)}{\mathrm{d}t}\mathrm{e}^{-st}\mathrm{d}t+\int_{0_+}^{\infty}\frac{\mathrm{d}f(t)}{\mathrm{d}t}\mathrm{e}^{-st}\mathrm{d}t$$

$$=f(0_+)-f(0_-)+\int_{0_+}^{\infty}\frac{\mathrm{d}f(t)}{\mathrm{d}t}\mathrm{e}^{-st}\mathrm{d}t$$

所以

$$sF(s)=f(0_+)+\int_{0_+}^{\infty}\frac{\mathrm{d}f(t)}{\mathrm{d}t}\mathrm{e}^{-st}\mathrm{d}t \tag{4-36}$$

当 $s\to\infty$ 时,上式右端第二项的极限为

$$\lim_{s\to\infty}\left[\int_{0_+}^{\infty}\frac{\mathrm{d}f(t)}{\mathrm{d}t}\mathrm{e}^{-st}\mathrm{d}t\right]=\int_{0_+}^{\infty}\frac{\mathrm{d}f(t)}{\mathrm{d}t}\left[\lim_{s\to\infty}\mathrm{e}^{-st}\right]\mathrm{d}t=0$$

因此,对式(4-36)取 $s\to\infty$ 的极限,有

$$\lim_{s\to\infty} sF(s) = f(0_+)$$

式(4-35)得证。

若 $f(t)$ 包含冲激函数 $k\delta(t)$，则上述定理需作修改，此时 $\mathscr{L}[f(t)] = F(s) = k + F_1(s)$，式中 $F_1(s)$ 为真分式，在导出式(4-36)时，等式右端还应包含 ks 项，初值定理应表示为

$$f(0_+) = \lim_{s\to\infty}[sF(s) - ks] \tag{4-37}$$

或

$$f(0_+) = \lim_{s\to\infty} sF_1(s) \tag{4-38}$$

八、终值

若 $f(t)$ 及其导数 $\dfrac{\mathrm{d}f(t)}{\mathrm{d}t}$ 可以进行拉氏变换，$f(t)$ 的变换式为 $F(s)$，而且 $\lim\limits_{t\to\infty} f(t)$ 存在，则

$$\lim_{t\to\infty} f(t) = \lim_{s\to 0} sF(s) \tag{4-39}$$

证明

利用式(4-36)，取 $s\to 0$ 之极限，有

$$\lim_{s\to 0} sF(s) = f(0_+) + \lim_{s\to 0}\int_{0_+}^{\infty} \frac{\mathrm{d}f(t)}{\mathrm{d}t} \mathrm{e}^{-st} \mathrm{d}t = f(0_+) + \lim_{t\to\infty} f(t) - f(0_+)$$

于是得到

$$\lim_{t\to\infty} f(t) = \lim_{s\to 0} sF(s)$$

初值定理告诉我们，只要知道变换式 $F(s)$，就可直接求得 $f(0_+)$ 值；而借助终值定理，可从 $F(s)$ 来求 $t\to\infty$ 时的 $f(t)$ 值。

关于终值定理的应用条件限制还需作些说明，$\lim\limits_{t\to\infty} f(t)$ 是否存在，可从 s 域作出判断，也即：仅当 $sF(s)$ 在 s 平面的虚轴上及其右边都为解析时（原点除外），终值定理才可应用。例如 $\mathscr{L}[\sin(\omega t)] = \dfrac{\omega}{s^2 + \omega^2}$ 变换式分母的根在虚轴上 $\pm j\omega$ 处，不能应用此定理，显然 $\sin(\omega t)$ 振荡不止，当 $t\to\infty$ 时极限不存在。而 $\mathscr{L}[\mathrm{e}^{at}] = \dfrac{1}{s-a}$ 分母多项式的根是在右半平面实轴 a 点上，此定理也不能用。在 4.7 节引入"零点""极点"的概念以后，这种关系的说明将更为方便。

当电路较为复杂时，初值与终值定理的方便之处将显得突出，因为它不需要作逆变换，即可直接求出原函数的初值和终值。对于某些反馈系统的研究，例如

锁相环路系统的稳定性分析，就是这样。

九、卷积

此定理与第三章讲述的傅里叶变换卷积定理的形式类似。拉氏变换卷积定理指出

若 $\mathscr{L}[f_1(t)]=F_1(s)$，$\mathscr{L}[f_2(t)]=F_2(s)$，则有

$$\mathscr{L}[f_1(t)*f_2(t)]=F_1(s)F_2(s) \tag{4-40}$$

可见，两原函数卷积的拉氏变换等于两函数拉氏变换之乘积。对于单边变换，考虑到 $f_1(t)$ 与 $f_2(t)$ 均为有始信号，即 $f_1(t)=f_1(t)u(t)$，$f_2(t)=f_2(t)u(t)$，由卷积定义写出

$$\mathscr{L}[f_1(t)*f_2(t)]=\int_0^\infty\int_0^\infty f_1(\tau)u(\tau)f_2(t-\tau)u(t-\tau)\mathrm{d}\tau\ \mathrm{e}^{-st}\mathrm{d}t$$

交换积分次序并引入符号 $x=t-\tau$，得到

$$\mathscr{L}[f_1(t)*f_2(t)]=\int_0^\infty f_1(\tau)\left[\int_0^\infty f_2(t-\tau)u(t-\tau)\mathrm{e}^{-st}\mathrm{d}t\right]\mathrm{d}\tau$$

$$=\int_0^\infty f_1(\tau)\left[\mathrm{e}^{-s\tau}\int_0^\infty f_2(x)\mathrm{e}^{-sx}\mathrm{d}x\right]\mathrm{d}\tau$$

$$=F_1(s)F_2(s)$$

式（4-40）得证。此式为时域卷积定理，同理可得 s 域卷积定理（也可称为时域相乘定理）为

$$\mathscr{L}[f_1(t)f_2(t)]=\frac{1}{2\pi\mathrm{j}}[F_1(s)*F_2(s)]=\frac{1}{2\pi\mathrm{j}}\int_{\sigma-\mathrm{j}\infty}^{\sigma+\mathrm{j}\infty}F_1(p)F_2(s-p)\mathrm{d}p \tag{4-41}$$

在 4.6 节将进一步讨论卷积定理在电路分析中的应用，并借助卷积定理建立系统函数的概念。

最后，在表 4-2 中给出拉氏变换主要性质（定理）的有关结论。表 4-2 中，关于对 s 微分和对 s 积分两性质未曾证明，留作练习。

◎ 表 4-2　拉氏变换主要性质（定理）

$\mathscr{L}[f(t)]-F(s)$，$\mathscr{L}[f_1(t)]=F_1(s)$，$\mathscr{L}[f_2(t)]=F_2(s)$

序号	名称	结论
1	线性（叠加）	$\mathscr{L}[K_1f_1(t)+K_2f_2(t)]=K_1F_1(s)+K_2F_2(s)$
2	对 t 微分	$\mathscr{L}\left[\dfrac{\mathrm{d}f(t)}{\mathrm{d}t}\right]=sF(s)-f(0)$ $\mathscr{L}\left[\dfrac{\mathrm{d}^nf(t)}{\mathrm{d}t}\right]=s^nF(s)-\sum_{r=0}^{n-1}s^{n-r-1}f^{(r)}(0)$

续表

序号	名称	结论
3	对 t 积分	$\mathscr{L}\left[\int_{-\infty}^{t} f(\tau)\,\mathrm{d}\tau\right] = \dfrac{F(s)}{s} + \dfrac{f^{(-1)}(0)}{s}$
4	延时（时域平移）	$\mathscr{L}\left[f(t-t_0)\,\mathrm{u}(t-t_0)\right] = \mathrm{e}^{-st_0}F(s)$
5	s 域平移	$\mathscr{L}\left[f(t)\,\mathrm{e}^{-at}\right] = F(s+a)$
6	尺度变换	$\mathscr{L}\left[f(at)\right] = \dfrac{1}{a}F\left(\dfrac{s}{a}\right)$
7	初值	$\lim\limits_{t\to 0+} f(t) = \lim\limits_{s\to\infty} sF(s)$
8	终值	$\lim\limits_{t\to\infty} f(t) = \lim\limits_{s\to 0} sF(s)$
9	卷积	$\mathscr{L}\left[\int_{0}^{t} f_1(\tau)f_2(t-\tau)\,\mathrm{d}t\right] = F_1(s)F_2(s)$
10	相乘	$\dfrac{1}{2\pi\mathrm{j}}\int_{\sigma-\mathrm{j}\infty}^{\sigma+\mathrm{j}\infty} F_1(p)F_2(s-p)\,\mathrm{d}p = \mathscr{L}\left[f_1(t)f_2(t)\right]$
11	对 s 微分	$\mathscr{L}\left[-tf(t)\right] = \dfrac{\mathrm{d}F(s)}{\mathrm{d}s}$
12	对 s 积分	$\mathscr{L}\left[\dfrac{f(t)}{t}\right] = \int_{s}^{\infty} F(s)\,\mathrm{d}s$

4.4　　拉普拉斯逆变换

由例 4-4 已经看到，利用拉氏变换方法分析电路问题时，最后需要求像函数的逆变换。由拉氏变换定义可知，欲求 $F(s)$ 之逆变换可按定义式（4-6）进行复变函数积分（用留数定理）求得。实际上，往往可借助一些代数运算将 $F(s)$ 表达式分解，分解后各项 s 函数式的逆变换可从表 4-1 查出，这使求解过程大大简化，无需进行积分运算。这种分解方法称为部分分式分解（或部分分式展开）。

一、部分分式分解

由 4.3 节已经知道，微分算子的变换式要出现 s，而积分算子包含 $\dfrac{1}{s}$，因此，含有高阶导数的线性、常系数微分（或积分）方程式将变换成 s 的多项式，或变换成两个 s 的多项式之比。它们称为 s 的有理分式。一般具有如下形式

$$F(s)=\frac{A(s)}{B(s)}=\frac{a_m s^m+a_{m-1}s^{m-1}+\cdots+a_0}{b_n s^n+b_{n-1}s^{n-1}+\cdots+b_0} \tag{4-42}$$

式中,系数 a_i 和 b_i 都为实数,m 和 n 是正整数。

为便于分解,将 $F(s)$ 的分母 $B(s)$ 写作以下形式

$$B(s)=b_n(s-p_1)(s-p_2)\cdots(s-p_n) \tag{4-43}$$

式中 $p_1,p_2,\cdots,p_n$ 为 $B(s)=0$ 方程式的根,也即,当 s 等于任一根值时,$B(s)$ 等于零,$F(s)$ 等于无限大。$p_1,p_2,\cdots,p_n$ 称为 $F(s)$ 的"极点"。

同理,$A(s)$ 也可改写为

$$A(s)=a_m(s-z_1)(s-z_2)\cdots(s-z_m) \tag{4-44}$$

式中 $z_1,z_2,\cdots,z_m$ 称为 $F(s)$ 的"零点",它们是 $A(s)=0$ 方程式的根。

按照极点之不同特点,部分分式分解方法有以下几种情况。

1. 极点为实数,无重根

假定 $p_1,p_2,\cdots,p_n$ 均为实数,且无重根,例如,考虑如下的变换式求其逆变换

$$F(s)=\frac{A(s)}{(s-p_1)(s-p_2)(s-p_3)} \tag{4-45}$$

式中 p_1,p_2,p_3 是不相等的实数。先来分析 $m<n$ 的情况,也即分母多项式的阶次高于分子多项式的阶次。这时,$F(s)$ 可分解为以下形式

$$F(s)=\frac{K_1}{s-p_1}+\frac{K_2}{s-p_2}+\frac{K_3}{s-p_3} \tag{4-46}$$

显然,查表 4-1 可求得逆变换

$$f(t)=\mathscr{L}^{-1}\left[\frac{K_1}{s-p_1}\right]+\mathscr{L}^{-1}\left[\frac{K_2}{s-p_2}\right]+\mathscr{L}^{-1}\left[\frac{K_3}{s-p_3}\right]$$

$$=K_1 e^{p_1 t}+K_2 e^{p_2 t}+K_3 e^{p_3 t} \quad (t\geqslant 0) \tag{4-47}$$

我们的任务是要找到各系数 K_1,K_2,K_3 之值。为求得 K_1,以 $(s-p_1)$ 乘式(4-46)两端

$$(s-p_1)F(s)=K_1+\frac{(s-p_1)K_2}{s-p_2}+\frac{(s-p_1)K_3}{s-p_3} \tag{4-48}$$

令 $s=p_1$ 代入式(4-48)得到

$$K_1=(s-p_1)F(s)\Big|_{s=p_1} \tag{4-49}$$

同理可以求得对任意极点 p_i 所对应的系数 K_i

$$K_i=(s-p_i)F(s)\Big|_{s=p_i} \tag{4-50}$$

例 4-8   求下示函数的逆变换

$$F(s) = \frac{10(s+2)(s+5)}{s(s+1)(s+3)}$$

解   将 $F(s)$ 写成部分分式展开形式

$$F(s) = \frac{K_1}{s} + \frac{K_2}{s+1} + \frac{K_3}{s+3}$$

分别求 K_1, K_2, K_3

$$K_1 = sF(s) \Big|_{s=0} = \frac{10 \times 2 \times 5}{1 \times 3} = \frac{100}{3}$$

$$K_2 = (s+1)F(s) \Big|_{s=-1} = \frac{10(-1+2)(-1+5)}{(-1)(-1+3)} = -20$$

$$K_3 = (s+3)F(s) \Big|_{s=-3} = \frac{10(-3+2)(-3+5)}{(-3)(-3+1)} = -\frac{10}{3}$$

$$F(s) = \frac{100}{3s} - \frac{20}{s+1} - \frac{10}{3(s+3)}$$

故

$$f(t) = \frac{100}{3} - 20e^{-t} - \frac{10}{3}e^{-3t} \quad (t \geq 0)$$

在以上讨论中,假定 $F(s) = \dfrac{A(s)}{B(s)}$ 表示式中 $A(s)$ 的阶次低于 $B(s)$ 的阶次,也即 $m<n$,如果不满足此条件,式(4-46)将不成立。对于 $m \geq n$ 的情况,可用长除法将分子中的高次项提出,余下的部分满足 $m<n$,仍按以上方法分析,下面给出实例。

例 4-9   求下示函数的逆变换

$$F(s) = \frac{s^3 + 5s^2 + 9s + 7}{(s+1)(s+2)}$$

解   用分子除以分母(长除法)得到

$$F(s) = s + 2 + \frac{s+3}{(s+1)(s+2)}$$

现在式中最后一项满足 $m<n$ 的要求,可按前述部分分式展开方法分解得到

$$F(s) = s + 2 + \frac{2}{s+1} - \frac{1}{s+2}$$

$$f(t) = \delta'(t) + 2\delta(t) + 2e^{-t} - e^{-2t} \quad (t \geqslant 0)$$

这里,$\delta'(t)$是冲激函数$\delta(t)$的导数。

2. 包含共轭复数极点

这种情况仍可采用上述实数极点求分解系数的方法,当然,计算要麻烦些,但根据共轭复数的特点可以有一些取巧的方法。

例如,考虑下示函数的分解

$$F(s) = \frac{A(s)}{D(s)\left[(s+\alpha)^2 + \beta^2\right]} = \frac{A(s)}{D(s)(s+\alpha-\mathrm{j}\beta)(s+\alpha+\mathrm{j}\beta)} \qquad (4-51)$$

式中,共轭极点出现在$-\alpha\pm\mathrm{j}\beta$处;$D(s)$表示分母多项式中的其余部分,引入符号 $F_1(s) = \dfrac{A(s)}{D(s)}$,则式(4-47)改写为

$$F(s) = \frac{F_1(s)}{(s+\alpha-\mathrm{j}\beta)(s+\alpha+\mathrm{j}\beta)} = \frac{K_1}{s+\alpha-\mathrm{j}\beta} + \frac{K_2}{s+\alpha+\mathrm{j}\beta} + \cdots \qquad (4-52)$$

引用式(4-50)求得K_1,K_2

$$K_1 = (s+\alpha-\mathrm{j}\beta)F(s)\,\big|_{s=-\alpha+\mathrm{j}\beta} = \frac{F_1(-\alpha+\mathrm{j}\beta)}{2\mathrm{j}\beta} \qquad (4-53)$$

$$K_2 = (s+\alpha+\mathrm{j}\beta)F(s)\,\big|_{s=-\alpha-\mathrm{j}\beta} = \frac{F_1(-\alpha-\mathrm{j}\beta)}{-2\mathrm{j}\beta} \qquad (4-54)$$

不难看出,K_1与K_2成共轭关系,假定

$$K_1 = A + \mathrm{j}B \qquad (4-55)$$

则

$$K_2 = A - \mathrm{j}B = K_1^* \qquad (4-56)$$

如果把(4-52)式中共轭复数极点有关部分的逆变换以$f_{\mathrm{C}}(t)$表示,则

$$f_{\mathrm{C}}(t) = \mathscr{L}^{-1}\left[\frac{K_1}{s+\alpha-\mathrm{j}\beta} + \frac{K_2}{s+\alpha+\mathrm{j}\beta}\right] = e^{-\alpha t}(K_1 e^{\mathrm{j}\beta t} + K_1^* e^{-\mathrm{j}\beta t})$$

$$= 2e^{-\alpha t}\left[A\cos(\beta t) - B\sin(\beta t)\right] \qquad (4-57)$$

例 4-10 求下示函数的逆变换

$$F(s) = \frac{s^2+3}{(s^2+2s+5)(s+2)}$$

解
$$F(s) = \frac{s^2+3}{(s+1+\mathrm{j}2)(s+1-\mathrm{j}2)(s+2)}$$

$$= \frac{K_0}{s+2} + \frac{K_1}{s+1-j2} + \frac{K_2}{s+1+j2}$$

分别求系数 K_0, K_1

$$K_0 = (s+2)F(s) \Big|_{s=-2} = \frac{7}{5}$$

$$K_1 = \frac{s^2+3}{(s+1+j2)(s+2)} \Big|_{s=-1+j2} = \frac{-1+j2}{5}$$

也即 $A = -\frac{1}{5}, B = \frac{2}{5}$,借助式(4-57)得到 $F(s)$ 的逆变换式

$$f(t) = \frac{7}{5}e^{-2t} - 2e^{-t}\left[\frac{1}{5}\cos(2t) + \frac{2}{5}\sin(2t)\right] \quad (t \geq 0)$$

例 4-11 求下示函数的逆变换

$$F(s) = \frac{s+\gamma}{(s+\alpha)^2 + \beta^2}$$

解 显然,此函数式具有共轭复数极点,不必用部分分式展开求系数的方法,将 $F(s)$ 改写为

$$F(s) = \frac{s+\gamma}{(s+\alpha)^2 + \beta^2} = \frac{s+\alpha}{(s+\alpha)^2 + \beta^2} - \frac{\alpha-\gamma}{\beta} \cdot \frac{\beta}{(s+\alpha)^2 + \beta^2}$$

对照表 4-1 容易得到

$$f(t) = e^{-\alpha t}\cos(\beta t) - \frac{\alpha-\gamma}{\beta}e^{-\alpha t}\sin(\beta t) \quad (t \geq 0)$$

3. 有多重极点

考虑下示函数的分解

$$F(s) = \frac{A(s)}{B(s)} = \frac{A(s)}{(s-p_1)^k D(s)} \tag{4-58}$$

式中在 $s=p_1$ 处,分母多项式 $B(s)$ 有 k 重根,也即 k 阶极点。将 $F(s)$ 写成展开式

$$F(s) = \frac{K_{11}}{(s-p_1)^k} + \frac{K_{12}}{(s-p_1)^{k-1}} + \cdots + \frac{K_{1k}}{s-p_1} + \frac{E(s)}{D(s)} \tag{4-59}$$

这里,$\frac{E(s)}{D(s)}$ 表示展开式中与极点 p_1 无关的其余部分。为求出 K_{11},可借助式(4-59)

$$K_{11} = (s-p_1)^k \ F(s) \Big|_{s=p_1} \tag{4-60}$$

然而,要求得 K_{12}, K_{13}, $\cdots$, K_{1k} 等系数,不能再采用类似求 K_{11} 的方法,因为这样做将导致分母中出现"0"值,而得不出结果。为解决这一矛盾,引入符号

$$F_1(s) = (s-p_1)^k F(s) \tag{4-61}$$

于是

$$F_1(s) = K_{11} + K_{12}(s-p_1) + \cdots + K_{1k}(s-p_1)^{k-1} + \frac{E(s)}{D(s)}(s-p_1)^k \tag{4-62}$$

对式(4-62)微分得到

$$\frac{\mathrm{d}}{\mathrm{d}s}F_1(s) = K_{12} + 2K_{13}(s-p_1) + \cdots + K_{1k}(k-1)(s-p_1)^{k-2} + \cdots \tag{4-63}$$

很明显,可以给出

$$K_{12} = \frac{\mathrm{d}}{\mathrm{d}s}F_1(s) \bigg|_{s=p_1} \tag{4-64}$$

$$K_{13} = \frac{1}{2}\frac{\mathrm{d}^2}{\mathrm{d}s^2}F_1(s) \bigg|_{s=p_1} \tag{4-65}$$

一般形式为

$$K_{1i} = \frac{1}{(i-1)!} \cdot \frac{\mathrm{d}^{i-1}}{\mathrm{d}s^{i-1}}F_1(s) \bigg|_{s=p_1} \tag{4-66}$$

其中

$$i = 1, 2, \cdots, k$$

例 4-12 求下示函数的逆变换

$$F(s) = \frac{s-2}{s(s+1)^3}$$

解 将 $F(s)$ 写成展开式

$$F(s) = \frac{K_{11}}{(s+1)^3} + \frac{K_{12}}{(s+1)^2} + \frac{K_{13}}{s+1} + \frac{K_2}{s}$$

容易求得

$$K_2 = sF(s) \big|_{s=0} = -2$$

为求出与重根有关的各系数,令

$$F_1(s) = (s+1)^3 F(s) = \frac{s-2}{s}$$

引用式(4-60)和式(4-64)、式(4-65)得到

$$K_{11} = \frac{s-2}{s}\bigg|_{s=-1} = 3$$

$$K_{12} = \frac{\mathrm{d}}{\mathrm{d}s}\left(\frac{s-2}{s}\right)\bigg|_{s=-1} = 2$$

$$K_{13} = \frac{1}{2}\frac{\mathrm{d}^2}{\mathrm{d}s^2}\left(\frac{s-2}{s}\right)\bigg|_{s=-1} = 2$$

于是有

$$F(s) = \frac{3}{(s+1)^3} + \frac{2}{(s+1)^2} + \frac{2}{s+1} - \frac{2}{s}$$

逆变换为

$$f(t) = \frac{3}{2}t^2\mathrm{e}^{-t} + 2t\mathrm{e}^{-t} + 2\mathrm{e}^{-t} - 2 \quad (t \geqslant 0)$$

二、用留数定理求逆变换

现在讨论如何从式(4-6)按复变函数积分求拉普拉斯逆变换。将该式重新写于此处

$$f(t) = \frac{1}{2\pi\mathrm{j}}\int_{\sigma-\mathrm{j}\infty}^{\sigma+\mathrm{j}\infty} F(s)\mathrm{e}^{st}\mathrm{d}s \quad (t \geqslant 0)$$

为求出此积分,可从积分限 $\sigma_1-\mathrm{j}\infty$ 到 $\sigma_1+\mathrm{j}\infty$ 补足一条积分路径以构成一闭合围线。现取积分路径是半径为无限大的圆弧,如图 4-6 所示。这样,就可以应用留数定理,式(4-6)积分式等于围线中被积函数 $F(s)\mathrm{e}^{st}$ 所有极点的留数之和,可表示为

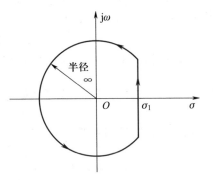

$$\mathscr{L}^{-1}[F(s)] = \sum_{\text{极点}}[F(s)\mathrm{e}^{st}\text{的留数}]$$

设在极点 $s=p_i$ 处的留数为 r_i,并设 $F(s)\cdot\mathrm{e}^{st}$ 在围线中共有 n 个极点,则

图 4-6 $F(s)$ 的围线积分途径

$$\mathscr{L}^{-1}[F(s)] = \sum_{i=1}^{n} r_i \tag{4-67}$$

若 p_i 为一阶极点,则

$$r_i = [(s-p_i)F(s)\mathrm{e}^{st}]\big|_{s=p_i} \tag{4-68}$$

若 p_i 为 k 阶极点,则

$$r_i = \frac{1}{(k-1)!} \left[\frac{\mathrm{d}^{k-1}}{\mathrm{d}s^{k-1}}(s-p_i)^k F(s) e^{st} \right] \Bigg|_{s=p_i} \qquad (4-69)$$

将以上结果与部分分式展开相比较,不难看出,两种方法所得结果是一样的。具体说,对一阶极点而言,部分分式的系数与留数的差别仅在于因子 e^{st} 的有无,经逆变换后的部分分式就与留数相同了。对高阶极点而言,由于留数公式中含有因子 e^{st},在取其导数时,所得不止一项,遂与部分分式展开法结果相同。

从以上分析可以看出,当 $F(s)$ 为有理分式时,可利用部分分式分解和查表的方法求得逆变换,无须引用留数定理。如果 $F(s)$ 表达式为有理分式与 e^{-st} 相乘时,可再借助延时定理得出逆变换。当 $F(s)$ 为无理函数时,需利用留数定理求逆变换,然而,这种情况在电路分析问题中几乎不会遇到。

4.5　用拉普拉斯变换法分析电路、s 域元件模型

首先研究例题,仿照例 4-4 的方法用拉氏变换分析电路,然后给出 s 域元件模型的概念和应用实例,使这种分析方法进一步简化。

例 4-13　图 4-7 所示电路,当 $t<0$ 时,开关位于"1"端,电路的状态已经稳定,$t=0$ 时开关从"1"端打到"2"端,分别求 $v_C(t)$ 与 $v_R(t)$ 波形。

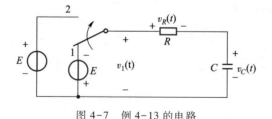

图 4-7　例 4-13 的电路

解　首先求 $v_C(t)$,这里遵循与例 4-4 相同的步骤。

(1) 列写微分方程

$$RC\frac{\mathrm{d}v_C}{\mathrm{d}t} + v_C = E$$

由于 $t=0_-$ 时,电容已充有电压 $-E$,从 0_- 到 0_+ 电容电压没有变化。

$$v_C(0_+) = v_C(0_-) = -E$$

（2）取拉氏变换

$$RC[sV_C(s)-v_C(0)]+V_C(s)=\frac{E}{s}$$

$$V_C(s)=\frac{\frac{E}{s}-RCE}{1+RCs}=\frac{E\left(\frac{1}{RC}-s\right)}{s\left(s+\frac{1}{RC}\right)}$$

（3）求 $V_C(s)$ 之逆变换

$$V_C(s)=E\left(\frac{1}{s}-\frac{2}{s+\frac{1}{RC}}\right)$$

$$v_C(t)=E-2Ee^{-\frac{t}{RC}}\quad(t\geqslant0)$$

画出波形如图 4-8(a) 所示。

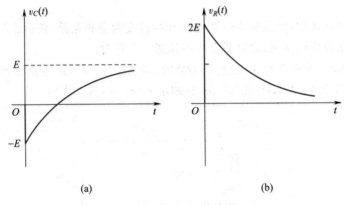

(a)   (b)

图 4-8　例 4-13 的波形

下面求 $v_R(t)$，请注意，这里遇到待求函数从 0_- 到 0_+ 发生跳变的情况。

（1）$\frac{1}{RC}\int v_R(t)\,\mathrm{d}t+v_R(t)-v_1(t)$

$$\frac{1}{RC}v_R(t)+\frac{\mathrm{d}v_R(t)}{\mathrm{d}t}=\frac{\mathrm{d}v_1(t)}{\mathrm{d}t}$$

$$v_R(0_-)=0,v_R(0_+)=2E$$

按 0_- 条件进行分析，这时有

$$\frac{dv_1(t)}{dt} = 2E\delta(t)$$

（2）$\dfrac{1}{RC}V_R(s) + sV_R(s) = 2E$

$$V_R(s) = \frac{2E}{s + \dfrac{1}{RC}}$$

（3）$v_R(t) = 2Ee^{-\frac{t}{RC}} \cdot u(t)$

画出波形如图 4-8（b）所示。

如果按 0_+ 条件代入，当取拉氏变换时，在等式左端 $sV_R(s)$ 项之后应出现 $-2E$，与此同时，对 $v_1(t)$ 之求导也从 0_+ 计算，于是有 $\dfrac{dv_1(t)}{dt} = 0$，这时可得到同样结果。由于在一般电路分析问题中，0_- 条件往往已给定，选用 0_- 系统将使分析过程简化。

例 4-14 图 4-9 所示电路起始状态为 0，$t=0$ 时开关 S 闭合，接入直流电源 E，求电流 $i(t)$ 的波形。

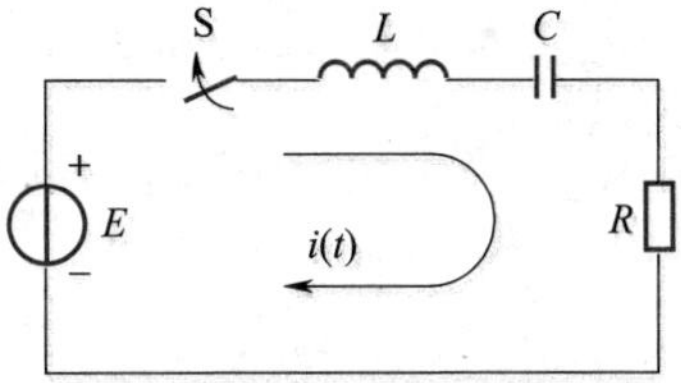

解 （1）$L\dfrac{di}{dt} + Ri + \dfrac{1}{C}\displaystyle\int i\,dt = Eu(t)$

$$i(0) = 0, \quad \frac{1}{C}\int i\,dt\bigg|_{t=0} = 0$$

（2）$LsI(s) + RI(s) + \dfrac{1}{Cs}I(s) = \dfrac{E}{s}$

图 4-9 例 4-14 的电路

$$I(s) = \frac{E}{s\left(Ls + R + \dfrac{1}{sC}\right)} = \frac{E}{L} \cdot \frac{1}{\left(s^2 + \dfrac{R}{L}s + \dfrac{1}{LC}\right)}$$

为进一步简化，求 $s^2 + \dfrac{R}{L}s + \dfrac{1}{LC} = 0$ 方程的根 p_1, p_2

$$p_1 = -\frac{R}{2L} + \sqrt{\left(\frac{R}{2L}\right)^2 - \frac{1}{LC}}$$

$$p_2 = -\frac{R}{2L} - \sqrt{\left(\frac{R}{2L}\right)^2 - \frac{1}{LC}}$$

故
$$I(s) = \frac{E}{L} \cdot \frac{1}{(s-p_1)(s-p_2)}$$

$$= \frac{E}{L} \cdot \left[\frac{1}{(p_1-p_2)(s-p_1)} + \frac{1}{(p_2-p_1)(s-p_2)} \right]$$

$$= \frac{E}{L} \cdot \frac{1}{(p_1-p_2)} \left(\frac{1}{s-p_1} - \frac{1}{s-p_2} \right)$$

（3）求逆变换

$$i(t) = \frac{E}{L(p_1-p_2)} (e^{p_1 t} - e^{p_2 t})$$

至此,虽已得到 $i(t)$,但式中 p_1, p_2 还需用 R, L, C 代入,为讨论方便,引用符号

$$\alpha = \frac{R}{2L}, \omega_0 = \frac{1}{\sqrt{LC}}$$

则

$$p_1 = -\alpha + \sqrt{\alpha^2 - \omega_0^2}, p_2 = -\alpha - \sqrt{\alpha^2 - \omega_0^2}$$

由于所给 R, L, C 参数相对不同, p_1, p_2 式中根号项可能为实数或虚数,以致 $i(t)$ 波形也不一样,还要分成以下四种情况说明:

第一种情况 $\alpha = 0$（即 $R = 0$,无损耗的 LC 回路）

$$p_1 = j\omega_0$$

$$p_2 = -j\omega_0$$

$$i(t) = \frac{E}{L} \cdot \frac{1}{2j\omega_0} (e^{j\omega_0 t} - e^{-j\omega_0 t})$$

$$= E\sqrt{\frac{C}{L}} \cdot \sin(\omega_0 t)$$

这时,阶跃信号对回路作用的结果产生不衰减的正弦振荡,如图 4-10(a)所示。

第二种情况 $\alpha < \omega_0$（即 R 较小,高 Q 的 LC 回路,$Q = \dfrac{\omega_0}{2\alpha}$）

这时,由于 $\alpha < \omega_0$, p_1 与 p_2 表示式中根号部分是虚数。再引入符号

$$\omega_d = \sqrt{\omega_0^2 - \alpha^2}$$

所以

$$\sqrt{\alpha^2 - \omega_0^2} = j\omega_d$$

$$p_1 = -\alpha + j\omega_d$$

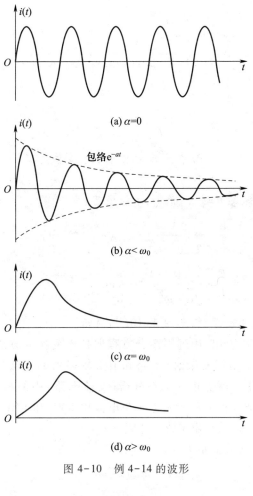

(a) $\alpha=0$

包络 e^{-at}

(b) $\alpha<\omega_0$

(c) $\alpha=\omega_0$

(d) $\alpha>\omega_0$

图 4-10   例 4-14 的波形

$$p_2=-\alpha-j\omega_d$$

$$i(t)=\frac{E}{L}\cdot\frac{1}{2j\omega_d}[e^{(-\alpha+j\omega_d)t}-e^{(-\alpha-j\omega_d)t}]$$

$$=\frac{E}{L\omega_d}\cdot e^{-\alpha t}\sin(\omega_d t)$$

得到衰减振荡如图 4-10(b) 所示，R 越小，α 就越小，衰减越慢，R 越大则衰减越快。

第三种情况 $\alpha=\omega_0$

$$\frac{R}{2L}=\frac{1}{\sqrt{LC}}$$

$$p_1 = p_2 = -\alpha$$

这是有重根的情况，$I(s)$ 表示式为

$$I(s) = \frac{E}{L} \cdot \frac{1}{(s-p_1)(s-p_2)} = \frac{E}{L} \cdot \frac{1}{(s+\alpha)^2}$$

于是可得

$$i(t) = \frac{E}{L} \cdot t e^{-\alpha t} = \frac{E}{L} \cdot t e^{-\frac{R}{2L}t}$$

这时，由于 R 较大，阻尼大而不能产生振荡，是临界情况，如图 4-10(c) 所示波形。

第四种情况 $\alpha > \omega_0$（R 较大、低 Q，不能振荡）

$$i(t) = \frac{E}{L} \cdot \frac{1}{2\sqrt{\alpha^2 - \omega_0^2}} \cdot e^{-\alpha t} (e^{\sqrt{\alpha^2 - \omega_0^2}\, t} - e^{-\sqrt{\alpha^2 - \omega_0^2}\, t})$$

$$= \frac{E}{L} \cdot \frac{1}{\sqrt{\alpha^2 - \omega_0^2}} e^{-\alpha t} \cdot \sinh(\sqrt{\alpha^2 - \omega_0^2}\, t)$$

这时 $i(t)$ 波形是双曲线函数，如图 4-10(d) 所示。

从以上各例可以看出，用列写微分方程取拉氏变换的方法分析电路虽然比较方便，但是当网络结构复杂时（支路和节点较多），列写微分方程这一步就显得烦琐，可考虑简化。模仿正弦稳态分析（交流电路）中的相量法，先对元件和支路进行变换，再把变换后的 s 域电压与电流用 KVL 和 KCL 联系起来，这样可使分析过程简化。为此，给出 s 域元件模型。

R,L,C 元件的时域关系为

$$v_R(t) = R i_R(t) \tag{4-70}$$

$$v_L(t) = L \frac{\mathrm{d} i_L(t)}{\mathrm{d} t} \tag{4-71}$$

$$v_C(t) = \frac{1}{C} \int_{-\infty}^{t} i_C(\tau)\,\mathrm{d}\tau \tag{4-72}$$

将以上三式分别进行拉氏变换，得到

$$V_R(s) = R I_R(s) \tag{4-73}$$

$$V_L(s) = sL I_L(s) - L i_L(0) \tag{4-74}$$

$$V_C(s) = \frac{1}{sC} I_C(s) + \frac{1}{s} v_C(0) \tag{4-75}$$

经过变换以后的方程式可以直接用来处理 s 域中 $V(s)$ 与 $I(s)$ 之间的关系,对每个关系式都可构成一个 s 域元件模型,如图 4-11 所示,元件符号是 s 域中广义欧姆定律的符号,也就是说,电阻符号表示下列关系

$$V_R(s) = RI_R(s) \qquad (4\text{-}76)$$

而电感与电容的符号分别表示(不考虑起始条件)

$$V_L(s) = sLI_L(s) \qquad (4\text{-}77)$$

$$V_C(s) = \frac{1}{sC}I_C(s) \qquad (4\text{-}78)$$

式(4-74)和式(4-75)中起始状态引起的附加项,在图 4-11 中用串联的电压源来表示。这样做的实质是把 KVL 和 KCL 直接用于 s 域,就像把它用于时域以及用于相量运算一样。

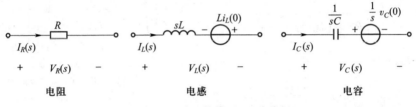

图 4-11　s 域元件模型(回路分析)

然而,图 4-11 的模型并非唯一的,将式(4-73)至式(4-75)对电流求解,得到

$$I_R(s) = \frac{1}{R}V_R(s) \qquad (4\text{-}79)$$

$$I_L(s) = \frac{1}{sL}V_L(s) + \frac{1}{s}i_L(0) \qquad (4\text{-}80)$$

$$I_C(s) = sCV_C(s) - Cv_C(0) \qquad (4\text{-}81)$$

与此对应的 s 域元件模型如图 4-12。在列写节点方程式时用图 4-12 的模型比较方便,而列写回路方程时则宜采用图 4-11。不难看出,把戴维南定理与诺顿定理直接用于 s 域也是可以的,图 4-11 中的电压源变换为图 4-12 的电流源正好说明了这一点。

把网络中每个元件都用它的 s 域模型来代替,把信号源直接写作变换式,这样就得到全部网络的 s 域模型图,对此电路模型采用 KVL 和 KCL 分析即可找到所需求解的变换式,这时,所进行的数学运算是代数关系,它与电阻性网络的分析方法一样。

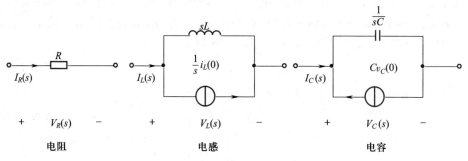

图 4-12 s 域元件模型（节点分析）

例 4-15   用 s 域模型的方法求解图 4-7（例 4-13）电路的 $v_c(t)$。

解   画出 s 域网络模型如图 4-13 所示。
根据图 4-13 可以写出

$$\left(R+\frac{1}{sC}\right) I(s) = \frac{E}{s} + \frac{E}{s}$$

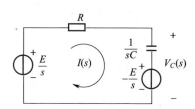

图 4-13   例 4-15 的 s 域模型

求出 $I(s)$

$$I(s) = \frac{2E}{s\left(R+\dfrac{1}{sC}\right)}$$

再求得 $V_c(s)$

$$V_c(s) = \frac{I(s)}{sC} - \frac{E}{s} = \frac{2E}{s(sCR+1)} - \frac{E}{s}$$

$$= \frac{E\left(\dfrac{1}{RC}-s\right)}{s\left(s+\dfrac{1}{RC}\right)}$$

至此，已看出与例 4-13 结果完全一致。

例 4-16   图 4-14 所示电路，$t<0$ 时开关 S 位于"1"端，电路的状态已经稳定，$t=0$ 时 S 从"1"端接到"2"端，求 $i_L(t)$。

解   由题意求得电流起始值

$$i_L(0) = -\frac{E_1}{R_1}$$

画出 s 域模型如图 4-15 所示，这里，为便于求解，将 E_2，R_2 等效为电流源与电阻并联。

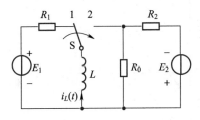

图 4-14   例 4-16 的电路

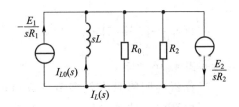

图 4-15   例 4-16 的 s 域模型

假定流过 sL 的电流为 $I_{L0}(s)$,不难写出

$$I_{L0}(s) = \frac{\dfrac{E_1}{sR_1} + \dfrac{E_2}{sR_2}}{\dfrac{1}{R_0} + \dfrac{1}{R_2} + \dfrac{1}{sL}} \cdot \frac{1}{sL}$$

$$= \frac{\dfrac{1}{s}\left(\dfrac{E_1}{R_1} + \dfrac{E_2}{R_2}\right)}{\dfrac{sL(R_0 + R_2)}{R_0 R_2} + 1}$$

引用符号

$$\tau = \frac{L(R_0 + R_2)}{R_0 R_2}$$

则

$$I_{L0}(s) = \frac{\dfrac{E_1}{R_1} + \dfrac{E_2}{R_2}}{s(s\tau + 1)}$$

$$= \left(\frac{E_1}{R_1} + \frac{E_2}{R_2}\right)\left(\frac{1}{s} - \frac{1}{s + \dfrac{1}{\tau}}\right)$$

由节点电流关系求得

$$I_L(s) = I_{L0}(s) - \frac{E_1}{sR_1}$$

$$= \frac{E_2}{sR_2} - \left(\frac{E_1}{R_1} + \frac{E_2}{R_2}\right) \cdot \frac{1}{s + \dfrac{1}{\tau}}$$

显然,逆变换为

$$i_L(t) = \frac{E_2}{R_2} - \left(\frac{E_1}{R_1} + \frac{E_2}{R_2}\right)e^{-\frac{t}{\tau}} \quad (t \geqslant 0)$$

波形如图 4-16 所示。

当分析的网络具有较多节点或回路时,s 域模型的方法比列写微分方程再取变换的方法要明显简化。

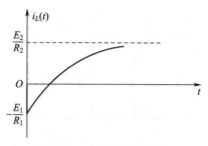

图 4-16　例 4-16 的波形

4.6　系统函数(网络函数) $H(s)$

在起始条件为零的情况下,s 域元件模型可以得到简化,这时,描述动态元件(L,C)起始状态的电压源或电流源将不存在,各元件方程式都可写作以下的简单形式

$$V(s) = Z(s)I(s) \tag{4-82}$$

或

$$I(s) = Y(s)V(s)$$

式中 $Z(s)$ 称为 s 域阻抗,$Y(s)$ 是 s 域导纳。在此情况下,网络任意端口激励信号的变换式与任意端口响应信号的变换式之比仅由网络元件的阻抗、导纳特性决定,可用"系统函数"或"网络函数"来描述这一特性。它的定义如下:

系统零状态响应的拉氏变换与激励的拉氏变换之比称为"系统函数"(或网络函数),以 $H(s)$ 表示。

例 4-17　图 4-17 所示电路在 $t = 0$ 时开关 S 闭合,接入信号源 $e(t) = V_m \sin(\omega t)$,电感起始电流等于零,求电流 $i(t)$。

解　假定输入信号的变换式写作

$$E(s) = \mathscr{L}\left[V_m \sin(\omega t)\right] = V_m \frac{\omega}{s^2 + \omega^2}$$

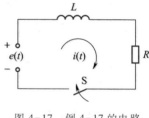

图 4-17　例 4-17 的电路

那么,可以将 $I(s)$ 表示为

$$I(s) = \frac{1}{Ls + R} \cdot E(s)$$

下面先用时域方法,再用变换域方法求解。时域方法需要求逆变换,用卷积定理找出 $I(s)$ 的原函数 $i(t)$,为此引用

$$\frac{1}{Ls+R} = \mathscr{L}\left[\frac{1}{L}\mathrm{e}^{-\frac{R}{L}t}\right]$$

于是由卷积定理可知

$$i(t) = \frac{1}{L}\mathrm{e}^{-\frac{R}{L}t} * V_{\mathrm{m}}\sin(\omega t)$$

$$= \int_0^t V_{\mathrm{m}}\sin(\omega\tau) \cdot \frac{1}{L}\mathrm{e}^{-\frac{R}{L}(t-\tau)}\,\mathrm{d}\tau$$

$$= \frac{V_{\mathrm{m}}}{L}\mathrm{e}^{-\frac{R}{L}t}\int_0^t \sin(\omega\tau)\mathrm{e}^{\frac{R}{L}\tau}\,\mathrm{d}\tau$$

$$= \frac{V_{\mathrm{m}}}{L}\mathrm{e}^{-\frac{R}{L}t} \cdot \frac{1}{\omega^2+\left(\frac{R}{L}\right)^2}\left\{\mathrm{e}^{\frac{R}{L}\tau}\left[\frac{R}{L}\sin(\omega\tau)-\omega\cos(\omega\tau)\right]\right\}\Big|_0^t$$

$$= \frac{V_{\mathrm{m}}}{L}\mathrm{e}^{-\frac{R}{L}t} \cdot \frac{1}{\omega^2+\left(\frac{R}{L}\right)^2}\left\{\mathrm{e}^{\frac{R}{L}t}\left[\frac{R}{L}\sin(\omega t)-\omega\cos(\omega t)\right]+\omega\right\}$$

$$= \frac{V_{\mathrm{m}}}{\omega^2 L^2+R^2}\left\{\left[(R\sin(\omega t)-\omega L\cos(\omega t)\right]+\omega L\mathrm{e}^{-\frac{R}{L}t}\right\}$$

$$= \frac{V_{\mathrm{m}}}{\omega^2 L^2+R^2}\left[\omega L\mathrm{e}^{-\frac{R}{L}t}+\sqrt{R^2+\omega^2 L^2}\,\sin(\omega t-\varphi)\right]$$

其中

$$\varphi = \arctan\left(\frac{\omega L}{R}\right)$$

波形如图 4-18 所示。

再用变换域方法，将 $I(s)$ 表达式展开

$$I(s) = \frac{1}{Ls+R} \cdot \frac{V_{\mathrm{m}}\omega}{s^2+\omega^2}$$

$$= \frac{V_{\mathrm{m}}\omega}{L}\left(\frac{K_0}{s+\frac{R}{L}}+\frac{K_1 s}{s^2+\omega^2}+\frac{K_2\omega}{s^2+\omega^2}\right)$$

其中

$$K_0 = \frac{1}{s^2+\omega^2}\Bigg|_{s=-\frac{R}{L}} = \frac{1}{\omega^2+\left(\frac{R}{L}\right)^2}$$

$$\left(K_1 s+K_2\omega = \frac{1}{s+\frac{R}{L}}\right)_{s=\pm j\omega}$$

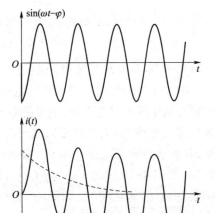

图 4-18 例 4-17 的波形

即　　$\pm \mathrm{j} K_1 \omega + K_2 \omega = \dfrac{1}{\pm \mathrm{j} \omega + \dfrac{R}{L}} = \dfrac{\dfrac{R}{L} \mp \mathrm{j} \omega}{\left(\dfrac{R}{L}\right)^2 + \omega^2}$

所以

$$K_1 = -\frac{1}{\omega^2 + \left(\dfrac{R}{L}\right)^2}, \quad K_2 = \frac{\dfrac{R}{\omega L}}{\omega^2 + \left(\dfrac{R}{L}\right)^2}$$

代回 $I(s)$ 表示式，整理得

$$I(s) = \frac{V_\mathrm{m}}{\omega^2 L^2 + R^2} \left(\frac{\omega L^2}{L s + R} - \frac{\omega L}{s^2 + \omega^2} + \frac{R \omega}{s^2 + \omega^2} \right)$$

参照表 4-1 求逆变换即可得到 $i(t)$，与前面方法得到的结果相同。

下面进一步研究在上例求解过程中引用卷积的实质。一般情况下，若线性时不变系统的激励、零状态响应和冲激响应分别为 $e(t), r(t), h(t)$，它们的拉氏变换分别为 $E(s), R(s), H(s)$，由时域分析可知

$$r(t) = h(t) * e(t) \tag{4-83}$$

借助卷积定理可得

$$R(s) = H(s) E(s) \tag{4-84}$$

或

$$H(s) = \frac{R(s)}{E(s)} \tag{4-85}$$

而冲激响应 $h(t)$ 与系统函数 $H(s)$ 构成变换对，即

$$H(s) = \mathscr{L}\left[h(t) \right] \tag{4-86}$$

$h(t)$ 和 $H(s)$ 分别从时域和 s 域表征了系统的特性。

例 4-17 中的 $H(s)$ 是电流与电压之比，也即导纳。一般在网络分析中，由于激励与响应既可以是电压，也可能是电流，因此系统函数可以是阻抗（电压比电流），或为导纳（电流比电压），也可以是数值比（电流比电流或电压比电压）。此外，若激励与响应是同一端口，则系统函数称为"策动点函数"（或"驱动点函数"），如图 4-19 中的 $V_i(s)$ 与 $I_i(s)$；若激励与响应不在同一端口，就称为"转移函数"（或"传输函数"），如图 4-19 中的 $V_i(s)$［或 $I_i(s)$］与 $V_j(s)$［或 $I_j(s)$］。显然，策动点函数只可能是阻抗或导纳；而转移函数可以是阻抗、导纳或比值。例如式（4-82），它是策动点导纳函数。

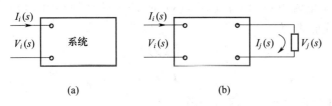

图 4-19 策动点函数与转移函数

将上述不同条件下网络函数的特定名称列于表 4-3。在一般的系统分析中,对于这些名称往往不加区分,统称为系统函数或转移函数。

◎ 表 4-3 网络函数的名称

激励与响应的位置	激励	响应	系统函数名称
在同一端口(策动点函数)	电流	电压	策动点阻抗
	电压	电流	策动点导纳
分别在各自的端口(转移函数)	电流	电压	转移阻抗
	电压	电流	转移导纳
	电压	电压	转移电压比(电压传输函数)
	电流	电流	转移电流比(电流传输函数)

当利用 $H(s)$ 求解网络响应时,首先需求出 $H(s)$,然后有两种解法,一种方法是取 $H(s)$ 逆变换得到 $h(t)$,由 $h(t)$ 与 $e(t)$ 之卷积求得 $r(t)$,另一种方法是将 $R(s)=H(s)E(s)$ 用部分分式法展开,逐项求出逆变换即得 $r(t)$。无论用哪种方法,求 $H(s)$ 是关键的一步。下面讨论在网络分析中求 $H(s)$ 的一般方法。

求 $H(s)$ 的方法是:将待求解之网络作出 s 域元件模型图,按照元件约束特性和拓扑约束(KCL,KVL)特性,写出响应函数 $R(s)$ 与激励函数 $E(s)$ 之比,此即 $H(s)$ 表示式。通常,这种方法具体表现为利用电路元件的串、并联简化或分压、分流等概念求解电路,必要时可借助戴维南定理、诺顿定理、叠加定理以及 Y-Δ 转换等间接方法。列写网络的回路电压方程式或节点电流方程式,可以给出求 $H(s)$ 的一般表示式,现以回路方程为例说明这种方法,设待求解网络有 l 个回路,可列出 l 个方程式

$$\left.\begin{array}{c} Z_{11}(s)I_1(s)+Z_{12}(s)I_2(s)+\cdots+Z_{1l}(s)I_l(s)=V_1(s) \\ Z_{21}(s)I_1(s)+Z_{22}(s)I_2(s)+\cdots+Z_{2l}(s)I_l(s)=V_2(s) \\ \vdots \qquad \vdots \qquad \vdots \qquad \vdots \\ Z_{l1}(s)I_1(s)+Z_{l2}(s)I_2(s)+\cdots+Z_{ll}(s)I_l(s)=V_l(s) \end{array}\right\} \qquad (4\text{-}87)$$

式中包含 l 个电流 $I(s)$ 和 l 个电压 $V(s)$，而 $Z(s)$ 为各回路的 s 域互阻抗或自阻抗，写作矩阵形式为

$$V = ZI \tag{4-88}$$

$$I = Z^{-1}V \tag{4-89}$$

这里，V 和 I 分别为列向量，Z 是方阵。

可以解出，第 k 个回路电流 I_k 表示式为

$$I_k(s) = \frac{\Delta_{1k}}{\Delta} V_1(s) + \frac{\Delta_{2k}}{\Delta} V_2(s) + \cdots + \frac{\Delta_{lk}}{\Delta} V_l(s) \tag{4-90}$$

式中 Δ 为 Z 方阵的行列式，称为网络的回路分析行列式（或特征方程），而 Δ_{jk} 是行列式 Δ 中元素 Z_{jk} 的代数补式或称代数余子式［在 Δ 行列式中，去掉第 j 行 k 列，乘以 $(-1)^{j+k}$］。注意，对于互易网络，因方阵 Z 为对称矩阵，因而 $\Delta_{jk} = \Delta_{kj}$。

如果在所研究之问题中，仅 $V_j(s) \neq 0$，其余 $V(s)$ 都等于零（其他回路没有激励信号接入），则可求出

$$I_k(s) = \frac{\Delta_{jk}}{\Delta} V_j(s) \tag{4-91}$$

即，系统函数 $H(s)$ 为

$$Y_{kj}(s) = \frac{I_k(s)}{V_j(s)} = \frac{\Delta_{jk}}{\Delta} \tag{4-92}$$

当 $k \neq j$ 时，此系统函数为转移导纳函数，当 $k = j$ 时是策动点导纳函数。

类似地，可由列写节点方程找到式（4-91）的对偶形式，求转移阻抗或策动点阻抗。

以上结果表明，网络行列式（特征方程）Δ 反映了 $H(s)$ 的特性，实际上，常常利用特征方程的根来描述系统的有关性能，稍后几节将介绍利用特征方程的根进行系统分析的某些研究方法。

例 4-18　图 4-20 所示电路中电容均为 1 F，电阻均为 1 Ω，试求电路的转移导纳函数 $Y_{21}(s) = \dfrac{I_2(s)}{V_1(s)}$。

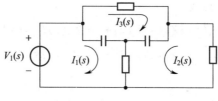

图 4-20　例 4-18 的电路

解 在图 4-20 中标注各回路电流 $I_1(s), I_2(s), I_3(s)$，依此列写回路方程式如下

$$\left.\begin{array}{l} \left(\dfrac{1}{s}+1\right)I_1(s)+I_2(s)-\dfrac{1}{s}I_3(s)=V_1(s) \\[3mm] I_1(s)+\left(\dfrac{1}{s}+2\right)I_2(s)+\dfrac{1}{s}I_3(s)=0 \\[3mm] -\dfrac{1}{s}I_1(s)+\dfrac{1}{s}I_2(s)+\left(\dfrac{2}{s}+1\right)I_3(s)=0 \end{array}\right\}$$

为求得 $Y_{21}(s)=\dfrac{I_2(s)}{V_1(s)}$，分别写出

$$\Delta=\begin{vmatrix} \dfrac{1}{s}+1 & 1 & -\dfrac{1}{s} \\[3mm] 1 & \dfrac{1}{s}+2 & \dfrac{1}{s} \\[3mm] -\dfrac{1}{s} & \dfrac{1}{s} & \dfrac{2}{s}+1 \end{vmatrix}=\dfrac{s^2+5s+2}{s^2}$$

$$\Delta_{12}=-\begin{vmatrix} 1 & \dfrac{1}{s} \\[3mm] -\dfrac{1}{s} & \dfrac{2}{s}+1 \end{vmatrix}=-\dfrac{s^2+2s+1}{s^2}$$

于是得到

$$Y_{21}(s)=\dfrac{\Delta_{12}}{\Delta}=-\dfrac{s^2+2s+1}{s^2+5s+2}$$

需要指出，系统函数 $H(s)$ 的形式与传输算子 $H(p)$ 类似，但是它们之间存在着概念上的区别。$H(p)$ 是一个算子，p 不是变量。而 $H(s)$ 是变量 s 的函数。在 $H(s)$ 中，分子和分母的公共因子可以消去，而在 $H(p)$ 表示式中则不准相消。只有当 $H(p)$ 的分母与分子没有公因子的条件下，$H(p)$ 与 $H(s)$ 的形式才完全对应相同。$H(p)$ 即可用来说明零状态特性，又可说明零输入特性。而 $H(s)$ 只能用来说明零状态特性。

4.7 由系统函数零、极点分布决定时域特性

拉普拉斯变换将时域函数 $f(t)$ 变换为 s 域函数 $F(s)$；反之，拉普拉斯逆变换将 $F(s)$ 变换为相应的 $f(t)$。由于 $f(t)$ 与 $F(s)$ 之间存在一定的对应关系，故

可以从函数 $F(s)$ 的典型形式透视出 $f(t)$ 的内在性质。当 $F(s)$ 为有理函数时，其分子多项式和分母多项式皆可分解为因子形式，各项因子指明了 $F(s)$ 零点和极点的位置，显然，从这些零点与极点的分布情况，便可确定原函数的性质。

一、$H(s)$ 零、极点分布与 $h(t)$ 波形特征的对应

系统函数 $H(s)$ 零、极点的定义与一般像函数 $F(s)$ 零、极点的定义相同（见 4.4 节），也即，$H(s)$ 分母多项式之根构成极点，分子多项式的根是零点。还可按以下方式定义：若 $\lim\limits_{s \to p_1} H(s) = \infty$ ，但 $[(s-p_1)H(s)]_{s=p_1}$ 等于有限值，则 $s=p_1$ 处有一阶极点。若 $[(s-p_1)^K H(s)]_{s=p_1}$ 直到 $K=n$ 时才等于有限值，则 $H(s)$ 在 $s=p_1$ 处有 n 阶极点。

$\dfrac{1}{H(s)}$ 的极点即 $H(s)$ 的零点，当 $\dfrac{1}{H(s)}$ 有 n 阶极点时，即 $H(s)$ 有 n 阶零点。

例如，若

$$
\begin{aligned}
H(s) &= \frac{s[(s-1)^2+1]}{(s+1)^2(s^2+4)} \\
&= \frac{s(s-1+\mathrm{j}1)(s-1-\mathrm{j}1)}{(s+1)^2(s+\mathrm{j}2)(s-\mathrm{j}2)}
\end{aligned}
\tag{4-93}
$$

那么，它的极点位于

$$
\begin{cases}
s=-1 & （二阶）\\
s=-\mathrm{j}2 & （一阶）\\
s=\mathrm{j}2 & （一阶）
\end{cases}
$$

而其零点位于

$$
\begin{cases}
s=0 & （一阶）\\
s=1+\mathrm{j}1 & （一阶）\\
s=1-\mathrm{j}1 & （一阶）\\
s=\infty & （一阶）
\end{cases}
$$

将此系统函数的零、极点图绘于图 4-21 中的 s 平面内，用符号圆圈"○"表示零点，"×"表示极点。在同一位置画两个相同的符号表示二阶，例如 $s=-1$ 处有二阶极点。

由于系统函数 $H(s)$ 与冲激响应 $h(t)$ 是一对拉普拉斯变换式，因此，只要知道 $H(s)$ 在 s 平面中零、极点的分布情况，就可预言该系统在时域方面 $h(t)$ 波

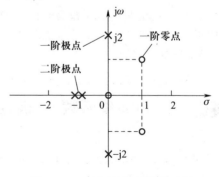

图 4-21 $H(s)$ 的零、极点图示例

形的特性。

对于集总参数线性时不变系统,其系统函数 $H(s)$ 可表示为两个多项式之比,具有以下形式

$$H(s) = \frac{K\prod_{j=1}^{m}(s-z_j)}{\prod_{i=1}^{n}(s-p_i)} \qquad (4-94)$$

其中,z_j 表示第 j 个零点的位置,p_i 表示第 i 个极点的位置。零点有 m 个,极点有 n 个。K 是一个系数。

如果把 $H(s)$ 展开成部分分式,那么,$H(s)$ 每个极点将决定一项对应的时间函数。具有一阶极点 $p_1, p_2, \cdots, p_n$ 的系统函数其冲激响应形式如下

$$h(t) = \mathscr{L}^{-1}[H(s)] = \mathscr{L}^{-1}\left[\sum_{i=1}^{n}\frac{K_i}{s-p_i}\right]$$

$$= \mathscr{L}^{-1}\left[\sum_{i=1}^{n}H_i(s)\right] = \sum_{i=1}^{n}h_i(t) = \sum_{i=1}^{n}K_i e^{p_i t} \qquad (t \geqslant 0) \qquad (4-95)$$

这里,p_i 可以是实数,但一般情况下,p_i 以成对的共轭复数形式出现。各项相应的幅值由系数 K_i 决定,而 K_i 则与零点分布情况有关。

下面研究几种典型情况的极点分布与原函数波形的对应关系。

(1) 若极点位于 s 平面坐标原点,$H_i(s) = \dfrac{1}{s}$,那么,冲激响应就为阶跃函数,$h_i(t) = \mathrm{u}(t)$。

(2) 若极点位于 s 平面的实轴上,则冲激响应具有指数函数形式。如 $H_i(s) = \dfrac{1}{s+a}$,则 $h_i(t) = \mathrm{e}^{-at}$,此时,极点为负实数($p_i = -a < 0$),冲激响应是指数衰减(单调减幅)形式;如果 $H_i(s) = \dfrac{1}{s-a}$,则 $h_i(t) = \mathrm{e}^{at}$,这时,极点是正实数($p_i = a > 0$),对应的冲激响应是指数增长(单调增幅)形式。

(3) 虚轴上的共轭极点给出等幅振荡。显然 $\mathscr{L}^{-1}\left[\dfrac{\omega}{s^2+\omega^2}\right] = \sin(\omega t)$,它的两个极点位于 $p_1 = +\mathrm{j}\omega$ 和 $p_2 = -\mathrm{j}\omega$ 处。

(4) 落于 s 左半平面内的共轭极点对应于衰减振荡。例如

$$\mathscr{L}^{-1}\left[\frac{\omega}{(s+a)^2+\omega^2}\right] = \mathrm{e}^{-at}\sin(\omega t)$$

它的两个极点位于 $p_1 = -a+\mathrm{j}\omega, p_2 = -a-\mathrm{j}\omega$，这里 $-a<0$。与此相反，落于 s 右半平面内的共轭极点对应于增幅振荡。例如 $\mathscr{L}^{-1}\left[\dfrac{\omega}{(s-a)^2+\omega^2}\right] = \mathrm{e}^{at}\sin(\omega t)$ 的极点是 $p_1 = a+\mathrm{j}\omega, p_2 = a-\mathrm{j}\omega$，这里，$a>0$。

　　将以上结果整理如表 4-4 所示。这里都是一阶极点的情况。

◎ 表 4-4　一阶极点分布与原函数波形的对应关系

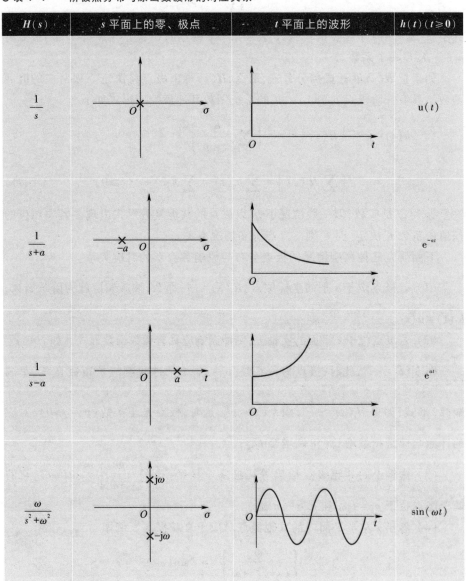

$H(s)$	s 平面上的零、极点	t 平面上的波形	$h(t)\,(t\geqslant 0)$
$\dfrac{1}{s}$			$\mathrm{u}(t)$
$\dfrac{1}{s+a}$			e^{-at}
$\dfrac{1}{s-a}$			e^{at}
$\dfrac{\omega}{s^2+\omega^2}$			$\sin(\omega t)$

续表

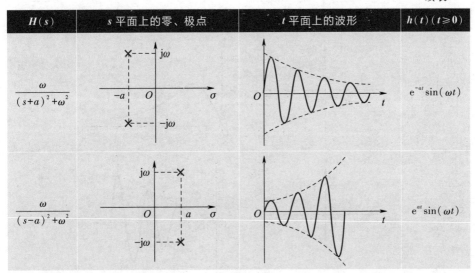

$H(s)$	s 平面上的零、极点	t 平面上的波形	$h(t)(t\geqslant0)$
$\dfrac{\omega}{(s+a)^2+\omega^2}$			$\mathrm{e}^{-at}\sin(\omega t)$
$\dfrac{\omega}{(s-a)^2+\omega^2}$			$\mathrm{e}^{at}\sin(\omega t)$

若 $H(s)$ 具有多重极点,那么,部分分式展开式各项所对应的时间函数可能具有 $t,t^2,t^3,\cdots$ 与指数函数相乘的形式,t 的幂次由极点阶次决定。几种典型情况如下:

(1) 位于 s 平面坐标原点的二阶或三阶极点分别给出时间函数为 t 或 $t^2/2$。

(2) 实轴上的二阶极点给出 t 与指数函数的乘积。如

$$\mathscr{L}^{-1}\left[\frac{1}{(s+a)^2}\right]=t\mathrm{e}^{-at}$$

(3) 对于虚轴上的二阶共轭极点情况。如 $\mathscr{L}^{-1}\left[\dfrac{2\omega s}{(s^2+\omega^2)^2}\right]=t\sin(\omega t)$。这是幅度按线性增长的正弦振荡。

将这里讨论的几种二阶极点分布与原函数波形的对应关系列于表 4-5。

◎ 表 4-5　二阶极点分布与原函数波形的对应关系

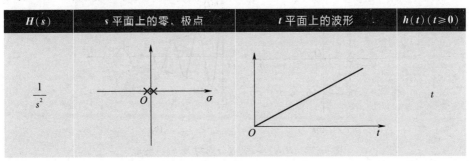

$H(s)$	s 平面上的零、极点	t 平面上的波形	$h(t)(t\geqslant0)$
$\dfrac{1}{s^2}$			t

续表

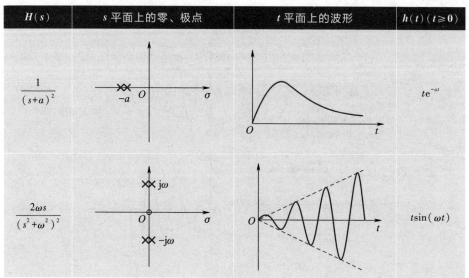

$H(s)$	s 平面上的零、极点	t 平面上的波形	$h(t)(t \geq 0)$
$\dfrac{1}{(s+a)^2}$			te^{-at}
$\dfrac{2\omega s}{(s^2+\omega^2)^2}$			$t\sin(\omega t)$

由表 4-4 与表 4-5 可以看出,若 $H(s)$ 极点落于左半平面,则 $h(t)$ 波形为衰减形式;若 $H(s)$ 极点落在右半平面,则 $h(t)$ 增长;落于虚轴上的一阶极点对应的 $h(t)$ 呈等幅振荡或阶跃;而虚轴上的二阶极点将使 $h(t)$ 呈增长形式。在系统理论研究中,按照 $h(t)$ 呈现衰减或增长的两种情况将系统划分为稳定系统与非稳定系统两大类型,显然,根据 $H(s)$ 极点出现于左半或右半平面即可判断系统是否稳定。在 4.11 节和第十一章将进一步研究系统的稳定性。

以上分析了 $H(s)$ 极点分布与时域函数的对应关系。至于 $H(s)$ 零点分布的情况则只影响到时域函数的幅度和相位;s 平面中零点变动对于 t 平面波形的形式没有影响。例如,图 4-22 所示 $H(s)$ 零、极点分布以及 $h(t)$ 波形,其表示式可以写作

$$\mathscr{L}^{-1}\left[\frac{(s+a)}{(s+a)^2+\omega^2}\right] = e^{-at}\cos(\omega t) \qquad (4-96)$$

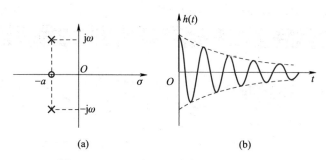

(a)　　　　　　(b)

图 4-22　$H(s)$ 零、极点分布以及 $h(t)$ 波形

假定保持极点不变,只移动零点 a 的位置,那么 $h(t)$ 波形将仍呈衰减振荡形式,振荡频率也不改变,只是幅度和相位有变化。譬如,将零点移至原点,则有

$$\mathscr{L}^{-1}\left[\frac{s}{(s+a)^2+\omega^2}\right]=\mathrm{e}^{-at}\left[\cos(\omega t)-\frac{a}{\omega}\sin(\omega t)\right] \quad (4-97)$$

请读者绘出波形进行比较。

二、$H(s)$、$E(s)$ 极点分布与自由响应、强迫响应特征的对应

第二章曾就系统时域特性讨论了完全响应中的自由分量、强迫分量概念。现从 s 域的观点,即从 $E(s)$ 与 $H(s)$ 的极点分布特性来研究这一问题。

在 s 域中,系统响应 $R(s)$ 与激励信号 $E(s)$、系统函数 $H(s)$ 满足式(4-84)

$$R(s)=H(s)E(s)$$

系统响应的时域特性

$$r(t)=\mathscr{L}^{-1}[R(s)] \quad (4-98)$$

显然,$R(s)$ 的零、极点由 $H(s)$ 与 $E(s)$ 的零、极点所决定。在式(4-84)中,$H(s)$ 和 $E(s)$ 可以分别写作以下形式

$$H(s)=\frac{\prod_{j=1}^{m}(s-z_j)}{\prod_{i=1}^{n}(s-p_i)} \quad (4-99)$$

$$E(s)=\frac{\prod_{l=1}^{u}(s-z_l)}{\prod_{k=1}^{v}(s-p_k)} \quad (4-100)$$

式中,z_j 和 z_l 分别表示 $H(s)$ 和 $E(s)$ 的第 j 个或第 l 个零点,零点数目为 m 个与 u 个;p_i 和 p_k 分别表示 $H(s)$ 和 $E(s)$ 的第 i 个或第 k 个极点,极点数目为 n 个与 v 个。此外,为讨论方便还假定了 $H(s)$ 与 $E(s)$ 两式前面的系数等于 1。

如果在 $R(s)$ 函数式中不含有多重极点,而且,$H(s)$ 与 $E(s)$ 没有相同的极点,那么,将 $R(s)$ 用部分分式展开后即可得到

$$R(s)=\sum_{i=1}^{n}\frac{K_i}{s-p_i}+\sum_{k=1}^{v}\frac{K_k}{s-p_k} \quad (4-101)$$

K_i 和 K_k 分别表示部分分式展开各项的系数。

不难看出,$R(s)$ 的极点来自两方面,一是系统函数的极点 p_i,另一是激励信号的极点 p_k。取 $R(s)$ 逆变换,写出响应函数的时域表示式为

$$r(t) = \sum_{i=1}^{n} K_i e^{p_i t} + \sum_{k=1}^{v} K_k e^{p_k t} \qquad (4-102)$$

响应函数 $r(t)$ 由两部分组成,前面一部分是由系统函数的极点所形成,称为"自由响应";后一部分则激励函数的极点所形成,称为"强迫响应"。而自由响应中的极点 p_i 只由系统本身的特性所决定,与激励函数的形式无关。然而,系数 K_i 则与 $H(s)$ 和 $E(s)$ 都有关系,同样,系数 K_k 也不仅由 $E(s)$ 决定,还与 $H(s)$ 有关。即,自由响应时间函数的形式仅由 $H(s)$ 决定,但它的幅度和相位却受 $H(s)$ 与 $E(s)$ 两方面的影响;同样,强迫响应时间函数的形式只取决于激励函数 $E(s)$,而其幅度与相位却与 $E(s)$ 和 $H(s)$ 都有关系。另外,对于有多重极点的情况可以得到与此类似的结果。

　　为便于表征系统特性,定义系统行列式(特征方程)的根为系统的"固有频率"(或称"自由频率""自然频率")。由前节式(4-92)可看出,行列式 Δ 位于 $H(s)$ 之分母,因而 $H(s)$ 的极点 p_i 都是系统的固有频率,可以说,自由响应的函数形式应由系统的固有频率决定。必须注意,当把系统行列式作为分母写出 $H(s)$ 时,有可能出现 $H(s)$ 的极点与零点因子相消的现象,这时,被消去的固有频率在 $H(s)$ 极点中将不再出现。这一现象再次说明,系统函数 $H(s)$ 只能用于研究系统的零状态响应,$H(s)$ 包含了系统为零状态响应提供的全部信息。但是,它不包含零输入响应的全部信息,这是因为当 $H(s)$ 的零、极点相消时,某些固有频率要丢失,而在零输入响应中要求表现出全部固有频率的作用(见习题 4-31)。

　　例 4-19　电路如图 4-23 所示,输入信号 $v_1(t) = 10\cos(4t)u(t)$,求输出电压 $v_2(t)$,并指出 $v_2(t)$ 中的自由响应与强迫响应。

　　解　写出系统函数的表示式如下

$$H(s) = \frac{V_2(s)}{V_1(s)} = \frac{\dfrac{1}{Cs}}{R + \dfrac{1}{Cs}}$$

$$= \frac{1}{1 + RCs} = \frac{1}{s+1}$$

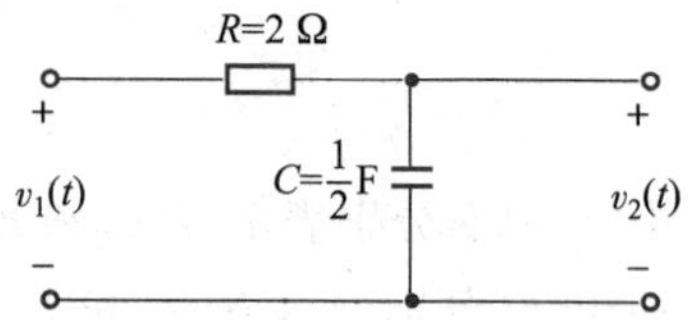

图 4-23　例 4-19 的电路

$v_1(t)$ 的变换式为

$$V_1(s) = \mathscr{L}\left[10\cos(4t)\right] = \frac{10s}{s^2 + 16}$$

输出信号的变换式为

$$V_2(s) = H(s)V_1(s) = \frac{10s}{(s^2 + 16)(s+1)}$$

将 $V_2(s)$ 作部分分式展开得

$$V_2(s) = \frac{As+B}{s^2+16} + \frac{C}{s+1}$$

分别求系数 A, B, C

$$C = (s+1)V_2(s)\Big|_{s=-1} = \frac{10s}{s^2+16}\Big|_{s=-1} = \frac{-10}{17}$$

将所得 C 代回原式,经整理后得

$$10s = (As+B)(s+1) - \frac{10}{17}(s^2+16)$$

$$= As^2 + Bs + As + B - \frac{10}{17}s^2 - \frac{160}{17}$$

取等式两端同样方次 s 系数相等得

$$\begin{cases} A - \frac{10}{17} = 0 \\ B - \frac{160}{17} = 0 \end{cases}$$

于是

$$\begin{cases} A = \frac{10}{17} \\ B = \frac{160}{17} \end{cases}$$

所以

$$V_2(s) = \frac{\frac{10}{17}s + \frac{160}{17}}{s^2+16} - \frac{\frac{10}{17}}{s+1}$$

取逆变换得到

$$v_2(t) = \mathscr{L}^{-1}\left[\frac{-\frac{10}{17}}{s+1} + \frac{\frac{10}{17}s}{s^2+16} + \frac{\frac{160}{17}}{s^2+16}\right]$$

$$= -\frac{10}{17}e^{-t} + \frac{10}{17}\cos(4t) + \frac{40}{17}\sin(4t)$$

$$= \underbrace{-\frac{10}{17}e^{-t}}_{\text{自由响应}} + \underbrace{\frac{10}{\sqrt{17}}\cos(4t-76°)}_{\text{强迫响应}}$$

如果把正弦稳态分析中的相量法用于本题,所得结果将与这里的强迫响应函数一致,请读者验证。

与自由响应分量和强迫响应分量有着密切联系而且又容易发生混淆的另一对名词是:瞬态响应分量与稳态响应分量。

瞬态响应是指激励信号接入以后,完全响应中瞬时出现的有关成分,随着时间 t 增大,它将消失。在完全响应中减去瞬态响应分量即得稳态响应分量。

一般情况下,对于稳定系统,$H(s)$ 极点的实部都小于零,即 $\mathrm{Re}[p_i]<0$(极点在左半平面),故自由响应函数呈衰减形式,在此情况下,自由响应就是瞬态响应。若 $E(s)$ 极点的实部大于或等于零,即 $\mathrm{Re}[p_k]\geqslant0$,则强迫响应就是稳态响应,通常如正弦激励信号,它的 $\mathrm{Re}[p_k]=0$,我们所说的正弦稳态响应即正弦信号作用下的强迫响应。典型的实例如刚刚给出的例 4-19 和前节的例 4-17。若激励是非正弦周期信号,仍属 $\mathrm{Re}[p_k]=0$ 的情况,用拉氏变换求解电路的过程将相当烦琐(习题 4-34),然而极点特征与响应分量的对应规律仍然成立。此时,可借助电子线路 CAD 软件(如 NI Multisim)利用计算机求得详细结果。

下面一些情况在实际问题中很少遇到,但从 $H(s)$ 或 $E(s)$ 极点的不同类型来看还是有可能出现。

如果激励信号本身为衰减函数,即 $\mathrm{Re}[p_k]<0$,例如 e^{-at},$e^{-at}\sin(\omega t)$ 等,在时间 t 趋于无限大以后,强迫响应也等于零,这时,强迫响应与自由响应一起组成瞬态响应,而系统的稳态响应等于零。

当 $\mathrm{Re}[p_i]=0$ 时,其自由响应就是无休止的等幅振荡(如无损 LC 谐振电路),于是,自由响应也成为稳态响应,这是一种特例(称为边界稳定系统)。

若 $\mathrm{Re}[p_i]>0$,则自由响应是增幅振荡,这属于不稳定系统。

还有一种值得说明的情况,这就是 $H(s)$ 的零点与 $E(s)$ 的极点相同(出现 $z_j=p_k$),此时对应因子相消,与 p_k 相应的稳态响应为零(习题 4-32)。

4.8　由系统函数零、极点分布决定频响特性

所谓"频响特性"是指系统在正弦信号激励之下稳态响应随信号频率的变化情况。这包括幅度随频率的响应以及相位随频率的响应两个方面。

在电路分析课程中已经熟悉了正弦稳态分析,在那里,采用的方法是相量法。现在从系统函数的观点来考察系统的正弦稳态响应,并借助零、极点分布图来研究频响特性。

设系统函数以 $H(s)$ 表示,正弦激励源 $e(t)$ 的函数式写作

$$e(t)=E_{\mathrm{m}}\sin(\omega_0 t) \quad (t\geqslant0) \tag{4-103}$$

其变换式为

$$E(s) = \frac{E_m \omega_0}{s^2 + \omega_0^2} \quad\quad (4-104)$$

于是,系统响应的变换式 $R(s)$ 可写作

$$R(s) = \frac{E_m \omega_0}{s^2 + \omega_0^2} \cdot H(s)$$

$$= \frac{K_{-j\omega_0}}{s+j\omega_0} + \frac{K_{j\omega_0}}{s-j\omega_0} + \frac{K_1}{s-p_1} + \frac{K_2}{s-p_2} + \cdots - \frac{K_n}{s-p_n} \quad (4-105)$$

式中,$p_1, p_2, \cdots, p_n$ 是 $H(s)$ 的极点,$K_1, K_2, \cdots, K_n$ 为部分分式分解各项的系数,而

$$K_{-j\omega_0} = (s+j\omega_0) R(s) \big|_{s=-j\omega_0}$$

$$= \frac{E_m \omega_0 H(-j\omega_0)}{-2j\omega_0} = \frac{E_m H_0 e^{-j\varphi_0}}{-2j}$$

$$K_{j\omega_0} = (s-j\omega_0) R(s) \big|_{s=j\omega_0}$$

$$= \frac{E_m \omega_0 H(j\omega_0)}{2j\omega_0} = \frac{E_m H_0 e^{j\varphi_0}}{2j}$$

这里引用了符号

$$H(j\omega_0) = H_0 e^{j\varphi_0}$$

$$H(-j\omega_0) = H_0 e^{-j\varphi_0}$$

至此可以求得

$$\frac{K_{-j\omega_0}}{s+j\omega_0} + \frac{K_{j\omega_0}}{s-j\omega_0} = \frac{E_m H_0}{2j}\left(-\frac{e^{-j\varphi_0}}{s+j\omega_0} + \frac{e^{j\varphi_0}}{s-j\omega_0}\right) \quad (4-106)$$

式(4-105)前两项的逆变换为

$$\mathscr{L}^{-1}\left[\frac{K_{-j\omega_0}}{s+j\omega_0} + \frac{K_{j\omega_0}}{s-j\omega_0}\right]$$

$$= \frac{E_m H_0}{2j}(-e^{-j\varphi_0} e^{-j\omega_0 t} + e^{j\varphi_0} e^{j\omega_0 t})$$

$$= E_m H_0 \sin(\omega_0 t + \varphi_0) \quad (t \geq 0) \quad (4-107)$$

系统的完全响应是

$$r(t) = \mathscr{L}^{-1}[R(s)]$$

$$= E_m H_0 \sin(\omega_0 t + \varphi_0) + K_1 e^{p_1 t} + K_2 e^{p_2 t} + \cdots + K_n e^{p_n t} \quad (t \geq 0) \quad (4-108)$$

对于稳定系统,其固有频率 $p_1, p_2, \cdots, p_n$ 的实部必小于零,式(4-108)中各指数项

均为指数衰减函数,当 $t\to\infty$,它们都趋于零,所以稳态响应 $r_{ss}(t)$ 就是式中的第一项

$$r_{ss}(t) = E_m H_0 \sin(\omega_0 t + \varphi_0) \quad (t \geqslant 0) \tag{4-109}$$

可见,在频率为 ω_0 的正弦激励信号作用之下,系统的稳态响应仍为同频率的正弦信号,但幅度乘以系数 H_0,相位移动 φ_0,H_0 和 φ_0 由系统函数在 $j\omega_0$ 处的取值所决定

$$H(s)\,\big|_{s=j\omega_0} = H(j\omega_0) = H_0 e^{j\varphi_0} \tag{4-110}$$

当正弦激励信号的频率 ω 改变时,将变量 ω 代入 $H(s)$ 之中,即可得到频响特性

$$H(s)\,\big|_{s=j\omega} = H(j\omega) = |H(j\omega)|\, e^{j\varphi(\omega)} \tag{4-111}$$

式中,$|H(j\omega)|$ 是幅频响应特性(简称幅频特性),φ 是相频响应特性(简称相频特性,又称相移特性)。为便于分析,常将式(4-111)的结果绘制成频响曲线,这时横坐标是变量 ω,纵坐标分别为 $|H(j\omega)|$ 或 φ。

在通信、控制以及电力系统中,一种重要的组成部件是滤波网络,而滤波网络的研究需要从它的频响特性入手分析。

按照滤波网络幅频特性形式的不同,可以把它们划分为低通、高通、带通、带阻等几种类型,相应的 $|H(j\omega)|$ 曲线分别绘在图 4-24(a)~(d)。图 4-24 中,虚线表示理想的滤波特性,实线示例给出可能实现的某种实际特性。

低通滤波网络的幅频特性。当 $\omega < \omega_c$ 时,$|H(j\omega)|$ 取得相对较大的数值,网络允许信号通过,而在 $\omega > \omega_c$ 以后,$|H(j\omega)|$ 的数值相对减小,以致非常微弱,网络不允许信号通过,将这些频率的信号滤除。这里,ω_c 称为截止频率。$\omega < \omega_c$ 的频率范围称为通带,$\omega > \omega_c$ 的频率范围则称为阻带。对于高通滤波网络,其通带、阻带的范围则与低通的情况相反。带通滤波网络的通带范围是在 ω_{c1} 与 ω_{c2} 之间,如图 4-24(c)所示;带阻滤波网络则与之相反。图 4-24 中用斜线(阴影部分)表示了各种滤波特性的通带范围。

对于滤波网络的特性分析,有时要从它的相频特性研究,还可能从时域特性着手。广义讲,滤波网络的作用及其类型应涉及滤波、时延、均衡、形成等许多方面。

从本章开始将涉及与滤波器有关的问题(第五章和第十章将作进一步介绍),包括理想化模型、实现和构成原理、性能分析以及各种类型的应用。而系统的频响特性分析是研究这些问题的基础。

根据系统函数 $H(s)$ 在 s 平面的零、极点分布可以绘制频响特性曲线,包括幅频特性 $|H(j\omega)|$ 曲线和相频特性 $\varphi(\omega)$ 曲线。下面介绍这种方法的原理。

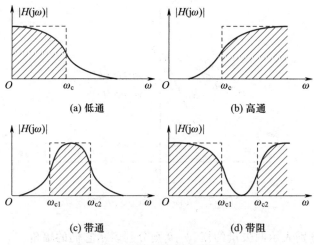

图 4-24 滤波网络频响特性示例

假定,系统函数 $H(s)$ 的表示式为

$$H(s) = \frac{K\prod\limits_{j=1}^{m}(s - z_j)}{\prod\limits_{i=1}^{n}(s - p_i)} \qquad (4-112)$$

取 $s = j\omega$,也即,在 s 平面中 s 沿虚轴移动,得到

$$H(j\omega) = \frac{K\prod\limits_{j=1}^{m}(j\omega - z_j)}{\prod\limits_{i=1}^{n}(j\omega - p_i)} \qquad (4-113)$$

容易看出,频率特性取决于零、极点的分布,即取决于 z_j、p_i 的位置,而式(4-113)中的 K 是系数,对于频率特性的研究无关紧要。分母中任一因子($j\omega - p_i$)相当于由极点 p_i 引向虚轴上某点 $j\omega$ 的一个矢量;分子中任一因子($j\omega - z_j$)相当于由零点 z_j 引至虚轴上某点 $j\omega$ 的一个矢量。在图 4-25 中示意画出由零点 z_1 和极点 p_1 与 $j\omega$ 点连接构成的两个矢量,图 4-25 中 N_1、M_1 分别表示矢量的模,ψ_1、θ_1 分别表示矢量的辐角。

对于任意零点 z_j、极点 p_i,相应的复数因子(矢量)都可表示为

$$j\omega - z_j = N_j\, e^{j\psi_j} \qquad (4-114)$$

$$j\omega - p_i = M_i\, e^{j\theta_i} \qquad (4-115)$$

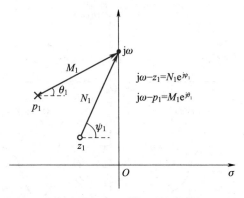

图 4-25 $(j\omega - z_1)$ 和 $(j\omega - p_1)$ 矢量

这里，N_j, M_i 分别表示两矢量的模，ψ_j, θ_i 则分别表示它们的辐角。

于是，式(4-113)可以改写为

$$H(j\omega) = K \frac{N_1 e^{j\psi_1} N_2 e^{j\psi_2} \cdots N_m e^{j\psi_m}}{M_1 e^{j\theta_1} M_2 e^{j\theta_2} \cdots M_n e^{j\theta_n}}$$

$$= K \frac{N_1 N_2 \cdots N_m}{M_1 M_2 \cdots M_n} e^{j[(\psi_1 + \psi_2 + \cdots + \psi_m) - (\theta_1 + \theta_2 + \cdots + \theta_n)]}$$

$$= |H(j\omega)| e^{j\varphi(\omega)} \tag{4-116}$$

式中

$$|H(j\omega)| = K \frac{N_1 N_2 \cdots N_m}{M_1 M_2 \cdots M_n} \tag{4-117}$$

$$\varphi(\omega) = (\psi_1 + \psi_2 + \cdots + \psi_m) - (\theta_1 + \theta_2 + \cdots + \theta_n) \tag{4-118}$$

当 ω 沿虚轴移动时，各复数因子(矢量)的模和辐角都随之改变，于是得出幅频特性曲线和相频特性曲线。这种方法也称为 s 平面几何分析。

先讨论 $H(s)$ 极点位于 s 平面实轴的情况，包括一阶与二阶系统。下一节专门研究极点为共轭复数的情况。

一阶系统只含有一个储能元件(或将几个同类储能元件简化等效为一个储能元件)。传输函数只有一个极点，且位于实轴上。传输函数(电压比或电流比)的一般形式为 $K \dfrac{s - z_1}{s - p_1}$，其中 z_1, p_1 分别为它的零点与极点，如果零点位于原点，则函数形式为 $K \dfrac{s}{s - p_1}$，也可能除 $s = \infty$ 处有零点之外，在 s 平面其他位置均无零点,于是函数形式呈 $\dfrac{K}{s-p_1}$。现以简单的 RC 网络为例,分析一阶低通、高通滤波网络。

例 4-20　研究图 4-26 所示 RC 高通滤波网络的频响特性。

$$H(\mathrm{j}\omega) = \frac{V_2(\mathrm{j}\omega)}{V_1(\mathrm{j}\omega)}$$

解　写出传输函数表示式

$$H(s) = \frac{V_2(s)}{V_1(s)} = \frac{R}{R + \dfrac{1}{sC}} = \frac{s}{s + \dfrac{1}{RC}}$$

它有一个零点在坐标原点,而极点位于 $-\dfrac{1}{RC}$ 处,也即 $z_1 = 0, p_1 = -\dfrac{1}{RC}$,零、极点在 s 平面分布如图 4-27 所示。将 $H(s)\big|_{s=\mathrm{j}\omega} = H(\mathrm{j}\omega)$ 以矢量因子 $N_1 \mathrm{e}^{\mathrm{j}\psi_1}$,$M_1 \mathrm{e}^{\mathrm{j}\theta_1}$ 表示

$$H(\mathrm{j}\omega) = \frac{N_1 \mathrm{e}^{\mathrm{j}\psi_1}}{M_1 \mathrm{e}^{\mathrm{j}\theta_1}} = \frac{V_2}{V_1} \mathrm{e}^{\mathrm{j}\varphi(\omega)}$$

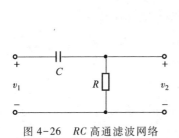

图 4-26　RC 高通滤波网络

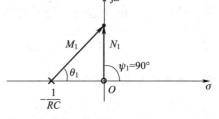

图 4-27　RC 高通滤波网络的 s 平面分析

式中

$$\frac{V_2}{V_1} = \frac{N_1}{M_1}$$

$$\varphi = \psi_1 - \theta_1$$

现在分析当 ω 从零沿虚轴向 ∞ 增长时,$H(\mathrm{j}\omega)$ 如何随之改变。当 $\omega = 0$, $N_1 = 0, M_1 = \dfrac{1}{RC}$,所以 $\dfrac{N_1}{M_1} = 0$,也即 $\dfrac{V_2}{V_1} = 0$;又因为 $\theta_1 = 0, \psi_1 = 90°$,所以 $\varphi = 90°$。当 $\omega = \dfrac{1}{RC}$ 时,$N_1 = \dfrac{1}{RC}, \theta_1 = 45°$,所以 $\varphi = 45°$,而且 $M_1 = \dfrac{\sqrt{2}}{RC}$,于是 $\dfrac{V_2}{V_1} = \dfrac{N_1}{M_1} = \dfrac{1}{\sqrt{2}}$,此点为

高通滤波网络的截止频率点。最后，当 ω 趋于 ∞ 时，N_1/M_1 趋于 1，也即 $V_2/V_1 = 1$，$\theta_1 \to 90°$，所以 $\varphi \to 0°$。按照上述分析绘出幅频特性与相频特性曲线如图 4-28 所示。

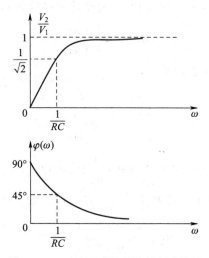

图 4-28　RC 高通滤波网络的频响特性

例 4-21　研究图 4-29 所示 RC 低通滤波网络的频响特性

$$H(j\omega) = \frac{V_2(j\omega)}{V_1(j\omega)}$$

解　写出传输函数表示式

$$H(s) = \frac{V_2(s)}{V_1(s)} = \frac{1}{RC} \cdot \frac{1}{\left(s + \frac{1}{RC}\right)}$$

极点位于 $p_1 = -\dfrac{1}{RC}$ 处，在图 4-30 中已示出。$H(j\omega)$ 表示式写作

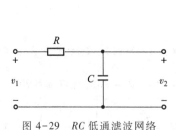

图 4-29　RC 低通滤波网络

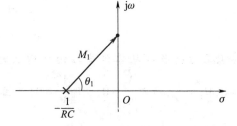

图 4-30　RC 低通滤波网络的 s 平面分析

$$H(j\omega) = \frac{1}{RC} \frac{1}{M_1 e^{j\theta_1}} = \frac{V_2}{V_1} e^{j\varphi(\omega)}$$

式中

$$\frac{V_2}{V_1} = \frac{1}{RC} \frac{1}{M_1}$$

$$\varphi = -\theta_1$$

仿照例 4-20 的分析,容易得出频响曲线如图 4-31 所示,这是一个低通网络,截止频率位于 $\omega = \dfrac{1}{RC}$ 处。

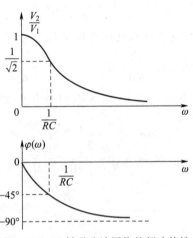

图 4-31 RC 低通滤波网络的频响特性

对于一阶系统,经常遇到的电路还有简单的 RL 电路以及含有多个电阻而仅含有一个储能元件的 RC, RL 电路。对于它们都可采用类似的方法进行分析。只要系统函数的零、极点分布相同,就会具有一致的时域、频域特性。从系统的观点来看,要抓住系统特性的一般规律,必须从零、极点分布的观点入手研究。

由同一类型储能元件构成的二阶系统(如含有两个电容或两个电感),它们的两个极点都落在实轴上,即不出现共轭复数极点,是非谐振系统。传输函数(电压比或电流比)的一般形式为 $K \dfrac{(s-z_1)(s-z_2)}{(s-p_1)(s-p_2)}$,式中 z_1, z_2 是两个零点,p_1, p_2 是两个极点。也可出现 $K \dfrac{s-z_1}{(s-p_1)(s-p_2)}$ 或 $K \dfrac{1}{(s-p_1)(s-p_2)}$ 等形式。由于零点数目以及零、极点位置的不同,它们可以分别构成低通、高通、带通、带阻等滤波特性。就其 s 平面几何分析方法来看,与一阶系统的方法类似,不需建立新概念,读者可通过练习[习题 4-39(a)、(b)]熟悉其性能,此处仅举一例。

例 4-22 由 s 平面几何研究图 4-32 所示二阶 RC 系统的频响特性 $H(j\omega) = \dfrac{V_2(j\omega)}{V_1(j\omega)}$。注意,图 4-32 中 kv_3 是受控电压源。且 $R_1C_1 \ll R_2C_2$。

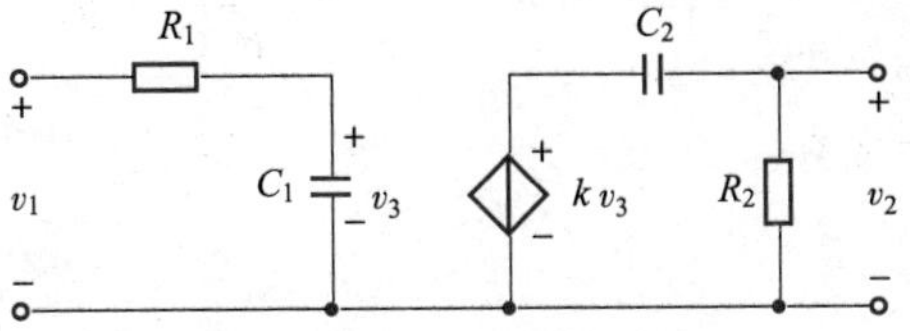

图 4-32 例 4-22 的电路

解   容易写出其传输函数为

$$H(s) = \frac{V_2(s)}{V_1(s)} = \frac{k}{R_1 C_1} \cdot \frac{s}{\left(s + \dfrac{1}{R_1 C_1}\right)\left(s + \dfrac{1}{R_2 C_2}\right)}$$

它的极点位于 $p_1 = -\dfrac{1}{R_1 C_1}, p_2 = -\dfrac{1}{R_2 C_2}$，只有一个零点在原点。将它们标于图 4-33 中，这里注意到题意给定的条件 $R_1 C_1 \ll R_2 C_2$，故 $-\dfrac{1}{R_2 C_2}$ 靠近原点，而 $-\dfrac{1}{R_1 C_1}$ 则离开较远。以 $j\omega$ 代入 $H(s)$ 写作矢量因子形式

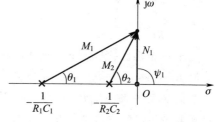

图 4-33   例 4-22 的零、极点分布

$$H(j\omega) = \frac{k}{R_1 C_1} \cdot \frac{N_1 e^{j\psi_1}}{M_1 e^{j\theta_1} M_2 e^{j\theta_2}}$$

$$= \frac{k}{R_1 C_1} \cdot \frac{N_1}{M_1 M_2} e^{j(\psi_1 - \theta_1 - \theta_2)}$$

$$= \frac{V_2}{V_1} e^{j\varphi(\omega)}$$

由图 4-33 看出，当 ω 较低时，$M_1 \approx \dfrac{1}{R_1 C_1}, \theta_1 \approx 0$，几乎都不随频率而变，这时，$M_2, \theta_2, N_1, \psi_1$ 的作用（即极点 p_2 与零点 z_1 的作用）与一阶 RC 高通系统相同，构成如图 4-34 中 ω 低端的高通特性。当 ω 较高时，$M_2 \approx N_1, \theta_2 \approx \psi_1$，也可近似认为它们不随 ω 而改变，于是，M_1, θ_1 的作用（即极点 p_1 的作用）与一阶 RC 低通系统一致，构成如图 4-34 中 ω 高端的低通特性。当 ω 位于中间频率范围时，同时满足 $M_1 \approx \dfrac{1}{R_1 C_1}, \theta_1 \approx 0, M_2 \approx N_1 = |j\omega|, \theta_2 \approx \psi_1 = 90°$，那么 $H(j\omega)$ 可近似写作

$$H(j\omega) \Bigg|_{\left(\frac{1}{R_2 C_2} < \omega < \frac{1}{R_1 C_1}\right)} \approx \frac{k}{R_1 C_1} \cdot \frac{j\omega}{\dfrac{1}{R_1 C_1} \cdot j\omega} = k$$

这时的频响特性近于常数。

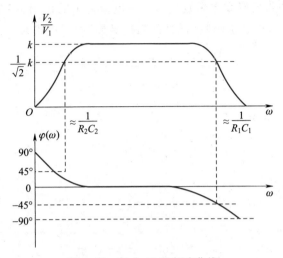

图 4-34 例 4-22 的频响曲线

从物理概念上讲,在低频段,主要是 R_2C_2 的高通特性起作用;在高频段,则是 R_1C_1 的低通特性起主要作用;在中频段, C_1 相当于开路、C_2 相当于短路,它们都不起作用,信号 v_1 经受控源的 k 倍相乘而送往输出端,给出 v_2。可见此系统相当于低通与高通级联构成的带通系统。

4.9 二阶谐振系统的 s 平面分析

含有电容、电感两类储能元件的二阶系统可以具有谐振特性,在无线电技术中,常利用它们的这一性能构成带通、带阻滤波网络。

图 4-35(a) 和 (b) 给出两个谐振电路的基本模型:RLC 串联谐振电路与 GCL 并联谐振电路。由于它们相互之间具有对偶关系,在此可只研究其中一种,所得结论可借助对偶方法去解释另一电路。这里,只讨论并联谐振电路。

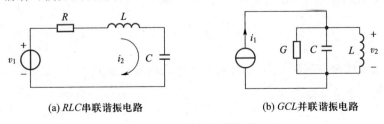

(a) RLC 串联谐振电路   (b) GCL 并联谐振电路

图 4-35 谐振电路模型

　　我们的目的是要研究在激励信号——电流源 i_1 的作用下,并联回路端电压 v_2 的频率特性。写出系统函数(此处即阻抗函数)的表示式为

$$Z(s) = \frac{V_2(s)}{I_1(s)} = \frac{1}{G + sC + \dfrac{1}{sL}}$$

$$= \frac{1}{C} \cdot \frac{s}{\left(s^2 + \dfrac{G}{C}s + \dfrac{1}{LC}\right)}$$

$$= \frac{1}{C} \cdot \frac{s}{(s - p_1)(s - p_2)} \qquad (4-119)$$

其中,极点位置是

$$p_{1,2} = -\frac{G}{2C} \pm \sqrt{\left(\frac{G}{2C}\right)^2 - \frac{1}{LC}} \qquad (4-120)$$

引用符号

$$\left.\begin{array}{l} \alpha = \dfrac{G}{2C} \\[3mm] \omega_0 = \dfrac{1}{\sqrt{LC}} \\[3mm] \omega_d = \sqrt{\omega_0^2 - \alpha^2} \end{array}\right\} \qquad (4-121)$$

得到

$$p_{1,2} = -\alpha \pm j\omega_d \qquad (4-122)$$

这几个参数的物理意义并不陌生。ω_0 是谐振频率(下面将要讲到如何从 s 平面的几何关系解释谐振现象的产生条件)。α 是衰减因数,α 越大表示电路的能量损耗越大。在实际应用中,对于谐振电路损耗情况的另一种描述方法是引用品质因数 Q 作为参数,Q 的定义是

$$Q = \frac{\omega_0 C}{G} \qquad (4-123)$$

Q 越高表示电路的损耗越小。显然,α 与 Q 之间的对应关系为

$$\alpha = \frac{\omega_0}{2Q} \qquad (4-124)$$

　　下面描绘在 s 平面中,$Z(s)$ 的零、极点分布。先从 $\alpha < \omega_0$ 的情况开始讨论,这

时电路损耗较小,是实际应用中多见的情况。它的零、极点分布示于图 4-36。零点位于 s 平面坐标原点,一对共轭极点距虚轴为 α,与实轴距 ω_d,由式(4-121)得

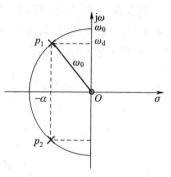

图 4-36 $Z(s)$ 的零、极点分布

$$\omega_0^2 = \omega_d^2 + \alpha^2 \qquad (4\text{-}125)$$

在图 4-36 中,ω_d 和 α 分别作为直角三角形的两个直角边,从坐标原点到极点 p_1(或 p_2)的连线就是此直角三角形的斜边,它的长度应等于 ω_0。这表明在 $\alpha < \omega_0$ 的范围内,如果保持 ω_0 值不变,那么无论电路参数如何选取,共轭极点 p_1,p_2 总是落在以坐标原点为圆心,以 ω_0 为半径的左半圆弧上。

在没有损耗的情况,也即 $G=0$,$\alpha=0$,共轭极点将落在虚轴上,见图 4-37(a),$p_1 = j\omega_0$,$p_2 = -j\omega_0$,随着损耗增加,即 α 加大,两极点沿半圆向负实轴靠拢,见图 4-37(b)。当 α 增长到 $\alpha = \omega_0$ 时,两极点位置重合,落在负实轴上,成为二阶极点,见图 4-37(c)。继续增大 α,这时将有 $\alpha > \omega_0$,重合的极点又分开为两个极点,沿负实轴向左、右两侧移动,见图 4-37(d),当 α 趋于无限大时,两极点位置则分别趋于零和负无限大。

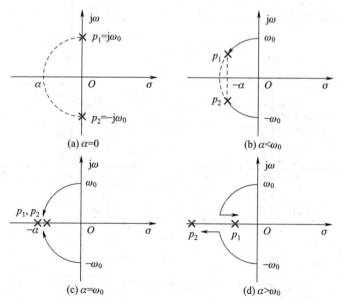

图 4-37 并联谐振电路,极点分布随 α 改变的移动轨迹

现在让 ω 沿虚轴移动,观察 $Z(s)$ 函数分子、分母中各因子 $(j\omega-z_i)$ 与 $(j\omega-p_i)$ 在 s 平面相应矢量的变化规律,分析 $Z(s)$ 稳态频率响应特性。为此,令 $Z(s)$ 中的变量 $s=j\omega$,写出

$$Z(j\omega) = \frac{1}{C} \frac{j\omega}{(j\omega-p_1)(j\omega-p_2)}$$

$$= \frac{1}{C} \frac{N_1}{M_1 M_2} e^{j(\psi_1-\theta_1-\theta_2)}$$

$$= |Z(j\omega)| e^{j\varphi} \qquad (4\text{-}126)$$

图 4-38 示出在 $\alpha<\omega_0$ 条件下,ω 从零向 ∞ 移动时,相应的四幅 s 平面矢量图。

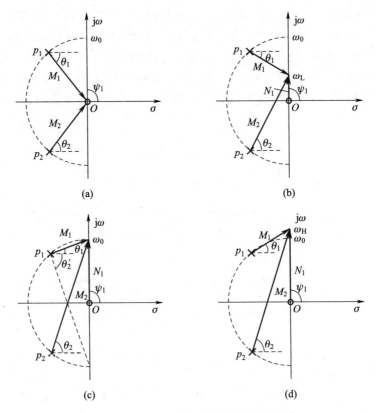

(a)   (b)

(c)   (d)

图 4-38 s 沿 $j\omega$ 轴移动时矢量因子变化图

当 $\omega=0$ 时,$N_1=0$,$M_1=M_2=\omega_0$,$\theta_1=-\theta_2$,$\psi_1=90°$,于是得到 $|Z(j\omega)|=0$,$\varphi=90°$。这是图 4-38(a)的情况。随着 ω 增长,N_1 增加,θ_1 的绝对值减小,θ_2 加大,

于是频率特性的幅值 $|Z(\mathrm{j}\omega)|$ 增加，辐角 φ 从 90° 减小，这种情况示于图 4-38 (b)，此时，频率值 ω 已移至 ω_L 点。ω 继续沿虚轴上移至与圆弧交界 ω_0 点，见图 4-38(c)，此时，到达谐振点，借助图中辅助虚线容易证明角 θ_2' 与 θ_2 相等，而且 $\theta_1+\theta_2'=90°$，所以 $\theta_1+\theta_2=90°$，于是

$$\varphi =\psi_1-\theta_1-\theta_2$$
$$=90°-90°=0° \tag{4-127}$$

同时，$|Z(\mathrm{j}\omega)|$ 取得最大值，可由式(4-119)直接求得[①]

$$|Z(\mathrm{j}\omega_0)|=\frac{1}{G} \tag{4-128}$$

此后，再增加 ω 则由于 M_1，M_2 显著增长，而 N_1 变化平缓，所以 $|Z(\mathrm{j}\omega)|$ 逐渐减小，最后 M_1，M_2，N_1 都趋于无限大，所以 $|Z(\mathrm{j}\omega)|$ 趋于零；又因为 $\theta_1+\theta_2$ 继续增大，而且 $\theta_1+\theta_2>90°$，所以 φ 角的负值加大，当 $\theta_1+\theta_2$ 趋向 180° 时，φ 趋于 $-90°$。图 4-38(d)示出 ω 变动至 ω_H 点($\omega_\mathrm{H}>\omega_0$)的 *s* 平面矢量图。按上述过程描绘出谐振电路的幅频特性和相频特性曲线分别如图 4-39(a)和 4-39(b)所示，请注意图 4-39 中各频率值与图 4-38 的对应。

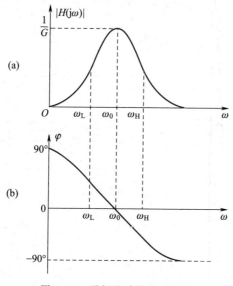

图 4-39　谐振电路的频响特性

[①]　也可由直角三角形的几何关系求得，此时 $M_1M_2=2N_1\alpha$，$\dfrac{1}{C}\cdot\dfrac{N_1}{M_1M_2}=\dfrac{1}{C}\cdot\dfrac{1}{2\alpha}=\dfrac{1}{G}$。

　　实际应用中较多遇到高 Q 值情况,例如,若 $Q>10$,则 $\alpha<\dfrac{\omega_0}{20}$,于是两共轭极点 p_1,p_2 将非常靠近虚轴,如图 4-40 所示。研究这种高 Q 值电路 ω 在 ω_0 附近变动的频响特性时,可以取

$$N_1 \approx \omega_0, \psi_1 = 90°$$

$$M_2 \approx 2\omega_0, \theta_2 \approx 90°$$

$$M_1 e^{j\theta_1} = \alpha + j(\omega - \omega_d) \qquad (4-129)$$

注意到这时 ω_d 几乎与 ω_0 重合($\omega_d \approx \omega_0$),所以式(4-129)又近似为

$$M_1 e^{j\theta_1} \approx \alpha + j(\omega - \omega_0) \qquad (4-130)$$

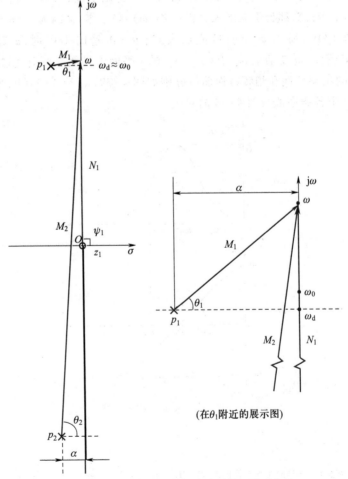

(在 θ_1 附近的展示图)

图 4-40　高 Q 值并联谐振电路阻抗 s 平面分析

于是得到

$$Z(j\omega) \approx \frac{1}{C} \cdot \frac{\omega_0}{2\omega_0\left[\alpha+j(\omega-\omega_0)\right]}$$

$$= \frac{1}{2C\alpha} \frac{1}{\left[1+j\dfrac{(\omega-\omega_0)}{\alpha}\right]}$$

$$= \frac{1}{G} \cdot \frac{1}{\left[1+j\dfrac{(\omega-\omega_0)}{\alpha}\right]} \qquad (4-131)$$

所以

$$|Z(j\omega)| \approx \frac{1}{G\sqrt{1+\left(\dfrac{\omega-\omega_0}{\alpha}\right)^2}} \qquad (4-132)$$

$$\varphi \approx -\arctan\left(\frac{\omega-\omega_0}{\alpha}\right) \qquad (4-133)$$

利用式(4-132)很容易求得高 Q 值谐振电路幅频特性曲线各点数值。现在由它来求通带边界频率和通带宽度。在谐振点 $|Z(j\omega_0)|=\dfrac{1}{G}$，通带边界频率 ω_1（或 ω_2）处应有

$$|Z(j\omega_1)| = \frac{1}{\sqrt{2}}\frac{1}{G} = |Z(j\omega_2)|$$

由式(4-132)看出，必须满足

$$\frac{\omega_1-\omega_0}{\alpha} = -1 \qquad (4-134)$$

或

$$\frac{\omega_2-\omega_0}{\alpha} = +1 \qquad (4-135)$$

相应的还有

$$\varphi_1 = 45°$$
$$\varphi_2 = -45°$$

由式(4-134)与式(4-135)分别解得

$$\omega_1 = \omega_0 - \alpha \qquad (4-136)$$
$$\omega_2 = \omega_0 + \alpha \qquad (4-137)$$

两频率之差,即通带宽度

$$\omega_2 - \omega_1 = 2\alpha = \frac{\omega_0}{Q} \qquad (4\text{-}138)$$

将角频率改写为频率,用 B 表示通带宽度

$$B = f_2 - f_1 = \frac{f_0}{Q} \qquad (4\text{-}139)$$

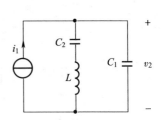

图 4-41　同时具有共轭极点和共轭零点的谐振电路

　　上述并联谐振电路阻抗函数的特点是具有一对靠近虚轴的共轭极点。下面再举出系统函数同时具有共轭极点和共轭零点的系统实例,求图 4-41 电路的阻抗函数频率特性。此电路有三个独立的电抗元件,阻抗函数 $Z(s)$ 零、极点的数目要比图 4-35 电路模型增多。此外,它是无损电路。

　　为分析频率特性,首先写出 $Z(s)$ 表示式

$$Z(s) = \frac{V_2(s)}{I_1(s)} = \frac{\dfrac{1}{sC_1}\left(sL + \dfrac{1}{sC_2}\right)}{\dfrac{1}{sC_1} + \left(sL + \dfrac{1}{sC_2}\right)} = \frac{1}{C_1} \cdot \frac{\left(s^2 + \dfrac{1}{LC_2}\right)}{s\left(s^2 + \dfrac{C_1 + C_2}{LC_1C_2}\right)}$$

$$= \frac{1}{C_1} \cdot \frac{s^2 + \omega_1^2}{s(s^2 + \omega_2^2)} \qquad (4\text{-}140)$$

这里

$$\omega_1 = \frac{1}{\sqrt{LC_2}}, \quad \omega_2 = \frac{1}{\sqrt{L \cdot \dfrac{C_1 C_2}{C_1 + C_2}}}$$

显然,ω_1 与 ω_2 之间应满足

$$\omega_1 < \omega_2$$

画出 $Z(s)$ 的 s 平面零、极点分布图如图 4-42。它有一对共轭极点 $\pm j\omega_2$ 和一对共轭零点 $\pm j\omega_1$,此外,在坐标原点也有一个极点。利用 $Z(j\omega)$ 表示式

$$Z(j\omega) = \frac{1}{C_1} \cdot \frac{(j\omega + j\omega_1)(j\omega - j\omega_1)}{j\omega(j\omega + j\omega_2)(j\omega - j\omega_2)} = |Z(j\omega)| e^{j\varphi(\omega)} \qquad (4\text{-}141)$$

将式中各复数因子(矢量)作图容易求得:当 ω 沿虚轴移动时,在 $\omega = 0$ 和 $\omega = \omega_2$ 两极点处 $|Z(j\omega)|$ 为 ∞,而在 $\omega = \omega_1$ 零点处 $|Z(j\omega)| = 0$。相位变化则是在 $0 < \omega < \omega_1$ 范围内 $\varphi = -90°$,当 $\omega_1 < \omega < \omega_2$ 时 $\varphi = 90°$,而 $\omega > \omega_2$ 以后又有 $\varphi = -90°$。所得结果画成曲线如图 4-43 所示。

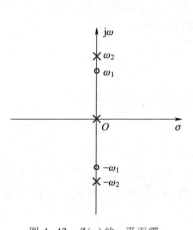

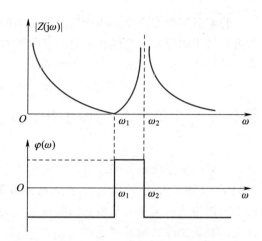

图 4-42　$Z(s)$ 的 s 平面零、
　　　　极点分布图

图 4-43　图 4-41 电路的频响特性

虽然,这是一个无损谐振电路,但有些结论也可延用于一些有损高 Q 值电路,这些电路的零、极点虽未落于虚轴,却相当靠近虚轴。

一般情况下,可以认为,若系统函数有一对非常靠近 $j\omega$ 轴的极点

$$p = -\sigma_i \pm j\omega_i \quad (\sigma_i \ll \omega_i)$$

则在 $\omega = \omega_i$ 附近处,幅频特性出现峰点,相频特性迅速减小,如图 4-44(a)所示。又若网络函数有一对非常靠近 $j\omega$ 轴的零点

$$p = -\sigma_j \pm j\omega_j \quad (\sigma_j \ll \omega_j)$$

则在 $\omega = \omega_j$ 附近处,幅频特性下陷,相频特性迅速上升,如图 4-44(b)所示。

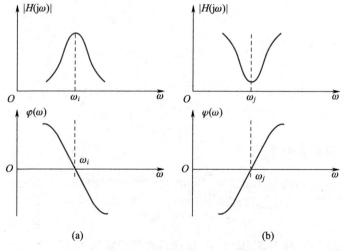

　　　　　(a)　　　　　　　　　　　　　(b)

图 4-44　非常靠近 $j\omega$ 轴的极点与零点的作用

若零点与极点离开 $j\omega$ 轴很远(即它们的实部远大于虚部),那么,这些零点和极点对于幅频响应曲线和相频响应曲线的形状影响很小。它们的作用只是使总的振幅和相位的相对大小有所增减。

4.10   全通函数与最小相移函数的零、极点分布

如果一个系统函数的极点位于左半平面,零点位于右半平面,而且零点与极点对于 $j\omega$ 轴互为镜像,那么,这种系统函数称为全通函数,此系统则称全通系统或全通网络。所谓全通是指它的幅频特性为常数,对于全部频率的正弦信号都能按同样的幅度传输系数通过。

下面分析具有这种零、极点分布的系统为什么表现出"全通"特性。

图 4-45 举例示出全通网络 s 平面零、极点分布。在此图中零点 z_1, z_2, z_3 分别与极点 p_1, p_2, p_3 以 $j\omega$ 轴互为镜像关系。因此,相应的矢量长度对应相等,即

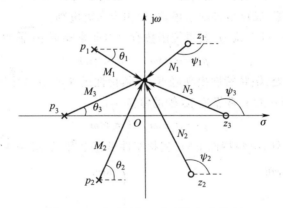

图 4-45   全通网络 s 平面零、极点分布

$$M_1 = N_1$$
$$M_2 = N_2$$
$$M_3 = N_3$$

网络频响特性的表示式为

$$H(j\omega) = K \frac{N_1 N_2 N_3}{M_1 M_2 M_3} e^{j[(\psi_1 + \psi_2 + \psi_3) - (\theta_1 + \theta_2 + \theta_3)]}$$

$$= K e^{j[(\psi_1 + \psi_2 + \psi_3) - (\theta_1 + \theta_2 + \theta_3)]} \tag{4-142}$$

显然,由于 $N_1 N_2 N_3$ 与 $M_1 M_2 M_3$ 相消,幅频特性等于常数 K,即

$$|H(j\omega)| = K \qquad (4-143)$$

因而具有全通特性。再看相频特性,当 $\omega = 0$ 时,$\theta_1 = -\theta_2$,$\psi_1 = -\psi_2$,$\theta_3 = 0$,
$\psi_3 = 180°$,所以 $\varphi = 180°$;当 ω 沿 $j\omega$ 轴向上移动时,θ_2、θ_3 增加,ψ_2、ψ_3 减小,而且
θ_1 由负变正,ψ_1 更加变负,于是 φ 下降;而当 $\omega \to \infty$ 时,$\theta_1 = \theta_2 = \theta_3 = 90°$,
$\psi_1 = -270°$,$\psi_2 = \psi_3 = 90°$,因而 $\varphi = -360°$;φ 角变化的全部过程是从 $180°$ 下降,经
零点、最终趋于 $-360°$。此网络的幅频特性与相频特性曲线分别绘于图 4-46(a)
和(b)。

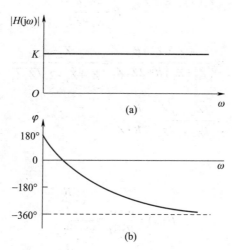

(a)

(b)

图 4-46 具有图 4-45 所示 s 域特性的全通网络的
幅频特性与相频特性

从以上分析不难看出,全通网络函数的幅频特性虽为常数,而相频特性却不
受什么约束,因而,全通网络可以保证不影响待传送信号的幅频特性,只改变信
号的相频特性,在传输系统中常用来进行相位校正,例如,作相位均衡器或移
相器。

例 4-23 图 4-47 所示为格形网络,参数间满足 $\dfrac{L}{C} = R^2$,写出网络传输函数

$H(s) = \dfrac{V_2(s)}{V_1(s)}$,判别它是否为全通网络。

解 引用符号

$$Z_1 = sL, Z_2 = \frac{1}{sC}$$

于是有

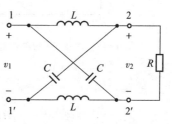

图 4-47 例 4-23 的格形网络

$$Z_1 Z_2 = R^2$$

为写出 $H(s)$，从 $2-2'$ 端向左应用戴维南定理，求得内阻为 $\dfrac{2Z_1 Z_2}{Z_1 + Z_2}$，等效电源为

$V_1(s)\dfrac{Z_2 - Z_1}{Z_2 + Z_1}$，如图 4-48 所示。容易求得

$$H(s) = \frac{V_2(s)}{V_1(s)} = \frac{Z_2 - Z_1}{Z_1 + Z_2} \cdot \frac{R}{R + \dfrac{2Z_1 Z_2}{Z_1 + Z_2}}$$

$$= \frac{(Z_2 - Z_1)R}{(Z_2 + Z_1)R + 2Z_2 Z_1} = \frac{Z_2 - Z_1}{Z_2 + Z_1 + 2\sqrt{Z_2 Z_1}}$$

$$= \frac{\sqrt{Z_2} - \sqrt{Z_1}}{\sqrt{Z_2} + \sqrt{Z_1}} = \frac{R - Z_1}{R + Z_1}$$

将 $Z_1 = sL$ 代入得到

$$H(s) = \frac{R - sL}{R + sL} = -\frac{s - \dfrac{R}{L}}{s + \dfrac{R}{L}}$$

它的零、极点分布互为镜像，如图 4-49 所示，因此是一个全通网络。将 s 以 $\mathrm{j}\omega$ 置换，求得传输函数的频响特性

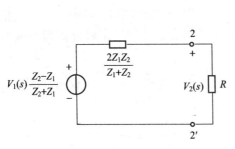

图 4-48   图 4-47 的等效电路

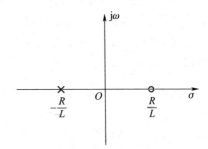

图 4-49   例 4-23 网络传输函数
的零、极点分布

$$H(\mathrm{j}\omega) = \frac{R - \mathrm{j}\omega L}{R + \mathrm{j}\omega L} = \mathrm{e}^{\mathrm{j}\varphi(\omega)}$$

其中

$$\varphi(\omega) = -2\arctan\left(\frac{\omega L}{R}\right)$$

在 4.7 节曾讲到,为使网络稳定,必须限制系统函数的极点位于左半平面,至于它的零点落于 s 平面右半或左半平面对于网络特性又有什么影响呢?现在来研究这方面的问题。

考察图 4-50(a)和 4-50(b)的 s 平面零、极点分布可以看出,它们有相同的极点 $p_{1,2} = p_{3,4} = -2 \pm j2$;而两者的零点却以 $j\omega$ 轴成镜像关系,$z_{1,2} = -1 \pm j1$, $z_{3,4} = +1 \pm j1$。不难看出,对于这两种分布情况,它们的幅频特性是相同的,这是由于,$H(j\omega)$ 函数的各复数因子构成的矢量长度都对应相等。再看相位情况,对于零点位于右半平面的图形,各矢量构成的辐角有较大的绝对值,而零点位于左半平面者辐角的绝对值比前者小。作出与图 4-50(a)与 4-50(b)对应的相频特性曲线如图 4-51 所示。显然,就相移的绝对值而言,图 4-50(a)具有较小的相移。

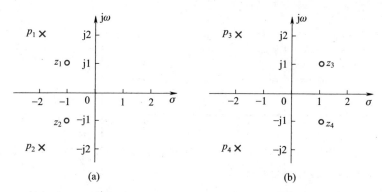

图 4-50 最小相移网络与非最小相移网络的 s 平面零、极点分布

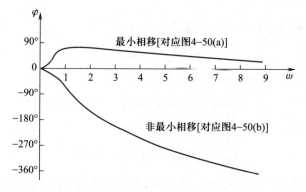

图 4-51 与图 4-50 对应的相频特性曲线

　　根据上述分析,引出以下定义。零点仅位于左半平面或 $j\omega$ 轴的系统函数称为"最小相移函数",该网络称为"最小相移网络"。如果系统函数在右半平面有一个或多个零点,那么,就称为"非最小相移函数",这类网络称为"非最小相移网络"。

　　非最小相移函数可以表示为最小相移函数与全通函数的乘积。也即,非最小相移网络可代之以最小相移网络与全通网络的级联。例如,图 4-52(a) 的函数可表示为图 4-52(b) 与 4-52(c) 之乘积。下面推导有关的函数表示式。

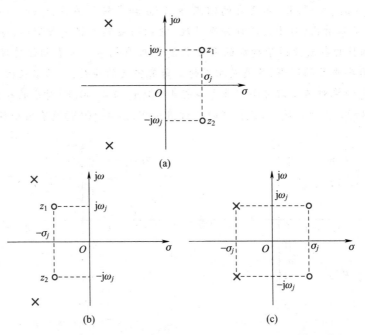

图 4-52　非最小相移函数表示为最小相移函数与全通函数的乘积

　　设非最小相移函数在右半平面的零点位于

$$z_{1,2} = \sigma_j \pm j\omega_j \qquad (4\text{-}144)$$

它在系统函数 $H(s)$ 分子中的复数因子为

$$[s-(\sigma_j+j\omega_j)][s-(\sigma_j-j\omega_j)] = (s-\sigma_j)^2+\omega_j^2 \qquad (4\text{-}145)$$

于是 $H(s)$ 可写为

$$H(s) = H_{\min}(s)[(s-\sigma_j)^2+\omega_j^2] \qquad (4\text{-}146)$$

由于在 $H(s)$ 中提出了式(4-145)这一项,余下的 $H_{\min}(s)$ 必然是最小相移函数,再为式(4-146)提供左半平面零点的因子项 $[(s+\sigma_j)^2+\omega_j^2]$ 最后得到

$$H(s) = \underbrace{\{\underbrace{H_{\min}(s)\left[(s+\sigma_j)^2+\omega_j^2\right]}_{\text{最小相移函数}}\}\underbrace{\frac{(s-\sigma_j)^2+\omega_j^2}{(s+\sigma_j)^2+\omega_j^2}}_{\text{全通函数}}}_{\substack{\text{非最小相}\\\text{移函数}}} \tag{4-147}$$

4.11 线性系统的稳定性

4.7 节到 4.10 节讨论了 $H(s)$ 零、极点分布与系统时域特性、频响特性的关系,作为 $H(s)$ 零、极点分析的另一重要应用是借助它来研究线性系统的稳定性。

按照研究问题的不同类型和不同角度,系统稳定性的定义有不同形式,涉及的内容相当丰富,本节只作初步的简单介绍,在第十一、十二章以及后续课程(如控制理论)中将作进一步研究。

稳定性是系统自身的性质之一,系统是否稳定与激励信号的情况无关。

系统的冲激响应 $h(t)$ 或系统函数 $H(s)$ 集中表征了系统的本性,当然,它们也反映了系统是否稳定。判断系统是否稳定,可从时域或 s 域两方面进行。对于因果系统观察在时间 t 趋于无限大时,$h(t)$ 是增长、还是趋于有限值或者消失,这样可以确定系统的稳定性。研究 $H(s)$ 在 s 平面中极点分布的位置,也可很方便地给出有关稳定性的结论。从稳定性考虑,因果系统可划分为稳定系统、不稳定系统、临界稳定(边界稳定)系统三种情况。

(1) 稳定系统:如果 $H(s)$ 全部极点落于 s 左半平面(不包括虚轴),则可以满足

$$\lim_{t\to\infty}\left[h(t)\right]=0 \tag{4-148}$$

系统是稳定的(参看表 4-4、表 4-5)。

(2) 不稳定系统:如果 $H(s)$ 的极点落于 s 右半平面,或在虚轴上具有二阶以上的极点,则在足够长时间以后,$h(t)$ 仍继续增长,系统是不稳定的。

(3) 临界稳定系统:如果 $H(s)$ 的极点落于 s 平面虚轴上,且只有一阶,则在足够长时间以后,$h(t)$ 趋于一个非零的数值或形成一个等幅振荡。这属于上述两种类型的临界情况。

稳定系统的另一种定义方式如下:若系统对任意的有界输入其零状态响应也是有界的,则称此系统为稳定系统。也可称为有界输入有界输出(BIBO)稳定系统。上述定义可由以下数学表达式说明:

对所有的激励信号 $e(t)$

$$|e(t)| \leqslant M_e \qquad\qquad (4\text{-}149)$$

其响应 $r(t)$ 满足

$$|r(t)| \leqslant M_r \qquad\qquad (4\text{-}150)$$

则称该系统是稳定的。式中，M_e，M_r 为有界正值。按此定义，对各种可能的 $e(t)$，逐个检验式（4-149）与式（4-150）来判断系统稳定性将过于烦琐，也是不现实的，为此导出稳定系统的充分必要条件是

$$\int_{-\infty}^{\infty} |h(t)| \mathrm{d}t \leqslant M \qquad\qquad (4\text{-}151)$$

式中 M 为有界正值。或者说，若冲激响应 $h(t)$ 绝对可积，则系统是稳定的。下面对此条件给出证明。

对任意有界输入 $e(t)$，系统的零状态响应为

$$r(t) = \int_{-\infty}^{\infty} h(\tau)e(t-\tau)\mathrm{d}\tau \qquad\qquad (4\text{-}152)$$

$$|r(t)| \leqslant \int_{-\infty}^{\infty} |h(\tau)| \cdot |e(t-\tau)| \mathrm{d}\tau \qquad\qquad (4\text{-}153)$$

代入式（4-149）的条件得到

$$|r(t)| \leqslant M_e \int_{-\infty}^{\infty} |h(\tau)| \mathrm{d}\tau \qquad\qquad (4\text{-}154)$$

如果 $h(t)$ 满足式（4-151），也即 $h(t)$ 绝对可积，则

$$|r(t)| \leqslant M_e M$$

取 $M_e M = M_r$ 这就是式（4-150）。至此，条件式（4-151）的充分性得到证明。下面研究它的必要性。

如果 $\int_{-\infty}^{\infty} |h(t)| \mathrm{d}t$ 无界，则至少有一个有界的 $e(t)$ 产生无界的 $r(t)$。试选具有如下特性的激励信号 $e(t)$

$$e(-t) = \mathrm{sgn}[h(t)] = \begin{cases} -1, & \text{当 } h(t) < 0 \\ 0, & \text{当 } h(t) = 0 \\ 1, & \text{当 } h(t) > 0 \end{cases}$$

这表明 $e(-t)h(t) = |h(t)|$，响应 $r(t)$ 的表达式为

$$r(t) = \int_{-\infty}^{\infty} h(\tau)e(t-\tau)\mathrm{d}\tau$$

$$r(0) = \int_{-\infty}^{\infty} h(\tau)e(-\tau)\mathrm{d}\tau$$

$$= \int_{-\infty}^{\infty} |h(\tau)| \mathrm{d}\tau$$

此式表明,若 $\int_{-\infty}^{\infty} |h(t)| \mathrm{d}\tau$ 无界,则 $r(0)$ 也无界,即式(4-151)的必要性得证。

在以上分析中并未涉及系统的因果性,这表明无论因果稳定系统或非因果稳定系统都要满足式(4-151)的条件。对于因果系统,式(4-151)可改写为

$$\int_{0}^{\infty} |h(t)| \mathrm{d}t \leqslant M \tag{4-155}$$

对于因果系统,从 BIBO 稳定性定义考虑与考察 $H(s)$ 极点分布来判断稳定性具有统一的结果,仅在类型划分方面略有差异。当 $H(s)$ 极点位于左半平面时,$h(t)$ 绝对可积,系统稳定,而当 $H(s)$ 极点位于右半平面或在虚轴具有二阶以上极点时,$h(t)$ 不满足绝对可积条件,系统不稳定。当 $H(s)$ 极点位于虚轴且只有一阶时称为临界稳定系统,$h(t)$ 处于不满足绝对可积的临界状况,从 BIBO 稳定性划分来看,由于未规定临界稳定类型,因而这种情况可属不稳定范围。

例 4-24 已知两因果系统的系统函数 $H_1(s) = \dfrac{1}{s}$,$H_2(s) = \dfrac{s}{s^2 + \omega_0^2}$,激励信号分别为 $e_1(t) = \mathrm{u}(t)$,$e_2(t) = \sin(\omega_0 t)\mathrm{u}(t)$,求两种情况的响应 $r_1(t)$ 和 $r_2(t)$,并讨论系统稳定性。

解 容易求得激励信号的拉氏变换分别为 $\dfrac{1}{s}$ 和 $\dfrac{\omega_0}{s^2 + \omega_0^2}$,响应的拉氏变换分别为

$$R_1(s) = \frac{1}{s} \cdot \frac{1}{s} = \frac{1}{s^2}$$

$$R_2(s) = \frac{\omega_0}{s^2 + \omega_0^2} \cdot \frac{s}{s^2 + \omega_0^2}$$

对应时域表达式

$$r_1(t) = t\mathrm{u}(t)$$

$$r_2(t) = \frac{1}{2} t \sin(\omega_0 t)\mathrm{u}(t)$$

在本例中,激励信号 $\mathrm{u}(t)$ 和 $\sin(\omega_0 t)\mathrm{u}(t)$ 都是有界信号,却都产生无界信号的输出,因而,从 BIBO 稳定性判据可知,两种情况都属不稳定系统。当然,也可检验 $h_1(t) = \mathrm{u}(t)$ 和 $h_2(t) = \cos(\omega_0 t)\mathrm{u}(t)$ 都未能满足绝对可积,于是得出同样结

论。若从系统函数极点分布来看,$H_1(s)$ 和 $H_2(s)$ 都具有虚轴上的一阶极点,属临界稳定类型。

对应电路分析的实际问题,通常不含受控源的 RLC 电路构成稳定系统。不含受控源也不含电阻 R(无损耗),只由 LC 元件构成的电路会出现 $H(s)$ 极点位于虚轴的情况,$h(t)$ 呈等幅振荡。从物理概念上讲,上述两种情况都是无源网络,它们不能对外部供给能量,响应函数幅度是有限的,属稳定或临界稳定系统。含受控源的反馈系统可出现稳定、临界稳定和不稳定几种情况,实际上由于电子器件的非线性作用,电路往往可从不稳定状态逐步调整至临界稳定状态,利用此特点产生自激振荡。关于反馈系统的稳定性问题,此处仅举出两个简单例题,详细分析可参看第十一、十二章以及有关控制理论的教材。

例 4-25　假定图 4-53 所示放大器的输入阻抗等于无限大。输出信号 $V_o(s)$ 与差分输入信号 $V_1(s)$ 和 $V_2(s)$ 之间满足关系式 $V_o(s) = A[V_2(s) - V_1(s)]$。

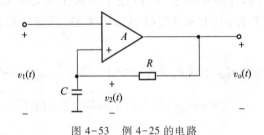

图 4-53　例 4-25 的电路

(1) 试求系统函数 $H(s) = \dfrac{V_o(s)}{V_1(s)}$;

(2) 由 $H(s)$ 极点分布判断 A 满足怎样的条件时,系统是稳定的。

解

$$\frac{V_2(s)}{V_o(s)} = \frac{\dfrac{1}{sC}}{R + \dfrac{1}{sC}}$$

$$V_o(s) = A[V_2(s) - V_1(s)]$$

$$= \frac{\dfrac{1}{sC}}{R + \dfrac{1}{sC}} A V_o(s) - A V_1(s)$$

$$H(s) = \frac{V_o(s)}{V_1(s)} = \frac{A}{1 - \dfrac{\dfrac{A}{sC}}{R + \dfrac{1}{sC}}}$$

$$= -\frac{\left(s + \dfrac{1}{RC}\right)A}{s + \dfrac{1-A}{RC}}$$

为使此系统稳定，$H(s)$ 之极点应落于 s 平面之左半平面，故应有

$$\frac{1-A}{RC} > 0$$

即若 $A < 1$，系统稳定。若 $A \geqslant 1$，则为临界稳定或不稳定系统。

例 4-26 图 4-54 所示线性反馈系统，讨论当 K 从 0 增长时，系统稳定性的变化。

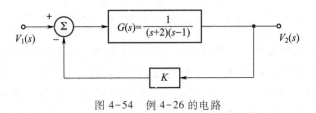

图 4-54 例 4-26 的电路

解

$$V_2(s) = [V_1(s) - KV_2(s)]G(s)$$

$$\frac{V_2(s)}{V_1(s)} = \frac{G(s)}{1 + KG(s)} = \frac{\dfrac{1}{(s-1)(s+2)}}{1 + \dfrac{K}{(s-1)(s+2)}}$$

$$= \frac{1}{(s-1)(s+2) + K} = \frac{1}{s^2 + s - 2 + K}$$

$$= \frac{1}{(s-p_1)(s-p_2)}$$

求得极点位置

$$\left.\begin{array}{c} p_1 \\ p_2 \end{array}\right\} = \frac{-1}{2} \pm \sqrt{\frac{9}{4} - K}$$

$$K=0, p_1=-2, p_2=+1$$

$$K=2, p_1=-1, p_2=0$$

$$K=\frac{9}{4}, p_1=p_2=-\frac{1}{2}$$

$$K>\frac{9}{4}, 有共轭复根, 在左半平面$$

因此, $K>2$, 系统稳定; $K=2$, 临界稳定, $K<2$, 系统不稳定。K 增长时, 极点在 s 平面的移动过程示意于图 4-55。

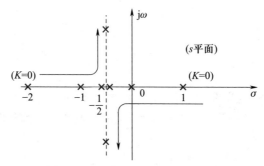

图 4-55　极点在 s 平面的移动过程

在线性时不变系统(包括连续与离散)分析中, 系统函数方法占据重要地位。以上各节研究了利用 $H(s)$ 求解电路以及由 $H(s)$ 零、极点分布决定系统的时域、频域特性和稳定性等各类问题。在本书以后许多章节中还要看到系统函数的广泛应用, 从多种角度理解和认识它的作用。然而, 必须注意到应用这一概念的局限性。系统函数只能针对零状态响应描述系统的外特性, 不能反映系统内部性能。在第九章状态变量分析中将进一步说明这一问题。此外, 对于相当多的工程实际问题, 难以建立确切的系统函数模型。对高阶线性系统求出严格的系统函数过于烦琐, 对于非线性系统、时变系统以及许多模糊现象则不能采用系统函数的方法。近年来, 人工神经网络和模糊控制等方法的出现为解决这类问题开辟了新的途径。这些新方法在构成原理和处理问题的出发点等方面与本章给出的系统函数方法有着重大区别, 将在后续课程中看到。

4.12　双边拉普拉斯变换

在导出单边拉氏变换式(4-3)时, 曾将傅里叶积分的下限取 0 值, 这样做的理由是注意到一般情况下的实际信号都是从 $t=0$ 开始的; 另一方面, 这样做便

于引入衰减因子 $e^{-\sigma t}$,否则,若将积分下限从 $-\infty$ 开始,在 $t<0$ 范围内,$e^{-\sigma t}$ 成为增长因子,不但不起收敛作用,反而可能使积分发散。例如

$$\lim_{t \to \infty} t e^{-\sigma t} = 0 \qquad (\sigma > 0)$$

$$\lim_{t \to -\infty} t e^{-\sigma t} = -\infty \qquad (\sigma > 0)$$

故积分式 $\int_{-\infty}^{\infty} t e^{-st} dt$ 不收敛。

但是,也有一些函数,当 σ 选在一定范围内,积分式

$$\int_{-\infty}^{\infty} f(t) e^{-st} dt \qquad (4-156)$$

为有限值(见例 4-27)。这表明,按照式(4-156)求积分也可得到函数 $f(t)$ 的一种变换式,这就是双边拉氏变换(也称为指数变换或广义傅里叶变换)。为与单边变换符号 $F(s)$ 相区别,可以用 $F_B(s)$ 表示双边拉氏变换。

下面讨论双边拉氏变换的收敛问题。

例 4-27 设已知函数

$$f(t) = u(t) + e^t u(-t)$$

其波形如图 4-56(a)所示。试确定 $f(t)$ 双边拉氏变换的收敛域。

解 (1)讨论收敛域

取积分

$$\int_{-\infty}^{\infty} f(t) e^{-\sigma t} dt = \int_{-\infty}^{0} e^{(1-\sigma)t} dt + \int_{0}^{\infty} e^{-\sigma t} dt$$

此式右侧第一项积分当 $\sigma < 1$ 时是收敛的,第二项积分当 $\sigma > 0$ 时是收敛的。所以在 $0 < \sigma < 1$ 的范围内,$f(t) e^{-\sigma t}$ 满足收敛条件,对其他 σ 值而言,双边拉氏变换是不存在的。将函数 $f(t)$ 分解为两部分,见图 4-56(b)和 4-56(c),分别示出了它们相应的收敛域如图 4-56(d)~4-56(f)所示。

(2)求双边拉氏变换

$$F_B(s) = \int_{-\infty}^{\infty} f(t) e^{-st} dt$$

$$= \int_{-\infty}^{0} e^{(1-s)t} dt + \int_{0}^{\infty} e^{-st} dt$$

$$= \frac{1}{1-s} + \frac{1}{s} \qquad (0 < \sigma < 1)$$

不难看出,双边拉氏变换的问题可分解为两个类似单边拉氏变换的问题来处理。双边拉氏变换的收敛域一般讲有两个边界,一个边界取决于 $t>0$ 的函数,

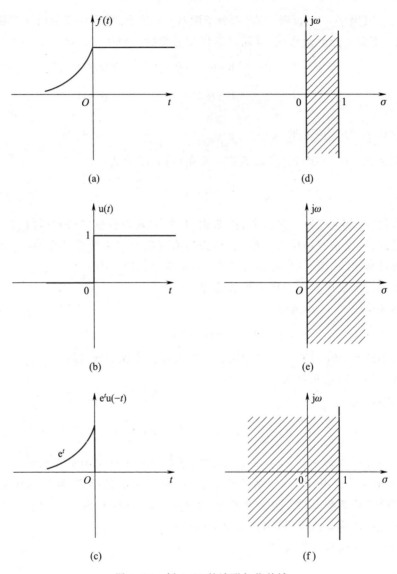

图 4-56   例 4-27 的波形与收敛域

是收敛域的左边界,用 σ_1 表示;另一个边界取决于 $t<0$ 的函数,是收敛域的右边界,用 σ_2 表示。若 $\sigma_1<\sigma_2$,则 $t>0$ 与 $t<0$ 的两个函数有共同的收敛域,双边拉氏变换存在;如果 $\sigma_1\geqslant\sigma_2$,无共同收敛域,双边拉氏变换就不存在。设有函数

$$f(t)=\mathrm{e}^{at}\mathrm{u}(t)+\mathrm{e}^{bt}\mathrm{u}(-t)$$

则其收敛边界为

$$\sigma_1=a,\sigma_2=b$$

也即收敛域落于 $a<\sigma<b$ 的范围之内。如果 $b>a$，则有收敛域，双边拉氏变换存在；若 $b\leqslant a$，则无收敛域，双边拉氏变换不存在。

从例 4-27 的结果还可以看出，在给出某函数的双边拉氏变换式 $F_B(s)$ 时，必须注明其收敛域，如不注明收敛域，在取其逆变换求 $f(t)$ 时将出现混淆。例如，若已知双边拉氏变换为

$$F_B(s)=\frac{1}{1-s}+\frac{1}{s}$$

则对应三种不同可能的收敛域，其逆变换将出现三种可能的函数：

　　若收敛域为　$0<\sigma<1$

$$f_1(t)=u(t)+e^t u(-t)$$

这就是图 4-56(a) 和 4-56(d) 给出的波形与收敛域。

　　若收敛域为　$\sigma>1$

$$f_2(t)=(1-e^t)u(t)$$

其波形与收敛域见图 4-57(a)。

　　若收敛域为　$\sigma<0$

$$f_3(t)=(e^t-1)u(-t)$$

波形与收敛域见图 4-57(b)。

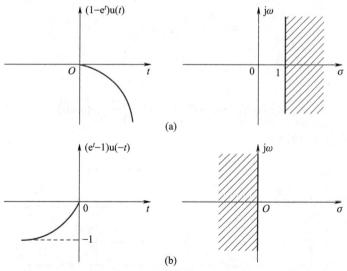

图 4-57　与例 4-27 具有同一变换式的其他两种收敛域和波形

　　这表明，不同的函数在各不相同的收敛域条件之下可能得到同样的双边拉氏变换。

下面考虑用双边拉氏变换求解电路的一个实例。

例 4-28 图 4-58 所示 RC 电路，$-\infty < t < 0$ 时，开关 S 位于"1"端，当 $t = 0$ 时，S 从"1"端转至"2"端，求 $v_C(t)$ 波形。

解 很明显，可将 $t < 0$ 时所加直流电源 E 的作用转换为电路中的起始状态，利用单边拉氏变换求解。现在改用双边拉氏变换进行分析，为此将图 4-58 所示电路改画为图 4-59 (a)，其中激励信号 $e(t)$ 的波形如图 4-59(b) 所示，其表示式为

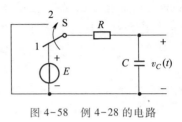

图 4-58 例 4-28 的电路

$$e(t) = Eu(-t)$$

取其双边拉氏变换，注明收敛域

$$E(s) = -\frac{E}{s} \quad (\sigma < 0)$$

借助系统函数关系，容易写出 $v_C(t)$ 的双边拉氏变换表示式

$$V_C(s) = E(s) \cdot \frac{\dfrac{1}{sC}}{R + \dfrac{1}{sC}}$$

$$= -\frac{E}{s} + \frac{E}{s + \dfrac{1}{RC}} \quad \left(-\frac{1}{RC} < \sigma < 0 \right)$$

于是求得

$$v_C(t) = Eu(-t) + Ee^{-\frac{t}{RC}}u(t) \quad \left(-\frac{1}{RC} < \sigma < 0 \right)$$

画出波形如图 4-59(b) 所示。

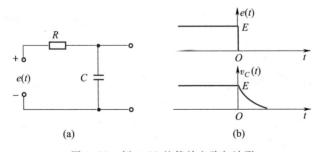

图 4-59 例 4-28 的等效电路与波形

必须注意,在以上分析过程的每一步都应写明变换式的收敛域,否则将导致错误的结果,例如,对于 $V_c(s)$ 表示式,如果将收敛域理解为 $-\dfrac{1}{RC}<\sigma$,则其逆变换成为

$$v_c(t) = -Eu(t) + Ee^{-\frac{t}{RC}}u(t)$$

这是不确切的。

双边拉氏变换在收敛域方面必须考虑一些限制,因而使逆变换的求解比较麻烦,这是它的缺点。双边拉氏变换的优点在于:信号不必限制在 $t>0$ 的范围内,在某些情况下,把所研究的问题从时间为 $-\infty$ 到 ∞ 做统一考虑,可使概念更清楚;此外,双边拉氏变换与傅里叶变换的联系更紧密,为全面理解傅氏变换、拉氏变换以及第八章将要学习的 z 变换之间的区别和联系,有必要对双边拉氏变换的原理有所了解。

4.13   拉普拉斯变换与傅里叶变换的关系

在本章一开始,从傅里叶变换的基本原理引出了拉普拉斯变换的概念。现在,作为这章结束,讨论从拉普拉斯变换求得傅里叶变换的方法。

读者可能会想到这样的问题:能否利用已知某信号的拉氏变换式以"$j\omega$"置换"s"而求得其傅氏变换呢?欲对此作出回答,先来讨论傅里叶变换、双边拉普拉斯变换与单边拉普拉斯变换三者之间的关系。请参看图 4-60 的示意说明。双边拉氏变换的积分限是取 t 从 $-\infty$ 到 ∞,而 $f(t)$ 所乘因子为复指数 e^{-st},$s=\sigma+j\omega$,它涉及全部 s 平面。如果不改变积分限,而是将复指数的 σ 取零值,$s=j\omega$,也即局限于 s 平面的虚轴,则得到傅里叶变换。双边拉氏变换为广义的傅里叶变换。如果不改变双边拉氏变换式中的复指数因子 e^{-st},仍取 $s=\sigma+j\omega$,但将积分限制于 0 到 ∞ 就得到单边拉氏变换。在取傅里叶变换时,若当 $t<0$ 满足函数 $f(t)=0$,并将 $f(t)$ 乘以衰减因子 $e^{-\sigma t}$ 也就成为单边拉氏变换。

如果要从已知的单边拉氏变换求傅氏变换,首先应判明函数 $f(t)$ 为有始信号,即当 $t<0$ 时 $f(t)=0$,然后根据收敛边界的不同,按以下三种情况分别对待。

(1) $\sigma_0>0$(收敛边界落于 s 平面右半边)

这对应于一些增长函数的情况,例如

$$f(t) = e^{at}u(t)$$

其单边拉氏变换为

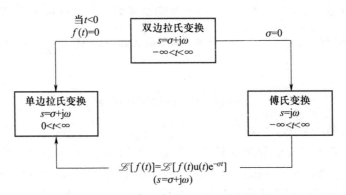

图 4-60 傅氏变换与拉氏变换的区别和联系

$$\mathscr{L}\left[\,e^{at}u(t)\,\right]=\frac{1}{s-a}\quad(\text{收敛域 }\sigma>a)\tag{4-157}$$

函数波形和 s 平面收敛域分别如图 4-61(a) 和 (b) 所示。对于这种情况,依靠 $e^{-\sigma t}$ 因子使增长信号衰减下来得到拉氏变换。显然,它的傅氏变换是不存在的,因而不能盲目地由拉氏变换寻求其傅氏变换。

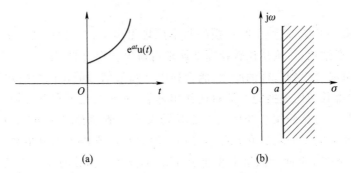

$$(a)\qquad\qquad\qquad(b)$$

图 4-61 与式(4-157)相应的波形及其收敛域

(2) $\sigma_0<0$(收敛边界落于 s 平面左半边)

例如 $$f(t)=e^{-at}u(t)$$

$$\mathscr{L}\left[f(t)\right]=\frac{1}{s+a}\quad(\text{收敛域 }\sigma>-a)\tag{4-158}$$

图 4-62(a) 和 (b) 分别示出了 $f(t)$ 波形以及在 s 平面的收敛域。

这种情况对应衰减函数,它的傅氏变换存在。令其拉氏变换中的 $s=j\omega$ 就可求得它的傅氏变换。例如对于式(4-158)

$$\mathscr{L}\left[e^{-at}u(t)\right]=\frac{1}{s+a}$$

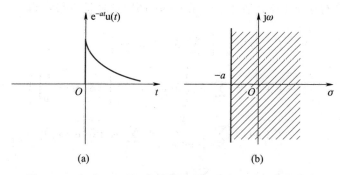

图 4-62　与式(4-158)相应的波形以及在 s 平面的收敛域

$$\mathscr{F}\left[\,\mathrm{e}^{-at}\mathrm{u}(\,t\,)\,\right]=\frac{1}{\mathrm{j}\omega+a}$$

又如

$$\mathscr{L}\left[\,\mathrm{e}^{-\alpha t}\sin(\,\omega_0 t\,)\mathrm{u}(\,t\,)\,\right]=\frac{\omega_0}{(\,s+\alpha\,)^2+\omega_0^2}$$

$$\mathscr{F}\left[\,\mathrm{e}^{-\alpha t}\sin(\,\omega_0 t\,)\mathrm{u}(\,t\,)\,\right]=\frac{\omega_0}{(\,\mathrm{j}\omega+\alpha\,)^2+\omega_0^2}$$

（3）$\sigma_0=0$（收敛边界位于虚轴）

在这种情况下,函数具有拉氏变换,而其傅氏变换也可以存在,但不能简单地将拉氏变换中的 s 代以 $\mathrm{j}\omega$ 来求傅氏变换。在它的傅氏变换中将包括奇异函数项。例如,对于单位阶跃函数有

$$\mathscr{L}\left[\,\mathrm{u}(\,t\,)\,\right]=\frac{1}{s}\quad(\,\sigma>0\,)$$

$$\mathscr{F}\left[\,\mathrm{u}(\,t\,)\,\right]=\frac{1}{\mathrm{j}\omega}+\pi\delta(\,\omega\,)\qquad(4\text{-}159)$$

下面导出收敛边界位于虚轴时拉氏变换与傅氏变换联系的一般关系式,若 $f(t)$ 的拉氏变换式为

$$F(s)=F_a(s)+\sum_{n=1}^{N}\frac{K_n}{s-\mathrm{j}\omega_n}\qquad(4\text{-}160)$$

式中 $F_a(s)$ 的极点位于 s 平面左半边,ω_n 为虚轴上的极点,共有 N 个,K_n 为部分分式分解的系数。容易求得式(4-160)的逆变换为

$$f(t)=f_a(t)+\sum_{n=1}^{N}K_n\mathrm{e}^{\mathrm{j}\omega_n t}\mathrm{u}(\,t\,)\qquad(4\text{-}161)$$

式中 $f_a(t)$ 是对应 $F_a(s)$ 之逆变换。求式(4-161)的傅氏变换可得

$$\mathscr{F}[f(t)] = F_a(\mathrm{j}\omega) + \mathscr{F}\left[\sum_{n=1}^{N} K_n \mathrm{e}^{\mathrm{j}\omega_n t} \mathrm{u}(t)\right]$$

$$= F_a(\mathrm{j}\omega) + \sum_{n=1}^{N} K_n \left\{\delta(\omega-\omega_n) * \left[\pi\delta(\omega) + \frac{1}{\mathrm{j}\omega}\right]\right\}$$

$$= F_a(\mathrm{j}\omega) + \sum_{n=1}^{N} \frac{K_n}{\mathrm{j}(\omega-\omega_n)} + \sum_{n=1}^{N} K_n \pi\delta(\omega-\omega_n)$$

$$= F(s)\Big|_{s=\mathrm{j}\omega} + \sum_{n=1}^{N} K_n \pi\delta(\omega-\omega_n) \qquad (4\text{-}162)$$

利用式(4-162)即可由 $F(s)$ 求得傅氏变换。式中包括两部分,第一部分是将 $F(s)$ 中的 s 以 $\mathrm{j}\omega$ 代入,第二部分为一系列冲激函数之和。

例 4-29　求 $f(t) = \sin(\omega_0 t)\mathrm{u}(t)$ 的傅氏变换和拉氏变换。

解　由表 4-1 容易求出

$$\mathscr{L}[\sin(\omega_0 t)\mathrm{u}(t)] = \frac{\omega_0}{s^2 + \omega_0^2}$$

利用式(4-162)可求出

$$\mathscr{F}[\sin(\omega_0 t)\mathrm{u}(t)] = \frac{\omega_0}{\omega_0^2 - \omega^2} + \mathrm{j}\frac{\pi}{2}[\delta(\omega+\omega_0) - \delta(\omega-\omega_0)]$$

如果 $F(s)$ 具有 $\mathrm{j}\omega$ 轴上的多重极点,对应的傅氏变换式还可能出现冲激函数的各阶导数项。例如,若

$$F(s) = F_a(s) + \frac{K_0}{(s-\mathrm{j}\omega_0)^k}$$

式中 $F_a(s)$ 的极点位于 s 平面左半边,在虚轴上有 k 重 ω_0 的极点,K_0 为系数。此时,可求得

$$\mathscr{F}[f(t)] = F(s)\Big|_{s=\mathrm{j}\omega} + \frac{K_0 \pi \mathrm{j}^{k-1}}{(k-1)!}\delta^{(k-1)}(\omega-\omega_0) \qquad (4\text{-}163)$$

式中 $\delta(\omega-\omega_0)$ 的上角为求 $(k-1)$ 阶导数。

例 4-30　求 $f(t) = t\mathrm{u}(t)$ 的傅氏变换和拉氏变换。

解　由表 4-1 查到

$$F(s) = \frac{1}{s^2}$$

利用式(4-163)求出

$$\mathscr{F}\left[f(t)\right]=-\frac{1}{\omega^{2}}+\mathrm{j}\pi\delta'(\omega)$$

此结果即本书附录二中第 25 号波形的傅氏变换式。

习 题

4-1 求下列函数的拉氏变换。

(1) $1-\mathrm{e}^{-\alpha t}$

(2) $\sin t+2\cos t$

(3) $t\mathrm{e}^{-2t}$

(4) $\mathrm{e}^{-t}\sin(2t)$

(5) $(1+2t)\mathrm{e}^{-t}$

(6) $\left[1-\cos(\alpha t)\right]\mathrm{e}^{-\beta t}$

(7) $t^{2}+2t$

(8) $2\delta(t)-3\mathrm{e}^{-7t}$

(9) $\mathrm{e}^{-\alpha t}\sinh(\beta t)$

(10) $\cos^{2}(\varOmega t)$

(11) $\dfrac{1}{\beta-\alpha}(\mathrm{e}^{-\alpha t}-\mathrm{e}^{-\beta t})$

(12) $\mathrm{e}^{-(t+a)}\cos(\omega t)$

(13) $t\mathrm{e}^{-(t-2)}\mathrm{u}(t-1)$

(14) $\mathrm{e}^{-\frac{t}{a}}f\left(\dfrac{t}{a}\right)$,

设已知 $\mathscr{L}\left[f(t)\right]=F(s)$

(15) $\mathrm{e}^{-at}f\left(\dfrac{t}{a}\right)$,

(16) $t\cos^{3}(3t)$

设已知 $\mathscr{L}\left[f(t)\right]=F(s)$

(17) $t^{2}\cos(2t)$

(18) $\dfrac{1}{t}(1-\mathrm{e}^{-\alpha t})$

(19) $\dfrac{\mathrm{e}^{-3t}-\mathrm{e}^{-5t}}{t}$

(20) $\dfrac{\sin(at)}{t}$

4-2 求下列函数的拉氏变换,考虑能否借助于延时定理。

(1) $f(t)=\begin{cases}\sin(\omega t)&\left(\text{当}\ 0<t<\dfrac{T}{2}\right)\\[2mm]0&(t\ \text{为其他值})\end{cases}$

$T=\dfrac{2\pi}{\omega}$

(2) $f(t)=\sin(\omega t+\varphi)$

4-3 求下列函数的拉氏变换,注意阶跃函数的跳变时间。

(1) $f(t)=\mathrm{e}^{-t}\mathrm{u}(t-2)$

(2) $f(t)=\mathrm{e}^{-(t-2)}\mathrm{u}(t-2)$

(3) $f(t) = e^{-(t-2)} u(t)$

(4) $f(t) = \sin(2t) \cdot u(t-1)$

(5) $f(t) = (t-1)[u(t-1) - u(t-2)]$

4-4　求下列函数的拉普拉斯逆变换。

(1) $\dfrac{1}{s+1}$

(2) $\dfrac{4}{2s+3}$

(3) $\dfrac{4}{s(2s+3)}$

(4) $\dfrac{1}{s(s^2+5)}$

(5) $\dfrac{3}{(s+4)(s+2)}$

(6) $\dfrac{3s}{(s+4)(s+2)}$

(7) $\dfrac{1}{s^2+1}+1$

(8) $\dfrac{1}{s^2-3s+2}$

(9) $\dfrac{1}{s(RCs+1)}$

(10) $\dfrac{1-RCs}{s(1+RCs)}$

(11) $\dfrac{\omega}{(s^2+\omega^2)} \cdot \dfrac{1}{(RCs+1)}$

(12) $\dfrac{4s+5}{s^2+5s+6}$

(13) $\dfrac{100(s+50)}{(s^2+201s+200)}$

(14) $\dfrac{(s+3)}{(s+1)^3(s+2)}$

(15) $\dfrac{A}{s^2+K^2}$

(16) $\dfrac{1}{(s^2+3)^2}$

(17) $\dfrac{s}{(s+a)[(s+\alpha)^2+\beta^2]}$

(18) $\dfrac{s}{(s^2+\omega^2)[(s+\alpha)^2+\beta^2]}$

(19) $\dfrac{e^{-s}}{4s(s^2+1)}$

(20) $\ln\left(\dfrac{s}{s+9}\right)$

4-5　分别求下列函数的逆变换的初值与终值。

(1) $\dfrac{(s+6)}{(s+2)(s+5)}$

(2) $\dfrac{(s+3)}{(s+1)^2(s+2)}$

4-6　题图 4-6 所示电路，$t=0$ 以前，开关 S 闭合，已进入稳定状态；$t=0$ 时，开关打开，求 $v_r(t)$ 并讨论 R 对波形的影响。

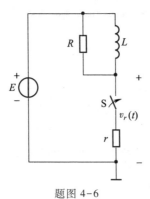

题图 4-6

4-7 题图4-7所示电路,$t=0$时,开关S闭合,求$v_C(t)$。

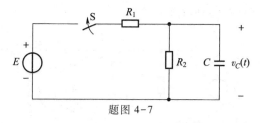

题图 4-7

4-8 题图4-8所示RC分压器,$t=0$时,开关S闭合,接入直流电压E,求$v_2(t)$并讨论以下三种情况的结果。

(1) $R_1C_1 = R_2C_2$ (2) $R_1C_1 > R_2C_2$

(3) $R_1C_1 < R_2C_2$

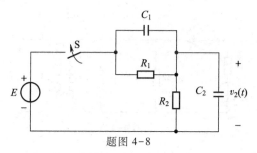

题图 4-8

4-9 题图4-9所示RLC电路$t=0$时开关S闭合,求电流$i(t)$ $\left(已知\dfrac{1}{2RC} < \dfrac{1}{\sqrt{LC}}\right)$。

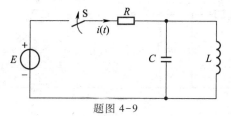

题图 4-9

4-10 求题图4-10所示电路的系统函数$H(s)$和冲激响应$h(t)$,设激励信号为电压$e(t)$、响应信号为电压$r(t)$。

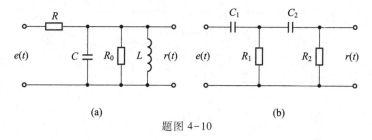

(a)   (b)

题图 4-10

4-11 电路如题图 4-11 所示，$t=0$ 以前开关位于"1"，电路已进入稳定状态，$t=0$ 时开关从"1"倒向"2"，求电流 $i(t)$ 的表示式。

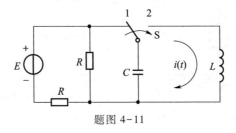

题图 4-11

4-12 电路如题图 4-12 所示，$t=0$ 以前电路元件无储能，$t=0$ 时开关闭合，求电压 $v_2(t)$ 的表示式和波形。

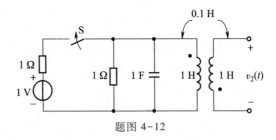

题图 4-12

4-13 分别写出题图 4-13(a) ~ (c) 所示电路的系统函数 $H(s) = \dfrac{V_2(s)}{V_1(s)}$。

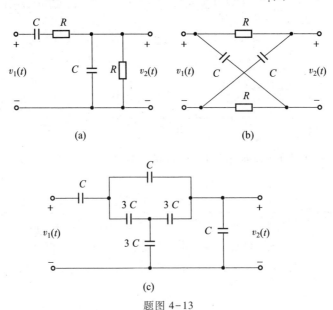

(a)　　　　　　　　(b)

(c)

题图 4-13

4-14 试求题图 4-14 所示互感电路的输出信号 $v_R(t)$。假设输入信号 $e(t)$ 分别为以下两种情况：

（1）冲激信号　$e(t)=\delta(t)$；

（2）阶跃信号　$e(t)=u(t)$。

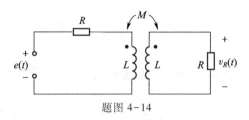

题图 4-14

4-15 激励信号 $e(t)$ 波形如题图 4-15(a) 所示，电路如题图 4-15(b) 所示，起始时刻 L 中无储能，求 $v_2(t)$ 的表示式和波形。

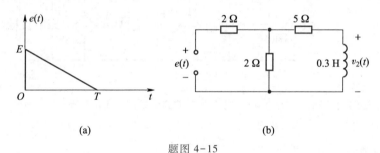

(a)　　　　　　　　　　　　　(b)

题图 4-15

4-16 电路如题图 4-16 所示，注意图中 $kv_2(t)$ 是受控源。

（1）试求系统函数 $H(s)=\dfrac{V_3(s)}{V_1(s)}$；

（2）若 $k=2$，求冲激响应。

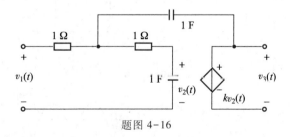

题图 4-16

4-17 在题图 4-17 所示电路中，$C_1=1\text{ F}$，$C_2=2\text{ F}$，$R=2\text{ Ω}$，起始条件 $v_{C1}(0_-)=E$，方向如图示，$t=0$ 时开关闭合。

（1）求电流 $i_1(t)$；

（2）讨论 $t=0_-$ 与 $t=0_+$ 瞬间，电容 C_2 两端电荷发生的变化。

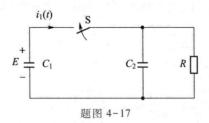

题图 4-17

4-18 题图 4-18 所示电路中有三个受控源,求系统函数 $H(s) = \dfrac{E_o(s)}{E_i(s)}$。

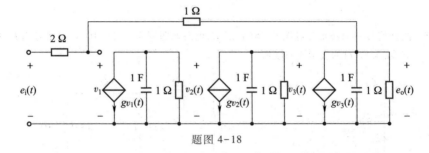

题图 4-18

4-19 因果周期信号 $f(t) = f(t)u(t)$,周期为 T,若第一周期时间信号为 $f_1(t) = f(t) \cdot [u(t) - u(t-T)]$,它的拉氏变换为 $\mathscr{L}[f_1(t)] = F_1(s)$,求 $\mathscr{L}[f(t)] = F(s)$ 表达式。

$\left(\text{提示:可借助级数性质} \displaystyle\sum_{n=0}^{\infty} a^n = \dfrac{1}{1-a} \text{化简。}\right)$

4-20 求题图 4-20 所示周期矩形脉冲和正弦全波整流脉冲的拉氏变换(利用上题结果)。

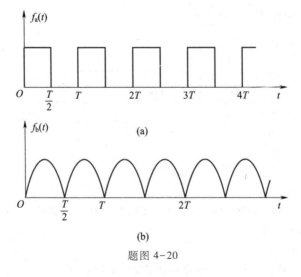

(a)

(b)

题图 4-20

4-21 将连续信号 $f(t)$ 以时间间隔 T 进行冲激抽样得到 $f_s(t) = f(t)\delta_T(t)$，$\delta_T(t) = \sum\limits_{n=0}^{\infty} \delta(t-nT)$。

（1）求抽样信号的拉氏变换 $\mathscr{L}[f_s(t)]$；

（2）若 $f(t) = e^{-at}u(t)$，求 $\mathscr{L}[f_s(t)]$。

4-22 当 $F(s)$ 极点（一阶）落于题图 4-22 所示 s 平面图中各方框所处位置时，画出对应的 $f(t)$ 波形（填入方框中）。图中给出了示例，此例极点实部为正，波形是增长振荡。

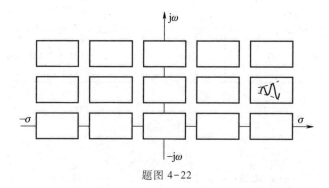

题图 4-22

4-23 求题图 4-23 所示各网络的策动点阻抗函数，在 s 平面示出其零、极点分布。若激励电压为冲激函数 $\delta(t)$，求其响应电流的波形。

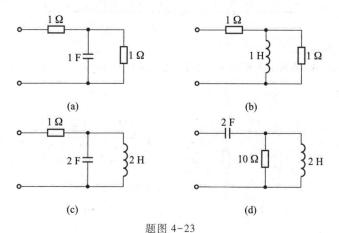

(a)   (b)

(c)   (d)

题图 4-23

4-24 求题图 4-24 所示各网络的电压传输函数 $H(s) = \dfrac{V_2(s)}{V_1(s)}$，在 s 平面示出其零、极点分布，若激励信号 $v_1(t)$ 为冲激函数 $\delta(t)$，求响应 $v_2(t)$ 的波形。

4-25 写出题图 4-25 所示梯形网络的策动点阻抗函数 $Z(s) = \dfrac{V_1(s)}{I_1(s)}$，图中串臂（横接）的符号 Z 表示其阻抗，并臂（纵接）的符号 Y 表示其导纳。

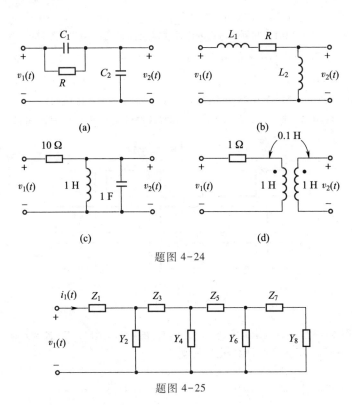

题图 4-24

题图 4-25

4-26 写出题图 4-26 所示各梯形网络的电压传输函数 $H(s) = \dfrac{V_2(s)}{V_1(s)}$，在 s 平面示出其零、极点分布。

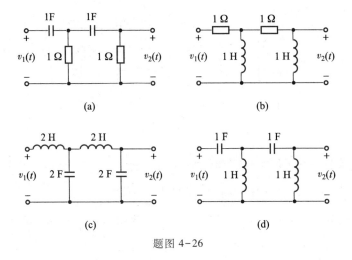

题图 4-26

4-27 已知激励信号为 $e(t)=\mathrm{e}^{-t}$,零状态响应为 $r(t)=\dfrac{1}{2}\mathrm{e}^{-t}-\mathrm{e}^{-2t}+2\mathrm{e}^{3t}$,求此系统的冲激响应 $h(t)$。

4-28 已知系统阶跃响应为 $g(t)=1-\mathrm{e}^{-2t}$,为使其响应为 $r(t)=1-\mathrm{e}^{-2t}-t\mathrm{e}^{-7t}$,求激励信号 $e(t)$。

4-29 题图 4-29 所示网络中,$L=2\mathrm{~H}$,$C=0.1\mathrm{~F}$,$R=10\mathrm{~\Omega}$。

(1) 写出电压传输函数 $H(s)=\dfrac{V_2(s)}{E(s)}$;

(2) 画出 s 平面零、极点分布;

(3) 求冲激响应、阶跃响应。

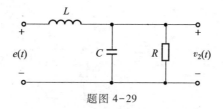

题图 4-29

4-30 若在题图 4-30 所示电路中,接入 $e(t)=40(\sin t)\mathrm{u}(t)$,求 $v_2(t)$,指出其中的自由响应与强迫响应。

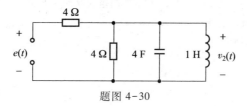

题图 4-30

4-31 如题图 4-31 所示电路:

(1) 若初始无储能,信号源为 $i(t)$,为求 $i_1(t)$(零状态响应),列写传输函数 $H(s)$;

(2) 若初始状态以 $i_1(0)$,$v_2(0)$ 表示(都不等于零),但 $i(t)=0$(开路),求 $i_1(t)$(零输入响应)。

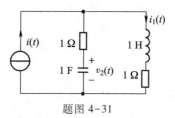

题图 4-31

4-32 如题图 4-32 所示电路:

(1) 写出电压传输函数 $H(s)=\dfrac{V_o(s)}{E(s)}$;

（2）若激励信号 $e(t) = \cos(2t) \cdot \mathrm{u}(t)$，为使响应中正弦稳态分量为零，求 LC 约束；

（3）若 $R = 1\ \Omega, L = 1\ \mathrm{H}$，按第（2）问条件，求 $v_\mathrm{o}(t)$。

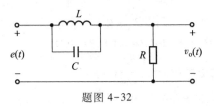

题图 4-32

4-33 题图 4-33 所示电路，若激励信号 $e(t) = (3\mathrm{e}^{-2t} + 2\mathrm{e}^{-3t})\mathrm{u}(t)$，求响应 $v_2(t)$ 并指出响应中的强迫分量、自由分量、瞬态分量与稳态分量。

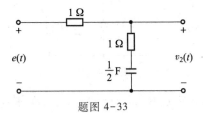

题图 4-33

4-34 若激励信号 $e(t)$ 为题图 4-34(a) 所示周期矩形脉冲，$e(t)$ 施加于题图 4-34(b) 所示电路，研究响应 $v_\mathrm{o}(t)$ 之特点。已求得 $v_\mathrm{o}(t)$ 由瞬态响应 $v_\mathrm{ot}(t)$ 和稳态响应 $v_\mathrm{os}(t)$ 两部分组成，其表达式分别为

$$v_\mathrm{ot}(t) = -\frac{E(1-\mathrm{e}^{-\alpha\tau})}{1-\mathrm{e}^{\alpha T}} \cdot \mathrm{e}^{-\alpha t}$$

$$v_\mathrm{os}(t) = \sum_{n=0}^{\infty} v_\mathrm{os1}(t-nT)\left\{\mathrm{u}(t-nT) - \mathrm{u}[t-(n+1)T]\right\}$$

其中 $v_\mathrm{os1}(t)$ 为 $v_\mathrm{os}(t)$ 第一周期的信号

$$v_\mathrm{os1}(t) = E\left[1 - \frac{1-\mathrm{e}^{-\alpha(T-\tau)}}{1-\mathrm{e}^{-\alpha T}}\mathrm{e}^{-\alpha t}\right]\mathrm{u}(t) - E\left[1 - \mathrm{e}^{-\alpha(t-\tau)}\right]\mathrm{u}(t-\tau)$$

（1）画出 $v_\mathrm{o}(t)$ 波形，从物理概念讨论波形特点；

（2）试用拉氏变换方法求出上述结果；

（3）系统函数极点分布和激励信号极点分布对响应结果特点有何影响？

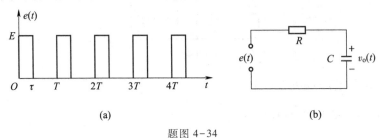

(a)   (b)

题图 4-34

4-35 已知系统函数的零、极点分布如题图 4-35 所示,此外 $H(\infty)=5$,写出系统函数表示式 $H(s)$。

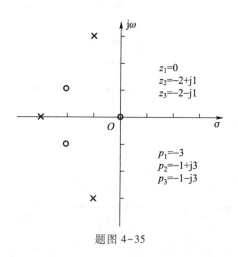

$z_1=0$
$z_2=-2+j1$
$z_3=-2-j1$

$p_1=-3$
$p_2=-1+j3$
$p_3=-1-j3$

题图 4-35

4-36 已知系统函数 $H(s)$ 的极点位于 $s=-3$ 处,零点在 $s=-a$,且 $H(\infty)=1$。此网络的阶跃响应中,包含一项为 $K_1\mathrm{e}^{-3t}$。若 a 从 0 变到 5,讨论相应的 K_1 如何随之改变。

4-37 已知题图 4-37(a)所示网络的入端阻抗 $Z(s)$ 表示式为

$$Z(s)=\frac{K(s-z_1)}{(s-p_1)(s-p_2)}$$

(1) 写出以元件参数 R,L,C 表示的零、极点 z_1,p_1,p_2 的位置。

(2) 若 $Z(s)$ 零、极点分布如题图 4-37(b)所示,且 $Z(j0)=1$,求 R,L,C 值。

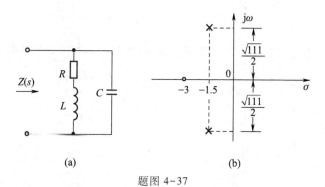

(a)   (b)

题图 4-37

4-38 给定 $H(s)$ 的零、极点分布如题图 4-38 所示,令 s 沿 $j\omega$ 轴移动,由矢量因子的变化分析频响特性,粗略绘出幅频与相频曲线。

4-39 若 $H(s)$ 零、极点分布如题图 4-39 所示,试讨论它们分别是哪种滤波网络(低通、高通、带通、带阻)。

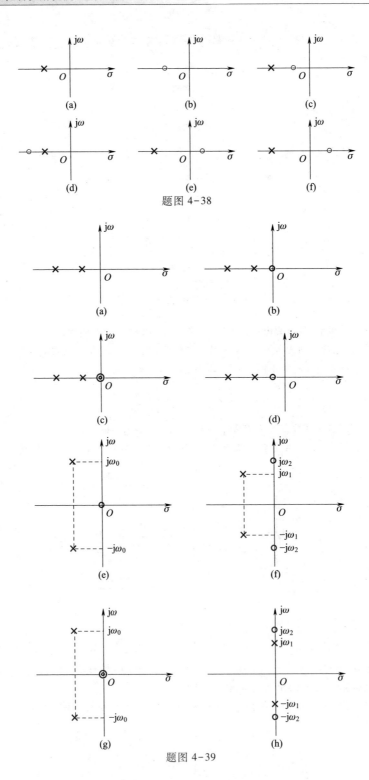

题图 4-38

题图 4-39

4-40　写出题图 4-40 所示网络的电压传输函数 $H(s) = \dfrac{V_2(s)}{V_1(s)}$，讨论其幅频响应特性可能为

何种类型。

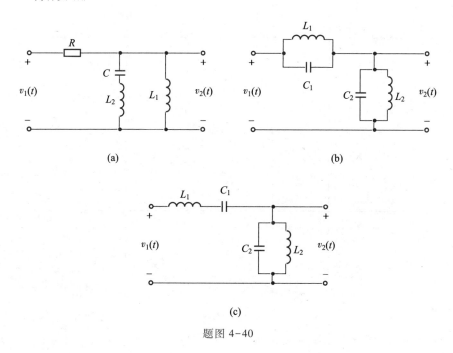

題图 4-40

4-41　题图 4-41 所示格形网络，写出它的电压传输函数 $H(s) = \dfrac{V_2(s)}{V_1(s)}$，画出 s 平面零、极点分

布图，讨论它是否为全通网络。

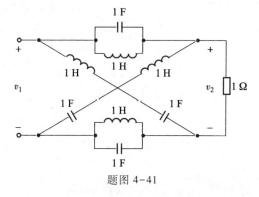

題图 4-41

4-42　题图 4-42 所示几幅 s 平面零、极点分布图，分别指出它们是否为最小相移网络函数。

如果不是，是否应由零、极点如何分布的最小相移网络和全通网络来组合？

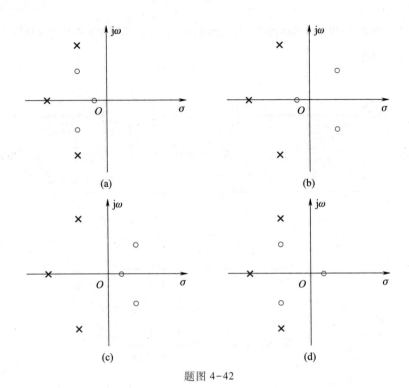

题图 4-42

4-43 题图 4-43 所示电路,虚框中是 $1:1:1$ 的理想变压器,激励信号为 $v_1(t)$,响应取 $v_2(t)$,写出电压传输函数 $H(s) = \dfrac{V_2(s)}{V_1(s)}$,画出零、极点分布图,指出是否为全通网络。

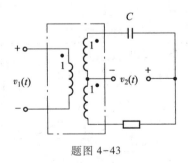

题图 4-43

4-44 题图 4-44 所示格形网络,写出电压传输函数 $H(s) = \dfrac{V_2(s)}{V_1(s)}$ 。设 $C_1 R_1 < C_2 R_2$,在 s 平面示出 $H(s)$ 零、极点分布,指出是否为全通网络。在网络参数满足什么条件下才能构成全通网络?

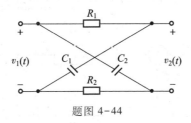

题图 4-44

4-45 题图 4-45 所示反馈系统,回答下列各问:

(1) 写出 $H(s) = \dfrac{V_2(s)}{V_1(s)}$;

(2) K 满足什么条件时系统稳定?

(3) 在临界稳定条件下,求系统冲激响应 $h(t)$。

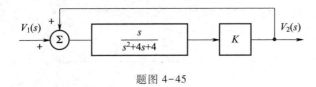

题图 4-45

4-46 题图 4-46 所示反馈电路,其中 $Kv_2(t)$ 是受控源。

(1) 求电压传输函数 $H(s) = \dfrac{V_o(s)}{V_1(s)}$;

(2) K 满足什么条件时系统稳定?

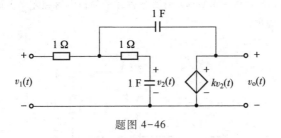

题图 4-46

4-47 题图 4-47 所示反馈系统,其中 $K = \dfrac{\beta Z(s)}{R_i}$。$\beta$,$R_i$ 以及 F 都为常数

$$Z(s) = \dfrac{s}{C\left(s^2 + \dfrac{G}{C}s + \dfrac{1}{LC}\right)}$$

写出系统函数 $H(s) = \dfrac{V_2(s)}{V_1(s)}$,求极点的实部等于零的条件(产生自激振荡)。讨论系统

出现稳定、不稳定以及临界稳定的条件,在 s 平面示意绘出这三种情况下的极点分布图。

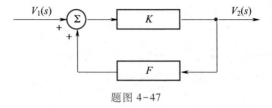

题图 4-47

4-48 电路如题图 4-48 所示,为保证稳定工作,求放大器放大系数 A 的变化范围。设放大器输入阻抗为无限大,输出阻抗等于零。

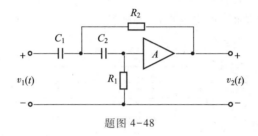

题图 4-48

4-49 题图 4-49 示出互感电路;激励信号为 $v_1(t)$,响应为 $v_2(t)$。

(1) 从物理概念说明此系统是否稳定;

(2) 写出系统传输函数 $H(s) = \dfrac{V_2(s)}{V_1(s)}$;

(3) 求 $H(s)$ 极点,电路参数满足什么条件才能使极点落在左半平面?此条件实际上是否能满足?

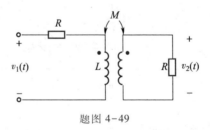

题图 4-49

4-50 已知信号表示式为

$$f(t) = e^{at}u(-t) + e^{-at}u(t)$$

式中 $a > 0$,试求 $f(t)$ 的双边拉氏变换,给出收敛域。

4-51 在 2.9 节利用时域卷积方法分析了通信系统多径失真的消除原理,在此,借助拉氏变换方法研究同一个问题。从以下分析可以看出利用系统函数 $H(s)$ 的概念可以比较直

观、简便地求得同样的结果。按 2.9 节式(2-77)已知

$$r(t) = e(t) + ae(t-T)$$

(1) 对上式取拉氏变换,求回波系统的系统函数 $H(s)$;

(2) 令 $H(s)H_i(s)=1$,设计一个逆系统,先求它的系统函数 $H_i(s)$;

(3) 再取 $H_i(s)$ 的逆变换得到此逆系统的冲激响应 $h_i(t)$,它应当与第二章 2.9 节的结果一致。

5.1 ____ 引言

傅里叶变换应用于通信系统有着久远的历史和宽阔的范围,现代通信系统的发展处处伴随着傅里叶变换方法的精心运用。本章初步介绍这些应用中最主要的几个方面——滤波、调制和抽样。这是前两章基本内容的继续深入。

为了进一步研究系统的滤波特性,首先要引出傅里叶变换形式的系统函数。在第四章,利用拉氏变换形式的系统函数 $H(s)$ 使系统激励与响应的关系式由卷积简化为乘法运算

$$r(t) = h(t) * e(t)$$
$$R(s) = H(s)E(s)$$

这种转换关系同样可用于傅里叶变换。

设 $R(\omega), H(\omega), E(\omega)$ 分别表示 $r(t), h(t), e(t)$ 的傅里叶变换,即

$$\mathscr{F}[r(t)] = R(\omega)$$
$$\mathscr{F}[h(t)] = H(\omega)$$
$$\mathscr{F}[e(t)] = E(\omega)$$

引用傅里叶变换的时域卷积定理即可得出

$$R(\omega) = H(\omega)E(\omega) \tag{5-1}$$

这里,$H(\omega)$ 也称为系统函数,但以傅里叶变换形式给出。

如果把 $r(t), h(t), e(t)$ 的傅里叶变换式改用符号 $R(j\omega), H(j\omega), E(j\omega)$ 表示,就可得到

$$R(j\omega) = H(j\omega)E(j\omega) \tag{5-2}$$

这里的系统函数写作 $H(j\omega)$。显然,式(5-1)与式(5-2),只是函数变量表示形式不同。在式(5-1)中,把"j"隐含于复函数 R, H, E 之中。为便于与拉氏变换联系,式(5-2)可作如下解释,对于稳定的(不包括临界稳定的)因果系统,将 $H(s)$ 表示式中的变量 s 以 $j\omega$ 取代,即可写出 $H(j\omega)$。

与拉普拉斯变换方法类似,利用式(5-2)给出的傅里叶分析方法同样可以

解决求线性系统对激励信号的零状态响应问题。从物理概念来说,如果激励信号的频谱密度函数为 $E(j\omega)$,则响应的频谱密度函数便是 $H(j\omega)E(j\omega)$。系统改变了激励信号的频谱。系统的功能是对信号各频率分量进行加权,某些频率分量增强,而另一些分量则相对削弱或不变。而且,每个频率分量在传输过程中都产生各自的相位移。这种改变的规律完全由系统函数 $H(j\omega)$ 决定,$H(j\omega)$ 是一个加权函数,把频谱密度为 $E(j\omega)$ 的信号改造为 $R(j\omega)=H(j\omega)E(j\omega)$ 的响应信号。实际上,对于任意激励信号的傅里叶分解可以看作无穷多项 $e^{j\omega t}$ 信号的叠加(或无穷多项正弦分量的叠加),把这些分量作用于系统所得的响应取和(逆变换的积分式),即可给出完整的响应信号。

这种观点同样可用于解释拉氏变换方法。在那里,信号被分解为复指数函数 e^{st} 的叠加。

概括讲,在线性时不变系统的分析中,无论时域、频域、复频域的方法都可按信号分解、求响应再叠加的原则来处理。

从 5.2 节到 5.6 节将利用 $H(j\omega)$ 建立信号经线性系统传输的一些重要概念,包括无失真传输条件、理想滤波器模型以及系统的物理可实现条件等。着重系统滤波特性的理论分析,关于设计的一些实际问题将在第十章以及后续课程中讨论。

在 3.7 节,作为傅里叶变换的一个性质曾引出调制的概念,5.7 节将从组成通信系统的角度研究调制和解调的原理与实现。5.8 节研究带通系统的运用,包括调制信号经带通传输以及频率窗函数两方面的问题,后者具有重要的理论意义。以 3.11 节抽样定理为基础,5.9 节和 5.10 节研究抽样信号的传输与恢复,初步了解数字通信系统的原理与特点。调制和抽样理论最重要的贡献是运用这些理论构成了频分复用与时分复用通信系统。最后两节着重讨论时分复用和频分复用的原理,初步认识多路复用技术在现代通信系统中占有的重要地位;同时,我们将运用傅里叶变换的基本理论介绍有关电信网络的初步知识。

5.2　利用系统函数 $H(j\omega)$ 求响应

在 4.8 节式(4-111)曾利用符号 $H(j\omega)$ 描述正弦稳态响应的频响特性,在那里 $\mathcal{L}[h(t)]=H(s),H(s)\big|_{s=j\omega}=H(j\omega)$。现在直接定义符号 $H(j\omega)$ 为系统冲激响应 $h(t)$ 的傅里叶变换,即 $\mathcal{F}[h(t)]=H(j\omega)$。根据 4.13 节关于傅里叶变换与拉普拉斯变换的比较可知,当 $H(s)$ 在虚轴上及右半平面无极点时以上两种计算结果才相等,这时有

$$\mathscr{F}[h(t)] = H(j\omega) = H(s)\Big|_{s=j\omega}$$

也即,对于 $H(s)$ 在虚轴上有极点的系统两者不等,下面给出这种情况的实例。

例 5-1 对于图 5-1 所示电容模型,输入为电流源电流,输出为电容两端电压,求冲激响应 $h(t)$、系统函数 $H(s)$,$H(j\omega)$。

图 5-1 例 5-1 的电路

解 令输入信号 $i(t) = \delta(t)$,求出 $v(t)$ 即 $h(t)$:

$$h(t) = v(t) = \frac{1}{C}\int i(t)\,\mathrm{d}t = \frac{1}{C}\,\mathrm{u}(t)$$

$$H(s) = \mathscr{L}[h(t)] = \frac{1}{sC}$$

$$H(j\omega) = \mathscr{F}[h(t)] = \frac{1}{C}\left[\frac{1}{j\omega} + \pi\delta(\omega)\right]$$

如果利用 $H(s)$ 求正弦稳态频响,则有

$$H(j\omega) = H(s)\Big|_{s=j\omega} = \frac{1}{j\omega C}$$

显然,两种方法求得的结果并不相等。严格讲,这里宜选用第二种符号,考虑到 $H(s)$ 在虚轴无极点的情况(稳定系统)更为普遍,在许多文献和著作中对以上两种情况都采用同一符号 $H(j\omega)$ 表示,本书遵从这一习惯。然而,在求解电路响应时需要针对具体问题考虑 $H(j\omega)$ 的确切含义。

下面的例子研究利用 $H(j\omega) = \mathscr{F}[h(t)]$ 求系统对非周期信号的响应。

例 5-2 图 5-2(a)所示 RC 低通网络,在输入端 1-1′ 加入矩形脉冲 $v_1(t)$ 如图 5-2(b)所示,利用傅里叶分析方法求 2-2′ 端电压 $v_2(t)$。

解 利用 $H(s)$ 或从 $h(t)$ 容易求得

$$H(j\omega) = \frac{\dfrac{1}{RC}}{j\omega + \dfrac{1}{RC}}$$

引用符号 $\alpha = \dfrac{1}{RC}$ 得到

$$H(j\omega) = \frac{\alpha}{\alpha + j\omega}$$

激励信号 $v_1(t)$ 的傅里叶变换式为

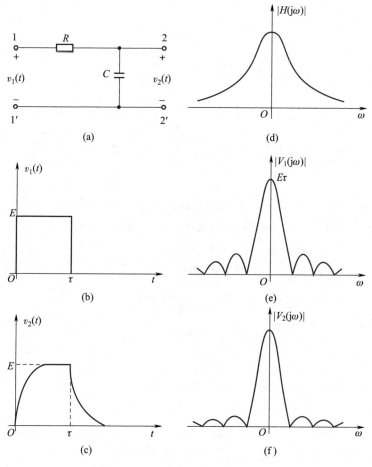

图 5-2　矩形脉冲通过 RC 低通网络

$$V_1(j\omega) = \frac{E}{j\omega}(1 - e^{-j\omega\tau}) = E\tau \frac{\sin\left(\dfrac{\omega\tau}{2}\right)}{\left(\dfrac{\omega\tau}{2}\right)} e^{-j\frac{\omega\tau}{2}} \qquad (5-3)$$

引用式（5-2）求得响应 $v_2(t)$ 的傅里叶变换

$$V_2(j\omega) = H(j\omega) V_1(j\omega)$$

$$= \frac{\alpha}{\alpha + j\omega} \left[\frac{E\tau \sin\left(\dfrac{\omega\tau}{2}\right)}{\dfrac{\omega\tau}{2}} \right] e^{-j\frac{\omega\tau}{2}}$$

$$= |V_2(j\omega)| e^{j\varphi_2(\omega)}$$

其中

$$|V_2(j\omega)| = \frac{2\alpha E \left| \sin\left(\dfrac{\omega\tau}{2}\right) \right|}{\omega\sqrt{\alpha^2+\omega^2}} \tag{5-4}$$

$$\varphi_2(\omega) = \begin{cases} -\left[\dfrac{\omega\tau}{2}+\arctan\left(\dfrac{\omega}{\alpha}\right)\right] & \left[\dfrac{4n\pi}{\tau} < |\omega| < \dfrac{2(2n+1)\pi}{\tau}\right] \\[4mm] -\left[\dfrac{\omega\tau}{2}+\arctan\left(\dfrac{\omega}{\alpha}\right)\right] \mp \pi & \left[\dfrac{2(2n+1)\pi}{\tau} < |\omega| < \dfrac{2(2n+2)\pi}{\tau}\right] \end{cases}$$
$$(n=0,1,2,\cdots) \tag{5-5}$$

利用式(5-4)与式(5-5)可以分别描绘响应的幅度谱与相位谱。

为便于进行递变换以求得 $v_2(t)$ 波形,把 $V_2(j\omega)$ 表示式写作

$$\begin{aligned} V_2(j\omega) &= \frac{\alpha}{\alpha+j\omega} \cdot \frac{E}{j\omega}(1-e^{-j\omega\tau}) \\ &= E\left(\frac{1}{j\omega}-\frac{1}{\alpha+j\omega}\right)(1-e^{-j\omega\tau}) \\ &= \frac{E}{j\omega}(1-e^{-j\omega\tau}) - \frac{E}{\alpha+j\omega}(1-e^{-j\omega\tau}) \end{aligned} \tag{5-6}$$

于是有

$$\begin{aligned} v_2(t) &= E[u(t)-u(t-\tau)] - E[e^{-\alpha t}u(t)-e^{-\alpha(t-\tau)}u(t-\tau)] \\ &= E(1-e^{-\alpha t})u(t) - E[1-e^{-\alpha(t-\tau)}]u(t-\tau) \end{aligned} \tag{5-7}$$

$v_2(t)$ 的波形如图 5-2(c)所示。图 5-2(d)~(f)则分别绘出了上述各傅里叶变换式的幅频特性曲线 $|H(j\omega)|$,$|V_1(j\omega)|$,$|V_2(j\omega)|$。由图 5-2 可见,输入信号频谱的高频分量比起低频分量受到较严重的衰减。输出信号的频谱密度函数为 $H(j\omega)$ 与 $V_1(j\omega)$ 的乘积,于是幅度谱为 $|V_2(j\omega)| = |H(j\omega)V_1(j\omega)|$,即式(5-4)。显然,输出信号的波形与输入相比产生了失真,这表现在输出波形上升和下降特性上。输入信号在 $t=0$ 时刻急剧上升,在 $t=\tau$ 时刻急剧下降,这种急速变化意味着有很高的频率分量。由于网络不允许高频分量通过,输出电压不能迅速变化,于是不再表现为矩形脉冲,而是以指数规律逐渐上升和下降。如果减小滤波器的 RC 时间常数,则此低通带宽增加,允许更多的高频分量通过,响应波形的上升、下降时间就要缩短。当然,系统函数相频特性也要影响到响应波形的变化,但在本例中,主要是幅频特性的影响,这里暂不讨论相频特性,有关相频特性的说明将在 5.3 节专门研究。

从以上分析可以看出,利用傅里叶变换形式的系统函数 $H(j\omega)$ 从频谱改变的观点解释了激励与响应波形的差异,物理概念比较清楚,但求解过程不如拉普

拉斯变换方法简便。傅里叶分析求逆变换的过程比较烦琐,此外,在正变换式中可能包含 $\delta(\omega)$ 项,在运算过程中增加麻烦。因此,在求解一般非周期信号作用于具体电路的响应时,用 $H(s)$ 更方便,很少利用 $H(j\omega)$。引出 $H(j\omega)$ 的重要意义在于研究信号传输的基本特性、建立滤波器的基本概念并理解频响特性的物理意义,以下两节研究这方面的问题。这些理论内容在信号传输和滤波器设计等实际问题中具有十分重要的指导意义。

5.3 _____ 无失真传输

一般情况下,系统的响应波形与激励波形不相同,信号在传输过程中将产生失真。

线性系统引起的信号失真由两方面因素造成,一是系统对信号中各频率分量幅度产生不同程度的衰减,使响应各频率分量的相对幅度产生变化,引起幅度失真,这正如前节指出。另一是系统对各频率分量产生的相移不与频率成正比,使响应的各频率分量在时间轴上的相对位置产生变化,引起相位失真,这方面的问题前面未作研究,本节将结合实例讨论。

必须指出,线性系统的幅度失真与相位失真都不产生新的频率分量。而对于非线性系统则由于其非线性特性对于所传输信号产生非线性失真,非线性失真可能产生新的频率分量。现在只研究有关线性系统的幅度失真和相位失真问题。

在实际应用中,有时需要有意识地利用系统进行波形变换,这时必然产生失真。然而在某些情况下,则希望传输过程中信号失真最小。现在研究无失真传输的条件。

所谓无失真是指响应信号与激励信号相比,只是大小与出现的时间不同,而无波形上的变化。设激励信号为 $e(t)$,响应信号为 $r(t)$,无失真传输的条件是

$$r(t) = Ke(t-t_0) \tag{5-8}$$

式中 K 是一常数,t_0 为滞后时间。满足此条件时,$r(t)$ 波形是 $e(t)$ 波形经 t_0 时间的滞后,虽然,幅度方面有系数 K 倍的变化,但波形形状不变,举例示意于图 5-3。

下面讨论为满足式(5-8),实现无失真传输,对系统函数 $H(j\omega)$ 应提出怎样的要求。

设 $r(t)$ 与 $e(t)$ 的傅里叶变换式分别为 $R(j\omega)$ 与 $E(j\omega)$。借助傅里叶变换的延时定理,从式(5-8)可以写出

$$R(j\omega) = KE(j\omega)e^{-j\omega t_0} \tag{5-9}$$

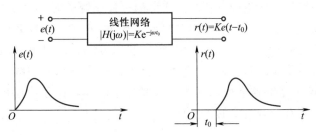

图 5-3   线性网络的无失真传输

此外还有

$$R(j\omega) = H(j\omega)E(j\omega)$$

所以,为满足无失真传输应有

$$H(j\omega) = Ke^{-j\omega t_0} \tag{5-10}$$

　　式(5-10)就是对于系统的频率响应特性提出的无失真传输条件。欲使信号在通过线性系统时不产生任何失真,必须在信号的全部频带内,要求系统频率响应的幅频特性是一常数,相频特性是一通过原点的直线。如图 5-4 所示,图中幅频特性的常数为 K,相频特性的斜率为 $-t_0$。

　　式(5-10)或图 5-4 的要求可以从物理概念上得到直观的解释。由于系统函数的幅度 $|H(j\omega)|$ 为常数 K,响应中各频率分量幅度的相对大小将与激励信号的情况一样,因而没有幅度失真。要保证没有相位失真,必须使响应中各频率分量与激励中各对应分量滞后同样的时间,这一要求反映到相频特性是一条通过原点的直线。下面举例说明。

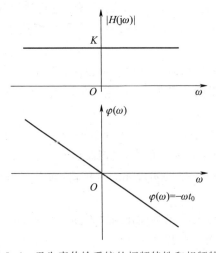

图 5-4   无失真传输系统的幅频特性和相频特性

设激励信号 $e(t)$ 波形如图 5-5(a)所示。它由基波与二次谐波两个频率分量组成,表示式为

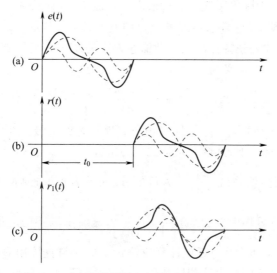

图 5-5 无失真传输与有相位失真传输波形比较

$$e(t) = E_1 \sin(\omega_1 t) + E_2 \sin(2\omega_1 t) \qquad (5-11)$$

响应 $r(t)$ 的表示式为

$$\begin{aligned} r(t) &= KE_1 \sin(\omega_1 t - \varphi_1) + KE_2 \sin(2\omega_1 t - \varphi_2) \\ &= KE_1 \sin\left[\omega_1\left(t - \frac{\varphi_1}{\omega_1}\right)\right] + KE_2 \sin\left[2\omega_1\left(t - \frac{\varphi_2}{2\omega_1}\right)\right] \end{aligned} \qquad (5-12)$$

为了使基波与二次谐波得到相同的延迟时间,以保证不产生相位失真,应有

$$\frac{\varphi_1}{\omega_1} = \frac{\varphi_2}{2\omega_1} = t_0 = 常数 \qquad (5-13)$$

因此,各谐波分量的相移须满足以下关系

$$\frac{\varphi_1}{\varphi_2} = \frac{\omega_1}{2\omega_1} \qquad (5-14)$$

这个关系很容易推广到其他高次谐波频率,于是,可以得出结论:为使信号传输时不产生相位失真,信号通过线性系统时谐波的相移必须与其频率成正比,也即系统的相频特性应该是一条经过原点的直线,写作

$$\varphi(\omega) = -\omega t_0 \qquad (5-15)$$

这正是式(5-10)与图 5-4 所得到的结果。显然,信号通过系统的延迟时间 t_0 即为相频特性的斜率

$$\frac{\mathrm{d}\varphi(\omega)}{\mathrm{d}\omega} = -t_0 \qquad\qquad (5-16)$$

在图 5-5(b) 中画出了无失真传输的 $r(t)$ 波形。而图 5-5(c) 则是相位失真的情况,可以看到,$r_1(t)$ 与 $e(t)$ 或者 $r(t)$ 的波形是不一样的。

对于传输系统相频特性的另一种描述方法是以"群时延"(或称群延时)特性来表示。群时延 τ 的定义为

$$\tau = -\frac{\mathrm{d}\varphi(\omega)}{\mathrm{d}\omega} \qquad\qquad (5-17)$$

也即,群时延定义为系统相频特性对频率的导数并取负号。在满足信号传输不产生相位失真的条件下,其群时延特性应为常数。

对于实际的传输系统 $\dfrac{\mathrm{d}\varphi(\omega)}{\mathrm{d}\omega}$ 为负值,因而 τ 为正值,通常为简化表达与计算,在一些文献或著作中也定义 $\tau = \left| \dfrac{\mathrm{d}\varphi(\omega)}{\mathrm{d}\omega} \right|$,这时 τ 取正值。通常利用 $\Delta\varphi(\omega)$ 与 $\Delta\omega$ 之比(当 $\Delta\omega$ 足够小)近似计算或测量 τ 值。与直接用 $\varphi(\omega)$ 描述相频特性相比较,用群时延间接表达相频特性的好处是便于实际测量,而且有助于理解调幅波传输过程的波形变化,在 5.8 节将结合调幅波通过带通滤波器的失真特性说明引出群时延的意义。

式(5-10)说明了为满足无失真传输对于系统函数 $H(\mathrm{j}\omega)$ 的要求,这是就频域方面提出的。如果用时域特性表示,即对式(5-8)作傅里叶逆变换,可以写出系统的冲激响应

$$h(t) = K\delta(t-t_0) \qquad\qquad (5-18)$$

此结果表明:当信号通过线性系统时,为了不产生失真,冲激响应也应该是冲激函数,而时间延后 t_0。这和本节一开始提出的直觉想法完全一致。

在实际应用中,与无失真传输这一要求相反的另一种情况是有意识地利用系统引起失真来形成某种特定波形,这时,系统传输函数 $H(\mathrm{j}\omega)$ 则应根据所需具体要求来设计。现在说明利用冲激信号作用于系统产生某种特定波形的方法。当希望得到 $r(t)$ 波形时,若已知 $r(t)$ 的频谱为 $R(\mathrm{j}\omega)$,那么,使系统函数满足

$$H(\mathrm{j}\omega) = R(\mathrm{j}\omega) \qquad\qquad (5-19)$$

于是,在系统输入端加入激励函数为冲激信号

$$e(t) = \delta(t)$$

输出端就得到响应 $H(\mathrm{j}\omega)$ 也即 $R(\mathrm{j}\omega)$,它的逆变换就是所需的 $r(t)$。

例如,当需要产生底宽为 τ 的升余弦脉冲时(见图 5-6)。它的表示式为

$$r(t) = \begin{cases} \dfrac{E}{2}\left[1+\cos\left(\dfrac{2\pi}{\tau}t\right)\right] & \left(-\dfrac{\tau}{2}<t<\dfrac{\tau}{2}\right) \\ 0 & (t\text{ 为其他值}) \end{cases} \tag{5-20}$$

频谱函数的表示式为

$$R(\mathrm{j}\omega) = \frac{E\tau}{2}\cdot\frac{\sin\left(\dfrac{\omega\tau}{2}\right)}{\dfrac{\omega\tau}{2}}\cdot\frac{1}{1-\left(\dfrac{\omega\tau}{2\pi}\right)^2} \tag{5-21}$$

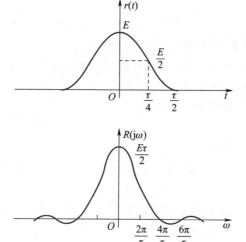

图 5-6　升余弦信号波形和频谱特性曲线

频谱特性曲线示于图 5-6。

如果使系统函数 $H(\mathrm{j}\omega)$ 等于升余弦信号的频谱函数

$$H(\mathrm{j}\omega) = R(\mathrm{j}\omega) = \frac{E\tau}{2}\cdot\frac{\sin\left(\dfrac{\omega\tau}{2}\right)}{\dfrac{\omega\tau}{2}}\cdot\frac{1}{1-\left(\dfrac{\omega\tau}{2\pi}\right)^2} \tag{5-22}$$

那么,在冲激信号 $\delta(t)$ 的作用下,系统响应即为升余弦脉冲。在实际应用中, $\delta(t)$ 函数波形无法实现,只要脉冲足够窄,所得到的输出信号基本上可近似为升余弦函数。此外,实际实现的 $H(\mathrm{j}\omega)$ 还应包含一定的相移 $\varphi(\omega)$,这意味着波形 $r(t)$ 在时间上滞后。

图 5-7 示意利用系统的冲激响应产生升余弦脉冲的方框图。

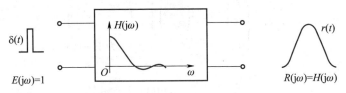

图 5-7　利用系统的冲激响应产生升余弦脉冲的方框图

5.4 理想低通滤波器

一、理想低通的频域特性和冲激响应

我们曾对信号特性理想化,并已经熟悉了诸如冲激函数、阶跃函数这样的理想模型。这些模型的引入带来许多方便,使我们对一些物理现象的理解进一步深化。

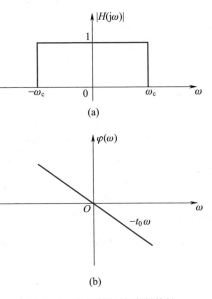

(a)

(b)

图 5-8　理想低通滤波器特性

在研究系统特性时同样需要建立一些理想化的系统模型。所谓"理想滤波器"就是将滤波网络的某些特性理想化而定义的滤波网络。理想滤波器可按不同的实际需要从不同角度给予定义。最常用到的是具有矩形幅频特性和线性相频特性的理想低通滤波器。这种低通滤波器将低于某一频率 ω_c 的所有信号予以传送,而无任何失真,将频率高于 ω_c 的信号完全衰减[图 5-8(a)], ω_c 称为截止频率。相频特性是通过原点的直线,也满足无失真传输的要求[图 5-8(b)]。系统函数的表示式写作

$$H(j\omega) = |H(j\omega)| e^{j\varphi(\omega)} \tag{5-23}$$

其中

$$|H(j\omega)| = \begin{cases} 1 & (-\omega_c < \omega < \omega_c) \\ 0 & (\omega \text{ 为其他值}) \end{cases}$$

$$\varphi(\omega) = -t_0\omega$$

对 $H(j\omega)$ 进行傅里叶逆变换,不难求得网络的冲激响应

$$h(t) = \mathscr{F}^{-1}[H(j\omega)] = \frac{1}{2\pi}\int_{-\infty}^{\infty} H(j\omega)e^{j\omega t}d\omega$$

$$-\frac{1}{2\pi}\int_{-\omega_c}^{\omega_c} e^{-j\omega t_0}c^{j\omega t}d\omega = \frac{1}{2\pi}\left.\frac{e^{j\omega(t-t_0)}}{j(t-t_0)}\right|_{-\omega_c}^{\omega_c}$$

$$= \frac{\omega_c}{\pi}\frac{\sin[\omega_c(t-t_0)]}{\omega_c(t-t_0)} \tag{5-24}$$

波形如图 5-9 所示。这是一个峰值位于 t_0 时刻的 Sa 函数,或写作 $\frac{\omega_c}{\pi} \times$ Sa$[\omega_c(t-t_0)]$。

　　这里,自然会提出这样的问题:按照冲激响应的定义,激励信号 $\delta(t)$ 在 $t = 0$ 时刻加入,然而,响应在 t 为负值时却已经出现,为什么网络可以预测激励函数?似乎它有着"未卜先知"的本领。这个问题的解答是:实际上不可能构成具有这种理想特性的网络。尽管在研究网络问题时理想低通滤波器是十分需要的,但是在实际电路中却不能实现。

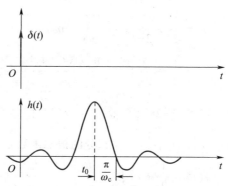

图 5-9　理想低通滤波器的冲激响应

　　然而,有关理想滤波器的研究并不因其无法实现而失去价值,实际滤波器的分析与设计往往需要理想滤波器的理论做指导。

　　滤波器在物理上可实现与不可实现的条件将在 5.5 节讨论。

二、理想低通的阶跃响应

　　在图 5-2 中已经看到,如果具有跃变不连续点的信号通过低通滤波器传输,则不连续点在输出将被圆滑,产生渐变。这是由于信号随时间的急剧改变意味着包含许多高频分量,而较平坦的信号则主要包含低频分量,低通滤波器滤除了一些高频分量。阶跃信号作用于理想低通滤波器时,同样在输出端要呈现逐渐上升的波形,不再像输入信号那样急剧上升。响应的上升时间取决于滤波器的截止频率。下面将要证明:上升时间和滤波器截止频率成反比。截止频率越低,在输出端信号上升越缓慢。

　　已知理想低通滤波器的系统函数为

$$H(j\omega) = \begin{cases} e^{-j\omega t_0} & (-\omega_c < \omega < \omega_c) \\ 0 & (\omega \text{ 为其他值}) \end{cases} \tag{5-25}$$

阶跃信号的傅里叶变换

$$E(\mathrm{j}\omega) = \mathscr{F}[u(t)] = \pi\delta(\omega) + \frac{1}{\mathrm{j}\omega} \tag{5-26}$$

于是

$$R(\mathrm{j}\omega) = H(\mathrm{j}\omega)E(\mathrm{j}\omega) = \left[\pi\delta(\omega) + \frac{1}{\mathrm{j}\omega}\right]\mathrm{e}^{-\mathrm{j}\omega t_0} \quad (-\omega_c < \omega < \omega_c) \tag{5-27}$$

现在,可以利用卷积或直接取逆变换的方法求得阶跃响应,按逆变换定义写出

$$
\begin{aligned}
r(t) &= \mathscr{F}^{-1}[R(\mathrm{j}\omega)] \\
&= \frac{1}{2\pi}\int_{-\omega_c}^{\omega_c}\left[\pi\delta(\omega) + \frac{1}{\mathrm{j}\omega}\right]\mathrm{e}^{-\mathrm{j}\omega t_0}\mathrm{e}^{\mathrm{j}\omega t}\mathrm{d}\omega \\
&= \frac{1}{2} + \frac{1}{2\pi}\int_{-\omega_c}^{\omega_c}\frac{\mathrm{e}^{\mathrm{j}\omega(t-t_0)}}{\mathrm{j}\omega}\mathrm{d}\omega \\
&= \frac{1}{2} + \frac{1}{2\pi}\int_{-\omega_c}^{\omega_c}\frac{\cos[\omega(t-t_0)]}{\mathrm{j}\omega}\mathrm{d}\omega + \frac{1}{2\pi}\int_{-\omega_c}^{\omega_c}\frac{\sin[\omega(t-t_0)]}{\omega}\mathrm{d}\omega \tag{5-28}
\end{aligned}
$$

注意到式(5-28)中,前边一项积分的被积函数$\dfrac{\cos[\omega(t-t_0)]}{\omega}$是$\omega$的奇函数,所以积分为零,后边一项积分的被积函数是$\omega$的偶函数,因而有

$$r(t) = \frac{1}{2} + \frac{1}{\pi}\int_0^{\omega_c}\frac{\sin[\omega(t-t_0)]}{\omega}\mathrm{d}\omega = \frac{1}{2} + \frac{1}{\pi}\int_0^{\omega_c(t-t_0)}\frac{\sin x}{x}\mathrm{d}x \tag{5-29}$$

这里,引用了符号x置换被积分变量

$$x = \omega(t-t_0) \tag{5-30}$$

而函数$\dfrac{\sin x}{x}$的积分称为"正弦积分",在一些数学书中已制成标准表格或曲线,以符号$\mathrm{Si}(y)$表示

$$\mathrm{Si}(y) = \int_0^y\frac{\sin x}{x}\mathrm{d}x \tag{5-31}$$

函数$\dfrac{\sin x}{x}$与$\mathrm{Si}(y)$曲线同时画于图5-10。可以看到$\mathrm{Si}(y)$是y的奇函数,随着y值增加,$\mathrm{Si}(y)$从0增长,以后围绕$\dfrac{\pi}{2}$起伏,起伏逐渐衰减而趋于$\dfrac{\pi}{2}$,各极值点与$\dfrac{\sin x}{x}$函数的零点对应,例如$\mathrm{Si}(y)$第一个峰点就在$y=\pi$处出现。

引用以上有关的数学结论,响应$r(t)$写作

$$r(t) = \frac{1}{2} + \frac{1}{\pi}\mathrm{Si}[\omega_c(t-t_0)] \tag{5-32}$$

把单位阶跃激励$u(t)$及其响应$r(t)$分别示于图5-11(a)和(b)。由图5-11可

见,理想低通滤波器的截止频率 ω_c 越低,输出 $r(t)$ 上升越缓慢。如果定义输出由最小值到最大值所需时间为上升时间 t_r,则由图 5-11 可以得到

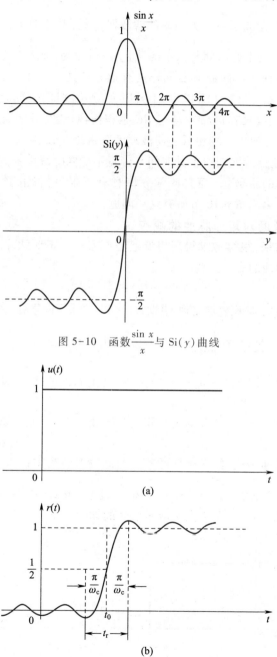

图 5-10 函数 $\dfrac{\sin x}{x}$ 与 $\mathrm{Si}(y)$ 曲线

图 5-11 理想低通滤波器的阶跃响应

$$t_r = 2 \cdot \frac{\pi}{\omega_c} = \frac{1}{B} \qquad (5\text{-}33)$$

这里，$B = \dfrac{\omega_c}{2\pi}$，是将角频率折合为频率的滤波器带宽（截止频率）。于是得到重要的结论：阶跃响应的上升时间与系统的截止频率（带宽）成反比。

此结论对各种实际的滤波器同样具有指导意义。例如，一个一阶 RC 低通滤波器的阶跃响应为指数上升波形，上升时间与 RC 时间常数成正比，但从频域特性来看，此低通滤波器的带宽却与 RC 乘积值成反比，这里，阶跃响应上升时间与带宽成反比的现象和理想低通滤波器的分析是一致的。

一般讲，滤波器阶跃响应上升时间与带宽不能同时减小，对不同的滤波器两者之乘积取不同的常数值，而且此常数值具有下限，这将由著名的"测不准原理"所决定，将在第六章 6.10 节研究这一问题。

三、理想低通对矩形脉冲的响应

利用上述结果，很容易求得理想低通滤波器对于矩形脉冲的响应。设激励信号——矩形脉冲的表示式为

$$e_1(t) = u(t) - u(t-\tau) \qquad (5\text{-}34)$$

波形见图 5-12(a)。应用叠加定理，借助式(5-32)可求得网络对 $e_1(t)$ 的响应 $r_1(t)$

$$r_1(t) = \frac{1}{\pi}\{\mathrm{Si}[\omega_c(t-t_0)] - \mathrm{Si}[\omega_c(t-t_0-\tau)]\} \qquad (5\text{-}35)$$

此响应的波形示于图 5-12(b)。必须注意，这里画出的是 $\dfrac{2\pi}{\omega_c} \ll \tau$ 的情形。如果 $\dfrac{2\pi}{\omega_c}$ 与 τ 接近或大于 τ，$r_1(t)$ 波形失真将更加严重，有些像正弦波。这意味着，矩形脉冲经理想低通传输时，必须使脉宽 τ 与滤波器的截止频率相适应 $\left(\tau \gg \dfrac{2\pi}{\omega_c}\right)$，才能得到大体上为矩形的响应脉冲，如果 τ 过窄（或 ω_c 过小）则响应波形上升与下降时间连在一起，完全丢失了激励信号的脉冲形象。

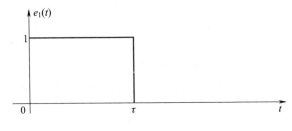

(a)

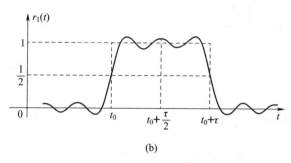

(b)

图 5-12 矩形脉冲通过理想低通滤波器

借助理想低通滤波器阶跃响应的有关结论,可以解释吉布斯现象。在第三章 3.2 节曾讲到,周期信号波形经傅里叶级数分解以后,取有限项级数相加可以逼近原信号,所谓吉布斯现象是指,对于具有不连续点(跳变点)的波形,所取级数项数越多,近似波形的方均误差虽可减少,但在跳变点处的峰起(上冲)值不能减小,此峰起随项数增多向跳变点靠近,而峰起值趋近于跳变值的 9%。

参看图 5-10 不难发现类似的现象。经计算 $\text{Si}(y)$ 的第一个峰起值,可以知道在 $y=\pi$ 点,$\text{Si}(\pi)=1.851\ 4$,代入式(5-32)可求得相应的阶跃响应峰值

$$r(t)\bigg|_{\max}=\frac{1}{2}+\frac{1.851\ 4}{\pi}\approx1.089\ 5 \tag{5-36}$$

也即,第一个峰起上冲约为跳变值的 8.95%,近似为 9%。如果增大理想低通滤波器的带宽 ω_c,能够使阶跃响应的上升时间减小,但却不能改变 9% 上冲的强度。

显然,理想低通对于矩形脉冲的响应同样会出现此现象。图 5-13 中图(a)所示矩形脉冲的傅里叶变换如图 5-13(b)所示,将此信号通过频域特性如图 5-13(d)所示的理想低通,其响应波形示于图 5-13(c),当加大此低通网络的带宽 ω_c 如图 5-13(f)所示时,允许激励信号的更多高频成分通过网络,于是,响应波形改善,见图 5-13(e),但在跳变点的上冲逼近 9%。

对于周期性矩形脉冲,其频谱分布虽变成离散型,但是,仍可利用上述原理解释吉布斯现象。

当把图 5-13 中图(a)的矩形脉冲接到理想低通滤波器时,从频域角度观察,相当于利用图(d)的矩形频响特性为图(b)的频谱"开窗",在矩形"窗口"内只看到图(b)的一部分频率分量,这时,可以把图(d)所示的频率函数称为"窗函数"。利用矩形窗函数滤取信号频谱时,在时域的不连续点要出现上冲。理论研究表明,改用其他形式的"窗函数"有可能消除上冲,例如选用升余弦类型的窗函数。在 5.8 节以及第十章 10.7 节还要介绍这方面的问题。

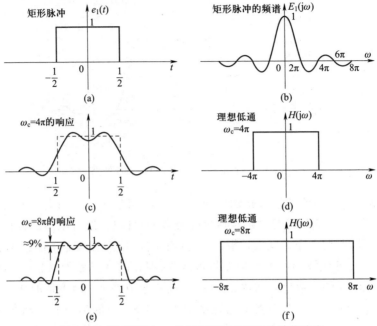

图 5-13 具有不同 ω_c 的理想低通对矩形脉冲的响应

5.5 —— 系统的物理可实现性、佩利-维纳准则

前文已述,理想低通滤波器在物理上是不可实现的,然而,传输特性接近理想特性的网络却不难构成。下面举一实例。

一个简单的低通滤波器电路如图 5-14 所示。设元件参数间满足 $R = \sqrt{\dfrac{L}{C}}$。系统函数为

$$H(j\omega) = \frac{V_2(j\omega)}{V_1(j\omega)}$$

$$= \frac{\dfrac{1}{\dfrac{1}{R} + j\omega C}}{j\omega L + \dfrac{1}{\dfrac{1}{R} + j\omega C}}$$

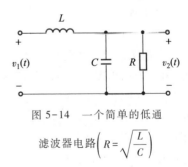

图 5-14 一个简单的低通
滤波器电路 $\left(R = \sqrt{\dfrac{L}{C}} \right)$

$$= \frac{1}{1-\omega^2 LC + j\omega \dfrac{L}{R}} \tag{5-37}$$

注意到 $R = \sqrt{\dfrac{L}{C}}$，并引入符号 $\omega_c = \dfrac{1}{\sqrt{LC}}$，于是式（5-37）改写作

$$H(j\omega) = \frac{1}{1-\left(\dfrac{\omega}{\omega_c}\right)^2 + j\dfrac{\omega}{\omega_c}} = |H(j\omega)| e^{j\varphi(\omega)} \tag{5-38}$$

其中

$$|H(j\omega)| = \frac{1}{\sqrt{\left[1-\left(\dfrac{\omega}{\omega_c}\right)^2\right]^2 + \left(\dfrac{\omega}{\omega_c}\right)^2}}$$

$$\varphi(\omega) = -\arctan\left[\frac{\dfrac{\omega}{\omega_c}}{1-\left(\dfrac{\omega}{\omega_c}\right)^2}\right]$$

画出幅频特性与相频特性如图 5-15 所示。

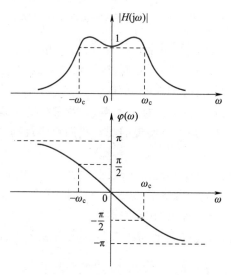

图 5-15　图 5-14 所示电路的幅频特性与相频特性

为便于求得 $H(j\omega)$ 之逆变换，把式（5-38）写成以下形式

$$H(\mathrm{j}\omega) = \frac{2\omega_c}{\sqrt{3}} \cdot \frac{\frac{\sqrt{3}}{2}\omega_c}{\left(\frac{\omega_c}{2}+\mathrm{j}\omega\right)^2 + \left(\frac{\sqrt{3}}{2}\omega_c\right)^2} \tag{5-39}$$

由此求得冲激响应

$$h(t) = \mathscr{F}^{-1}\left[H(\mathrm{j}\omega)\right] = \frac{2\omega_c}{\sqrt{3}}\mathrm{e}^{-\frac{\omega_c t}{2}}\sin\left(\frac{\sqrt{3}}{2}\omega_c t\right) \tag{5-40}$$

画出波形如图 5-16 所示。

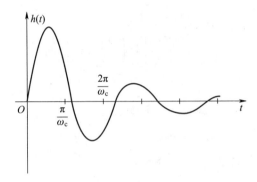

图 5-16　图 5-14 所示电路的冲激响应波形

现在,可以看到图 5-14 所示电路的幅频特性、相频特性与理想低通滤波器有些相似,冲激响应也有相近之处,然而,区别仍很明显,在这里幅频特性不可能出现零值,冲激响应的起始时刻在 $t=0$ 处。

通过以上比较,读者会提出这样的问题:究竟怎样的系统数学模型可以在物理上实现? 怎样的情况又是不可实现的呢? 我们希望找到区分可实现特性与不可实现特性的标准。

就时间域特性而言,一个物理可实现网络的冲激响应 $h(t)$ 在 $t<0$ 时必须为零。或者说冲激响应 $h(t)$ 波形的出现必须是有起因的,不能在冲激作用之前就产生响应,有时把这一要求称为"因果条件"。

从频响特性来看,首先要满足 $|H(\mathrm{j}\omega)|$ 平方可积条件,即

$$\int_{-\infty}^{\infty} |H(\mathrm{j}\omega)|^2 \mathrm{d}\omega < \infty \tag{5-41}$$

佩利(Paley)和维纳(Wiener)证明了对于幅度函数 $|H(\mathrm{j}\omega)|$ 物理可实现的必要条件是

$$\int_{-\infty}^{\infty} \frac{\left|\ln|H(\mathrm{j}\omega)|\right|}{1+\omega^2}\mathrm{d}\omega < \infty \tag{5-42}$$

式(5-42)称为佩利-维纳准则。不满足此准则的幅度函数,该网络的冲激响应就是无起因的,即响应先于冲激激励出现。

如果系统函数幅频特性在某一限定的频带内为零,也即 $|H(j\omega)|=0$,这时 $|\ln|H(j\omega)||\to\infty$,于是,式(5-42)的积分不收敛,违反了佩利-维纳(R.E.A.C.Paley,1907—1933,N.Wiener,1894—1964)准则,系统是非因果的。对于物理可实现系统,可以允许 $|H(j\omega)|$ 特性在某些不连续的频率点上为零,但不允许在一个有限频带内为零。按此原理,理想低通、理想高通、理想带通(习题5-10)、理想带阻等理想滤波器都是不可实现的。

下面研究具有高斯函数(钟形)幅频特性的系统函数的物理可实现性。这时有

$$|H(j\omega)|=e^{-\omega^2}$$

由第三章3.5节可知,频谱为钟形的时间信号也呈钟形,在 $t=-\infty$ 处已开始出现,因而,此系统是非因果性的,可用佩利-维纳准则来检验这一结论。由式(5-42)求出

$$\begin{aligned}\int_{-\infty}^{\infty}\frac{|\ln|H(j\omega)||}{1+\omega^2}d\omega&=\int_{-\infty}^{\infty}\frac{|\ln(e^{-\omega^2})|}{1+\omega^2}d\omega\\&=\int_{-\infty}^{\infty}\frac{\omega^2}{1+\omega^2}d\omega=\int_{-\infty}^{\infty}\left(1-\frac{1}{1+\omega^2}\right)d\omega\\&=\lim_{B\to\infty}(\omega-\arctan\omega)\Big|_{-B}^{B}=\lim_{B\to\infty}2(B-\arctan B)\\&=2\left(\lim_{B\to\infty}B-\frac{\pi}{2}\right)\end{aligned}$$

显然,此积分不收敛,因而证实了前面作出的结论,幅频特性呈高斯函数的网络是不可实现的。

可以证明,对于有理多项式函数构成的幅频特性,能够满足式(5-42)的条件。这表明,佩利-维纳准则要求可实现的幅频特性其总的衰减不能过于迅速。在第十章将讨论以有理多项式构成的实际滤波系统函数。

总之,佩利-维纳准则既不允许网络特性在一频带内为零,也限制了幅频特性的衰减速度。

佩利-维纳准则只从幅频特性提出要求,而在相频特性方面却没有给出约束。假定,某一 $H(j\omega)$ 相应于一个因果系统,这时,$|H(j\omega)|$ 应满足式(5-42),而冲激响应 $h(t)$ 在 $t>0$ 才可出现。然而,若将此冲激响应波形沿 t 轴向左平移,使它进入 $t<0$ 的时间范围,就构成了一个非因果系统。显然,这里两个系统的幅频特性是相同的,都符合式(5-42)的要求,但相频特性却不相同。因此,可以说,佩利-维纳准则是系统物理可实现的必要条件,而不是充分条件。如果

$|H(\mathrm{j}\omega)|$ 已被检验满足此准则,于是,就可找到适当的相位函数 $\varphi(\omega)$ 与 $|H(\mathrm{j}\omega)|$ 一起构成一个物理可实现的系统函数。

由 5.5 节的讨论可知,系统可实现性的实质是具有因果性。本节将要证明,由于因果性的限制,系统函数的实部与虚部或模与辐角之间将具备某种相互制约的特性,这种特性以希尔伯特(D.Hilbert,1862—1943)变换的形式表现出来。

对于因果系统,其冲激响应 $h(t)$ 在 $t<0$ 时等于 0,仅在 $t>0$ 时非零,因此

$$h(t) = h(t)u(t) \tag{5-43}$$

设 $h(t)$ 的傅里叶变换即系统函数 $H(\mathrm{j}\omega)$ 可分解为实部 $R(\omega)$ 和虚部 $\mathrm{j}X(\omega)$ 之和

$$H(\mathrm{j}\omega) = \mathscr{F}[h(t)] = R(\omega) + \mathrm{j}X(\omega) \tag{5-44}$$

对式(5-43)运用傅里叶变换的频域卷积定理得到

$$\mathscr{F}[h(t)] = \frac{1}{2\pi}\{\mathscr{F}[h(t)] * \mathscr{F}[u(t)]\} \tag{5-45}$$

于是有

$$
\begin{aligned}
R(\omega) + \mathrm{j}X(\omega) &= \frac{1}{2\pi}\left\{[R(\omega) + \mathrm{j}X(\omega)] * \left[\pi\delta(\omega) + \frac{1}{\mathrm{j}\omega}\right]\right\} \\
&= \frac{1}{2\pi}\left\{R(\omega) * \pi\delta(\omega) + X(\omega) * \frac{1}{\omega}\right\} + \\
&\quad \frac{\mathrm{j}}{2\pi}\left\{X(\omega) * \pi\delta(\omega) - R(\omega) * \frac{1}{\omega}\right\} \\
&= \left\{\frac{R(\omega)}{2} + \frac{1}{2\pi}\int_{-\infty}^{\infty}\frac{X(\lambda)}{\omega - \lambda}\mathrm{d}\lambda\right\} + \mathrm{j}\left\{\frac{X(\omega)}{2} - \frac{1}{2\pi}\int_{-\infty}^{\infty}\frac{R(\lambda)}{\omega - \lambda}\mathrm{d}\lambda\right\}
\end{aligned}
\tag{5-46}
$$

解得

$$R(\omega) = \frac{1}{\pi}\int_{-\infty}^{\infty}\frac{X(\lambda)}{\omega - \lambda}\mathrm{d}\lambda \tag{5-47}$$

$$X(\omega) = -\frac{1}{\pi}\int_{-\infty}^{\infty}\frac{R(\lambda)}{\omega - \lambda}\mathrm{d}\lambda \tag{5-48}$$

式(5-47)与式(5-48)称为希尔伯特变换对。它说明了具有因果性的系统函数 $H(\mathrm{j}\omega)$ 的一个重要特性:实部 $R(\omega)$ 被已知的虚部 $X(\omega)$ 唯一地确定,反过来也

一样。

从以上推证过程可以看出,傅氏变换实部与虚部构成希尔伯特变换对的特性,不只限于具有因果性的系统函数,对于任意因果函数,其傅氏变换的这种特性都是成立的。也即,若函数 $f(t)$ 满足

$$f(t) = f(t)u(t) \tag{5-49}$$

且 $f(t)$ 的傅里叶变换为

$$F(\omega) = R(\omega) + jX(\omega) \tag{5-50}$$

则 $R(\omega)$ 与 $X(\omega)$ 之间构成希尔伯特变换对[满足式(5-47)与式(5-48)的互换关系]。

例 5-3 已知系统冲激响应 $h(t) = e^{-\alpha t}u(t)$,求系统函数,并验证其实部与虚部之间满足希尔伯特变换关系。

解 容易求得

$$
\begin{aligned}
H(j\omega) &= \mathscr{F}[e^{-\alpha t}u(t)] \\
&= \frac{1}{\alpha + j\omega} = \frac{\alpha}{\alpha^2 + \omega^2} - j\frac{\omega}{\alpha^2 + \omega^2} \\
&= R(\omega) + jX(\omega)
\end{aligned}
$$

其中

$$R(\omega) = \frac{\alpha}{\alpha^2 + \omega^2}$$

$$X(\omega) = -\frac{\omega}{\alpha^2 + \omega^2}$$

引用式(5-47),由 $X(\omega)$ 来求 $R(\omega)$

$$
\begin{aligned}
\frac{1}{\pi}\int_{-\infty}^{\infty} \frac{X(\lambda)}{\omega - \lambda}d\lambda &= \frac{1}{\pi}\int_{-\infty}^{\infty} \frac{-\lambda}{(\alpha^2 + \lambda^2)(\omega - \lambda)}d\lambda \\
&= \frac{1}{\pi(\alpha^2 + \omega^2)}\int_{-\infty}^{\infty}\left(-\frac{\omega\lambda}{\alpha^2 + \lambda^2} + \frac{\alpha^2}{\alpha^2 + \lambda^2} - \frac{\omega}{\omega - \lambda}\right)d\lambda \\
&\quad -\frac{1}{\pi(\alpha^2 + \omega^2)}\left[-\frac{\omega}{2}\ln(\alpha^2 + \lambda^2) + \alpha\arctan\left(\frac{\lambda}{\alpha}\right) - \omega\ln(\omega - \lambda)\right]\Bigg|_{-\infty}^{\infty} \\
&= \frac{\alpha}{\alpha^2 + \omega^2} = R(\omega)
\end{aligned}
$$

类似地,利用式(5-48)也可由 $R(\omega)$ 来求 $X(\omega)$,这时的积分计算关系为

$$-\frac{1}{\pi}\int_{-\infty}^{\infty}\frac{\alpha}{(\alpha^2 + \lambda^2)(\omega - \lambda)}d\lambda = \frac{\omega}{\alpha^2 + \omega^2}$$

至此,完成了本例要求的证明。

用类似的方法还可以研究可实现系统函数的模与相位函数之间的约束关系。若 $H(j\omega)$ 的模为 $|H(j\omega)|$，相位以 $\varphi(\omega)$ 表示，则

$$H(j\omega) = |H(j\omega)| e^{j\varphi(\omega)} \qquad (5-51)$$

$$\ln H(j\omega) = \ln |H(j\omega)| + j\varphi(\omega) \qquad (5-52)$$

可以证明，对于最小相移函数，$\ln |H(j\omega)|$ 与 $\varphi(\omega)$ 之间也存在一定的约束关系（构成一个变换对），关于这一问题的研究，详见有关参考书，此处不再论证。这种约束关系表明，对于可实现系统的系统函数，若给定 $\ln |H(j\omega)|$，则 $\varphi(\omega)$ 被唯一地确定，它们构成一个最小相移函数。

本节利用希尔伯特变换论证了可实现系统 $H(j\omega)$ 的实部与虚部相互约束关系。希尔伯特变换作为一种数学工具在通信系统或数字信号处理系统中的应用相当广泛，将在后续课程中看到那些应用实例。

5.7 调制与解调

在通信系统中，信号从发射端传输到接收端，为实现信号的传输，往往需要进行调制和解调。

无线电通信系统是通过空间辐射方式传送信号的，由电磁波理论可以知道，天线尺寸为被辐射信号波长的十分之一或更大些，信号才能有效地被辐射。对于语音信号来说，相应的天线尺寸要在几十千米以上，实际上不可能制造这样的天线。调制过程将信号频谱搬移到任何所需的较高频率范围，这就容易以电磁波形式辐射出去。

从另一方面讲，如果不进行调制而是把被传送的信号直接辐射出去，那么各电台所发出的信号频率就会相同，它们混在一起，收信者将无法选择所要接收的信号。调制作用的实质是把各种信号的频谱搬移，使它们互不重叠地占据不同的频率范围，也即信号分别托附于不同频率的载波上，接收机就可以分离出所需频率的信号，不致互相干扰。此问题的解决为在一个信道中传输多对通话提供了依据，这就是利用调制原理实现"多路复用"。在简单的通信系统中，每个电台只允许有一对通话者使用，而"多路复用"技术可以用同一部电台将各路信号的频谱分别搬移到不同的频率区段，从而完成在一个信道内传送多路信号的"多路通信"。近代通信系统，无论是有线传输或无线电通信，都广泛采用多路复用技术。

下面应用傅里叶变换的某些性质说明搬移信号频谱的原理。设载波信号为 $\cos(\omega_0 t)$，它的傅里叶变换是

$$\mathscr{F}\left[\cos(\omega_0 t)\right]=\pi\left[\delta(\omega+\omega_0)+\delta(\omega-\omega_0)\right]$$

调制信号 $g(t)$ 也称为基带信号,若 $g(t)$ 的频谱为 $G(\omega)$,占据 $-\omega_{\mathrm{m}}$ 至 ω_{m} 的有限频带,见图5-17(b),将 $g(t)$ 与 $\cos(\omega_0 t)$ 进行时域相乘[图 5-17(a)]即可得到已调信号 $f(t)$,根据卷积定理,容易求得已调信号的频谱 $F(\omega)$

$$f(t)=g(t)\cos(\omega_0 t)$$

$$\mathscr{F}\left[f(t)\right]=F(\omega)=\frac{1}{2\pi}G(\omega)*\left[\pi\delta(\omega+\omega_0)+\pi\delta(\omega-\omega_0)\right]$$

$$=\frac{1}{2}\left[G(\omega+\omega_0)+G(\omega-\omega_0)\right] \tag{5-53}$$

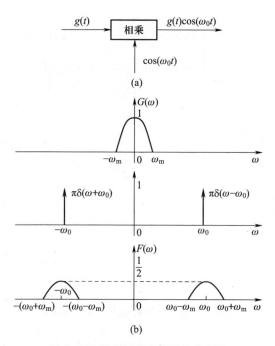

图 5-17　调制原理方框图及其频谱

可见,信号的频谱被搬移到载频 ω_0 附近。在第三章 3.7 节曾利用频移定理得到同样结论。

由已调信号 $f(t)$ 恢复基带信号 $g(t)$ 的过程称为解调。图 5-18(a)示出实现解调的一种原理方框图,这里,$\cos(\omega_0 t)$ 信号是接收端的本地载波信号,它与发送端的载波同频同相。$f(t)$ 与 $\cos(\omega_0 t)$ 相乘的结果使频谱 $F(\omega)$ 向左、右分别移动 $\pm\omega_0\left(\text{并乘以系数}\dfrac{1}{2}\right)$,得到如图 5-18(b)所示的频谱 $G_0(\omega)$,此图形也可从时域的相乘关系得到解释

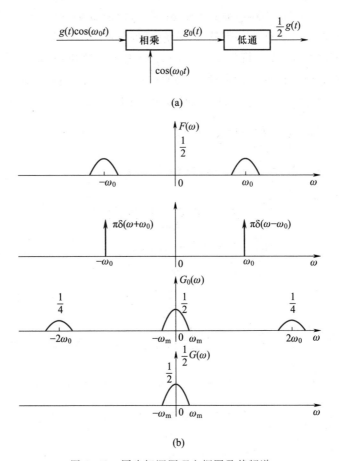

(a)

(b)

图 5-18   同步解调原理方框图及其频谱

$$g_0(t) = \left[g(t)\cos(\omega_0 t) \right]\cos(\omega_0 t)$$

$$= \frac{1}{2}g(t)\left[1+\cos(2\omega_0 t) \right]$$

$$= \frac{1}{2}g(t) + \frac{1}{2}g(t)\cos(2\omega_0 t) \tag{5-54}$$

$$\mathscr{F}\left[g_0(t) \right] = G_0(\omega) = \frac{1}{2}G(\omega) + \frac{1}{4}\left[G(\omega+2\omega_0) + G(\omega-2\omega_0) \right] \tag{5-55}$$

再利用一个低通滤波器(带宽大于 ω_m,小于 $2\omega_0-\omega_m$),滤除在频率为 $2\omega_0$ 附近的分量,即可取出 $g(t)$,完成解调,详见图 5-18(b)。

这种解调器称为乘积解调(或同步解调),需要在接收端产生与发送端频率相同的本地载波,这将使接收机复杂化。为了在接收端省去本地载波,可采用如下方法。在发射信号中加入一定强度的载波信号 $A\cos(\omega_0 t)$,这时,发送端的合成信号为 $[A+g(t)]\cos(\omega_0 t)$,如果 A 足够大,对于全部 t,有 $A+g(t)>0$,于是,已调信号的包络就是 $A+g(t)$(见图 5-19)。这时,利用简单的包络检波器(由二极管、电阻、电容组成)即可从图 5-19 相应的波形中提取包络,恢复 $g(t)$,不需要本地载波。此方法常用于民用通信设备(例如广播接收机),在那里需要降低接收机的成本,但付出的代价是要使用价格昂贵的发射机,因为需提供足够强的信号 $A\cos(\omega_0 t)$ 之附加功率。显然,这是合算的,对于大批接收机只有一个发射机。由图 5-19 波形不难发现,在这种调制方法中,载波的振幅随信号 $g(t)$ 成比例地改变,因而称为"振幅调制"或"调幅"(AM);前述不传送载波的方案则称为"抑制载波振幅调制(AM-SC)"。此外,还有"单边带调制(SSB)"(见习题 5-17)、"残留边带调制(VSB)"等。

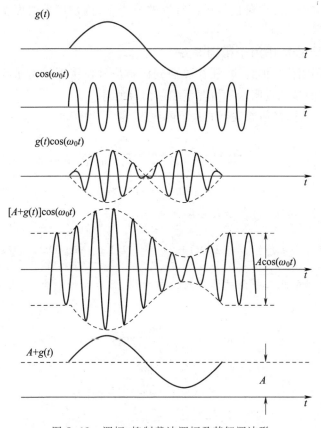

图 5-19   调幅、抑制载波调幅及其解调波形

也可以控制载波的频率或相位,使它们随信号 $g(t)$ 成比例地变化,这两种

调制方法分别称为"频率调制"或"调频(FM)"与"相位调制"或"调相(PM)"。它们的原理也是使 $g(t)$ 的频谱 $G(\omega)$ 搬移,但搬移以后的频谱不再与原始频谱相似。

调制理论的详细研究将是通信原理课程的主题,而各种调制电路的分析要在高频电路(通信电路)课程中学习。

5.8　带通滤波系统的运用

本节研究两个问题,首先讨论调制信号经带通滤波器传输的性能分析,这是通信系统中经常遇到的实际问题;第二部分研究一个理论问题,这就是用带通滤波构成频率窗函数以改善信号局部特性的分辨率,这是信号处理技术中一些新方法的重要理论基础。

一、调幅信号作用于带通系统

为完成调幅信号的传输,往往要遇到调幅信号作用于带通滤波器而求其响应的问题,下面举例说明这种情况下响应信号的特点。

例 5-4 已知带通滤波器的系统函数为

$$H(s) = \frac{V_2(s)}{V_1(s)} = \frac{2s}{(s+1)^2 + 100^2}$$

激励信号为 $v_1(t) = (1 + \cos t)\cos(100t)$,求稳态响应 $v_2(t)$。

解　激励信号 $v_1(t)$ 表示式可展开写作

$$v_1(t) = \cos(100t) + \frac{1}{2}\cos(101t) + \frac{1}{2}\cos(99t)$$

显然,可以分别求此三个余弦信号的稳态响应,然后叠加。为此,由 $H(s)$ 写出频响特性

$$\begin{aligned}
H(j\omega) &= \frac{2j\omega}{(j\omega+1)^2 + 100^2} \\
&\approx \frac{2j\omega}{(j\omega)^2 + 2j\omega + 100^2} \\
&= \frac{2}{2 + j\dfrac{(\omega+100)(\omega-100)}{\omega}}
\end{aligned}$$

考虑到所研究的频率范围仅在 $\omega = 100$ 附近,取近似条件 $\omega + 100 \approx 2\omega$,于是有

$$H(j\omega) \approx \frac{1}{1+j(\omega-100)}.$$

利用此式分别求系统对 $\cos(100t)$，$\frac{1}{2}\cos(101t)$，$\frac{1}{2}\cos(99t)$ 三个信号的响应，为此写出

$$H(j100) = 1$$

$$H(j101) = \frac{\sqrt{2}}{2}e^{-j45°}$$

$$H(j99) = \frac{\sqrt{2}}{2}e^{j45°}$$

于是写出响应 $v_2(t)$ 的表示式为

$$v_2(t) = \cos(100t) + \frac{1}{2}\left[\frac{\sqrt{2}}{2}\cos(101t-45°) + \frac{\sqrt{2}}{2}\cos(99t+45°)\right]$$

$$= \cos(100t) + \frac{\sqrt{2}}{2}\cos(100t) \cdot \cos(t-45°)$$

$$= \left[1+\frac{\sqrt{2}}{2}\cos(t-45°)\right]\cos(100t)$$

图 5-20(a) 示出，由于频响特性 $H(j\omega)$ 的影响使信号频谱产生的变化，可以看到，此带通系统幅频特性在通带内不是常数，因而，响应信号的两个边频分量 $\cos(99t)$ 与 $\cos(101t)$ 相对于载频分量 $\cos(100t)$ 有所削弱。此外，它们还分别产生了 $\pm45°$ 的相移，而载波点相移等于零。

图 5-20(b) 是根据 $v_1(t)$，$v_2(t)$ 的表示式画出的波形，不难发现，经此带通系统以后，调幅波包络的相对强度减小（也即"调幅深度"减小），而且包络产生时延，延迟时间 τ 可由相移差值与频率差值之比求得 $\tau = \frac{\Delta\varphi}{\Delta\omega} = \frac{\pi}{4}$ s（相应的周期是 2π s）。注意到此处的 τ 就是式(5-17)定义的群时延，群时延描述了调幅信号包络波形的延时。

在本例中，带通系统的实际背景可以是一个 LC 并联谐振电路，它具有与本例 $H(j\omega)$ 类似的传输特性，通带内 $|H(j\omega)|$ 不是常数，相频特性也不是直线，这可能引起包络波形的失真。由于本例中的调制信号仅仅是单一频率余弦波 $\cos t$（即调制信号频率等于1），未涉及包络波形失真的问题。如果调制信号具有多个频率分量，为保证传输波形的包络不失真，要求带通系统的幅频特性在通带内为常数，相频特性应为通过载频 ω_0 点的直线，这样的系统称为理想带通滤波器（见习题 5-10）。

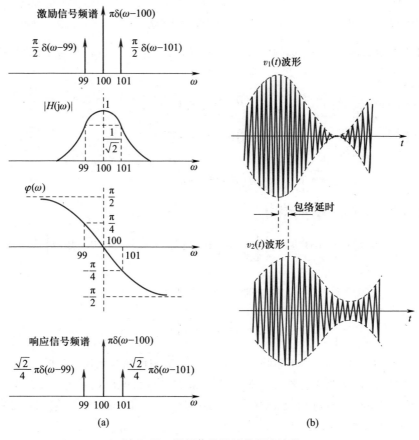

图 5-20 调幅信号通过带通滤波器

在利用带通系统传输调幅波的过程中,只关心包络波形是否产生失真,并不注意载波相位如何变化,因为在接收端经解调后得到所需的包络信号,载波本身并未传递信息。通常,带通滤波器中心点 ω_0 与载波频率对应,其相频特性为零,以 ω_0 为中心取 $\Delta\varphi$ 和 $\Delta\omega$ 之比计算群时延即包络时延,而载波时延等于零。

二、频率窗函数的运用

到此为止,在研究信号的傅里叶变换时总是认为对时间域或频率域都是从 $-\infty$ 到 ∞ 范围内给出的完整结果,从正、逆傅里叶变换公式的积分限可以清楚地看到这一点。然而,在许多实际问题中往往需要研究信号在某一时间间隔或某一频率间隔内的特性,或者说希望观察信号在时域或频域的局部性能。这时可利用"窗函数"对信号开窗。在时间域称为时域(时间)窗函数,在频率域称为频域(频率)窗函数。前面 5.4 节图 5-13 曾利用频域窗函数的概念说明理想低通截断信号频谱产生吉布斯现象的原理,实际上更需要带通滤波的概念对信号频谱开窗,而且希望这种带通的窗口有一定可调节功能,下面举一简单例子说明此类作用。

例 5-5　若信号 $f(t)$ 通过某线性时不变系统产生输出信号为

$$\frac{1}{\sqrt{a}}\int_{-\infty}^{\infty} f(\tau) w\left(\frac{\tau - t}{a}\right)\mathrm{d}\tau$$

(1) 求此系统的系统函数 $H_a(\omega)$;

(2) 若 $w(t)=\dfrac{\sin(\pi t)\cos(3\pi t)}{\sqrt{\pi}\,\pi t}$,求 $H_a(\omega)$ 表达式,并画出 $H_a(\omega)-\omega$ 图形;

(3) 说明此系统具有何种功能;

(4) 当参变量 a 改变时,$H_a(\omega)-\omega$ 图形变化有何规律?

解　(1) 由所给表达式,按卷积关系可求出系统的单位冲激响应为 $h_a(t)=\dfrac{1}{\sqrt{a}}w\left(-\dfrac{t}{a}\right)$。若函数 $w(t)$ 的傅里叶变换为 $W(\omega)$,借助尺度变换特性可求得

$$\mathscr{F}[h_a(t)]=H_a(\omega)=\sqrt{a}\,W(-a\omega)$$

(2) 由 $w(t)=\dfrac{1}{\sqrt{\pi}}\dfrac{\sin(\pi t)}{\pi t}\cos(3\pi t)$ 求出其傅里叶变换式

$$W(\omega)=\frac{1}{2\pi}\cdot\frac{1}{\sqrt{\pi}}\{[u(\omega+\pi)-u(\omega-\pi)]*\pi[\delta(\omega+3\pi)+\delta(\omega-3\pi)]\}$$

$$=\frac{1}{2\sqrt{\pi}}\{[u(\omega+4\pi)-u(\omega+2\pi)]+[u(\omega-2\pi)-u(\omega-4\pi)]\}$$

或写作

$$W(\omega)=\begin{cases}\dfrac{1}{2\sqrt{\pi}} & (\text{当 } 2\pi\leqslant|\omega|\leqslant4\pi)\\ 0 & (\omega \text{ 为其他值})\end{cases}$$

画出 $W(\omega)-\omega$ 特性如图 5-21(a) 所示。

由此可求出

$$h_a(t)=\frac{\sqrt{a}\sin\left(\dfrac{\pi t}{a}\right)\cos\left(\dfrac{3\pi t}{a}\right)}{\sqrt{\pi}\,\pi t}$$

$$H_a(\omega)=\begin{cases}\dfrac{1}{2}\sqrt{\dfrac{a}{\pi}} & (\text{当 } \dfrac{2\pi}{a}\leqslant|\omega|\leqslant\dfrac{4\pi}{a})\\ 0 & (\text{当 } \omega \text{ 为其他值})\end{cases}$$

画出 $H_a(\omega) - \omega$ 特性如图 5-21 (b)所示。

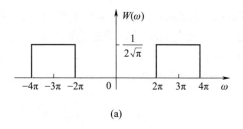

(a)

（3）由 $H_a(\omega)$ 图形可见,此系统功能是理想带通滤波,中心频率 $\omega_0 = \dfrac{3\pi}{a}$,带宽 $B_\omega = \dfrac{2\pi}{a}$。

（4）当参变量 a 改变时,可调节此带通滤波器的中心频率与带宽。增大 a 则中心频率降低、带宽变窄;减小 a 则中心频率移至高端,带宽加宽。但在变化过程中,这一系列的带通滤波器的带宽与中心频率之比保持不变,即 $\dfrac{B_\omega}{\omega_0} = \dfrac{2}{3}$。

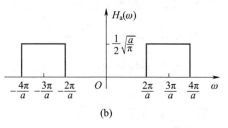

(b)

图 5-21 例 5-5 的频响特性

由上例分析可以看出,这里构造了一个性能可调整的频域窗函数,从频域观察,$W(a\omega)$ 对 $f(t)$ 的频谱开窗,改变 a 可调整开窗位置和窗口宽度,当 a 较大时,窗口位于频率较低处,带宽的绝对数值也较小,随着 a 的减小,窗口向高频段移动,且宽度的绝对数值增大。若从时域来看 $w\left(-\dfrac{t}{a}\right)$ 与 $f(t)$ 卷积,当 a 较大时对应 w 函数较宽,随着 a 的减小 w 函数变窄。这表明对应低频段检测带宽较窄而时间较长,与此相反,在高频段带宽加宽而时间较短。这种自动调整尺度和位置的功能可适应检测不同频段频谱成分特征的需要,便于研究信号的局部性能。例如,图像信号边缘轮廓的提取、生物医学工程中脑电图、心电图的特征检测以及地震信号识别等。

在第三章初步建立信号频谱的概念时,严格区分了时域与频域表达式和分析方法,而在上例讨论中,利用 w 函数将信号的时域分析与频域分析结合起来,可以获得更全面、完整的观察和分析。

频域窗函数或时域窗函数的概念在信号处理与通信领域中得到广泛应用。其中,最具代表性、影响最深远的是小波（或称子波,wavelet）变换（参看习题 5-22）。此外,在语音信号处理中的短时傅里叶变换（参看习题 5-23,这是时域窗函数的例子）、子带编码,在图像处理中的金字塔式压缩编码,在计算机视觉技术中的多分辨率分析等,这些方法都是对频域或时域窗函数概念灵活运用的产物。

从抽样信号恢复连续时间信号

在前几节已经研究了傅里叶变换应用于通信系统的两个重要方面,这就是滤波与调制,本节开始讨论另一个方面——抽样。这是第三章 3.11 节的继续,在以后几节将看到,抽样定理是构成数字通信系统的理论依据。本节介绍从冲激抽样信号恢复连续时间信号的几个基本问题。

一、从冲激抽样信号恢复连续时间信号的时域分析

利用图 3-54 曾说明冲激抽样信号的恢复原理,若带限信号 $f(t)$ 的傅里叶变换为 $F(\omega)$,经冲激序列抽样之后 $f_s(t)$ 的傅里叶变换为 $F_s(\omega)$,在满足抽样定理的条件下 $F_s(\omega)$ 的图形是 $F(\omega)$ 的周期重复,而且不会产生混叠。利用理想低通滤波器取出 $F_s(\omega)$ 在 $\omega = 0$ 两侧的频率分量即可恢复 $F(\omega)$,从而无失真地复原 $f(t)$。这种频域分析方法简洁直观,但是如何从时域角度解释这一过程尚需进一步分析。假定,理想低通滤波器的频域特性为

$$H(\mathrm{j}\omega) = \begin{cases} T_s & (\text{当} \mid \omega \mid < \omega_c) \\ 0 & (\text{当} \mid \omega \mid > \omega_c) \end{cases} \tag{5-56}$$

式中 ω_c 是滤波器的截止频率,为以下分析方便,取相频特性为零,T_s 是冲激抽样序列的周期。

滤波器冲激响应 $h(t)$ 表达式为

$$h(t) = T_s \cdot \frac{\omega_c}{\pi} \mathrm{Sa}(\omega_c t) \tag{5-57}$$

若冲激序列抽样信号 $f_s(t)$ 为

$$f_s(t) = \sum_{n=-\infty}^{\infty} f(nT_s)\delta(t - nT_s) \tag{5-58}$$

利用时域卷积关系可求得输出信号,即原连续时间信号 $f(t)$

$$f(t) = f_s(t) * h(t)$$

$$= \sum_{n=-\infty}^{\infty} f(nT_s)\delta(t - nT_s) * T_s \cdot \frac{\omega_c}{\pi} \mathrm{Sa}(\omega_c t) \tag{5-59}$$

$$= T_s \cdot \frac{\omega_c}{\pi} \sum_{n=-\infty}^{\infty} f(nT_s)\mathrm{Sa}[\omega_c(t - nT_s)]$$

参看图 5-22 说明上述结果,图 5-22 中对照给出从时域和频域恢复 $f(t)$ 和 $F(\omega)$ 的过程。式(5-59)表明,连续信号 $f(t)$ 可展开成 Sa 函数的无穷级数,级数的系数等于抽样值 $f(nT_s)$。也可以说在抽样信号 $f_s(t)$ 的每个抽样值上画一

个峰值为 $f(nT_s)$ 的 Sa 函数波形,由此合成的信号就是 $f(t)$,如图 5-22 左下端波形。按照线性系统的叠加性,当 $f_s(t)$ 通过理想低通滤波器时,抽样序列的每个冲激信号产生一个响应,将这些响应叠加就可得出 $f(t)$,从而达到由 $f_s(t)$ 恢复 $f(t)$ 的目的。

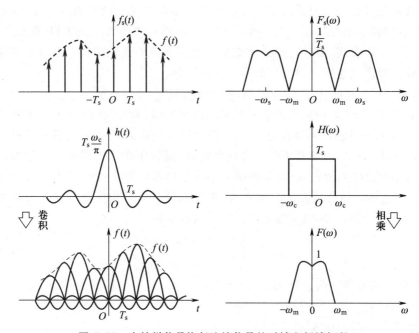

图 5-22　由抽样信号恢复连续信号的时域和频域解释

在图 5-22 中满足 $\omega_s = 2\omega_m$,$\omega_c = \omega_m$,这里 ω_s 是冲激序列的重复角频率 $\omega_s = \dfrac{2\pi}{T_s}$,$\omega_m$ 是 $f(t)$ 带宽的角频率值,此时刚好满足奈奎斯特间隔(抽样定理的边界条件),$T_s = \dfrac{\pi}{\omega_m} = \dfrac{\pi}{\omega_c}$,式(5-59)中的系数 $T_s \cdot \dfrac{\omega_c}{\pi} = 1$,于是式(5-59)简化为

$$f(t) = \sum_{n=-\infty}^{\infty} f(nT_s) \mathrm{Sa}[\omega_c(t - nT_s)] \tag{5-60}$$

此时,抽样序列的各个冲激响应零点恰好落在抽样时刻上。就抽样点叠加的数值而言,各冲激响应互相不产生"串扰",图 5-22 所示正是这种情况。当 $\omega_s > 2\omega_m$ 时,只要选择 $\omega_m < \omega_c < \omega_s - \omega_m$ 即可正确恢复 $f(t)$ 波形。当 $\omega_s < 2\omega_m$ 时,不满足抽样定理,$f_s(t)$ 的频谱出现混叠,在时域图形中,因 T_s 过大使冲激响应 Sa 函数的各波形在时间轴上相隔较远,无论如何选择 ω_c 都不可能使叠加后的波形恢复 $f(t)$。

二、零阶抽样保持

在以上分析中,假定抽样脉冲是冲激序列。然而,在实际电路与系统中,要产生和传输接近 δ 函数的时宽窄且幅度大的脉冲信号比较困难。为此,在数字通信系统中经常采用其他抽样方式,最常见的一种方式称为零阶抽样保持(或零阶保持抽样,也简称为抽样保持),图 5-23 和图 5-24 分别示出产生这种抽样信号的框图和波形。应注意到,在这里并不是简单地将信号 $f(t)$ 与抽样信号 $p(t)$ 相乘。在抽样瞬间,脉冲序列 $p(t)$ 对 $f(t)$ 抽样,保持这一样本值直到下一个抽样瞬时为止,由此得到的输出信号 $f_{s0}(t)$ 具有阶梯形状。

实际的抽样保持电路有多种形式,图 5-25 示出在大规模集成电路芯片中可以采用的一种电路实例,图 5-25 中,MOS 管 T_1 和 T_2 作为开关运用,当窄脉冲 $p_1(t)$（注意不是冲激序列）到来时,T_1,T_2 导通将 $f(t)$ 抽样值引到电容 C 两端,此后,电容两端电压即保持这一样本值直到下一个抽样脉冲到来,依此重复即可由 $f(t)$ 产生 $f_{s0}(t)$ 波形。

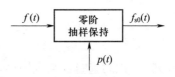

图 5-23　零阶抽样保持框图

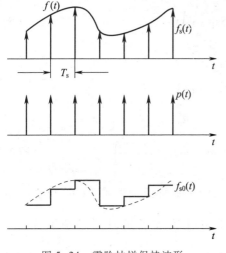

图 5-24　零阶抽样保持波形

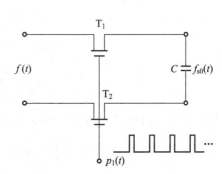

图 5-25　抽样保持电路举例

$f_{s0}(t)$ 经传输到接收端后需要恢复 $f(t)$ 信号,为分析如何恢复,借助冲激序列抽样信号的时域与频域特性,假定

$$f_s(t) = f(t) \sum_{n=-\infty}^{\infty} \delta(t - nT_s) \tag{5-61}$$

$$F_s(\omega) = \frac{1}{T_s} \sum_{n=-\infty}^{\infty} F(\omega - n\omega_s) \tag{5-62}$$

式中 T_s 为抽样周期,$\omega_s = \dfrac{2\pi}{T_s}$ 是重复角频率,$F(\omega)$ 是 $f(t)$ 的频谱。

　　为求得 $f_{s0}(t)$ 的频谱,构造一个线性时不变系统,它具有如下的冲激响应(参看图 5-26)

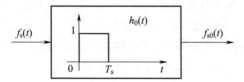

图 5-26　冲激响应为 $h_0(t)$ 的系统

$$h_0(t) = u(t) - u(t - T_s) \tag{5-63}$$

显然,令 $f_s(t)$ 通过此系统即可在输出端产生 $f_{s0}(t)$ 波形,因此可以给出

$$f_{s0}(t) = f_s(t) * h_0(t) \tag{5-64}$$

式中 $h_0(t)$ 的傅里叶变换式为

$$\mathscr{F}[h_0(t)] = T_s \mathrm{Sa}\left(\frac{\omega T_s}{2}\right) e^{-j\frac{\omega T_s}{2}} \tag{5-65}$$

由频域关系式

$$F_{s0}(\omega) = \mathscr{F}[f_{s0}(t)]$$

$$F_{s0}(\omega) = F_s(\omega) \cdot \mathscr{F}[h_0(t)]$$

$$= \sum_{n=-\infty}^{\infty} F(\omega - n\omega_s) \mathrm{Sa}\left(\frac{\omega T_s}{2}\right) e^{-j\frac{\omega T_s}{2}} \tag{5-66}$$

可以看出,零阶抽样保持信号 $f_{s0}(t)$ 的频谱的基本特征仍然是 $F(\omega)$ 频谱以 ω_s 周期重复,但是要乘上 $\mathrm{Sa}\left(\dfrac{\omega T_s}{2}\right)$ 函数,此外还附加了延时因子项 $e^{-j\frac{\omega T_s}{2}}$。当 $F(\omega)$ 频带受限且满足抽样定理时,为复原 $F(\omega)$ 频谱,在接收端不应利用理想低通滤波器,而是需要引入具有如下补偿特性的低通滤波器

$$H_{0r}(j\omega) = \begin{cases} \dfrac{e^{j\frac{\omega T_s}{2}}}{\mathrm{Sa}\left(\dfrac{\omega T_s}{2}\right)} & \left(|\omega| \leqslant \dfrac{\omega_s}{2}\right) \\ \\ 0 & \left(|\omega| > \dfrac{\omega_s}{2}\right) \end{cases} \tag{5-67}$$

它的幅频特性 $|H_{0r}(j\omega)|$ 和相频特性 $\varphi(\omega)$ 曲线如图 5-27 所示。当 $f_{s0}(t)$ 通过此补偿滤波器后，即可复原信号 $f(t)$。从频域解释，将 $F_{s0}(\omega)$ 与 $H_{0r}(j\omega)$ 相乘，得到 $F(\omega)$。注意到此处相频特性斜率为正，而实际的滤波器相频特性斜率为负值。一般情况下，在通信系统中，只要求幅频特性尽可能满足补偿要求，而相频特性无须满足式（5-67），当然，应具有线性相频特性。例如，若 $H_{0r}(j\omega)$ 为 $\dfrac{1}{\text{Sa}\left(\dfrac{\omega T_s}{2}\right)}$ 函数，则所恢复之 $f(t)$ 波形形状无失真，仅在时间轴上滞后 $T_s/2$。

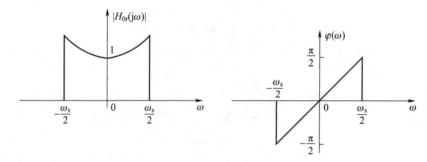

图 5-27　补偿低通特性

　　实际上，也可认为 $f_{s0}(t)$ 波形是对 $f(t)$ 的近似表示，在要求不很严格的问题中，补偿滤波器的 $|H_{0r}(j\omega)|$ 曲线只要大致接近式（5-67）即可满足要求，甚至可以不加补偿。

三、一阶抽样保持

　　如果将连续函数 $f(t)$ 各样本值用直线连接就可构成折线形状的波形如图 5-28 中的 $f_{s1}(t)$，这种信号称为 $f(t)$ 的一阶抽样保持信号。

　　为了分析 $f_{s1}(t)$ 的频谱并导出由此恢复 $f(t)$ 的方法，构造一个线性时不变系统，它具有三角波形的冲激响应特性 $h_1(t)$，如图 5-28 所示，表达式如下

$$h_1(t) = \begin{cases} 1 - \dfrac{|t|}{T_s} & (|t| < T_s) \\ 0 & (|t| \geqslant T_s) \end{cases} \tag{5-68}$$

当冲激抽样序列 $f_s(t)$ 通过此系统时，即可在输出端产生 $f_{s1}(t)$ 波形，如图 5-28 所示，这里每个 δ 函数产生一个三角波形的响应如图 5-28 中的虚线，全部虚线叠加构成折线图形 $f_{s1}(t)$。不难求得 $h_1(t)$ 的频谱

$$\mathscr{F}[h_1(t)] = T_s \text{Sa}^2\left(\dfrac{\omega T_s}{2}\right) \tag{5-69}$$

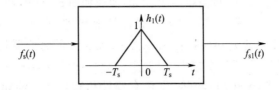

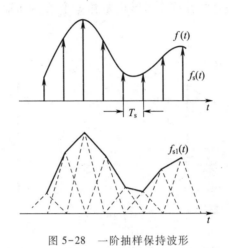

图 5-28　一阶抽样保持波形

由频域关系式

$$F_{s1}(\omega) = \mathscr{F}[f_{s1}(t)]$$

$$F_{s1}(\omega) = F_s(\omega) \cdot \mathscr{F}[h_1(t)]$$

$$= \sum_{n=-\infty}^{\infty} F(\omega - n\omega_s)\, \mathrm{Sa}^2\!\left(\frac{\omega T_s}{2}\right) \qquad (5-70)$$

可以看出,一阶抽样保持信号 $f_{s1}(t)$ 的频谱基本特征仍然是 $F(\omega)$ 频谱以 ω_s 周期重复,倍乘函数为 $\mathrm{Sa}^2\!\left(\dfrac{\omega T_s}{2}\right)$。当 $F(\omega)$ 频带受限且满足抽样定理时,为重建 $F(\omega)$ 频谱,需要引入具有如下补偿特性的低通滤波器

$$H_{1r}(\mathrm{j}\omega) = \begin{cases} \dfrac{1}{\mathrm{Sa}^2\!\left(\dfrac{\omega T_s}{2}\right)} & \left(|\omega| \leqslant \dfrac{\omega_s}{2}\right) \\[4mm] 0 & \left(|\omega| > \dfrac{\omega_s}{2}\right) \end{cases} \qquad (5-71)$$

在以上讨论中,没有考虑信号产生、传输、恢复过程中引入的延时,$F_{s1}(\omega)$ 相对于

$F_s(\omega)$ 未引入相移,$H_{1r}(j\omega)$ 的相频特性也为零,冲激响应为 $h_1(t)$ 的系统是非因果系统(三角波形在 $t<0$ 时即出现)。这使以上分析过程的表达式得以简化。如果引入时延特性,在线性相移的条件下,最终仍可无失真重建 $f(t)$,只是在时间轴上相对于原信号有一定延时。

本节讨论了三种由抽样信号恢复原连续时间信号的方法,这类问题的本质可归结为由样本值重建某一函数。从样本重建信号的过程也称为"内插"。内插可以是近似的也可以是完全精确的。在图 5-22 中,由冲激抽样信号产生 Sa 函数实现内插,完成了 $f(t)$ 信号的精确恢复。这种重建过程也称带限内插。此时,$f(t)$ 的频带必须受限,且要满足抽样定理的要求。由于要产生接近冲激序列的信号和接近理想低通的系统都相当困难,因而这种方法在实际问题中很少采用。从内插的观点考虑,零阶抽样保持信号 $f_{s0}(t)$ 和一阶抽样保持信号 $f_{s1}(t)$ 都是对信号 $f(t)$ 的逼近,分别用阶梯信号和折线信号近似表示连续的函数曲线,后者也称为线性内插。这些近似比较粗糙,如果在样本点之间用高阶多项式或其他数学函数进行拟合,可以得到更为精确的逼近函数。

目前,在数字通信系统中广泛采用零阶抽样保持来产生和传输信号,在接收端利用补偿滤波器(特性大致如图 5-27 所示)恢复连续时间信号。

5.10　脉冲编码调制(PCM)

利用脉冲序列对连续信号进行抽样产生的信号称为脉冲幅度调制(PAM)信号,这一过程的实质是把连续信号转换为脉冲序列,而每个脉冲的幅度与各抽样点信号的幅度成正比(例如图 3-50 中的 $f_s(t)$ 称为自然抽样 PAM 信号,而图 5-24 中的 $f_{s0}(t)$ 称为平顶抽样或零阶保持 PAM 信号)。在实际的数字通信系统中,除直接传送 PAM 信号之外,还有多种传输方式,其中目前应用最为广泛的一种调制方式称为脉冲编码调制(PCM)。在 PCM 通信系统中,把连续信号转换成数字(编码)信号进行传输或处理,在转换过程中需要利用 PAM 信号。

图 5-29 示出 PCM 通信系统的简化框图,在发送端主要由抽样、量化与编码三部分组成,其中,量化与编码共同完成模拟-数字转换(A/D 转换)功能。信源 $f(t)$ 经脉冲序列 $p(t)$ 抽样产生零阶抽样保持信号 $f_{s0}(t)$,它是 PAM 信号,具有离散时间连续幅度(如阶梯形信号)。量化的过程是将此信号转换成离散时间离散幅度的多电平数字信号。从数学角度理解,量化是把一个连续幅度值的无限

数集合映射到一个离散幅度值的有限数集合。这里,规定一组量化电平,抽样值按最接近的一个电平取整数,图 5-30(a) 给出连续幅度值取为离散幅度值的数字实例。此例中,量化电平为 16 个(0 至 1.5 的 16 个数字)。这些数字经编码产生二进制的数字序列见图 5-30(b),由于量化电平为 16,相应的编码脉冲位数取 4($2^4 = 16$)。编码后的 PCM 信号 $f_D(t)$ 经数字信道传输到达接收端。信号 $\hat{f}_D(t)$ 包括 $f_D(t)$ 与信道引入的噪声。为简化分析,假定 $\hat{f}_D(t)$ 即 $f_D(t)$,经数字-模拟转换(D/A 转换)后恢复 PAM 信号 $f_{s0}(t)$,再经 $\dfrac{1}{\mathrm{Sa}(x)}$ 低通补偿滤波器(如图 5-27所示特性)即可重建 $f(t)$。

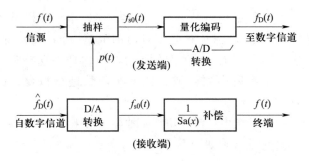

图 5-29 PCM 通信系统的简化框图

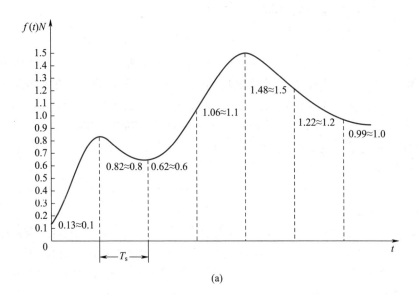

(a)

数字	二进制等效数字	脉冲编码波形
0	0000	
1	0001	
2	0010	
3	0011	
4	0100	
5	0101	
6	0110	
7	0111	
8	1000	
9	1001	
10	1010	
11	1011	
12	1100	
13	1101	
14	1110	
15	1111	

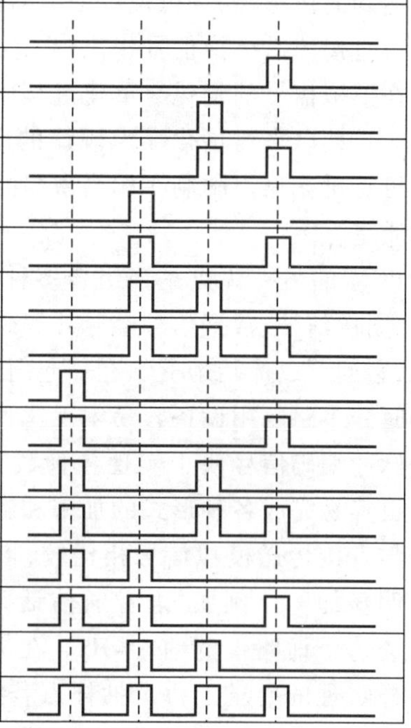

(b)

图 5-30　量化与编码原理示意图

　　早在 1926 年美国人 M.雷尼就提出了脉冲编码调制的研究专利。此后英国人里维斯(A.H.Reeves,1902—1971)进一步给出语音通信 PCM 电路的专利研究报告。1946 年美国贝尔实验室试制成功第一台 PCM 数字通信设备。人们对这种数字通信方式的研究兴趣与日俱增。20 世纪 70 年代后期,超大规模集成电路和计算机技术的飞速发展推动了 PCM 通信系统的实用化,目前,PCM 在数字微波通信、光纤通信、卫星通信、程控交换以及遥测、遥控等各类通信系统中得到了广泛应用。PCM 技术已经成为现代通信系统中的基本问题之一。

　　在远距离通信系统中,需要在一定距离间隔上接入中继器(转发器)把信号放大,否则因传输损耗将使信号消失。在传输过程中引入的噪声也被放大。在模拟通信系统中,当信号经多级中继器转发之后,噪声累积的影响可能造成严重的信号失真。当传输脉冲编码信号时,情况就大不相同。这时,中继器也作为再生器使用,在每个脉冲的持续期间判决脉冲的有无,根据判决的结果确定 **1** 码、**0**码的存在,或产生一个新的脉冲,或不发脉冲。在此过程中弱噪声的影响已被消除,仅当噪声大到足以使判决发生错误时,才会影响此系统。这表明,在数字通信系统中,当数字信号经多级中继器转发之后,噪声不会累积。根据目前实际设备可达到的信噪比,合理设计中继器间距,不难把噪声影响压低到相当满意的水平。与直接传送模拟信号相比较,这是 PCM 通信系统的突出优点。

在模拟信号的量化与重建过程中也将引入误差,由此产生的噪声称为量化噪声。长期以来对量化噪声规律的研究已相当成熟,合理设计 A/D 和 D/A 转换器可将量化噪声限制在相当微弱的范围之内,保证 PCM 系统具有足够满意的传输质量。

PCM 的另一优点是当组合多种信源传输时具有很好的灵活性。无论语音信号、图像信号、数据信号经脉冲编码调制之后都可成为统一形式的二进制数字码流,它们可以灵活地交织在一起通过同一系统进行传输。在下一节将要看到,利用时分多路复用设备容易实现这种灵活的组合。

脉冲编码信号便于实现各种数字信号处理功能,例如数字滤波、数据压缩等。也容易完成各种形式的加密和解密,在保密通信中已获得广泛应用。

与直接传送模拟信号相比较,将模拟信号转换为 PCM 信号传输时占用频带要明显加宽。例如,语音通信话路信号的频率范围为 300~3 400 Hz,通常可认为每个话路带宽约 4 kHz。在进行抽样时取抽样频率为 8 kHz,以保证满足抽样定理的要求。每个抽样点若按 8 位脉冲编码传送一个话路的脉冲信号速率为 8×8 kHz = 64 kbit/s 显然,它所占有的频带远大于直接传送一路语音(模拟)信号所需的频带。下一节将进一步研究脉冲编码信号传输速率与所占频带的关系。

利用频带压缩技术可使传输数字信号占据频带较宽的矛盾适当缓解,然而,这种技术只能在信号具有某些特征的范围内采用,且有可能引起通信质量下降。

5.11   频分复用、时分复用、码速与带宽

将若干路信号以某种方式汇合,统一在同一信道中传输称为多路复用。在近代通信系统中普遍采用多路复用技术。本节介绍频分复用与时分复用的原理和特点,在 6.11 节还要介绍码分复用。

一、频分复用与时分复用

频分复用的原理在 5.7 节已初步说明。这种设备在发送端将各路信号频谱搬移到各不相同的频率范围,使它们互不重叠,这样就可复用同一信道传输。在接收端利用若干滤波器将各路信号分离,再经解调即可还原为各路原始信号,

图 5-31 示出频分复用原理方框图。通常,相加信号 $f(t)$ 还要进行第二次调制,在接收端将此信号解调后再经带通滤波分路解调。

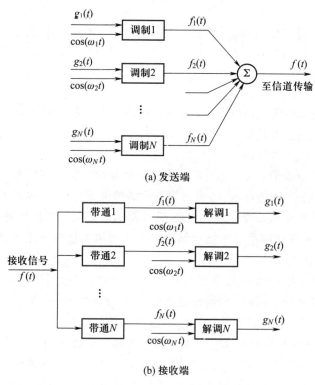

(a) 发送端

(b) 接收端

图 5-31 频分复用原理框图

时分复用的理论依据是抽样定理。在第三章已经证明,频带受限于 $-f_m \sim f_m$ 的信号,可由间隔为 $\dfrac{1}{2f_m}$ 的抽样值唯一地确定。从这些瞬时抽样值可以正确恢复原始的连续信号。因此,允许只传送这些抽样值,信道仅在抽样瞬间被占用,其余的空闲时间可供传送第二路、第三路……各路抽样信号使用。将各路信号的抽样值有序地排列起来就可实现时分复用,在接收端,这些抽样值由适当的同步检测器分离。当然,实际传送的信号并非冲激抽样,可以占有一段时间。图 5-32 示出两路抽样信号有序地排列经同一信道传输(时分复用)的波形。

对于频分复用系统,每个信号在所有时间里都存在于信道中并混杂在一起。但是,每一信号占据着不同的有限的频率区间,此区间不被其他信号占用。在时分复用系统中,每一信号占据着不同的时间区间,此区间不被其他信号占用,但是所有信号的频谱可以具有同一频率区间的任何分量。从本质上讲,频分复用

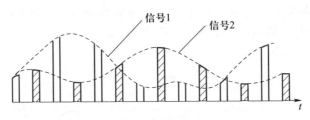

图 5-32　两路抽样信号的时分复用

信号保留了频谱的个性,而时分复用信号保留了波形的个性。由于信号完全由其时域特性或完全由其频域特性所规定,因此,在接收机里总是可以在相应的域内应用适当的技术将复用信号分离。

　　从电路实现来看,时分复用系统优于频分复用系统。在频分复用系统中各路信号需要产生不同的载波,各自占据不同的频带,因而需要设计不同的带通滤波器。而在时分复用系统中,产生与恢复各路信号的电路结构相同,而且以数字电路为主,比频分复用系统中的电路更容易实现超大规模集成,电路类型统一,设计、调试简单。

　　时分复用系统的另一优点体现在各路信号之间的干扰(串话)性能方面。在频分复用系统中,各种放大器的非线性产生谐波失真,出现多项频率倍乘成分,引起各路信号之间的串话。为减少这种干扰的影响,在设计与制作放大器时,对它们的非线性指标要求比传送单路信号时严格得多,有时难以实现。对于时分复用系统不存在这种困难。当然,由于设计不当相邻脉冲信号之间可能出现码间串扰,这一问题容易得到控制,使其影响很小,下面将说明防止码间串扰的方法。

　　实际的时分复用系统很少直接传输图 5-32 所示的离散时间连续幅度信号(如 PAM 信号),而是传送脉冲编码调制(PCM)信号。因此,上节讨论的传输 PCM 信号具备的各种优点在时分复用系统中都得以体现。

　　在 PCM 系统中,对每个抽样点要进行多位编码,使脉冲信号传输速率增高、占用频带加宽,这是时分复用系统显示许多优点而付出的代价。有时,可利用频带压缩技术改善信号所占带宽。

二、码速与带宽

　　码速与带宽的关系是各种数字通信系统设计中需要考虑的一个重要问题。合理设计脉码波形可使频带得到充分利用并且防止码间串扰。下面结合图 5-33讨论几种典型波形的码速与带宽关系。若时钟信号(CP)周期为 T,见图 5-33(a),并假设待传输的数字信号是**01011010**。当选择矩形脉冲传输时,脉冲宽度 τ 应满足 $\tau \leqslant T$。对于 $\tau < T$ 的情况见图 5-33(b),这种码型称为归零码

(regress zero, RZ)，τ 的最大可能是 $\tau = T$，见图 5-33(c)，称为不归零码(NRZ)。通常，可粗略认为矩形脉冲信号的频率分量集中在频谱函数第一个零点之内，也即频带宽度 $B = \dfrac{1}{\tau}$（或角频率 $B_\omega = \dfrac{2\pi}{\tau}$）。显然，为节省频带最好选用不归零码，令 $\tau = T$，此时 $B = \dfrac{1}{T}$。由时钟周期 T 可求得脉码传输速率 $f = \dfrac{1}{T}$（单位为比特/秒，写作 bit/s 或 bps)。[①] 可以看出，此时带宽与码速数值相等，$B = f = \dfrac{1}{T}$（注意，带宽单位为 Hz)。在以上分析中，由于忽略了矩形波频谱第一零点以外的高频成分，所得结果存在误差。当按照 $\dfrac{1}{T}$ 的带宽传输矩形脉冲信号时，在接收端波形要产生失真，它将畸变为具有上升、下降延迟的形状，而且可能出现拖尾振荡。当此失真较小时，在接收端对应抽样点不会产生误判，可正确恢复 **1** 码或 **0** 码。当失真较严重时，可能出现误判，引起各路信号之内的串扰。

为有效地解决这一问题，可不选用矩形码，而是选用主要频率成分集中于带宽之内，高频分量相对更小的波形，例如升余弦码。在 3.4 节式(3-40)和式(3-41)曾给出升余弦脉冲的表达式和频谱特性。此处，选升余弦脉冲信号底宽为 $2T$，见图 5-33(d)。其频谱函数第一个零点，也即带宽为 $\dfrac{1}{T}$，与图 5-33(b)矩形归零码所占带宽相同。然而，升余弦频谱在带宽以外的高频分量相对非常微弱，按 $\dfrac{1}{T}$ 带宽传输波形时基本上不会产生失真，有效地避免了码间串扰。在接收端对应抽样点如图 5-33(d)中的 t_1 或 t_0 可以正确恢复 **1** 码或 **0** 码。

利用 Sa 函数波形也可避免码间串扰。设 Sa 函数第一零点值为 T，其波形主瓣底宽为 $2T$，那么在 T 的整数倍各时刻其函数值均为零，因而接收端以此处为抽样判决点，保证不会出现误判。图 5-34 示例给出 **10110** Sa 函数码型，图 5-34 中，波形的某些部分有重叠，没有画出重叠相加的结果，但是，可以清楚地看出在各抽样点处不会产生串扰，例如，在时刻 t_1 为 **1** 码，在时刻 t_0 为 **0** 码，没有串扰。若脉码速率 $f = \dfrac{1}{T}$，相应的单个 Sa 脉冲波形表达式为 $\mathrm{Sa}\left(\dfrac{\pi}{T}t\right)$，它的频谱函数为矩形，所占带宽是 $B_\omega = \dfrac{\pi}{T}$，$B = \dfrac{1}{2T}$。可见，在码速相同的条件下，Sa 脉冲所占带宽

---

① 严格讲码速的概念应划分为两种定义，即码元速率与信息（比特）速率。在码元为二进制情况下，两者数值相等，此处只考虑这种简单情况，未予区分。详见参考书目[4]第三篇 3.5-8 节 116 页。

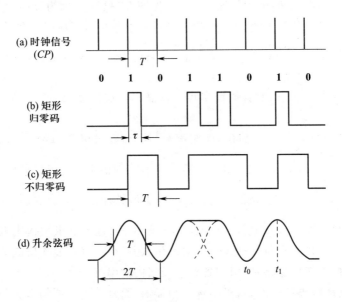

图 5-33 矩形码和升余弦码示例

为前述两种波形（矩形、升余弦）带宽之半，节省了频带，这是 Sa 信号的另一优点。但是，Sa 函数的产生比较困难，在实际电路中往往利用窄脉冲波形的叠加产生阶梯波，近似形成 Sa 函数，如图 5-35 所示（参看习题 5-26）。这时，上述结论将出现误差，然而占据频带减半、码间串扰很小的优点仍可适当体现。

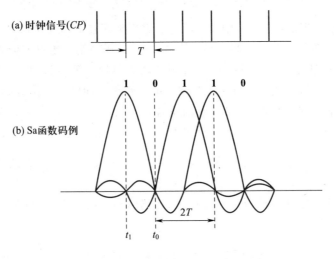

图 5-34 Sa 函数码型示例

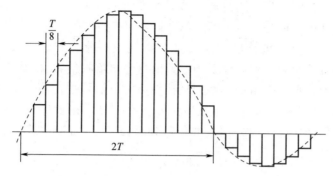

图 5-35　利用窄脉冲叠加近似形成 Sa 函数

对于时分复用通信系统,国际上已建立起一些技术标准。按这些标准规定先把一定路数的电话语音复合成一个标准数据流,称为基群。然后,再把若干组基群汇合成更高速的数字信号。我国和欧洲的基群标准是 30 路用户和同步、控制信号组合共 32 路。按前节给出的每路 PCM 信号速率为 64 kbit/s,基群信号速率就是 32×64 kbit/s = 2.048 Mbit/s。这是 PCM 通信系统基群的标准时钟速率。在实际应用中,时分复用数据流的组成不只包含语音信号,也可以是语音、数据、图像多种信源产生的数字信号码流之汇合。

总结上文关于码速与带宽的分析,容易联想到如下问题:"傅里叶变换究竟带给我们什么帮助?""傅里叶变换的魅力在哪里?""为什么要研究信号的频谱?"另一方面,结合日常生活中可能遇到的疑问建议进一步思考:"什么是高速网络?""什么是宽带网络?""高速网络与宽带网络有什么联系?"我们相信读者对此一定很有兴趣。进一步的研究可查阅参考书目[4]的 3.5-8 节。

5.12　对当代电信网络的初步认识

一、通信系统的构成

本课程理论分析的应用背景着重针对通信系统与控制系统。本章从滤波、调制、抽样三个角度介绍了关于傅里叶变换的重要应用实例。最后在本节就通信系统的一些应用原理作粗浅介绍。而有关控制系统的进一步说明和应用举例将在第十一章和第十二章给出。

图 5-36 绘出通信系统的简化原理框图。作为通信系统的一般模型它应包括三个基本部分:即发送设备、接收设备和传输信道。通常,发送设备和接收设备可分置两处,而传输信道是将两者联系在一起的物理媒体。发送设备

的作用是将信息源产生的消息转换成适合于在特定信道中传输的电信号,而待传送的信息源可能是语音、图像或数据等。信道的构成可以是有线传输、无线(利用电磁波)或光波传播,稍后我们将举出一些常见信道的实例。接收设备的功能是将接收到的信号恢复为原始消息传送给收信者,使其听到声音、看到图像或收到数据。信道的某些物理特性可能使信号在传输过程中引入干扰或噪声,因而最终恢复的信号与原始信号会有差异。在设计通信系统时应当根据环境条件和实际需要采用某些信号处理技术,尽可能改善信息传输的可靠性与有效性。

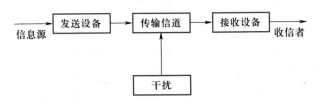

图 5-36　通信系统的简化原理框图

早期的通信设备都是模拟通信系统,以传输连续时间信号为主,例如语音通信。近代通信系统大多已实现数字化。由数字系统或数字-模拟混合系统构成。为了利用数字系统传输连续时间信号,可以借助各种方法来实现。其中,最常见、最基本的方法是构成 PCM 通信系统,如 5.10 节所述。这时需要对连续时间信号进行抽样、量化与编码,将其转换为数字信号,然后在接收端进行译码恢复。

在实际应用中,通信系统的发、收两端可构成点对点的直接传输,也可进入网络系统经路由选择转接沟通。前者的简单实例如无线对讲机,又如航天系统中在星际或与飞行物之间传输信号的通信系统;而组网传输是更为普遍的一般情况,如市话电信网络、移动通信网络、计算机网络(互联网)等。通常,我们大量使用的电话或计算机数据的传输都要进入网络转接。还有一种通信模式称为"广播",由一部发送设备将信号传送给大量接收设备,这种通信模式可以点对点传播,也可经网络传送给用户。

二、电信网络简介

下面以电信网络为例,粗浅介绍日常生活中经常遇到的一些通信方式构成原理。我们将要看到,一切问题的核心都围绕着信号的频谱分析与系统传输特性之间的相互适应。各种实际通信设备的构成几乎都不会离开滤波、调制、抽样等傅里叶变换性质的基本应用(这些原理正是本课程的研究重点),有时,还需借助较为复杂的各种信号处理技术。

图 5-37 给出了电信网络以及其他通信或计算机网络的简化原理图。我们

着重介绍电信网络中信号的传输过程。左上半部分是电信网络,包括市话局直
至远程电信传输。下半部分表明了用户终端的各种有线接入模式。

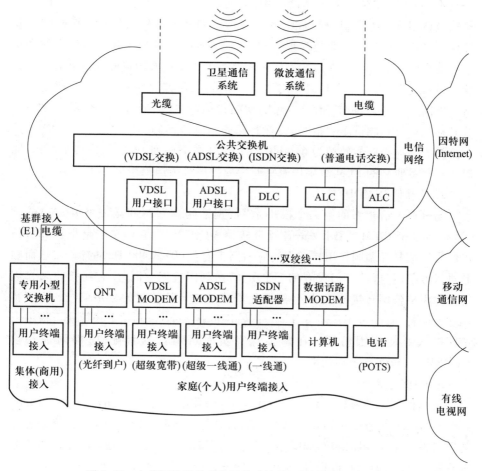

图 5-37   电信网络以及其他通信或计算机网络的简化原理图

我们对有线接入部分从右到左说明各模块的功能特色。首先说明普通电话
的入网过程。

1. 普通电话

在各种通信业务中,电话是最基本、用户最普遍的业务,通常可简写为 POTS
(plain ordinary telephone service)即普通电话服务。20 世纪 50 年代以前的电话
网大都是模拟信号传输系统。每个话路的带宽为 300~3 400 Hz(或更窄些),此
带宽是针对语音信号的主要频谱范围而设计的(兼顾传统的传真机)。用户发
出的语音信号经电话机输出的双绞铜线进入市话局,借助交换机以模拟传输方

式(频分复用)传送给其他用户。一对双绞线同时可完成发送、接收的功能,也即具有二线-四线转换作用(其原理可参看参考书目[4]第166页)。到20世纪60年代以后,数字通信系统付诸实用,人们试图将遍布全世界每个城市的模拟传输电话网改造为数字-模拟混合的网络,这种变革首先从公共交换机的更新开始。当传统的交换机改换为程控数字交换机之后,通信与计算机技术的密切结合使得电话服务的性能质量得到全面改善。为了使各用户的普通电话机与程控交换机互连,当每个电话终端进入市话网络之后都要经过一个"模拟用户线接入电路"转接板(简称ALC)。它的功能包括馈电、保护、振铃、监视、二线-四线转换、编译码、测试等。很明显,首要任务当属编译码的实现(简称CODEC),它把接入的模拟信号转换为64 kbit/s的PCM数字序列,再进入公共交换机,同时也可将接收到的PCM数字信号复原为模拟信号传送给用户。

2. 数据话路 MODEM

与普通电话相邻的第二个模块是"数据话路调制解调器"(MODEM)或称"数据话路MODEM""数据-语音频带转换MODEM"。它的功能是把计算机给出的数字信号经调制作用转换为适应话路带宽(300~3 400 Hz)的信号,从而顺利进入电信网,再经专门设置的"网关"转送到因特网。同时,它还接收来自因特网并由电信网转接的信号,经解调复原成为进入计算机的数字信号。在因特网建立的初期,许多用户还没有铺设因特网的接入端口,利用上述模块可借助电信网进入并使用因特网。在购买计算机时可增设这种配置,即附加一块MODEM卡,以实现上述功能。

3. ISDN 适配器

第三种模块是ISDN适配器。ISDN是"综合业务数字网"的英文缩写(Integrated services digital network)。顾名思义,它与前面两种模块的重要区别是业务的综合性和用户环路的数字化。按照电信网络的传统习惯,把电话之外的业务统称非话业务,如用户电报、图文传真、低速数据等也都可以送入普通电话端口,借助话路传输。然而,这种传输是相互独立的,也即每个话路(每对双绞线)只能传送一种信号、仅仅完成一项业务功能。随着信息科学技术的发展,用户迫切需要传送速率较高的计算机数据、可视电话、高清晰度电视等多种新型非话业务。如果针对这些业务重新建网必将使投资耗费大、建设周期长、利用率低、管理不方便。显然,人们很自然地提出新设想:尽可能利用现有网络、用户只需一个标准化接口即可与其他用户相互传送电话以及非话业务,而且要将信号数字化并适当增加带宽。这种通信体制就是要实现ISDN。它的主要特点是业务综合化与信号传输的数字化。由此进入市话网的信号都要经过一个"数字用户线接入电路"转接板(简称DLC),很明显,它不同于ALC,不需要CODEC功能。在我国,ISDN 的一种俗称叫做"一线通"。ISDN 规定了若干标准化的通路。根据带宽的不同可划分为窄带(N-ISDN)和宽带(B-ISDN)两大类型。N-ISDN 一般可承载两路标准的 PCM 语音编码速率的信号,码率为 2×64 kbit/s,另附一通路传送信令与控制信息,码率为16 kbit/s,总计码率为 144 kbit/s。通常,把这种体制简称为 2B+D,其中 B 代表 64 kbit/s 速率的信号,而 D 代表后者。B-ISDN 的码率一般在 155 Mbit/s 以上,可传送高清晰度电视等各种宽带信息。

4. ADSL MODEM

ADSL MODEM,它的英文全称为 asymmetrical digital subscriber line MODEM,而中译名叫做"非对称数字用户环路调制解调器"。先解释 DSL 的含义,稍后再说明 A 的作用。从本质上讲 ISDN 与 DSL 系列都是要追求用户标准接口业务的综合化与数字化,但是后者工作速率进一步提高,而且采用了多种数字信号处理新技术,使得有限频率范围的利用率大大提高,并且具有较好的抗干扰特性。在多种 DSL 模式中,ADSL 是最常用的一种方式,所谓"非对称(A)"是指从用户到电信网络(简称"上行")相对于从电信网络到用户(简称"下行")所占用的带宽(传送速率)有明显差异,两者不对称。这种环境比较符合信号传输的实际需要。例如,上行信号只传送控制信令与低速数据,而下行可适用于多种宽带(高速)业务,如视频点播、远程教学等。目前,最新的 ADSL 技术(ADSL2 和 ADSL2+)提供的最高下行速率和上行速率可达 24 Mbit/s 和 3.5 Mbit/s,最远传输距离 6 km 左右。在我国,ADSL 的一种俗称叫做"超级一线通"。

5. VDSL MODEM

VDSL(very high bit-rate digital subscriber line)是 ADSL 之后的新一代接入技术,它在延续 ADSL 的多载波调制和全双工基础上,进一步采用了向量传输编码技术以减小信道失真的影响和提高传输速率及稳定性,并使用了更高的频带提升传输速率。这些关键技术使得 VDSL 相比 ADSL 有更高的速率、更灵活的带宽分配、更好的抗干扰能力和更高的通信效率。VDSL 的最高传输速率可以达到 52 Mbit/s(下行)和 16 Mbit/s(上行),而 VDSL2 则可提供高达300 Mbit/s的速率。需要注意,无论 ADSL 还是 VDSL,并不是所有用户都可以达到最高速率,实际速率会受到距离、线路质量、设备性能等多种因素的影响。在我国,VDSL2 技术通常被称作"超级宽带"或者"光纤级别宽带"等名称,以强调其高速率和接近光纤的传输性能。

6. 光纤到户

光纤到户(fiber to the home, FTTH)是目前最先进的和广泛应用的网络接入技术,也是实现全光纤通信的最终目标。与 ADSL 或 VDSL 等接入方式不同,FTTH 直接将光纤引入用户家庭,实现了真正的宽带接入,大大提高了数据的传输速度。为实现 FTTH,首先要在城市道路上铺设光缆线路,建设光纤骨干网,然后将光缆引入住宅小区,通过分纤箱将信号分发到用户家庭。用户端要光纤接入,需要安装室内光纤网络终端(optical network terminal,ONT,俗称光猫),将光信号转化为电信号,然后连接交换机或无线路由器等设备,支持用户家庭的多个设备(无线)联网。对于企事业单位或者公共场所,一般采用光纤到楼(fiber to the building,FTTB)的接入方式,光纤从电信局铺设到小区或楼内,转化为电信号再通过局域网设备支持大量用户上网服务。总而言之,FTTH 是目前电信接入技术的最高标准,可以实现高速率、高带宽、低延迟的数据传输。尽管目前光纤覆盖范围还不是很广泛,但是随着技术的不断进步和成本的不断降低,光纤到户的应用将会越来越普及。

除了众多家庭用户按上述各种方式分别接入电信网络(市话网)之外,还可通过专用小型交换机(简称 PBX 英文全称是 Private Branch Exchange)入网。(见图 5-37 左下角)这种情况多用于集团用户(如商用)。通常,它可同时接入 30 路用户以及 2 路同步、控制信号共 32 路的数字电话信号,每路速率为 64 kbit/s,总计速率为 2.048 Mbit/s,如 5.11 节最后所述称为"基群"信号(以符号 E1 标志)。

以上各种入网信号经公共交换机汇总,按照用户拨号的要求选择正确路由传送到各自的接收端,同时接收来自对端的发送信号。交换机输出信号的传输途径可能有多种方式,如图 5-37 左上端所示。最常见的情况包括电缆、微波、卫星、光缆等多种形式。它们分别承担市区内或远程(长途)的传输任务。在此,为了把信号频谱搬移到适当位置,往往还要利用各种调制、解调技术。

必须指出,光缆的应用是电信网络传输技术中的一场革命。光缆由光纤组合而成。与传统的各种无线、有线传输媒介相比较,光纤的主要优点是:频带宽也即传输速率高、远距离传输衰耗小、抗电磁干扰能力强因而误码率低,以及体积小、重量轻等。为说明宽带、高速的特点,这里举出数字实例:目前,实际应用的光缆速率可达 273×40 Gbit/s,若以此值除以 64 kbit/s,即可估算出它能够容纳大约 170×10^{6} 个标准数字话路。这样高的传输速率(或带宽)是其他各类传输媒介都无法比拟的。

三、从三网融合到 5G+

有时,呼叫信号需要经过因特网(Internet)继续传输。那么,市话网可能以各种方式将信号送入因特网,再与对端用户接通。例如,前文所述第二种模块(数据话路 MODEM)以及我们日常使用的 IP 电话(借助因特网传送的长途电话)。图 5-37 右上部示意表明了电信网络与因特网的相互依存。实际上还有大量的电信业务已经或即将广泛利用因特网完成,另一方面,因特网的构成除了庞大的计算机网络体系之外,也需借助大量的电信网络传输信号。关于这种交叉融合的发展前景稍后再做说明。

与市话网密切联系的另一种网络是移动通信网。大量的手机分别经各自邻近的"基站"以无线方式进入网络,再由基站汇总送到移动交换中心(mobile switching center,MSC),按需要传输到其他网络或者在移动通信网络内部继续传输。必须指出,由于无线通信技术的飞速发展,"无线"与"移动"的许多新方法、新概念密不可分,各种新型的通信方式丰富多彩,为用户提供了更多方便。限于本书范围和篇幅,不再讨论。

此外,还会想到,我们日常生活中广泛接触的另一种通信网络是有线电视网(见图5-37右下部)。很明显,这样多种网络的独立运行将使网络体系日趋复杂。如果把它们的工作环境统一安排、相互融合,必将为通信与计算机网络的使用、管理带来很大方便,使有限而宝贵的信息与信道资源得到共享,避免大量低水平的重复建设。因而,从发展前景来看,倡导并实施"三网融合"已经势在必行。所谓三网是指电信网络(含移动通信网)、因特网和有线电视网。全面推进三网融合,有望进一步提升信息网络基础设施互联互通和资源共享。

最后,我们展望新一代移动通信和网络技术在现代化社会发展中的重要作用。大规模天线、网络切片、边缘计算、新型网络架构等一系列新技术赋予了新一代移动通信大容量、高速率、低延时和高移动性等显著优势。在数据传输方面,支持 10 G ~ 20 Gbit/s 的峰值速率和 1 Gbit/s 的用户体验速率,时延低至 1 ms,传输距离长达 2 km。在系统效率和容量方面,具有更低的功耗与运营成本、更高的频谱利用率和信息利用率,并且支持更多用户。新一代信息通信技术正在与经济社会各领域深度融合,在改变人民群众生活方式的同时提高社会生产力,成为推动经济社会发展、促进现代化社会进步的重要驱动力。

习　　题

5-1　已知系统函数 $H(j\omega) = \dfrac{1}{j\omega+2}$,激励信号 $e(t) = e^{-3t}u(t)$,试利用傅里叶分析法求响应 $r(t)$。

5-2　若系统函数 $H(j\omega) = \dfrac{1}{j\omega+1}$,激励为周期信号 $e(t) = \sin t + \sin(3t)$,试求响应 $r(t)$,画出 $e(t)$,$r(t)$ 波形,讨论经传输是否引起失真。

5-3　无损 LC 谐振电路如题图5-3所示，设 $\omega_0 = \dfrac{1}{\sqrt{LC}}$，激励信号为电流源 $i(t)$，响应为输出电压 $v(t)$，若 $\mathscr{F}[i(t)] = I(\mathrm{j}\omega)$，$\mathscr{F}[v(t)] = V(\mathrm{j}\omega)$，求：

(1) $H(\mathrm{j}\omega) = \dfrac{V(\mathrm{j}\omega)}{I(\mathrm{j}\omega)}$，$h(t) = \mathscr{F}^{-1}[H(\mathrm{j}\omega)]$；

(2) 讨论本题结果与例 5-1 的结果有何共同特点。

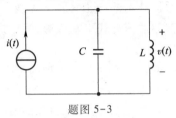

题图 5-3

5-4　电路如题图 5-4 所示，写出电压传输函数 $H(s) = \dfrac{V_2(s)}{V_1(s)}$，为得到无失真传输，元件参数 R_1, R_2, C_1, C_2 应满足什么关系？

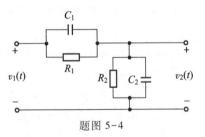

题图 5-4

5-5　电路如题图5-5所示，在电流源激励作用下，得到输出电压。写出联系 $i_1(t)$ 与 $v_1(t)$ 的系统函数 $H(s) = \dfrac{V_1(s)}{I_1(s)}$，要使 $v_1(t)$ 与 $i_1(t)$ 波形一样（无失真），确定 R_1 和 R_2（设给定 $L = 1\ \mathrm{H}, C = 1\ \mathrm{F}$）。传输过程有无时间延迟？

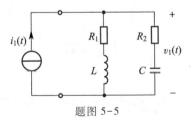

题图 5-5

5-6　一个理想低通滤波器的系统函数如式(5-23)，幅频特性与相频特性如图 5-8 所示。证明此滤波器对于 $\dfrac{\pi}{\omega_c}\delta(t)$ 和 $\dfrac{\sin(\omega_c t)}{\omega_c t}$ 的响应是一样的。

5-7 一个理想低通滤波器的系统函数仍如上题(习题 5-6),求此滤波器对于 $\dfrac{\sin(\omega_0 t)}{\omega_0 t}$ 信号的响应。假定 $\omega_0 < \omega_c$,ω_c 为滤波器截止频率。

5-8 已知系统冲激响应 $h(t)=\dfrac{\mathrm{d}}{\mathrm{d}t}\left[\dfrac{\sin(\omega_c t)}{\pi t}\right]$,系统函数 $H(\mathrm{j}\omega)=\mathscr{F}[h(t)]=\left|H(\mathrm{j}\omega)\right|\mathrm{e}^{\mathrm{j}\varphi(\omega)}$,试画出 $\left|H(\mathrm{j}\omega)\right|$ 和 $\varphi(\omega)$ 图形。

5-9 已知理想低通滤波器的系统函数表示式为

$$H(\mathrm{j}\omega)=\begin{cases} 1 & \left(\left|\omega\right|<\dfrac{2\pi}{\tau}\right)\\[2mm] 0 & \left(\left|\omega\right|>\dfrac{2\pi}{\tau}\right) \end{cases}$$

而激励信号的傅氏变换式为

$$E(\mathrm{j}\omega)=\tau\,\mathrm{Sa}\left(\frac{\omega\tau}{2}\right)$$

利用时域卷积定理求响应的时间函数表示式 $r(t)$。

5-10 一个理想带通滤波器的幅频特性与相频特性如题图 5-10 所示。求它的冲激响应,画响应波形,说明此滤波器是否是物理可实现的。

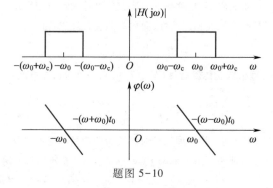

题图 5-10

5-11 题图 5-11 所示系统,$H_i(\mathrm{j}\omega)$ 为理想低通特性

$$H_i(\mathrm{j}\omega)=\begin{cases} \mathrm{e}^{-\mathrm{j}\omega t_0} & \left|\omega\right|\leqslant 1\\[2mm] 0 & \left|\omega\right|>1 \end{cases}$$

若:(1) $v_1(t)$ 为单位阶跃信号 $\mathrm{u}(t)$,写出 $v_2(t)$ 表示式;

(2) $v_1(t)=\dfrac{2\sin\left(\dfrac{t}{2}\right)}{t}$,写出 $v_2(t)$ 表示式。

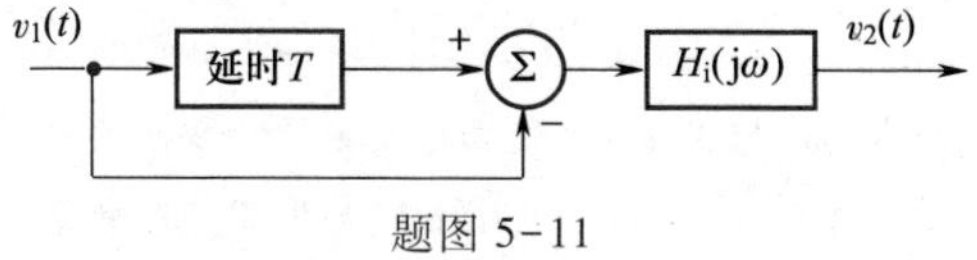

题图 5-11

5–12 写出题图5–12所示系统的系统函数 $H(s) = \dfrac{Y(s)}{X(s)}$。以持续时间为 τ 的矩形脉冲作激励 $x(t)$，求 $\tau \gg T$、$\tau \ll T$、$\tau = T$ 三种情况下的输出信号 $y(t)$（从时域直接求或以拉氏变换方法求，讨论所得结果）。

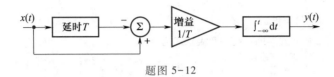

题图 5–12

5–13 某低通滤波器具有升余弦幅频特性，其相频特性为理想特性。若 $H(j\omega)$ 表示式为

$$H(j\omega) = H_i(j\omega)\left[\frac{1}{2} + \frac{1}{2}\cos\left(\frac{\pi}{\omega_c}\omega\right)\right]$$

其中 $H_i(j\omega)$ 为理想低通传输特性

$$H_i(j\omega) = \begin{cases} e^{-j\omega t_0} & (\,|\omega| < \omega_c) \\ 0 & (\omega\ \text{为其他值}) \end{cases}$$

试求此系统的冲激响应，并与理想低通滤波器之冲激响应相比较。

5–14 某低通滤波器具有非线性相频特性，而幅频响应为理想特性。若 $H(j\omega)$ 表示式为

$$H(j\omega) = H_i(j\omega)\,e^{-j\Delta\varphi(\omega)}$$

其中 $H_i(j\omega)$ 为理想低通传输特性（见上题），$\Delta\varphi(\omega) \ll 1$，并可展开为

$$\Delta\varphi(\omega) = a_1\sin\left(\frac{\omega}{\omega_1}\right) + a_2\sin\left(\frac{2\omega}{\omega_1}\right) + \cdots + a_m\sin\left(\frac{m\omega}{\omega_1}\right)$$

试求此系统的冲激响应，并与理想低通滤波器的冲激响应相比较。

5–15 试利用另一种方法证明因果系统的 $R(\omega)$ 与 $X(\omega)$ 被希尔伯特变换相互约束。

（1）已知 $h(t) = h(t)u(t)$，$h_e(t)$ 和 $h_o(t)$ 分别为 $h(t)$ 的偶分量和奇分量，$h(t) = h_e(t) + h_o(t)$，证明

$$h_e(t) = h_o(t)\,\mathrm{sgn}(t)$$

$$h_o(t) = h_e(t)\,\mathrm{sgn}(t)$$

（2）由傅氏变换的奇偶虚实关系已知

$$H(j\omega) = R(\omega) + jX(\omega)$$

$$\mathscr{F}[f_e(t)] = R(\omega)$$

$$\mathscr{F}[f_o(t)] = jX(\omega)$$

利用上述关系证明 $R(\omega)$ 与 $X(\omega)$ 之间满足希尔伯特变换关系。

5–16 若 $\mathscr{F}[f(t)] = F(\omega)$，令 $Z(\omega) = 2F(\omega)U(\omega)$（只取单边的频谱）。试证明

$$z(t) = \mathscr{F}^{-1}\big[\,Z(\omega)\,\big] = f(t) + \hat{f}(t)$$

其中

$$\ddot{f}(t) = \frac{\mathrm{j}}{\pi}\left[\int_{-\infty}^{\infty}\frac{f(\tau)}{t-\tau}\mathrm{d}\tau\right]$$

5-17 对于图5-18所示抑制载波调幅信号的频谱,$G(\omega)$的偶对称性,使$F(\omega)$在ω_0和$-\omega_0$左右对称,利用此特点,可以只发送频谱如题图5-17所示的信号,称为单边带信号,以节省频带。试证明在接收端用同步解调可以恢复原信号$G(\omega)$。

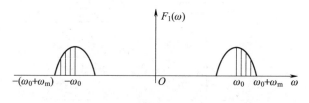

题图 5-17

5-18 试证明题图5-18所示之系统可以产生单边带信号。题图5-18中,信号$g(t)$的频谱$G(\omega)$受限于$-\omega_{\mathrm{m}}\sim\omega_{\mathrm{m}}$之间,$\omega_0\gg\omega_{\mathrm{m}}$;$H(\mathrm{j}\omega)=-\mathrm{j}\mathrm{sgn}\,\omega$。设$v(t)$的频谱为$V(\omega)$,写出$V(\omega)$表示式,并画出图形。

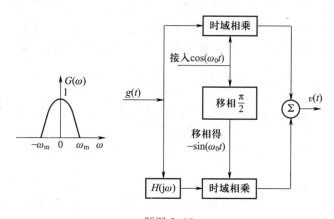

题图 5-18

5-19 已知$g(t) = \dfrac{\sin(\omega_{\mathrm{c}}t)}{\omega_{\mathrm{c}}t}$,$s(t) = \cos(\omega_0 t)$,设$\omega_0\gg\omega_{\mathrm{c}}$,将它们相乘得到$f(t) = g(t)s(t)$,若$f(t)$通过一个特性如题图5-10所示的理想带通滤波器,求输出信号$f_1(t)$的表示式。

5-20 在题图5-20所示系统中$\cos(\omega_0 t)$是自激振荡器,理想低通滤波器的系统函数为

$$H_{\mathrm{i}}(\mathrm{j}\omega) = \big[\,u(\omega+2\Omega) - u(\omega-2\Omega)\,\big]\mathrm{e}^{-\mathrm{j}\omega\,t_0}$$

且 $\omega_0 \gg \Omega$。

（1）求虚框内系统的冲激响应 $h(t)$；

（2）若输入信号为 $e(t) = \left[\dfrac{\sin(\Omega t)}{\Omega t}\right]^2 \cos(\omega_0 t)$，求系统输出信号 $r(t)$；

（3）若输入信号为 $e(t) = \left[\dfrac{\sin(\Omega t)}{\Omega t}\right]^2 \sin(\omega_0 t)$，求系统输出信号 $r(t)$；

（4）虚框内系统是否是线性时不变系统？

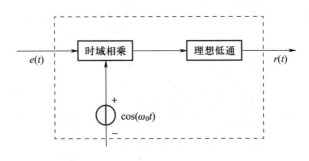

题图 5-20

5-21 模拟电话话路的频带宽度为 $300 \sim 3\,400$ Hz，若要利用此信道传送二进制的数据信号需要接入调制解调器（MODEM）以适应信道通带要求，问 MODEM 在此完成了何种功能？请你试想一种可能实现 MODEM 系统的方案，画出简要的原理框图（假定数据信号的速率为 $1\,200$ bit/s，波形为不归零矩形脉冲）。

5-22 若 $x(t)$、$\psi(t)$ 都为实函数，连续函数小波变换的定义可简写为

$$WT_x(a,b) = \frac{1}{\sqrt{a}} \int_{-\infty}^{\infty} x(t) \psi\left(\frac{t-b}{a}\right) \mathrm{d}t$$

（1）若 $\mathscr{F}[x(t)] = X(\psi)$，$\mathscr{F}[\psi(t)] = \Psi(\omega)$，试证明以上定义式也可用下式给出

$$WT_x(a,b) = \frac{\sqrt{a}}{2\pi} \int_{-\infty}^{\infty} X(\omega) \Psi(-a\omega) \mathrm{e}^{\mathrm{j}\omega b} \mathrm{d}\omega$$

（2）讨论定义式中 a,b 参量的含义（参看例 5-5）。

5-23 在信号处理技术中应用的"短时傅里叶变换"有两种定义方式，假定信号源为 $x(t)$，时域窗函数为 $g(t)$，第一种定义方式为

$$X_1(\tau, \omega) = \int_{-\infty}^{\infty} x(t) g(t-\tau) \mathrm{e}^{-\mathrm{j}\omega t} \mathrm{d}t$$

第二种定义方式为

$$X_2(\tau, \omega) = \int_{-\infty}^{\infty} x(t+\tau) g(t) \mathrm{e}^{-\mathrm{j}\omega t} \mathrm{d}t$$

试从物理概念说明参变量 τ 的含义，比较两种定义结果有何联系与区别。

5-24　若 $x(t) = \cos(\omega_m t)$, $\delta_T(t) = \sum\limits_{n=-\infty}^{\infty} \delta(t-nT)$, $T = \dfrac{2\pi}{\omega_s}$,分别画出以下情况 $x(t)$ ·

$\delta_T(t)$ 波形及其频谱 $\mathscr{F}[x(t)\delta_T(t)]$ 图形。讨论从 $x(t)\delta_T(t)$ 能否恢复 $x(t)$ 。注意比较(1)和(4)的结果(建议画波形时保持 T 不变)。

(1) $\omega_m = \dfrac{\omega_s}{8} = \dfrac{\pi}{4T}$　　　　　　　　(2) $\omega_m = \dfrac{\omega_s}{4} = \dfrac{\pi}{2T}$

(3) $\omega_m = \dfrac{\omega_s}{2} = \dfrac{\pi}{T}$　　　　　　　　(4) $\omega_m = \dfrac{9}{8}\omega_s = \dfrac{9\pi}{4T}$

5-25　题图5-25所示抽样系统 $x(t) = A + B\cos\left(\dfrac{2\pi t}{T}\right)$, $p(t) = \sum\limits_{n=-\infty}^{\infty} \delta[t-n(T+\Delta)]$, $T \gg \Delta$,
理想低通系统函数表达式为

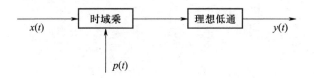

题图 5-25

$$H(\mathrm{j}\omega) = \begin{cases} 1, & \text{当} \ |\omega| < \dfrac{1}{2(T+\Delta)} \\ 0, & \text{当} \ \omega \ \text{为其他} \end{cases}$$

输出端可得到 $y(t) = kx(at)$,其中 $a<1$, k 为实系数。求:

(1) 画 $\mathscr{F}[p(t)x(t)]$ 图形;

(2) 为实现上述要求给出 Δ 取值范围;

(3) 求 a 和 k ;

(4) 此系统在电子测量技术中可构成抽样(采样)示波器,试说明此种示波器的功能特点。

5-26　试设计一个系统使它可以产生图5-35所示的阶梯近似 Sa 函数波形(利用数字电路等课程知识)。近似函数宽度截取 $8T$(中心向左右对称),矩形窄脉冲宽度 $\dfrac{T}{8}$ 。每当一

个"1"码到来时 $\left(\text{由速率为} \dfrac{2\pi}{T} \text{的窄脉冲控制}\right)$ 即出现 Sa 码波形(峰值延后 $4T$)。

(1) 画出此系统逻辑框图和主要波形;

(2) 考虑此系统是否容易实现;

(3) 在得到上述信号之后,若要去除波形中的小阶梯,产生更接近连续 Sa 函数的波形需采取什么办法?

5-27　本题继续讨论通信系统消除多径失真的原理。在2.9节和第四章习题4-51已经分别

采用时域和 s 域研究这个问题,此处,再从频域导出相同的结果。仍引用式(2-77),已知

$$r(t) = e(t) + ae(t-T)$$

(1) 对上式取傅里叶变换,求回波系统的系统函数 $H(j\omega)$;

(2) 令 $H(j\omega)H_i(j\omega) = 1$,设计一个逆系统,先求它的系统函数 $H_i(j\omega)$;

(3) 再取 $H_i(j\omega)$ 的逆变换得到此逆系统的冲激响应 $h_i(t)$,它应当与前两种方法求得的结果完全一致。

还需指出,在第七章 7.7 节的最后例 7-17 我们将再次引用第四种方法——解卷积之方法研究这个问题,当然,可以求得同样的结果。很明显,本课程的一个重要特色是对于同一问题可有多种求解方法。我们相信,读者一定能够在这种反复思考与研讨之中感受无穷的乐趣!

6.1 引言

对于信号分析理论的进一步研究表明,信号表示式与多维矢量之间存在许多形式上的类似。借助信号与矢量之间的类比,不仅可以使一些抽象问题便于理解,而且可以使我们对于信号的性能、信号分析与处理研究中遇到的问题进入更深的层次。

从数学观点看,通常把赋予某种数学结构的集合称为"空间"。例如,能引入线性运算的矢量集合称为"线性(矢量)空间";若再引入矢量的长度概念,也即"范数"的概念,则构成"线性赋范空间";为了研究矢量之间的相互关系,需要借助"内积"运算,于是构成"内积空间"。

信号的能量具有与矢量长度类似的属性,表征信号能量的一些参数可与矢量的范数类比。而信号之间的相关性类似于矢量之间的夹角,可以利用矢量的内积运算来描述。内积空间中的正交性是引出傅里叶级数展开的理论基础,利用内积空间的概念可以给出信号的各种正交函数展开,不仅局限于三角级数。著名的帕塞瓦尔(M.-A.Parseval,1755—1836)方程(定理)揭示了信号正交分解能量不变性的物理本质,而从矢量空间角度分析,这是矢量范数不变性(内积不变性)的体现。当今,在信号处理领域内正交变换得到了如此广泛的应用,正是因为这种变换具备上述物理背景和相应的数学本质。

6.2 节给出利用矢量空间方法研究信号理论的基本概念,以此为基础展开信号正交函数分解的讨论,这里介绍的方法也可称为信号的广义傅里叶级数展开,它是第三章研究方法的推广,正交函数集具有丰富多彩的形式,不仅限于三角函数集。在矢量空间中,可以看到类似的现象,同一矢量可按不同的坐标系统进行分解。本章讲述的初步概念在第八、九章以及许多后续课程中将得到进一步的应用和广泛深入的研究。

相关函数和卷积的运算有着密切联系,类比学习两种运算方法有助于正确、灵活地理解基本概念。作为第三章信号频谱分析方法的继续,研究信号的相关函数、能量谱和功率谱,这些概念广泛应用于随机信号分析之中,初步学习这些分析方法将十分有利于本课程与后续课程的密切配合。

"匹配滤波器"是相关函数概念应用于通信、雷达、声纳系统中的一个典型实例,在 6.8 节介绍构成这种滤波器的原理。6.9 节利用本章的有关定理证明了"测不准原理",这是第五章5.4节的继续。近年来,在通信系统(特别是移动通信系统)中"码分复用"技术已得到广泛应用,本章介绍的相关、正交概念正是构成码分复用技术的理论基础,在 6.10 节给出码分复用的基本原理,这是第五章5.11节各种复用方法讨论的延续。最后几节的内容或许能引导读者从抽象的数学推演中逐步感受到利用基本理论解决工程实际问题的乐趣,从而理解学习本课程的目的。

6.2 信号矢量空间的基本概念

一、线性空间

粗略讲,线性空间是指这样一种集合,其中任意两元素相加可构成此集合内的另一元素,任一元素与任一数相乘后得到此集合内的另一元素,这里的倍乘系数可以是实数也可是复数。下面举出最常见的线性空间实例。

1. N 维实数空间 $\mathbb{R}^N$ 与复数空间 $\mathbb{C}^N$

$\mathbb{R}^N$空间的元素 $\boldsymbol{x}$ 由 N 个有次序的实数构成

$$\boldsymbol{x} = (x_1, x_2, \cdots, x_N)^{\mathrm{T}} (x_i \in \mathbb{R})$$
$$i = 1, 2, \cdots, N \tag{6-1}$$

与另一元素 $\boldsymbol{y} = (y_1, y_2, \cdots, y_N)^{\mathrm{T}}$ 相加以及和数 α 相乘的运算如通常的加法和乘法按如下定义

$$\boldsymbol{x} + \boldsymbol{y} = (x_1 + y_1, x_2 + y_2, \cdots, x_N + y_N)^{\mathrm{T}} \tag{6-2}$$
$$\alpha \boldsymbol{x} = (\alpha x_1, \alpha x_2, \cdots, \alpha x_N)^{\mathrm{T}} \tag{6-3}$$

如果上述定义中的实数均改为复数,则构成 N 维复数空间 $\mathbb{C}^N$。

2. 连续时间信号空间 L

定义在全部复数(或实数)连续时间信号的集合构成线性空间,这时,各信号逐点相加或逐点倍乘系数 α 的运算表达式按如下定义

$$(x - y)(t) = x(t) + y(t) (t \in \mathbb{R}) \tag{6-4}$$
$$(\alpha x)(t) = \alpha x(t) \qquad (t \in \mathbb{R}) \tag{6-5}$$

注意到时间变量 t 为实数。

上述 N 维实数空间 $\mathbb{R}^N$ 或复数空间 $\mathbb{C}^N$ 都是有限维空间,而这里的连续时间信号空间 L 是无穷维空间。

3. 离散时间信号空间 l

全部复数(或实数)离散时间信号(序列)的集合构成线性空间,此时,各信号逐点相加或逐点倍乘系数 α 的运算表达式按如下定义

$$(x+y)(n)=x(n)+y(n)\,(n\in\mathbb{Z})\qquad(6-6)$$

$$(\alpha x)(n)=\alpha x(n)\qquad(n\in\mathbb{Z})\qquad(6-7)$$

注意到时间变量 n 为整数。

类似地,离散时间信号空间 l 也属无穷维空间。而 N 维的离散时间信号空间属有限维。

二、范数、赋范空间

在线性空间中,利用线性运算可以研究诸如线性相关、线性无关、基、维数等线性结构,但是还没有给出矢量长度的度量方法,为解决这一问题,需要研究"范数"。信号具有的能量与矢量空间的长度可以相类比,在给出范数的定义后,可以看到范数概念对于描述信号能量特性的作用。

线性空间中元素 $\boldsymbol{x}$ 的范数以符号 $\|\boldsymbol{x}\|$ 表示,范数满足以下公理:

(1)正定性 $\|\boldsymbol{x}\|\geqslant 0$,当且仅当 $\boldsymbol{x}=\boldsymbol{0}$ 时 $\|\boldsymbol{x}\|=0$;

(2)正齐性 对所有数量 α,有 $\|\alpha\boldsymbol{x}\|=|\alpha|\cdot\|\boldsymbol{x}\|$;

(3)三角形不等式 $\|\boldsymbol{x}+\boldsymbol{y}\|\leqslant\|\boldsymbol{x}\|+\|\boldsymbol{y}\|$。

下面举例给出各线性空间的范数:

首先考察 $\mathbb{R}^N$ 与 $\mathbb{C}^N$ 空间的范数。

令 p 为实数,$1\leqslant p\leqslant\infty$,在 $\mathbb{R}^N$ 或 $\mathbb{C}^N$ 空间元素 $x=(x_1,x_2,\cdots,x_N)$ 的 p 阶范数定义为

$$\|\boldsymbol{x}\|_p \overset{\text{def}}{=\!=\!=} \begin{cases} \left[\sum_{i=1}^{N}|x_i|^p\right]^{1/p} & (\text{对于 } 1\leqslant p<\infty) \\ \max_{1\leqslant i\leqslant N}|x_i| & (\text{对于 } p\to\infty) \end{cases} \qquad(6-8)$$

最常用的范数为 $\|\cdot\|_1$,$\|\cdot\|_2$,和 $\|\cdot\|_\infty$,例如,$x\in\mathbb{C}^2$,若给定 $\boldsymbol{x}=(1,\mathrm{j})$,则其范数为

$$\|\boldsymbol{x}\|_1=1+1=2$$

$$\|\boldsymbol{x}\|_2=\sqrt{1+1}=\sqrt{2}$$

$$\|\boldsymbol{x}\|_\infty=\max(1,1)=1$$

在二维或三维实数矢量空间($\mathbb{R}^2$ 或 $\mathbb{R}^3$)之中,二阶范数的物理意义是矢量的长度,$\|\boldsymbol{x}\|_2$ 也称为欧氏(Euclidean)范数或欧氏距。

下面讨论连续时间信号空间 L 和离散时间信号空间 l 中的范数。

在连续时间信号空间 L 中，元素 x 的 p 阶范数 $\|x\|_p$ 定义为

$$\|x\|_p = \begin{cases} \left[\int_{-\infty}^{\infty} |x(t)|^p \mathrm{d}t\right]^{1/p} & (1 \leq p < \infty) \\ \sup |x(t)| & (p = \infty) \end{cases} \tag{6-9}$$

此处，符号 sup 表示信号的上确界（supremum）或称最小上界。对于定义在闭区间内的信号，sup 表示其幅度值。

类似地可以得到在离散时间信号空间 l 中，元素 $x(n)$ 的 p 阶范数 $\|x\|_p$ 定义为

$$\|x\|_p = \begin{cases} \left(\sum_{n=-\infty}^{\infty} |x(n)|^p\right)^{\frac{1}{p}} & (1 \leq p < \infty) \\ \sup |x(n)| & (p = \infty) \end{cases} \tag{6-10}$$

下面给出信号的 1、2 和 ∞ 阶范数的表达式及其物理意义。

$$\|x\|_1 = \int_{-\infty}^{\infty} |x(t)| \mathrm{d}t \tag{6-11}$$

或

$$\|x\|_1 = \sum_{x=-\infty}^{\infty} |x(n)| \tag{6-12}$$

可见，一阶范数表示信号作用的强度（大小）。

$$\|x\|_2 = \left[\int_{-\infty}^{\infty} |x(t)|^2 \mathrm{d}t\right]^{\frac{1}{2}} \text{ 也即 } \|x\|_2^2 = \int_{-\infty}^{\infty} |x(t)|^2 \mathrm{d}t \tag{6-13}$$

或

$$\|x\|_2 = \left[\sum_{n=-\infty}^{\infty} |x(n)|^2\right]^{\frac{1}{2}} \text{ 也即 } \|x\|_2^2 = \sum_{n=-\infty}^{\infty} |x(n)|^2 \tag{6-14}$$

二阶范数的平方表示信号的能量，若 $x(t)$ 表示电压或电流，它在单位电阻上产生的能量即为 $\|x\|_2^2$。

$$\|x\|_\infty = \sup |x(t)| \tag{6-15}$$

或

$$\|x\|_\infty = \sup |x(n)| \tag{6-16}$$

对于定义在闭区间上的 $x(t)$，$\|x\|_\infty$ 表示信号可测得的峰值，也即信号的幅度。

图 6-1 举例给出信号 x 波形与信号作用强度、能量以及幅度的图解示意。

在信号分析与处理研究领域中，除直接引用上述范数之外，为便于描述信号的物理性能还经常引用以下参数，它们分别是功率、方均根值和平均值。

若信号 x 之能量为无限大，而其平均功率为确定值（例如周期信号），于是

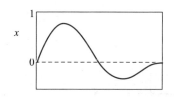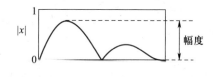

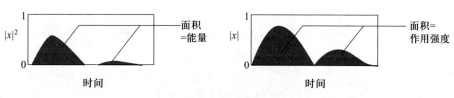

图 6-1 信号 *x* 波形与信号作用强度、能量以及幅度的图解示意

可定义连续或离散时间信号的功率,其表达式为在一段时间间隔内$\left(从-\frac{T}{2}到\frac{T}{2}\right)$的平均功率,并取间隔 $T\rightarrow\infty$ 之极限,即

$$\lim_{T\rightarrow\infty}\left[\frac{1}{T}\int_{-T/2}^{T/2}\mid x(t)\mid^2\mathrm{d}t\right] \tag{6-17}$$

或

$$\lim_{N\rightarrow\infty}\left[\frac{1}{N}\sum_{n=-N/2}^{N/2}\mid x(n)\mid^2\right] \tag{6-18}$$

信号功率的开方称为信号的方均根值,写作 rms(root mean square)。

信号的平均值(也即直流分量)表达式为

$$\lim_{T\rightarrow\infty}\left[\frac{1}{T}\int_{-T/2}^{T/2}x(t)\,\mathrm{d}t\right] \tag{6-19}$$

或

$$\lim_{N\rightarrow\infty}\left[\frac{1}{N}\sum_{n=-N/2}^{N/2}x(n)\right] \tag{6-20}$$

例如,幅度为 a 的正弦波,其平均值为 0,功率为 $\frac{1}{2}a^2$,方均根值是 $\frac{\sqrt{2}}{2}a$(也称有效值)。又如图 6-2 所示的连续时间周期性方波,若幅度为 a,其平均值为 $\frac{a}{2}$,功率为 $\frac{1}{2}a^2$,方均根值为 $\frac{\sqrt{2}}{2}a$。

给出了范数的概念即可构成线性赋范空间,也称赋范空间。在信号分析理

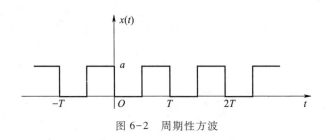

图 6-2 周期性方波

论研究中,若信号的能量受限,即 $\|\boldsymbol{x}\|_2<\infty$,于是可构成如下的赋范空间

$$L_2 := \{x \in L \mid \|\boldsymbol{x}\|_2 <\infty \} \tag{6-21}$$

或

$$l_2 := \{x \in l \mid \|\boldsymbol{x}\|_2 <\infty \} \tag{6-22}$$

它们分别是能量受限的连续时间信号或离散时间信号的集合。类似地,对于幅度为有限值的连续时间信号或离散时间信号的集合,分别构成如下赋范空间

$$L_\infty := \{x \in L \mid \|\boldsymbol{x}\|_\infty <\infty \} \tag{6-23}$$

或

$$l_\infty := \{x \in l \mid \|\boldsymbol{x}\|_\infty <\infty \} \tag{6-24}$$

对于信号作用强度为有限值的连续时间信号或离散时间信号的集合,分别构成赋范空间

$$L_1 := \{x \in L \mid \|\boldsymbol{x}\|_1 <\infty \} \tag{6-25}$$

或

$$l_1 := \{x \in l \mid \|\boldsymbol{x}\|_1 <\infty \} \tag{6-26}$$

一般情况下,线性空间并未构成赋范空间,例如 L 和 l 空间都不是赋范空间,如果按范数存在三条公理的要求给予约束可分别定义各种形式的赋范空间如上述 $L_2, l_2, L_\infty, l_\infty, L_1, l_1$ 等。

三、内积、内积空间

上面讨论的范数是矢量长度概念的推广,是矢量自身的重要属性。这些概念对于研究若干矢量之间的相互关系仍然不够,为解决这一问题,需要引入内积的概念。由前文已知,范数与信号自身的能量、强度等特征相对应,而内积运算与若干信号之间的相互关系密切相连,在讨论信号之间的正交、相关等概念时将看到这一点。

为引入内积概念,首先考虑直角坐标平面(二维矢量空间)内两矢量相对位置的关系。

图 6-3 示出直角坐标平面中矢量 $\boldsymbol{x}=(x_1,x_2)$ 和 $\boldsymbol{y}=(y_1,y_2)$,它们与水平轴夹角分别为 ϕ_1 和 ϕ_2 ,两矢量之间夹角 $(\phi_1-\phi_2)$ 的余弦函数表达式为

$$\cos(\phi_1 - \phi_2) = (\cos \phi_1) \cos \phi_2 + (\sin \phi_1) \sin \phi_2$$

$$= \frac{x_1}{\sqrt{x_1^2 + x_2^2}} \cdot \frac{y_1}{\sqrt{y_1^2 + y_2^2}} + \frac{x_2}{\sqrt{x_1^2 + x_2^2}} \cdot \frac{y_2}{\sqrt{y_1^2 + y_2^2}}$$

$$= \frac{x_1 y_1 + x_2 y_2}{(x_1^2 + x_2^2)^{\frac{1}{2}} (y_1^2 + y_2^2)^{\frac{1}{2}}} \tag{6-27}$$

式中分母为两矢量长度的乘积,分子 $x_1 y_1 + x_2 y_2$ 表示两矢量相应坐标值的标量乘积。利用范数符号,将矢量长度分别写作

$$\| \boldsymbol{x} \|_2 = (x_1^2 + x_2^2)^{\frac{1}{2}} \tag{6-28}$$

$$\| \boldsymbol{y} \|_2 = (y_1^2 + y_2^2)^{\frac{1}{2}} \tag{6-29}$$

于是,标量乘积 $x_1 y_1 + x_2 y_2$ 的表达式为

$$x_1 y_1 + x_2 y_2 = \| \boldsymbol{x} \|_2 \| \boldsymbol{y} \|_2 \cos(\phi_1 - \phi_2) \tag{6-30}$$

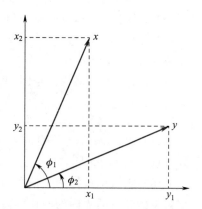

图 6-3 直角坐标平面中矢量 $\boldsymbol{x}$ 与 $\boldsymbol{y}$

这表明,对于给定的矢量长度,标量乘积式 (6-30) 反映了两矢量之间相对位置的"校准"情况。如果标量乘积为零,$\cos(\phi_1 - \phi_2) = 0$,表示两矢量之夹角为 $90°$;而当 $\cos(\phi_1 - \phi_2) = 1$,也即两矢量夹角为 $0°$ 时,标量乘积取得最大值,即两矢量长度之乘积。

对于三维矢量空间,若两矢量分别为 $\boldsymbol{x} = (x_1, x_2, x_3)$ 和 $\boldsymbol{y} = (y_1, y_2, y_3)$,取标量乘积 $x_1 y_1 + x_2 y_2 + x_3 y_3$ 也可得出与二维矢量空间类似的几何解释,当此式为 0 时表示两矢量之夹角为 $90°$;而当两矢量重合(夹角为 $0°$)时,此式取得最大值。

上述 $x_1 y_1 + x_2 y_2$ 和 $x_1 y_1 + x_2 y_2 + x_3 y_3$ 两表达式分别对应二维和三维矢量空间的内积(也称点积)运算。

设 $\mathbb{R}$ 为实线性空间。如果对于 $\mathbb{R}$ 中任意两元素 $\boldsymbol{x}$ 和 $\boldsymbol{y}$,均有一实数与之对应,此实数记为 $\langle \boldsymbol{x}, \boldsymbol{y} \rangle$,它满足以下公理:

(1) 自内积正定性 $\langle \boldsymbol{x}, \boldsymbol{x} \rangle \geqslant 0$,当且仅当 $\boldsymbol{x} = \boldsymbol{0}$ 时 $\langle \boldsymbol{x}, \boldsymbol{x} \rangle = 0$;

(2) 交换律 $\langle \boldsymbol{x}, \boldsymbol{y} \rangle = \langle \boldsymbol{y}, \boldsymbol{x} \rangle$;

(3) 齐次性 $\langle \lambda \boldsymbol{x}, \boldsymbol{y} \rangle = \lambda \langle \boldsymbol{x}, \boldsymbol{y} \rangle$,$\lambda$ 为任意实数;

(4) 分配律 $\langle \boldsymbol{x} + \boldsymbol{y}, \boldsymbol{z} \rangle = \langle \boldsymbol{x}, \boldsymbol{z} \rangle + \langle \boldsymbol{y}, \boldsymbol{z} \rangle$,$\boldsymbol{z} \in \mathbb{R}$,则 $\langle \boldsymbol{x}, \boldsymbol{y} \rangle$ 称为 $\boldsymbol{x}$ 和 $\boldsymbol{y}$ 的内积,$\mathbb{R}$ 称为实内积空间(或欧几里得空间)。

例如,对于 N 维实线性空间,两元素 $\boldsymbol{x}$ 与 $\boldsymbol{y}$ 的内积定义为

$$\langle \boldsymbol{x}, \boldsymbol{y} \rangle = \sum_{i=1}^{N} x_i y_i = \boldsymbol{x}^{\mathrm{T}} \boldsymbol{y} \tag{6-31}$$

其中, $\boldsymbol{x} = (x_1, x_2, \cdots, x_N)^\mathrm{T}$ 和 $\boldsymbol{y} = (y_1, y_2, \cdots, y_N)^\mathrm{T}$, 这正是式(6-30)的推广。

设 $\mathbb{C}$ 为复线性空间。如果对于 $\mathbb{C}$ 中任意两元素 $\boldsymbol{x}$ 和 $\boldsymbol{y}$, 均有一复数与之对应, 记为 $\langle \boldsymbol{x}, \boldsymbol{y} \rangle$, 它满足以下公理:

(1) 自内积正定性 $\langle \boldsymbol{x}, \boldsymbol{x} \rangle$ 为非负实数, $\langle \boldsymbol{x}, \boldsymbol{x} \rangle \geqslant 0$, 当且仅当 $\boldsymbol{x} = \boldsymbol{0}$ 时, $\langle \boldsymbol{x}, \boldsymbol{x} \rangle = 0$;

(2) 共轭交换性 $\langle \boldsymbol{x}, \boldsymbol{y} \rangle = \langle \boldsymbol{y}, \boldsymbol{x} \rangle^*$;

(3) 齐次性 $\langle \lambda \boldsymbol{x}, \boldsymbol{y} \rangle = \lambda \langle \boldsymbol{x}, \boldsymbol{y} \rangle$, λ 为任意复数;

(4) 分配律 $\langle \boldsymbol{x} + \boldsymbol{y}, \boldsymbol{z} \rangle = \langle \boldsymbol{x}, \boldsymbol{z} \rangle + \langle \boldsymbol{y}, \boldsymbol{z} \rangle$, $\boldsymbol{z} \in \mathbb{C}$, 则称 $\langle \boldsymbol{x}, \boldsymbol{y} \rangle$ 为 $\boldsymbol{x}$ 与 $\boldsymbol{y}$ 的内积, $\mathbb{C}$ 为复内积空间(或称酉空间)。

例如, 对于 N 维复线性空间, 两元素 $\boldsymbol{x}$ 与 $\boldsymbol{y}$ 的内积定义为

$$\langle \boldsymbol{x}, \boldsymbol{y} \rangle = \sum_{i=1}^{N} x_i y_i^* \tag{6-32}$$

不难看出, 元素 $\boldsymbol{x}$ 与自身的内积运算必为正实数, 而且等于它的二阶范数之平方, 即 $\langle \boldsymbol{x}, \boldsymbol{x} \rangle = \| \boldsymbol{x} \|_2^2$。

上述内积概念可运用于信号矢量空间。

属于信号空间 L 内的两连续时间信号 $\boldsymbol{x}$ 和 $\boldsymbol{y}$ 之内积定义为

$$\langle \boldsymbol{x}, \boldsymbol{y} \rangle = \int_{-\infty}^{\infty} x(t) y(t)^* \, \mathrm{d}t \tag{6-33}$$

属于信号空间 l 内的两离散时间信号 $\boldsymbol{x}$ 和 $\boldsymbol{y}$ 之内积定义为

$$\langle \boldsymbol{x}, \boldsymbol{y} \rangle = \sum_{n \in \mathbb{Z}} x(n) y(n)^* \tag{6-34}$$

对于 L 空间或 l 空间, 信号 $\boldsymbol{x}$ 与其自身的内积运算表达式分别为

$$\langle \boldsymbol{x}, \boldsymbol{x} \rangle = \int_{-\infty}^{\infty} | x(t) |^2 \mathrm{d}t = \| \boldsymbol{x} \|_2^2 \tag{6-35}$$

或

$$\langle \boldsymbol{x}, \boldsymbol{x} \rangle = \sum_{n \in \mathbb{Z}} | x(n) |^2 = \| \boldsymbol{x} \|_2^2 \tag{6-36}$$

四、柯西-施瓦茨不等式

在研究内积特性时, 一个很有用的公式称为柯西-施瓦茨(A. L. Cauchy, 1789—1857, H. A. Schwarz, 1843—1921)不等式, 其表达式为

$$| \langle \boldsymbol{x}, \boldsymbol{y} \rangle |^2 \leqslant \langle \boldsymbol{x}, \boldsymbol{x} \rangle \langle \boldsymbol{y}, \boldsymbol{y} \rangle \tag{6-37}$$

对于二维矢量空间, 利用式(6-30)容易得到

$$\frac{\langle \boldsymbol{x}, \boldsymbol{y} \rangle}{\| \boldsymbol{x} \|_2 \| \boldsymbol{y} \|_2} = \cos(\phi_1 - \phi_2) \tag{6-38}$$

$$-1 \leqslant \frac{\langle \boldsymbol{x}, \boldsymbol{y} \rangle}{\| \boldsymbol{x} \|_2 \| \boldsymbol{y} \|_2} \leqslant 1 \tag{6-39}$$

$$\frac{|\langle \boldsymbol{x},\boldsymbol{y}\rangle|^2}{\langle \boldsymbol{x},\boldsymbol{x}\rangle\langle \boldsymbol{y},\boldsymbol{y}\rangle}\leqslant 1 \tag{6-40}$$

于是,式(6-37)得证。

对于一般情况,假定 α 为任意复数,由内积定义可知

$$\langle \boldsymbol{x}-\alpha\boldsymbol{y},\boldsymbol{x}-\alpha\boldsymbol{y}\rangle\geqslant 0 \tag{6-41}$$

将此不等式左端展开

$$\begin{aligned}\langle \boldsymbol{x}-\alpha\boldsymbol{y},\boldsymbol{x}-\alpha\boldsymbol{y}\rangle&=\langle \boldsymbol{x},\boldsymbol{x}\rangle-\langle \boldsymbol{x},\alpha\boldsymbol{y}\rangle+\langle -\alpha\boldsymbol{y},\boldsymbol{x}\rangle-\langle -\alpha\boldsymbol{y},\alpha\boldsymbol{y}\rangle\\&=\langle \boldsymbol{x},\boldsymbol{x}\rangle-\alpha\langle \boldsymbol{x},\boldsymbol{y}\rangle^*-\alpha^*\langle \boldsymbol{x},\boldsymbol{y}\rangle+|\alpha|^2\langle \boldsymbol{y},\boldsymbol{y}\rangle\end{aligned} \tag{6-42}$$

在以上推导中引用了复内积空间的公理(包括分配律、共轭交换和齐次性),还用到以下约束关系

$$\langle \boldsymbol{x},\alpha\boldsymbol{y}\rangle=\alpha^*\langle \boldsymbol{x},\boldsymbol{y}\rangle \tag{6-43}$$

式(6-43)可由共轭交换与齐次性推证得出(作为练习,请读者自己证明)。

令

$$\alpha=\frac{\langle \boldsymbol{x},\boldsymbol{y}\rangle}{\langle \boldsymbol{y},\boldsymbol{y}\rangle} \tag{6-44}$$

代入式(6-42)后得到

$$\begin{aligned}\langle \boldsymbol{x}-\alpha\boldsymbol{y},\boldsymbol{x}-\alpha\boldsymbol{y}\rangle=&\langle \boldsymbol{x},\boldsymbol{x}\rangle-\frac{\langle \boldsymbol{x},\boldsymbol{y}\rangle\langle \boldsymbol{x},\boldsymbol{y}\rangle^*}{\langle \boldsymbol{y},\boldsymbol{y}\rangle}\\&-\frac{\langle \boldsymbol{x},\boldsymbol{y}\rangle^*\langle \boldsymbol{x},\boldsymbol{y}\rangle}{\langle \boldsymbol{y},\boldsymbol{y}\rangle}+\frac{\langle \boldsymbol{x},\boldsymbol{y}\rangle\langle \boldsymbol{x},\boldsymbol{y}\rangle^*}{\langle \boldsymbol{y},\boldsymbol{y}\rangle}\end{aligned} \tag{6-45}$$

化简后代入式(6-41)得到

$$\langle \boldsymbol{x},\boldsymbol{x}\rangle-\frac{|\langle \boldsymbol{x},\boldsymbol{y}\rangle|^2}{\langle \boldsymbol{y},\boldsymbol{y}\rangle}\geqslant 0 \tag{6-46}$$

于是式(6-37)得证。

利用式(6-37)可以解释信号内积空间与信号能量受限的对应关系。对于 L 空间或 l 空间,任意两元素之内积有可能为无穷大,因此,L 空间或 l 空间都不能构成内积空间。而对于能量受限的信号空间 L_2 或 l_2,其二阶范数均为有限值,由柯西-施瓦茨不等式可知,内积为有限值,所以 L_2 或 l_2 构成内积空间。

6.3 ____ 信号的正交函数分解

信号分解为正交函数分量的原理与矢量分解为正交矢量的概念类似。本节利用二维矢量空间较形象的概念引出正交函数和正交函数集的定义。

一、二维空间的正交矢量

考察两个矢量 $\boldsymbol{x}$ 和 $\boldsymbol{y}$ 如图 6-4(a)所示。若由 $\boldsymbol{x}$ 的端点做直线垂直于矢量

y,则被分割的部分 cy 称为矢量 x 在 y 上的投影或分量。如果将垂线也表示为矢量 v,则三个矢量 x,cy,v 组成矢量三角形,它们之间有下列关系

$$x - cy = v \tag{6-47}$$

这表明,若用矢量 cy 来近似地描述矢量 x,两者之间的误差是矢量 v。

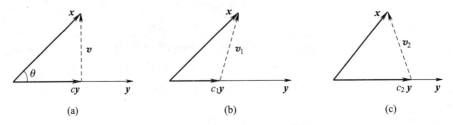

图 6-4　矢量 x 在矢量 y 上的分量

在图 6-4(b)和(c)分别示出 x 在 y 上的斜投影 $c_1 y$ 和 $c_2 y$,显然,这样的斜投影分量可有无穷多个。若用 $c_1 y$ 或 $c_2 y$ 去表示 x,其误差矢量 v_1 和 v_2 都要大于以垂直投影表示时的误差矢量 v。因此,可得出以下结论,若要用 y 上的矢量近似描述另一矢量 x,为使误差最小,应选取 x 在 y 上的垂直投影 cy 如图 6-4(a)所示。若矢量 x 与 y 的模(矢量长度)分别以 $\parallel x \parallel_2$ 和 $\parallel y \parallel_2$ 表示,两矢量间夹角为 θ,容易写出

$$
\begin{aligned}
c \parallel y \parallel_2 &= \parallel x \parallel_2 \cos \theta \\
&= \frac{\parallel x \parallel_2 \parallel y \parallel_2 \cos \theta}{\parallel y \parallel_2}
\end{aligned} \tag{6-48}
$$

利用式(6-48)关系可求得由内积描述的 c 表达式

$$c = \frac{\langle x, y \rangle}{\langle y, y \rangle}$$

系数 c 标志着矢量 x 与 y 相互接近的程度。当 x 与 y 完全重合时,$\theta = 0$,$c = 1$;随着 θ 增大,c 减小;当 $\theta = 90°$ 时,$c = 0$。对于最后这种情况,称 x 与 y 相互垂直的矢量为正交矢量,这时,矢量 x 在矢量 y 的方向没有分量(系数 c 等于零)。

根据上述原理,可以将一个平面中的任意矢量在直角坐标中分解为两个正交矢量的组合。为便于研究矢量分解,把相互正交的两个矢量组成一个二维的"正交矢量集",这样,在此平面上的任意分量都可用二维正交矢量集的分量组合来代表。

将此概念推广,对于一个三维空间中的矢量,可以用一个三维的正交矢量集来表示它。在一般情况下,不能用二维正交矢量集去表示三维空间的矢量,如果

这样做必将留有误差。或者说,三维的空间矢量必须分解为三维正交矢量的组合。

上述正交矢量分解的概念,可推广应用于 n 维信号矢量空间。

二、正交函数

假设,要在区间($t_1 < t < t_2$)内用函数 $f_2(t)$ 近似表示 $f_1(t)$

$$f_1(t) \approx c_{12} f_2(t) \qquad (t_1 < t < t_2)$$

这里的系数怎样选择才能得到最佳的近似? 当然,应选取 c_{12} 使实际函数与近似函数之间的误差在区间($t_1 < t < t_2$)内为最小。所谓误差最小不是指平均误差最小,因为在平均误差很小或等于零的情况下,也可能有较大的正误差与负误差在平均过程中相抵消,以致不能正确反映两函数的近似程度。我们选择误差的方均值(或称均方值)最小,这时,可以认为已经得到了最好的近似。误差的方均值也称方均误差,以符号 $\overline{\varepsilon^2}$ 表示

$$\overline{\varepsilon^2} = \frac{1}{(t_2 - t_1)} \int_{t_1}^{t_2} [f_1(t) - c_{12} f_2(t)]^2 \mathrm{d}t \qquad (6-49)$$

为求得使 $\overline{\varepsilon^2}$ 最小之 c_{12} 值,必须使

$$\frac{\mathrm{d}\,\overline{\varepsilon^2}}{\mathrm{d}c_{12}} = 0$$

即

$$\frac{\mathrm{d}}{\mathrm{d}c_{12}} \left\{ \frac{1}{(t_2 - t_1)} \int_{t_1}^{t_2} [f_1(t) - c_{12} f_2(t)]^2 \mathrm{d}t \right\} = 0 \qquad (6-50)$$

交换微分与积分次序,得到

$$\frac{1}{t_2 - t_1} \left[\int_{t_1}^{t_2} \frac{\mathrm{d}}{\mathrm{d}c_{12}} f_1^2(t)\,\mathrm{d}t - 2\int_{t_1}^{t_2} f_1(t) f_2(t)\,\mathrm{d}t + 2c_{12}\int_{t_1}^{t_2} f_2^2(t)\,\mathrm{d}t \right] = 0 \qquad (6-51)$$

显然,上式中第一项等于零,于是求出

$$c_{12} = \frac{\displaystyle\int_{t_1}^{t_2} f_1(t) f_2(t)\,\mathrm{d}t}{\displaystyle\int_{t_1}^{t_2} f_2^2(t)\,\mathrm{d}t} \qquad (6-52)$$

由式(6-52)可知:函数 $f_1(t)$ 有 $f_2(t)$ 的分量,此分量的系数(振幅)是 c_{12}。如果 c_{12} 等于零,则 $f_1(t)$ 不包含 $f_2(t)$ 的分量,这种情况称为: $f_1(t)$ 与 $f_2(t)$ 在区间(t_1,

$t_2)$内正交。由式(6-52)得出两个函数在区间(t_1,t_2)内正交的条件是

$$\int_{t_1}^{t_2} f_1(t)f_2(t)\,\mathrm{d}t = 0 \qquad (6\text{-}53)$$

如果试图用与某函数互为正交的函数来作它的近似,那么,c_{12}的最佳值是零。这就是说,与其用它的正交函数来近似,不如用零函数$f(t)=0$来表示。

利用矢量空间内积运算的概念,在区间$(t_1<t<t_2)$内式(6-52)可写作

$$c_{12} = \frac{\langle f_1(t),f_2(t)\rangle}{\langle f_2(t),f_2(t)\rangle} \qquad (6\text{-}54)$$

显然,在矢量空间内,若两信号之内积为零则构成正交函数。

下面举出求c_{12}的实例。

例 6-1 设矩形脉冲$f(t)$有如下定义

$$f(t) = \begin{cases} 1 & (0<t<\pi) \\ -1 & (\pi<t<2\pi) \end{cases}$$

波形如图 6-5 所示,试用正弦波$\sin t$在区间$(0,2\pi)$之内近似表示此函数,使方均误差最小。

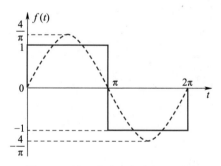

图 6-5 用正弦波近似表示矩形波

解 函数$f(t)$在区间$(0,2\pi)$内近似为

$$f(t) \approx c_{12}\sin t$$

为使方均误差最小,c_{12}应满足

$$c_{12} = \frac{\displaystyle\int_0^{2\pi} f(t)\sin t\,\mathrm{d}t}{\displaystyle\int_0^{2\pi} \sin^2 t\,\mathrm{d}t}$$

$$= \frac{1}{\pi}\left[\int_0^{\pi} \sin t\,\mathrm{d}t + \int_{\pi}^{2\pi}(-\sin t)\,\mathrm{d}t\right] = \frac{4}{\pi}$$

所以

$$f(t) \approx \frac{4}{\pi}\sin t$$

近似波形是振幅为 $\frac{4}{\pi}$ 的正弦波,如图 6-5 中虚线所示。

例 6-2　试用正弦函数 $\sin t$ 在区间 $(0,2\pi)$ 内来近似表示余弦函数 $\cos t$。

解　显然,由于

$$\int_0^{2\pi} \cos t \sin t \, \mathrm{d}t = 0$$

所以

$$c_{12} = 0$$

也即,余弦信号 $\cos t$ 不包含正弦信号 $\sin t$ 分量。或者说 $\cos t$ 与 $\sin t$ 两函数正交。

三、正交函数集

假设有 n 个函数 $g_1(t), g_2(t), \cdots, g_n(t)$ 构成的一个函数集,这些函数在区间 (t_1, t_2) 内满足如下的正交特性

$$\left. \begin{array}{l} \displaystyle\int_{t_1}^{t_2} g_i(t) g_j(t) \mathrm{d}t = 0 \quad (i \neq j) \\ \displaystyle\int_{t_1}^{t_2} g_i^2(t) \mathrm{d}t = K_i \end{array} \right\} \tag{6-55}$$

或

$$\begin{aligned} \langle g_i(t), g_j(t) \rangle &= 0 \quad (i \neq j) \\ \langle g_i(t), g_i(t) \rangle &= K_i \end{aligned} \tag{6-56}$$

则此函数集称为正交函数集。

令任一函数 $f(t)$ 在区间 (t_1, t_2) 内由这 n 个互相正交的函数线性组合所近似,表示式为

$$\begin{aligned} f(t) &\approx c_1 g_1(t) + c_2 g_2(t) + \cdots + c_n g_n(t) \\ &= \sum_{r=1}^{n} c_r g_r(t) \end{aligned} \tag{6-57}$$

为满足最佳近似的要求,可利用方均误差 $\overline{\varepsilon^2}$ 最小的条件求系数 $c_1, c_2, \cdots, c_n$。方均误差表示式为

$$\overline{\varepsilon^2} = \frac{1}{t_2 - t_1} \int_{t_1}^{t_2} \left[f(t) - \sum_{r=1}^{n} c_r g_r(t) \right]^2 \mathrm{d}t \tag{6-58}$$

对于第 i 个系数 c_i,要使 $\overline{\varepsilon^2}$ 最小应满足

$$\frac{\partial \overline{\varepsilon^2}}{\partial c_i} = 0$$

将 $\overline{\varepsilon^2}$ 表示式代入此式得到

$$\frac{\partial}{\partial c_i}\left\{\int_{t_1}^{t_2}\left[f(t) - \sum_{r=1}^{n} c_r g_r(t)\right]^2 dt\right\} = 0 \tag{6-59}$$

展开此被积函数,注意到由正交函数交叉相乘产生的所有各项都为零,而且,所有不包含 c_i 的各项对 c_i 求导也等于零。这样,就使式(6-59)中只剩下两项不为零,如下所示

$$\frac{\partial}{\partial c_i}\int_{t_1}^{t_2}\left[-2c_i f(t) g_i(t) + c_i^2 g_i^2(t)\right] dt = 0 \tag{6-60}$$

变换微分与积分次序,得到

$$\int_{t_1}^{t_2} f(t) g_i(t) dt = c_i \int_{t_1}^{t_2} g_i^2(t) dt \tag{6-61}$$

于是求出 c_i

$$\begin{aligned}c_i &= \frac{\displaystyle\int_{t_1}^{t_2} f(t) g_i(t) dt}{\displaystyle\int_{t_1}^{t_2} g_i^2(t) dt}\\&= \frac{1}{K_i}\int_{t_1}^{t_2} f(t) g_i(t) dt\end{aligned} \tag{6-62}$$

这就是满足最小方均误差条件下,式(6-57)中各系数 c_i 的表示式。

当按式(6-62)选取 c_i 时,将 c_i 代回 $\overline{\varepsilon^2}$ 表示式可求得最佳近似条件下的方均误差

$$\begin{aligned}\overline{\varepsilon^2} &= \frac{1}{t_2 - t_1}\int_{t_1}^{t_2}\left[f(t) - \sum_{r=1}^{n} c_r g_r(t)\right]^2 dt\\&= \frac{1}{t_2 - t_1}\left[\int_{t_1}^{t_2} f^2(t) dt + \sum_{r=1}^{n} c_r^2 \int_{t_1}^{t_2} g_r^2(t) dt - 2\sum_{r=1}^{n} c_r \int_{t_1}^{t_2} f(t) g_r(t) dt\right]\end{aligned} \tag{6-63}$$

注意到 $\int_{t_1}^{t_2} g_r^2(t) dt = K_r, \int_{t_1}^{t_2} f(t) g_r(t) dt = c_r K_r$ [利用式(6-62)取下标 $i=r$] 得到

$$\overline{\varepsilon^2} = \frac{1}{t_2 - t_1} \left[\int_{t_1}^{t_2} f^2(t) \, dt + \sum_{r=1}^{n} c_r^2 K_r - 2 \sum_{r=1}^{n} c_r^2 K_r \right]$$

$$= \frac{1}{t_2 - t_1} \left[\int_{t_1}^{t_2} f^2(t) \, dt - \sum_{r=1}^{n} c_r^2 K_r \right] \tag{6-64}$$

利用式(6-64)可直接求得给定项数 n 条件下的最小方均误差。

如果对某一正交函数集 $K_i = 1$，也就是

$$\int_{t_1}^{t_2} g_i^2(t) \, dt = 1 \tag{6-65}$$

或

$$\langle g_i(t), g_i(t) \rangle = 1 \tag{6-66}$$

那么，称此函数集为"规格化正交函数集"(或"归一化正交函数集")。

当把函数 $f(t)$ 近似为规格化正交函数线性组合时，将系数 c_i 与最小方均误差 $\overline{\varepsilon^2}$ 的表示式简化为

$$c_i = \int_{t_1}^{t_2} f(t) g_i(t) \, dt \tag{6-67}$$

$$\overline{\varepsilon^2} = \frac{1}{t_2 - t_1} \left[\int_{t_1}^{t_2} f^2(t) \, dt - \sum_{r=1}^{n} c_r^2 \right] \tag{6-68}$$

四、复变函数的正交特性

上述讨论，仅限于考虑实变量的实函数的正交特性。如果所讨论的函数 $f_1(t)$ 和 $f_2(t)$ 是实变量 t 的复变函数，那么有关正交特性的描述如下：

若 $f_1(t)$ 在区间 (t_1, t_2) 内可以由 $c_{12} f_2(t)$ 来近似

$$f_1(t) \approx c_{12} f_2(t) \tag{6-69}$$

使方均误差幅度为最小的 c_{12} 之最佳值是

$$c_{12} = \frac{\int_{t_1}^{t_2} f_1(t) f_2^*(t) \, dt}{\int_{t_1}^{t_2} f_2(t) f_2^*(t) \, dt} \tag{6-70}$$

式中 $f_2^*(t)$ 是 $f_2(t)$ 的复共轭函数。

两个复变函数 $f_1(t)$ 和 $f_2(t)$ 在区间 (t_1, t_2) 内互相正交的条件是

$$\int_{t_1}^{t_2} f_1(t) f_2^*(t) \, dt = \int_{t_1}^{t_2} f_1^*(t) f_2(t) \, dt = 0 \tag{6-71}$$

或

$$\langle f_1(t), f_2(t) \rangle = 0 \tag{6-72}$$

如果在区间 (t_1, t_2) 内，复变函数集 $\{g_r(t)\}$ $(r = 1, 2, \cdots, n)$ 满足以下关系

$$\left.\begin{array}{l}\displaystyle\int_{t_1}^{t_2}g_i(t)g_j^*(t)\,\mathrm{d}t = 0 \qquad (i \neq j)\\[3mm]\displaystyle\int_{t_1}^{t_2}g_i(t)g_i^*(t)\,\mathrm{d}t = K_i\end{array}\right\} \qquad (6\text{-}73)$$

或

$$\left.\begin{array}{l}\langle g_i(t),g_j(t)\rangle = 0 \qquad (i \neq j)\\[3mm]\langle g_i(t),g_i(t)\rangle = K_i\end{array}\right\} \qquad (6\text{-}74)$$

则此复变函数集为正交函数集。

6.4　　完备正交函数集、帕塞瓦尔定理

由式(6-64)可以看到:如果增加 n,用更多项的正交函数来近似表示 $f(t)$,那么,误差将变小。进一步考虑,当 n 趋于无限大时,级数取和 $\displaystyle\sum_{r=1}^{\infty}c_r^2 K_r$ 能否收敛为 $\displaystyle\int_{t_1}^{t_2}f^2(t)\,\mathrm{d}t$ 呢? 也就是说,方均误差 $\overline{\varepsilon^2}$ 是否可以减小到零呢? 为回答此问题,给出完备正交函数集的概念。

"完备正交函数集"有两种定义方式,分述如下。

如果用正交函数集 $g_1(t),g_2(t),\cdots,g_n(t)$ 在区间 (t_1,t_2) 近似表示函数 $f(t)$

$$f(t) \approx \sum_{r=1}^{n}c_r g_r(t) \qquad (6\text{-}75)$$

方均误差为

$$\overline{\varepsilon^2} = \frac{1}{t_2 - t_1}\int_{t_1}^{t_2}\left[f(t) - \sum_{r=1}^{n}c_r g_r(t)\right]^2\mathrm{d}t \qquad (6\text{-}76)$$

若令 n 趋于无限大, $\overline{\varepsilon^2}$ 的极限等于零

$$\lim_{n \to \infty}\overline{\varepsilon^2} = 0 \qquad (6\text{-}77)$$

则此函数集称为完备正交函数集。

很明显, $\overline{\varepsilon^2} = 0$ 也就意味着 $f(t)$ 可以由无穷级数来表示

$$f(t) = c_1 g_1(t) + c_2 g_2(t) + \cdots + c_r g_r(t) + \cdots \qquad (6\text{-}78)$$

等式(6-78)右端的无穷级数收敛于 $f(t)$。也即,用级数表示 $f(t)$ 的式(6-78)不是近似式,而是等式。

另一种定义方法如下:

如果在正交函数集 $g_1(t),g_2(t),\cdots,g_n(t)$ 之外,不存在函数 $x(t)$

$$0 < \int_{t_1}^{t_2} x^2(t)\,\mathrm{d}t < \infty \qquad (6-79)$$

满足等式

$$\int_{t_1}^{t_2} x(t) g_i(t)\,\mathrm{d}t = 0 \qquad (6-80)$$

（i 为任意正整数）

则此函数集称为完备正交函数集。

如果能找到一个函数 $x(t)$，使得式（6-80）成立——积分为零，即可说明，$x(t)$ 与函数集 $\{g_n(t)\}$ 的每个函数是正交的，因而它本身就应属于此函数集。显然，不包含 $x(t)$，此函数集就不完备。

注意到前节讨论矢量分析时曾指出，在三维空间的物理世界中，用三维正交矢量集可以无误差地表示任意矢量，而用二维的正交矢量集则不能。现在以完备正交的观点来说明此问题。在矢量分析中，对于三维空间，只有三维的正交矢量集是完备的正交矢量集，而二维的正交矢量集则不是完备正交矢量集。

从式（6-64）或式（6-68）可以看出，如果 $\overline{\varepsilon^2}=0$，应满足以下关系

$$\int_{t_1}^{t_2} f^2(t)\,\mathrm{d}t = \sum_{r=1}^{\infty} c_r^2 K_r \qquad (6-81)$$

或

$$\int_{t_1}^{t_2} f^2(t)\,\mathrm{d}t = \sum_{r=1}^{\infty} c_r^2 \qquad (6-82)$$

式（6-82）与式（6-81）称为"帕塞瓦尔方程"。对于完备正交函数与规格化完备正交函数应满足帕塞瓦尔方程，这一约束规律称为帕塞瓦尔定理。

我们用帕塞瓦尔定理来说明完备正交的物理意义。帕塞瓦尔定理告诉我们，一信号（电压或电流）所含有的功率恒等于此信号在完备正交函数集中各分量功率之总和。与此情况相反，如果信号在正交函数集中各分量的功率总和不等于信号本身的功率，于是，式（6-81）的能量平衡关系就不成立，该正交函数集不完备。

从数学意义讲，帕塞瓦尔方程体现了矢量空间信号正交变换的范数不变性（内积不变性）。若将正交函数展开各系数写作矢量 $\boldsymbol{c} = [c_1, c_2, \cdots, c_r, \cdots]$，式（6-82）可写作范数（内积）表达式

$$\langle f(t), f(t) \rangle = \langle \boldsymbol{c}, \boldsymbol{c} \rangle \qquad (6-83)$$

对于某一函数，可以利用它在完备正交函数集中各分量的线性组合来表示，这种表示方法称为函数的广义傅里叶级数展开。三角函数集是应用最广的一种

完备正交函数集,通常,可将一周期信号展开为各三角函数分量的叠加。然而,完备正交函数集有许多种,不仅限于三角函数集。同一被展开的函数可以用不同形式的正交函数来表示。在矢量分析中可以看到与此类似的现象,对于三维空间的同一矢量,可以按不同的三维坐标系统进行分解。对于同一信号,无论用何种形式的完备正交函数表示,都必须遵循帕塞瓦尔定理的规律,保持其能量不变或范数不变的物理与数学本质。

下面给出几种正交函数集的实例。

一、三角函数集

二、复指数函数集

在第三、五章已经详细研究了这两种正交函数集的性质及其应用,它们都是完备的。这两种函数集有着密切的联系,一种系数可由另一级数的系数求得。本章后面几节,还要进一步介绍它们的应用。

三、勒让德多项式

勒让德(A.-M.Legendre,1752—1833)多项式的定义为

$$P_n(t) = \frac{1}{2^n n!} \frac{\mathrm{d}^n}{\mathrm{d}t^n}(t^2-1)^n \tag{6-84}$$

$$(n=0,1,2,\cdots)$$

由此写出

$$P_0(t) = 1$$

$$P_1(t) = t$$

$$P_2(t) = \left(\frac{3}{2}t^2 - \frac{1}{2}\right)$$

$$P_3(t) = \left(\frac{5}{2}t^3 - \frac{3}{2}t\right)$$

······

一组勒让德多项式 $\{P_n(t)\}$($n=0,1,2,\cdots$)在区间($-1<t<1$)内构成一个完备正交函数集。

此外,还有一些多项式也可构成正交函数集,如雅可比(C.G.J.Jacobi,1804—1851)多项式,切比雪夫(P.L.Chebyshev,1821—1894)多项式等。

四、沃尔什函数集

沃尔什(J.L.Walsh,1895—1973)函数只取+1 和-1 两个可能的数值,波形呈矩形脉冲。沃尔什函数集是完备的正交函数集。在信号传输与处理方面,沃尔什变换是一种重要的正交变换方法。图 6-6 示出了前 8 个沃尔什函数波形。

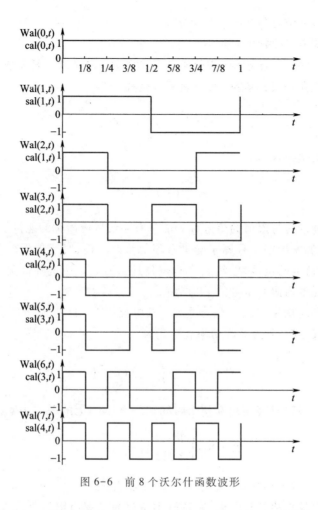

图 6-6　前 8 个沃尔什函数波形

6.5　相关

通常相关的概念是从研究随机信号的统计特性而引入的。考虑本课程的研究范围,从确定性信号的相似性引出相关系数与相关函数的概念,为学习后续课程做好准备。

相关函数与卷积运算有着密切联系,我们将在对比中认识并正确运用这两种数学工具。

从数学本质来看,相关系数是信号矢量空间内积与范数特征的具体表现。从物理本质看,相关与信号能量特征有着密切联系,为便于研究,首先从信号能量特征给出能量信号与功率信号的定义。

一、能量信号与功率信号

信号 $f(t)$ 的归一化能量（或简称信号的能量）定义为信号电压（或电流）加到 $1\ \Omega$ 电阻上所消耗的能量，以 E 表示。这样

$$E = \int_{-\infty}^{\infty} |f(t)|^2 \mathrm{d}t \tag{6-85}$$

若 $f(t)$ 为实函数，则

$$E = \int_{-\infty}^{\infty} f^2(t) \mathrm{d}t \tag{6-86}$$

通常把能量为有限值的信号称为能量有限信号或简称为能量信号。在实际应用中，一般的非周期信号属于能量有限信号。然而，对于像周期信号、阶跃函数、符号函数这类的信号，显然上式的积分是无穷大。在这种情况下，一般不再研究信号的能量而研究信号的平均功率。

信号的平均功率定义为信号电压（或电流）在 $1\ \Omega$ 电阻上所消耗的功率，$f(t)$ 在区间 $[T_1, T_2]$ 上的平均功率表达式为

$$P = \frac{1}{T_2 - T_1} \int_{T_1}^{T_2} |f(t)|^2 \mathrm{d}t \tag{6-87}$$

在 6.2 节式（6-17）已经给出在整个时间轴 $[-\infty, \infty]$ 上的平均功率为

$$P = \lim_{T \to \infty} \left[\frac{1}{T} \int_{-\frac{T}{2}}^{\frac{T}{2}} |f(t)|^2 \mathrm{d}t \right] \tag{6-88}$$

通常，所谓 $f(t)$ 的平均功率（或简称功率）即指此式。

如果信号的功率是有限值，则称这类信号是功率有限信号或简称为功率信号。图 6-7 举例示出这两类信号的波形，在图 6-7(b) 中的 T 值表示从 $f(t)$ 截取的时间区间，当 $T \to \infty$ 时得到式（6-88）。有些信号既不属于能量有限信号也不属于功率有限信号，例如 $f(t) = e^t$。

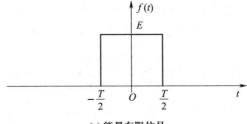

(a) 能量有限信号

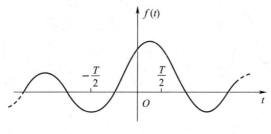

(b) 功率有限信号

图 6-7　能量有限信号和功率有限信号

二、相关系数与相关函数

在信号分析问题中,有时要求比较两个信号波形是否相似,希望给出两者相似程度的统一描述。例如,对于图6-8(a)中的两个波形,从直观上很难说明它们的相似程度,它们在任何瞬间的取值似乎都是彼此不相关的。图6-8(b)则是一对完全相似的波形,它们或是形状完全一致,或是两变化规律相同而幅度呈某一倍数关系的波形。图6-8(c)的两个波形极性相反,两者幅度呈负系数倍乘关系(如-1)。对于这些不同组合的波形如何定量衡量它们之间的相关性,需要引出相关系数的概念。假定 $f_1(t)$ 和 $f_2(t)$ 是能量有限的实信号,选择适当的系数 c_{12} 使 $c_{12}f_2(t)$ 去逼近 $f_1(t)$,利用方均误差(能量误差)$\overline{\varepsilon^2}$ 来说明两者的相似程度,这种方法与6.3节讨论正交函数时采用的方法类似。令

$$\overline{\varepsilon^2} = \int_{-\infty}^{\infty} [f_1(t) - c_{12}f_2(t)]^2 dt \tag{6-89}$$

选择 c_{12} 使误差 $\overline{\varepsilon^2}$ 最小,即要求

$$\frac{d\overline{\varepsilon^2}}{dc_{12}} = 0$$

于是求得

$$c_{12} = \frac{\int_{-\infty}^{\infty} f_1(t)f_2(t) dt}{\int_{-\infty}^{\infty} f_2^2(t) dt} \tag{6-90}$$

此时,能量误差为

$$\overline{\varepsilon^2} = \int_{-\infty}^{\infty} \left[f_1(t) - f_2(t) \frac{\int_{-\infty}^{\infty} f_1(t)f_2(t) dt}{\int_{-\infty}^{\infty} f_2^2(t) dt} \right]^2 dt \tag{6-91}$$

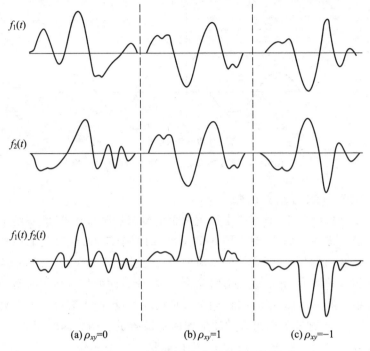

图 6-8 两个不相同、相同及相反波形

将被积函数展开并化简,得到

$$\overline{\varepsilon^2} = \int_{-\infty}^{\infty} f_1^2(t)\,\mathrm{d}t - \frac{\left[\int_{-\infty}^{\infty} f_1(t)f_2(t)\,\mathrm{d}t\right]^2}{\int_{-\infty}^{\infty} f_2^2(t)\,\mathrm{d}t} \tag{6-92}$$

令相对能量误差为

$$\frac{\overline{\varepsilon^2}}{\int_{-\infty}^{\infty} f_1^2(t)\,\mathrm{d}t} = 1 - \rho_{12}^2 \tag{6-93}$$

式中

$$\rho_{12} = \frac{\int_{-\infty}^{\infty} f_1(t)f_2(t)\,\mathrm{d}t}{\left[\int_{-\infty}^{\infty} f_1^2(t)\,\mathrm{d}t \int_{-\infty}^{\infty} f_2^2(t)\,\mathrm{d}t\right]^{\frac{1}{2}}} \tag{6-94}$$

通常把 ρ_{12} 称为 $f_1(t)$ 与 $f_2(t)$ 的相关系数。不难发现借助柯西-施瓦茨不等式

(6-37)可以求得

$$\left| \int_{-\infty}^{\infty} f_1(t) f_2(t)\,\mathrm{d}t \right| \leqslant \left[\int_{-\infty}^{\infty} f_1^2(t)\,\mathrm{d}t \int_{-\infty}^{\infty} f_2^2(t)\,\mathrm{d}t \right]^{\frac{1}{2}} \tag{6-95}$$

$$|\rho_{12}| \leqslant 1 \tag{6-96}$$

由式(6-94)、式(6-95)可以看出,对于两个能量有限信号,相关系数 ρ_{12} 的大小由两信号的内积所决定。

$$\begin{aligned}\rho_{12} &= \frac{\langle f_1(t), f_2(t) \rangle}{\left[\langle f_1(t), f_1(t) \rangle \langle f_2(t), f_2(t) \rangle \right]^{1/2}} \\ &= \frac{\langle f_1(t), f_2(t) \rangle}{\| f_1(t) \|_2 \; \| f_2(t) \|_2}\end{aligned} \tag{6-97}$$

对于图 6-8(b)和(c)所示的两个相同或相反的波形,由于它们的形状完全一致,内积的绝对值最大,ρ_{12} 分别等于 1 或 -1,此时 $\overline{\varepsilon^2}$ 等于零。一般情况下 ρ_{12} 取值在 -1 到 1 之间。当 $f_1(t)$ 与 $f_2(t)$ 为正交函数时 $\rho_{12}=0$,此时 $\overline{\varepsilon^2}$ 最大。相关系数 ρ_{12} 从信号之间能量误差的角度描述了它们的相关特性,利用矢量空间的内积运算给出了定量说明。

上面对两个固定信号波形的相关性进行了研究,然而经常会遇到更复杂的情况,信号 $f_1(t)$ 和 $f_2(t)$ 由于某种原因产生了时差,例如雷达站接收到两个不同距离目标的反射信号,这就需要专门研究两信号在时移过程中的相关性,为此需引出相关函数的概念。

如果 $f_1(t)$ 与 $f_2(t)$ 是能量有限信号且为实函数,它们之间的相关函数定义为

$$\begin{aligned}R_{12}(\tau) &= \int_{-\infty}^{\infty} f_1(t) f_2(t-\tau)\,\mathrm{d}t \\ &= \int_{-\infty}^{\infty} f_1(t+\tau) f_2(t)\,\mathrm{d}t\end{aligned} \tag{6-98}$$

$$\begin{aligned}R_{21}(\tau) &= \int_{-\infty}^{\infty} f_1(t-\tau) f_2(t)\,\mathrm{d}t \\ &= \int_{-\infty}^{\infty} f_1(t) f_2(t+\tau)\,\mathrm{d}t\end{aligned} \tag{6-99}$$

显然,相关函数 $R(\tau)$ 是两信号之间时差的函数,注意式(6-98)和式(6-99)中下标 1 与 2 的顺序不能互换,一般情况下 $R_{12}(\tau) \neq R_{21}(\tau)$。不难证明

$$R_{12}(\tau) = R_{21}(-\tau) \tag{6-100}$$

若 $f_1(t)$ 与 $f_2(t)$ 是同一信号,即 $f_1(t)=f_2(t)=f(t)$,此时相关函数无须加注下标,以 $R(\tau)$ 表示,称为自相关函数或自关函数

$$R(\tau) = \int_{-\infty}^{\infty} f(t)f(t-\tau)\,\mathrm{d}t$$

$$= \int_{-\infty}^{\infty} f(t+\tau)f(t)\,\mathrm{d}t \tag{6-101}$$

与自关函数相对照,一般的两信号之间的相关函数也称为互相关函数或互关函数。显然,对自关函数有如下性质

$$R(\tau) = R(-\tau) \tag{6-102}$$

可见,实函数的自相关函数是时移 τ 的偶函数。

若 $f_1(t)$ 和 $f_2(t)$ 是功率有限信号,式(6-98)与式(6-99)的定义失去意义,此时相关函数的定义为

$$R_{12}(\tau) = \lim_{T\to\infty}\left[\frac{1}{T}\int_{-\frac{T}{2}}^{\frac{T}{2}} f_1(t)f_2(t-\tau)\,\mathrm{d}t\right] \tag{6-103}$$

$$R_{21}(\tau) = \lim_{T\to\infty}\left[\frac{1}{T}\int_{-\frac{T}{2}}^{\frac{T}{2}} f_2(t)f_1(t-\tau)\,\mathrm{d}t\right] \tag{6-104}$$

以及

$$R(\tau) = \lim_{T\to\infty}\left[\frac{1}{T}\int_{-\frac{T}{2}}^{\frac{T}{2}} f(t)f(t-\tau)\,\mathrm{d}t\right] \tag{6-105}$$

若 $f_1(t)$ 和 $f_2(t)$ 为复函数且为能量有限信号,相关函数的定义为

$$R_{12}(\tau) = \int_{-\infty}^{\infty} f_1(t)f_2^*(t-\tau)\,\mathrm{d}t$$

$$= \int_{-\infty}^{\infty} f_2^*(t)f_1(t+\tau)\,\mathrm{d}t \tag{6-106}$$

$$R_{21}(\tau) = \int_{-\infty}^{\infty} f_2(t)f_1^*(t-\tau)\,\mathrm{d}t$$

$$= \int_{-\infty}^{\infty} f_1^*(t)f_2(t+\tau)\,\mathrm{d}t \tag{6-107}$$

以及

$$R(\tau) = \int_{-\infty}^{\infty} f(t)f^*(t-\tau)\,\mathrm{d}t$$

$$- \int_{-\infty}^{\infty} f^*(t)f(t+\tau)\,\mathrm{d}t \tag{6-108}$$

同时具有如下性质

$$R_{12}(\tau) = R_{21}^*(-\tau) \tag{6-109}$$

$$R(\tau) = R^*(-\tau) \tag{6-110}$$

对于复函数的功率有限信号,可仿照式(6-103)至式(6-105)给出相关函数的定义

$$R_{12}(\tau) = \lim_{T \to \infty} \left[\frac{1}{T} \int_{-\frac{T}{2}}^{\frac{T}{2}} f_1(t) f_2^*(t - \tau) \, \mathrm{d}t \right] \qquad (6\text{-}111)$$

$$R_{21}(\tau) = \lim_{T \to \infty} \left[\frac{1}{T} \int_{-\frac{T}{2}}^{\frac{T}{2}} f_2(t) f_1^*(t - \tau) \, \mathrm{d}t \right] \qquad (6\text{-}112)$$

$$R(\tau) = \lim_{T \to \infty} \left[\frac{1}{T} \int_{-\frac{T}{2}}^{\frac{T}{2}} f(t) f^*(t - \tau) \, \mathrm{d}t \right] \qquad (6\text{-}113)$$

三、相关与卷积的比较

函数 $f_1(t)$ 与 $f_2(t)$ 的卷积表达式为

$$f_1(t) * f_2(t) = \int_{-\infty}^{\infty} f_1(\tau) f_2(t - \tau) \, \mathrm{d}\tau \qquad (6\text{-}114)$$

为便于和相关函数表达式相比较,把式(6-98)中的变量 t 与 τ 互换,这样,实函数的互相关函数表达式可写作

$$R_{12}(t) = \int_{-\infty}^{\infty} f_1(\tau) f_2(\tau - t) \, \mathrm{d}\tau \qquad (6\text{-}115)$$

借助变量置换方法容易求得

$$R_{12}(t) = f_1(t) * f_2(-t) \qquad (6\text{-}116)$$

可见,将 $f_2(t)$ 反褶(变量取负号)后与 $f_1(t)$ 卷积即得 $f_1(t)$ 与 $f_2(t)$ 的相关函数 $R_{12}(t)$。

和卷积类似,也可利用图解方法说明相关函数的意义,在图 6-9 中同时画出了信号 $f_1(t)$ 与 $f_2(t)$ 求卷积和求相关的图解过程。这两种运算都包含移位、相乘和积分三个步骤,其差别在于卷积运算开始时需要对 $f_2(t)$ 进行反褶而相关运算不需要反褶。由图 6-9 和式(6-115)还可以看出,若 $f_1(t)$ 与 $f_2(t)$ 为实偶函数时,则卷积与相关完全相同。

例 6-3 求周期余弦信号 $f(t) = E\cos(\omega_1 t)$ 的自相关函数。

解 对此功率有限信号,借助式(6-105)可求出

$$R(\tau) = \lim_{T \to \infty} \left[\frac{1}{T} \int_{-\frac{T}{2}}^{\frac{T}{2}} f(t) f(t - \tau) \, \mathrm{d}t \right]$$

$$= \lim_{T \to \infty} \frac{E^2}{T} \int_{-\frac{T}{2}}^{\frac{T}{2}} \cos(\omega_1 t) \cdot \cos[\omega_1(t - \tau)] \, \mathrm{d}t$$

$$= \lim_{T \to \infty} \frac{E^2}{T} \int_{-\frac{T}{2}}^{\frac{T}{2}} \cos(\omega_1 t) [\cos(\omega_1 t) \cdot \cos(\omega_1 \tau) +$$

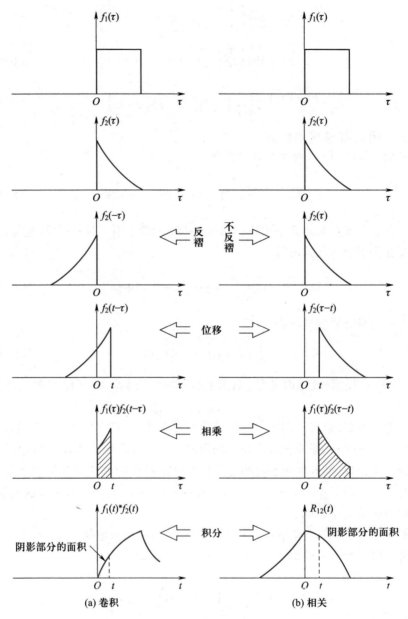

图 6-9　卷积和相关的比较

$$\sin(\omega_1 t) \cdot \sin(\omega_1 \tau)] \mathrm{d}t$$

$$= \lim_{T \to \infty} \frac{E^2}{T} \int_{-\frac{T}{2}}^{\frac{T}{2}} \cos^2(\omega_1 t) \cdot \cos(\omega_1 \tau) \, \mathrm{d}t$$

$$= \lim_{T \to \infty} \frac{E^2}{T} \cos(\omega_1 \tau) \int_{-\frac{T}{2}}^{\frac{T}{2}} \cos^2(\omega_1 t) \, \mathrm{d}t$$

$$= \frac{E^2}{2} \cos(\omega_1 \tau)$$

可见,周期信号的自相关函数仍为周期函数,而且周期相同,此外,$\tau = 0$ 点是自相关函数的一个最大值点,如图 6-10 所示。

四、相关定理

在第三章已经讨论了傅里叶变换的 12 个性质(见表 3-2),这里,作为第 13 个性质介绍相关定理。

若已知

$$\mathscr{F}[f_1(t)] = F_1(\omega)$$
$$\mathscr{F}[f_2(t)] = F_2(\omega)$$

则

$$\mathscr{F}[R_{12}(\tau)] = F_1(\omega) \cdot F_2^*(\omega) \qquad (6\text{-}117)$$

证明

由相关函数定义可知

$$R_{12}(\tau) = \int_{-\infty}^{\infty} f_1(t) f_2^*(t - \tau) \, \mathrm{d}t$$

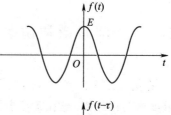
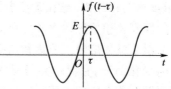
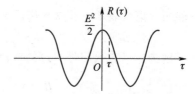

图 6-10 余弦信号的自相关函数

取傅里叶变换

$$\mathscr{F}[R_{12}(\tau)] = \int_{-\infty}^{\infty} R_{12}(\tau) \mathrm{e}^{-\mathrm{j}\omega\tau} \, \mathrm{d}\tau$$

$$= \int_{-\infty}^{\infty} \left[\int_{-\infty}^{\infty} f_1(t) f_2^*(t - \tau) \, \mathrm{d}t \right] \mathrm{e}^{-\mathrm{j}\omega\tau} \, \mathrm{d}\tau$$

$$= \int_{-\infty}^{\infty} f_1(t) \left[\int_{-\infty}^{\infty} f_2^*(t - \tau) \mathrm{e}^{-\mathrm{j}\omega\tau} \, \mathrm{d}\tau \right] \mathrm{d}t$$

$$= \int_{-\infty}^{\infty} f_1(t) F_2^*(\omega) \mathrm{e}^{-\mathrm{j}\omega t} \, \mathrm{d}t$$

$$\mathscr{F}[R_{12}(\tau)] = F_1(\omega) \cdot F_2^*(\omega)$$

同理可得

$$\mathscr{F}[R_{21}(\tau)] = F_1^*(\omega) \cdot F_2(\omega) \qquad (6\text{-}118)$$

若 $f_1(t) = f_2(t) = f(t)$,$\mathscr{F}[f(t)] = F(\omega)$,则自相关函数为

$$\mathscr{F}[R(\tau)] = |F(\omega)|^2 \qquad (6\text{-}119)$$

可见,两信号互相关函数的傅里叶变换等于其中第一个信号的变换与第二

个信号变换取共轭两者之乘积,这就是相关定理。若 $f_2(t)$ 是实偶函数,由式 (6-117) 可知它的傅里叶变换 $F_2(\omega)$ 是实函数,此时相关定理与卷积定理具有相同的结果。作为一种特定情况,对于自相关函数,它的傅里叶变换等于原信号幅度谱的平方。

6.6　　能量谱和功率谱

在第三章 3.2 节、3.4 节已经研究了周期信号和非周期信号的频谱。频谱(幅度谱与相位谱)是在频域中描述信号特征的方法之一,它反映了信号所含分量的幅度和相位随频率的分布情况。除此之外,也可以用能量谱(简称能谱)或功率谱来描述信号。能谱和功率谱是表示信号的能量或功率密度在频域中随频率的变化情况,它对研究信号的能量(或功率)的分布,决定信号所占有的频带等问题有着重要的作用。特别对于随机信号,无法用确定的时间函数表示,也就不能用频谱来表示。在这种情况下,往往用功率谱来描述它的频域特性。

一、能谱

因为能量有限信号 $f(t)$ 的自相关函数是

$$R(\tau) = \int_{-\infty}^{\infty} f(t) f^*(t - \tau) \, dt$$

所以

$$R(0) = \int_{-\infty}^{\infty} |f(t)|^2 \, dt \qquad (6\text{-}120)$$

已知

$$\mathscr{F}[f(t)] = F(\omega)$$

由相关定理知

$$\mathscr{F}[R(\tau)] = |F(\omega)|^2$$

$$R(\tau) = \frac{1}{2\pi} \int_{-\infty}^{\infty} |F(\omega)|^2 e^{j\omega\tau} \, d\omega \qquad (6\text{-}121)$$

所以

$$R(0) = \frac{1}{2\pi} \int_{-\infty}^{\infty} |F(\omega)|^2 \, d\omega$$

这样得到下列关系

$$R(0) = \int_{-\infty}^{\infty} |f(t)|^2 \, dt = \frac{1}{2\pi} \int_{-\infty}^{\infty} |F(\omega)|^2 \, d\omega$$

$$= \int_{-\infty}^{\infty} |F_1(f)|^2 \, df \qquad (6\text{-}122)$$

若 $f(t)$ 为实函数,式(6-122)可写成

$$R(0) = \int_{-\infty}^{\infty} f^2(t)\,\mathrm{d}t = \frac{1}{2\pi}\int_{-\infty}^{\infty} \mid F(\omega)\mid^2\mathrm{d}\omega$$

$$= \int_{-\infty}^{\infty} \mid F_1(f)\mid^2\mathrm{d}f \tag{6-123}$$

式(6-123)即为帕塞瓦尔方程,它表明:对能量有限信号,时域内 $f^2(t)$ 曲线所覆盖的面积等于频域内 $\mid F_1(f)\mid^2$ 覆盖的面积,且等于在原点的自相关函数值 $R(0)$。也就是说,时域内信号的能量等于频域内信号的能量,即信号经傅里叶变换,其总能量保持不变,这是符合能量守恒定律的。

因为信号能量 E 等于

$$E = \frac{1}{2\pi}\int_{-\infty}^{\infty} \mid F(\omega)\mid^2\mathrm{d}\omega = \int_{-\infty}^{\infty} \mid F_1(f)\mid^2\mathrm{d}f \tag{6-124}$$

所以 $\mid F(\omega)\mid^2$ 反映了信号的能量在频域的分布情况,把 $\mid F(\omega)\mid^2$ 称为能量谱密度(简称能谱)。它表示单位带宽的能量,通常把 $f(t)$ 的能谱记作 $\mathscr{E}(\omega)$。

这样

$$\mathscr{E}(\omega) = \mid F(\omega)\mid^2 \tag{6-125}$$

因为

$$E = \frac{1}{2\pi}\int_{-\infty}^{\infty} \mathscr{E}(\omega)\,\mathrm{d}\omega = \int_{-\infty}^{\infty} \mathscr{E}_1(f)\,\mathrm{d}f \tag{6-126}$$

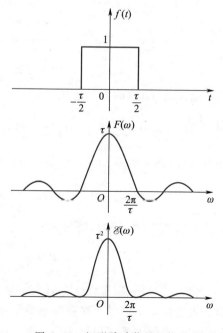

所以,信号的能量在数值上等于 $\mathscr{E}_1(f)$ 曲线下所覆盖的面积,$\mathscr{E}_1(f)$ 的单位是 J/H。因为它是频率的实偶函数,因此式(6-126)可写成

$$E = \frac{1}{\pi}\int_0^{\infty} \mathscr{E}(\omega)\,\mathrm{d}\omega = 2\int_0^{\infty} \mathscr{E}_1(f)\,\mathrm{d}f$$

图 6-11 画出了矩形脉冲信号的能谱。

由式(6-121)、式(6-125)知

$$\left.\begin{array}{l} \mathscr{E}(\omega) = \mathscr{F}[R(\tau)] \\ R(\tau) = \mathscr{F}^{-1}[\mathscr{E}(\omega)] \end{array}\right\} \tag{6-127}$$

所以,能谱函数 $\mathscr{E}(\omega)$ 与自相关函数 $R(\tau)$ 是一对傅里叶变换。

图 6-11 矩形脉冲信号的能谱

二、功率谱

若 $f(t)$ 是功率有限信号,从 $f(t)$ 中截取 $|t| \leqslant \dfrac{T}{2}$ 的一段,得到一个截尾函数 $f_T(t)$,它可以表示为

$$f_T(t) = \begin{cases} f(t) & \left(|t| \leqslant \dfrac{T}{2} \right) \\ 0 & \left(|t| > \dfrac{T}{2} \right) \end{cases} \tag{6-128}$$

如果 T 是有限值,则 $f_T(t)$ 的能量也是有限的,如图 6-12 所示。

令 $\quad \mathscr{F}[f_T(t)] = F_T(\omega)$

此时 $f_T(t)$ 的能量 E_T 可表示为

$$E_T = \int_{-\infty}^{\infty} f_T^2(t)\,\mathrm{d}t = \frac{1}{2\pi} \int_{-\infty}^{\infty} |F_T(\omega)|^2 \mathrm{d}\omega \tag{6-129}$$

因为 $\displaystyle\int_{-\infty}^{\infty} f_T^2(t)\,\mathrm{d}t = \int_{-\frac{T}{2}}^{\frac{T}{2}} f^2(t)\,\mathrm{d}t$

所以 $f(t)$ 的平均功率为

$$P = \lim_{T \to \infty} \frac{1}{T} \int_{-\frac{T}{2}}^{\frac{T}{2}} f^2(t)\,\mathrm{d}t$$

$$= \frac{1}{2\pi} \int_{-\infty}^{\infty} \lim_{T \to \infty} \frac{|F_T(\omega)|^2}{T} \mathrm{d}\omega \tag{6-130}$$

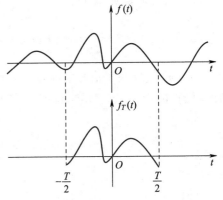

图 6-12 功率有限信号的截尾函数

当 T 增加时,$f_T(t)$ 的能量增加,$|F_T(\omega)|^2$ 也增加。当 $T \to \infty$ 时 $f_T(t) \to f(t)$,此时量 $\dfrac{|F_T(\omega)|^2}{T}$ 可能趋近于一极限。假若此极限存在,定义它是 $f(t)$ 的功率密度函数,或简称功率谱,记作 $\mathscr{P}(\omega)$。这样便得到 $f(t)$ 的功率谱为

$$\mathscr{P}(\omega) = \lim_{T \to \infty} \frac{|F_T(\omega)|^2}{T} \tag{6-131}$$

将上式代到式(6-130),则得到

$$P = \frac{1}{2\pi} \int_{-\infty}^{\infty} \mathscr{P}(\omega)\,\mathrm{d}\omega$$

由上式可见,功率谱 $\mathscr{P}(\omega)$ 表示单位频带内信号功率随频率的变化情况,也就是说它反映了信号功率在频域的分布状况。显然,功率谱曲线 $\mathscr{P}(\omega)$ 所覆盖的面积在数值上等于信号的总功率。从式(6-131)还可以看出,$\mathscr{P}(\omega)$ 是频率 ω

的偶函数,它保留了频谱 $F_T(\omega)$ 的幅度信息而丢掉了相位信息,因此,凡是具有同样幅度谱而相位谱不同的信号都有相同的功率谱。

下面讨论一个重要的关系——信号的功率谱函数与自相关函数的关系。

注意到 $f(t)$ 的自相关函数是

$$R(\tau) = \lim_{T \to \infty} \frac{1}{T} \int_{-\frac{T}{2}}^{\frac{T}{2}} f(t) f^*(t - \tau) \, dt$$

利用相关定理,对式(6-121)两端乘以 $\dfrac{1}{T}$ 并取 $T \to \infty$ 之极限,可以得到

$$\left. \begin{array}{l} R(\tau) = \dfrac{1}{2\pi} \displaystyle\int_{-\infty}^{\infty} \mathscr{P}(\omega) e^{j\omega\tau} \, d\omega \\[3mm] \mathscr{P}(\omega) = \displaystyle\int_{-\infty}^{\infty} R(\tau) e^{-j\omega\tau} \, d\tau \end{array} \right\} \tag{6-132}$$

也可以简写成

$$\left. \begin{array}{l} \mathscr{P}(\omega) = \mathscr{F}[R(\tau)] \\[2mm] R(\tau) = \mathscr{F}^{-1}[\mathscr{P}(\omega)] \end{array} \right\} \tag{6-133}$$

可见功率有限信号的功率谱函数与自相关函数是一对傅里叶变换,式(6-132)称为维纳-欣钦(N. Wiener, 1894—1964, A. Y. Khintchine, 1894—1959)定理。对 $R(\tau)$, $\mathscr{P}(\omega)$ 来说,有关傅里叶变换的性质在这里同样适用。在实际中,有些信号无法求它的傅里叶变换,但可用求自相关函数的方法,通过式(6-132)达到求功率谱的目的。

例 6-4 已知周期性余弦信号 $f(t) = E\cos(\omega_1 t)$,且由例 6-3 可知 $f(t)$ 的自相关函数为 $R(\tau) = \dfrac{E^2}{2} \cdot \cos(\omega_1 \tau)$,求 $f(t)$ 的功率谱。

解 由维纳-欣钦关系可求出功率谱为

$$\begin{aligned} \mathscr{P}(\omega) &= \int_{-\infty}^{\infty} R(\tau) e^{-j\omega\tau} \, d\tau \\[2mm] &= \frac{E^2 \pi}{2} [\delta(\omega - \omega_1) + \delta(\omega + \omega_1)] \end{aligned}$$

波形如图 6-13 所示。

为了进一步理解功率谱与自相关函数的概念,给出一种随机信号的例子。在各类噪声信号中白噪声是一种典型信号。白噪声对于所有频率的功率谱密度都为常数,这一特征与白色光谱包含了所有可见光频率的概念类似,因而取名时借用了"白"字。按此定义可写出白噪声的功率谱密度表达式

$$\mathscr{P}_N(\omega) = N, \quad -\infty < \omega < \infty \tag{6-134}$$

利用维纳-欣钦定理,求 $\mathscr{P}_N(\omega)$ 的傅里叶逆变换可得自相关函数

$$R_N(\tau) = N\delta(\tau) \qquad (6\text{-}135)$$

可见,白噪声信号的自相关函数为冲激信号,这表明白噪声信号在各时刻的取值杂乱无章,没有任何相关性,因而对于 $\tau \neq 0$ 的所有时刻 $R_N(\tau)$ 都取零值,仅在 $\tau = 0$ 时为强度等于 N 的冲激。

　　白噪声是一种理想化的模型,实际情况不可能存在。若将式(6-134)的谱密度从频率为 $-\infty$ 到 ∞ 取积分可得到无限大的功率,这在物理上是不能接受的。然而,只要噪声信号保持常数功率谱的带宽远大于线性系统的通频带,那么即可将此噪声视为白噪声,在下一节例6-5中将看到计算实例。实际上,由电阻中电子的随机热运动而产生的电阻热噪声其特征与白噪声的理想化模型相当接近,因而,通常认为电阻的热噪声即为白噪声信号。

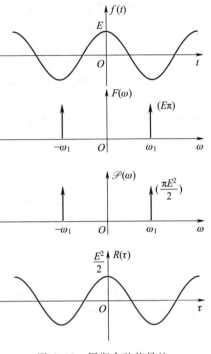

图 6-13　周期余弦信号的功率谱和自相关函数

6.7　信号通过线性系统的自相关函数、能量谱和功率谱分析

　　到目前为止,已经从时域、频域、s 域就激励、响应与系统三者之间的联系进行了多方面的研究。在此基础之上,考察激励与响应能量特性的对应关系,也即从激励和响应的自相关函数、能量谱、功率谱所发生的变化来研究线性系统所表现的传输特性。

　　因为有

$$r(t) = h(t) * e(t)$$
$$R(\mathrm{j}\omega) = H(\mathrm{j}\omega) \cdot E(\mathrm{j}\omega)$$

若激励函数 $e(t)$ 为能量有限信号,并假定 $e(t)$ 与 $r(t)$ 的能谱函数分别为 $\mathscr{E}_e(\omega)$ 和 $\mathscr{E}_r(\omega)$,由式(6-125)知

$$\mathscr{E}_e(\omega) = |E(j\omega)|^2 \qquad (6\text{-}136)$$

$$\mathscr{E}_r(\omega) = |R(j\omega)|^2 \qquad (6\text{-}137)$$

显然

$$|R(j\omega)|^2 = |H(j\omega)|^2 |E(j\omega)|^2 \qquad (6\text{-}138)$$

所以

$$\mathscr{E}_r(\omega) = |H(j\omega)|^2 \mathscr{E}_e(\omega) \qquad (6\text{-}139)$$

这表明响应的能谱等于激励的能谱与 $|H(j\omega)|^2$ 的乘积。同样,对功率有限激励函数 $e(t)$,响应函数为 $r(t)$,按照前节的方法,将 $e(t),r(t)$ 截取 $|t| \leqslant \dfrac{T}{2}$ 一段,分别以 $e_T(t),r_T(t)$ 表示,其傅里叶变换为 $E_T(j\omega)$ 和 $R_T(j\omega)$,取 $T \to \infty$ 之极限可给出下式

$$\lim_{T \to \infty} R_T(j\omega) = H(j\omega) \lim_{T \to \infty} E_T(j\omega) \qquad (6\text{-}140)$$

根据功率谱的定义,激励信号的功率谱 $\mathscr{P}_e(\omega)$ 和响应的功率谱 $\mathscr{P}_r(\omega)$ 分别为

$$\mathscr{P}_e(\omega) = \lim_{T \to \infty} \frac{1}{T} |E_T(j\omega)|^2 \qquad (6\text{-}141)$$

$$\mathscr{P}_r(\omega) = \lim_{T \to \infty} \frac{1}{T} |R_T(j\omega)|^2 \qquad (6\text{-}142)$$

由式(6-140)导出

$$\mathscr{P}_r(\omega) = \lim_{T \to \infty} \frac{1}{T} |R_T(j\omega)|^2$$

$$= \lim_{T \to \infty} \frac{1}{T} |H(j\omega)|^2 \cdot |E_T(j\omega)|^2$$

$$= |H(j\omega)|^2 \lim_{T \to \infty} \frac{1}{T} |E_T(j\omega)|^2 \qquad (6\text{-}143)$$

也即

$$\mathscr{P}_r(\omega) = |H(j\omega)|^2 \mathscr{P}_e(\omega) \qquad (6\text{-}144)$$

可见响应的功率谱等于激励的功率谱与 $|H(j\omega)|^2$ 的乘积。

式(6-139)、式(6-144)表明了线性系统的激励与响应能量谱或功率谱之间的关系。下面进一步研究系统特性对于激励信号自相关函数产生怎样的影响。令激励和响应的自相关函数分别为 $R_e(\tau)$ 和 $R_r(\tau)$。把式(6-139)、式(6-144)改写为

$$\begin{aligned} \mathscr{E}_r(\omega) &= H(j\omega) H^*(j\omega) \mathscr{E}_e(\omega) \\ \mathscr{P}_r(\omega) &= H(j\omega) H^*(j\omega) \mathscr{P}_e(\omega) \end{aligned} \qquad (6\text{-}145)$$

此外,由 $H(j\omega)$ 定义可知

$$\mathscr{F}[h(t)] = H(j\omega)$$

$$\mathscr{F}\left[\,h^{*}(-t)\,\right]=H^{*}(\mathrm{j}\omega)$$

考虑到能量谱或功率谱的傅里叶逆变换为自相关函数,因此根据卷积定理,式(6-145)可以写成

$$R_{\mathrm{r}}(\tau)=R_{\mathrm{e}}(\tau)*h(t)*h^{*}(-t) \tag{6-146}$$

其中 $h(t)*h^{*}(-t)=R_{\mathrm{h}}(\tau)$ 为系统冲激响应的自相关函数(这里,将变量 t 改以 τ 表示),因此得到

$$R_{\mathrm{r}}(\tau)=R_{\mathrm{e}}(\tau)*R_{\mathrm{h}}(\tau) \tag{6-147}$$

将以上有关结论全部示意于图 6-14。

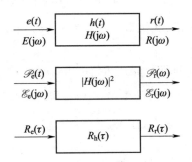

图 6-14   激励与响应的各种对应关系

例 6-5   功率谱密度为 N 的白噪声通过图6-15 所示 RC 低通网络,求输出的功率谱 $\mathscr{P}_{\mathrm{r}}(\omega)$ 及自相关函数 $R_{\mathrm{r}}(\tau)$,并求输出的平均功率 P_{r}。

解   已知激励 $e(t)$ 的功率谱为

$$\mathscr{P}_{\mathrm{e}}(\omega)=N$$

因为系统函数 $H(\mathrm{j}\omega)$ 为

$$H(\mathrm{j}\omega)=\cfrac{\cfrac{1}{RC}}{\cfrac{1}{RC}+\mathrm{j}\omega}=\frac{1}{1+\mathrm{j}\omega RC}$$

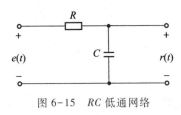

图 6-15 RC 低通网络

冲激响应

$$\begin{aligned} h(t)&=\mathscr{F}^{-1}\left[\,H(\mathrm{j}\omega)\,\right]\\ &=\frac{1}{RC}\mathrm{e}^{-\frac{1}{RC}t}\mathrm{u}(t) \end{aligned}$$

所以,响应 $r(t)$ 的功率谱为

$$\begin{aligned} \mathscr{P}_{\mathrm{r}}(\omega)&=\mathscr{P}_{\mathrm{e}}(\omega)\,\big|\,H(\mathrm{j}\omega)\,\big|^{\,2}\\ &=N\,\frac{1}{1+(\omega RC)^{2}} \end{aligned}$$

如图 6-16 所示。

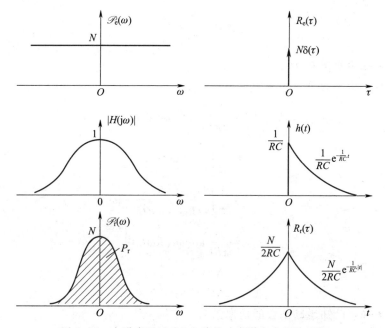

图 6-16 白噪声通过 RC 电路的功率谱和自相关函数

现在来求自相关函数。因为

$$R_e(\tau) = \mathscr{F}^{-1}[\mathscr{P}_e(\omega)] = \mathscr{F}^{-1}[N] = N\delta(\tau)$$

由式(6-146)知响应 $r(t)$ 的自相关函数

$$R_r(\tau) = R_e(\tau) * h(t) * h^*(-t)$$

$$= N\delta(\tau) * \frac{1}{RC}e^{-\frac{1}{RC}t}u(t) * \frac{1}{RC}e^{\frac{1}{RC}t}u(-t)$$

$$= \frac{N}{(RC)^2}e^{-\frac{1}{RC}t}u(t) * e^{\frac{1}{RC}t}u(-t)$$

$$= \frac{N}{2RC}e^{-\frac{1}{RC}|t|}$$

或者根据 $\mathscr{P}_r(\omega)$ 的逆变换求 $R_r(\tau)$,即

$$R_r(\tau) = \mathscr{F}^{-1}[\mathscr{P}_r(\omega)] = \mathscr{F}^{-1}\left[\frac{1}{1+(\omega RC)^2}\right]$$

考虑到

$$\mathscr{F}[e^{-\alpha|t|}] = \frac{2\alpha}{\alpha^2 + \omega^2}$$

同样可以求得

$$R_{\mathrm{r}}(\tau) = \frac{N}{2RC} \mathrm{e}^{-\frac{1}{RC}|t|}$$

这些结果也示于图 6-16。

最后求输出的平均功率 P_{r}

$$
\begin{aligned}
P_{\mathrm{r}} &= \frac{1}{2\pi} \int_{-\infty}^{\infty} \mathscr{P}_{\mathrm{r}}(\omega) \, \mathrm{d}\omega \\
&= \frac{1}{\pi} \int_{0}^{\infty} \mathscr{P}_{\mathrm{r}}(\omega) \, \mathrm{d}\omega \\
&= \frac{1}{\pi} \int_{0}^{\infty} \frac{N}{1 + (\omega RC)^2} \mathrm{d}\omega \\
&= \frac{N}{\pi RC} \arctan(R\omega C) \Big|_{0}^{\infty} \\
&= \frac{N}{2RC}
\end{aligned}
$$

例 6-6　已知激励函数的功率谱为

$$\mathscr{P}_{\mathrm{e}}(\omega) = \pi[\delta(\omega-1) + \delta(\omega+1)]$$

它作用于 $R = 1\ \Omega, C = 1\ \mathrm{F}$ 的 RC 低通网络(仍见图 6-15)。求输出的功率谱、平均功率。

解　因为

$$H(\mathrm{j}\omega) = \frac{1}{1+\mathrm{j}\omega}$$

$$|H(\mathrm{j}\omega)|^2 = \frac{1}{1+\omega^2}$$

所以

$$
\begin{aligned}
\mathscr{P}_{\mathrm{r}}(\omega) &= \mathscr{P}_{\mathrm{e}}(\omega) \, |H(\mathrm{j}\omega)|^2 \\
&= \frac{\pi}{1+\omega^2}[\delta(\omega-1) + \delta(\omega+1)]
\end{aligned}
$$

可参看图 6-17。

输出平均功率 P_{r} 为

$$
\begin{aligned}
P_{\mathrm{r}} &= \frac{1}{\pi} \int_{0}^{\infty} \mathscr{P}_{\mathrm{r}}(\omega) \, \mathrm{d}\omega \\
&= \int_{0}^{\infty} \frac{1}{1+\omega^2}[\delta(\omega-1) + \delta(\omega+1)] \mathrm{d}\omega = \frac{1}{2}
\end{aligned}
$$

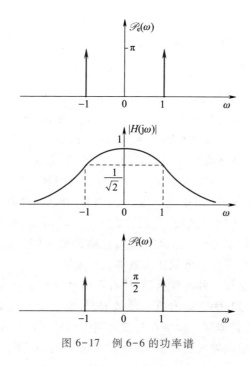

图 6-17 例 6-6 的功率谱

至此已经从几个方面建立了线性系统激励与响应之间的关系式,这包括时域或频域、电压、电流或能量、功率。为便于对比和查用,把这些公式汇总列于表 6-1。

◎ 表 6-1 线性系统激励与响应之间的关系式

函数形式	系统特性	激励与响应的关系
时间函数 电压或电流	$h(t)$	$r(t) = h(t) * e(t)$
频谱密度	$H(j\omega)$	$R(j\omega) = H(j\omega)E(j\omega)$
功率谱密度 能量谱密度	$\lvert H(j\omega) \rvert^2$ $= H(j\omega)H^*(j\omega)$	$\mathscr{P}_r(\omega) = \lvert H(j\omega) \rvert^2 \mathscr{P}_e(\omega)$ $\mathscr{E}_r(\omega) = \lvert H(j\omega) \rvert^2 \mathscr{E}_e(\omega)$
自相关函数	$R_h(\tau) = h(\tau)h^*(-\tau)$	$R_r(\tau) = R_h(\tau) * R_e(\tau)$

6.8 ____ 匹配滤波器

在数字通信中,消息依靠一些标准符号的有无来传送,例如,二进制的编码信号,其中一个符号是某种标准的脉冲波形 $s(t)$,表示 **1** 码,另一个符号则由脉冲的空位(没有信号)来表示 **0** 码。典型的 $s(t)$ 波形如矩形脉冲、升余弦脉冲等。在这个问题中,检测波形的完整复原并不重要,波形是早已知道的,我们感兴趣的是判别脉冲 $s(t)$ 的有无。设 $s(t)$ 的持续时间和空位的持续时间均为 T,那么,接收机必须考察每个 T 内输入信号的内容,判别脉冲有无。在雷达系统中也有类似的情况,对于回波信号,我们关心它出现的时刻,而无须恢复它的全部波形。我们需要设计一种"最佳检测器",它协助增强信号抵抗噪声的能力,保证在判别信号出现时具有最低的错误概率。

为此需要寻求这样一种滤波器,它使有用信号 $s(t)$ 增强,同时对噪声 $n(t)$ 具有抑制作用。当信号与噪声同时进入滤波器时,它使信号成分在某一瞬时出现峰值,而噪声成分受到抑制。如果在某段时刻内信号 $s(t)$ 存在,那么此滤波器的输出在相应的瞬间呈现强大的峰值,如果没有信号 $s(t)$,那么将不会出现峰值。这种装置使我们能以最低的错误概率判决脉冲 $s(t)$ 的有无,能完成此功能的滤波器称为"匹配滤波器"。所谓匹配是指滤波器的性能与信号 $s(t)$ 的特性取得某种一致,使滤波器输出端的信号瞬时功率与噪声平均功率之比的值为最大。在实际问题中,根据信号 $s(t)$ 的要求设计与其对应的匹配滤波器。此滤波器的作用在于增强信号分量而同时减弱噪声分量,以满足在某一瞬间使输出端信号幅度与噪声幅度之比增至最大。

考虑到直接描述噪声信号波形的困难,我们借助功率谱的概念,以信号幅度平方与噪声功率进行比较,设计此滤波器使信号平方与噪声功率之比达到最大值,由此求出建立匹配滤波器的约束条件。

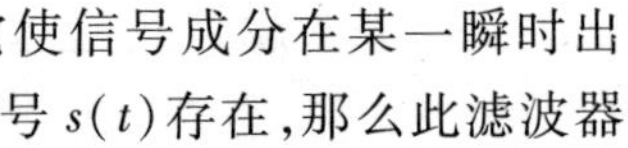

设滤波器的输入信号为 $s(t)+n(t)$,其中 $s(t)$ 是有用信号脉冲,$n(t)$ 是信道噪声;滤波器的输出信号为 $s_o(t)+n_o(t)$,其中 $s_o(t)$ 是有用信号分量,$n_o(t)$ 是噪声分量,如图 6-18 所示。设

$$\xrightarrow{s(t)+n(t)} \boxed{H(\mathrm{j}\omega)} \xrightarrow{s_o(t)+n_o(t)}$$

图 6-18   信号与噪声通过滤波器

滤波器的传输函数为 $H(\mathrm{j}\omega)$。希望在某一时刻 $t=t_m$(进行判决瞬间)使信噪比为最大,取 $s_o^2(t_m)$ 与 $n_o^2(t_m)$ 之比以 ρ 表示

$$\rho = \frac{s_o^2(t_m)}{n_o^2(t_m)} \tag{6-148}$$

若 $s(t)$ 的傅里叶变换为 $S(j\omega) = \mathscr{F}[s(t)]$，则 $s_o(t)$ 可由下式给出

$$s_o(t) = \mathscr{F}^{-1}[S(j\omega)H(j\omega)]$$

$$= \frac{1}{2\pi}\int_{-\infty}^{\infty} H(j\omega)S(j\omega)e^{j\omega t}d\omega \qquad (6-149)$$

在 t_m 时刻

$$s_o(t_m) = \frac{1}{2\pi}\int_{-\infty}^{\infty} H(j\omega)S(j\omega)e^{j\omega t_m}d\omega \qquad (6-150)$$

若 $n(t)$ 为白噪声，其功率谱为常数 N，输出噪声 $n_o(t)$ 的功率谱为 $|H(j\omega)|^2 \cdot N$，由此求出 $\overline{n_o^2(t)}$

$$\overline{n_o^2(t)} = \frac{1}{2\pi}\int_{-\infty}^{\infty} N|H(j\omega)|^2 d\omega \qquad (6-151)$$

因无法确知 $n_o^2(t)$，以 $\overline{n_o^2(t)}$ 取代 $n_o^2(t)$，得到

$$\overline{n_o^2(t_m)} = \frac{N}{2\pi}\int_{-\infty}^{\infty} |H(j\omega)|^2 d\omega \qquad (6-152)$$

将式（6-150）与式（6-152）代入式（6-148）求出

$$\rho = \frac{s_o^2(t_m)}{\overline{n_o^2(t_m)}} = \frac{\left|\int_{-\infty}^{\infty} H(j\omega)S(j\omega)e^{j\omega t_m}d\omega\right|^2}{2\pi N\int_{-\infty}^{\infty} |H(j\omega)|^2 d\omega} \qquad (6-153)$$

注意到式中 $s_o(t)$ 是实数，所以 $s_o^2(t) = |s_o(t)|^2$。

这里，需要用到 6.2 节给出的重要公式——柯西-施瓦茨不等式（6-37），借助此式可以给出

$$\left|\int_{-\infty}^{\infty} H(j\omega)S(j\omega)e^{j\omega t_m}d\omega\right|^2 \leqslant \int_{-\infty}^{\infty} |H(j\omega)|^2 d\omega\int_{-\infty}^{\infty} |S(j\omega)|^2 d\omega$$

$$(6-154)$$

式中的等号仅在满足以下条件时成立

$$H(j\omega) = k[S(j\omega)e^{j\omega t_m}]^* \qquad (6-155)$$

式中 k 为任意常数。将式（6-154）代入式（6-153）得到

$$\rho = \frac{s_o^2(t_m)}{\overline{n_o^2(t_m)}} \leqslant \frac{1}{2\pi N}\int_{-\infty}^{\infty} |S(j\omega)|^2 d\omega \qquad (6-156)$$

滤波器输出端信噪比的最大可能值为

$$\rho_{max} = \frac{s_o^2(t_m)}{\overline{n_o^2(t_m)}}\bigg|_{max} = \frac{1}{2\pi N}\int_{-\infty}^{\infty} |S(j\omega)|^2 d\omega \qquad (6-157)$$

为取得此最大值,$H(j\omega)$ 与 $S(j\omega)$ 之间需满足不等式(6-154)中等号成立的条件,也即式(6-155)的约束关系,将此式改写为

$$H(j\omega) = kS(-j\omega)e^{-j\omega t_m} \tag{6-158}$$

至此求出匹配滤波器的冲激响应 $h(t)$ 为

$$h(t) = \mathscr{F}^{-1}\left[H(j\omega)\right]$$
$$= \mathscr{F}^{-1}\left[kS(-j\omega)e^{-j\omega t_m}\right] \tag{6-159}$$

注意到 $S(-j\omega)$ 的傅里叶逆变换是 $s(-t)$,而 $e^{-j\omega t_m}$ 项表示 t_m 的时移,因此

$$h(t) = ks(t_m - t) \tag{6-160}$$

前文已述,有用信号 $s(t)$ 的持续时间是受限的。设 $s(t)$ 在区间 $(0,T)$ 之外为零,如图 6-19(a)所示。$s(t_m-t)$ 可由 $s(t)$ 沿垂直轴反褶并向右平移 t_m 得到,图 6-19(b)~6-19(e)分别示出 $s(-t)$ 以及 $s(t_m-t)$ 的三种情况,即 $t_m<T, t_m=T$ 和 $t_m>T$。注意到图 6-19(c)的波形具有非因果特性,为使匹配滤波器可以物理实现,应选取图 6-19(d)或 6-19(e)的 $h(t)$ 波形。我们希望观察时间 t_m 尽可能小,以使判决迅速,因而取 $t_m=T$ 比 $t_m>T$ 更合适。按此要求改写式(6-160)同时取系数 $k=1$

$$h(t) = s(T-t) \tag{6-161}$$

至此得出结论:匹配滤波器的冲激响应是所需信号 $s(t)$ 对垂直轴镜像并向右平移 T。这样的线性系统称为匹配滤波器或匹配接收机。从改善系统输出端信噪比的角度考虑,匹配滤波器是线性系统的最佳滤波器。所谓"最佳"仅限于线性系统。

当输入端只加入有用信号 $s(t)$ 时,匹配滤波器输出信号可由下式求出

$$s_o(t) = s(t) * h(t)$$
$$= s(t) * s(T-t)$$
$$= \int_{-\infty}^{\infty} s(t-\tau)s(T-\tau)\mathrm{d}\tau \tag{6-162}$$
$$= R_{ss}(t-T)$$

式中 $R_{ss}(t)$ 为 $s(t)$ 的自相关函数。可见,匹配滤波器的功能相当于对 $s(t)$ 进行自相关运算,在 $t=T$ 时刻取得自相关函数的峰值,而噪声通过滤波器所完成的互相关运算相对于有用信号受到明显抑制。由于上述工作机理,匹配滤波器也称为相关接收机。

将式(6-158)代入式(6-150)可求得在 $t=t_m=T$ 时刻输出信号的峰值(取系数 $k=1$)

$$s_o(t_m) = s_o(T) = \frac{1}{2\pi}\int_{-\infty}^{\infty} |S(j\omega)|^2 \mathrm{d}\omega \tag{6-163}$$

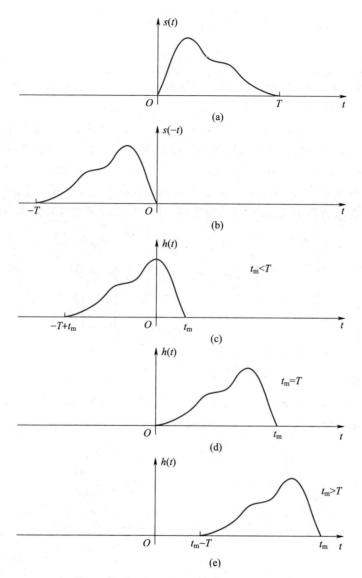

图 6-19 匹配滤波器信号波形

也可利用式(6-162)求得

$$s_o(T) = \int_{-\infty}^{\infty} s^2(t)\,\mathrm{d}t \qquad (6\text{-}164)$$

这一结果与帕塞瓦尔方程完全一致,也即式(6-163)和式(6-164)都等于信号 $s(t)$ 的能量 E

$$s_o(T) = \frac{1}{2\pi} \int_{-\infty}^{\infty} |S(j\omega)|^2 d\omega$$

$$= \int_{-\infty}^{\infty} s^2(t) dt = E \qquad (6-165)$$

这表明,匹配滤波器输出信号的最大值出现在 $t=T$ 时刻,其大小等于信号 $s(t)$ 的能量 E。最大值与 $s(t)$ 的波形形状无关,仅与其能量有关。

例 6-7　在测距系统中,发送信号 $s(t)$,以匹配滤波器接收回波信号,利用滤波器输出信号峰值出现的时间折算目标距离。如果有两种可供选择的 $s(t)$ 信号,分别为图 6-20(a) 中的 $s_1(t)$ 和图 6-20(b) 中的 $s_2(t)$。求:

(1) 分别画出 $s_1(t)$ 和 $s_2(t)$ 的自相关函数波形 $R_{11}(t)$ 和 $R_{22}(t)$。

(2) 为改善测距精度,你认为应选用 $s_1(t)$ 或 $s_2(t)$ 两种脉冲的哪一种信号?

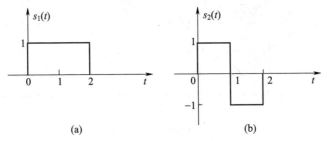

图 6-20　例 6-7 的波形

解　(1) 由自相关函数定义可求得 $s_1(t)$ 和 $s_2(t)$ 的自相关函数波形 $R_{11}(t)$ 和 $R_{22}(t)$ 分别如图 6-21(a) 和 6-21(b) 所示。

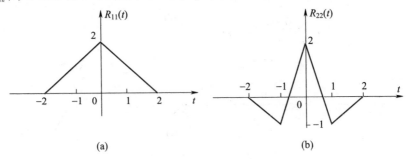

图 6-21　例 6-7 的波形

(2) 考虑到匹配滤波器输出信号波形即 $s(t)$ 自相关函数波形的延迟,为使峰值检测时间精确,宜选用相关函数形状尖锐的波形,因而选择 $s_2(t)$ 信号有利于改善测距精度。

为使上例讨论更接近工程实际,我们考察引入噪声信号的波形变化,参看图 6-22 即可对此问题进一步加深理解。图 6-22(a) 表示上例中待检测信号为

$s_2(t)$的运算关系,从上至下给出了$s_2(t)$、匹配滤波器冲激响应$h(t)$以及匹配滤波器对$s_2(t)$的响应(注意它的时间尺度与图6-21不同,这不影响我们的分析)。可以看出尖锋出现在$t=1$处(当未考虑系统延迟时)。图6-22(b)表示当$s_2(t)$与噪声信号同时接入时匹配滤波器的输出,我们注意到这时仍可在$t=1$处呈现尖锋(借助 MATLAB 程序模拟)。正如本节开始时所述,我们在此给出的匹配滤波器具有很好的抵抗噪声之能力。

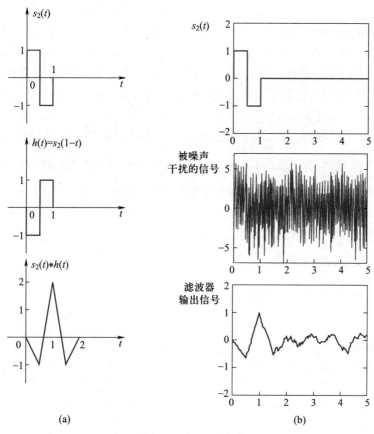

(a) (b)

图 6-22 混有噪声的匹配滤波器输出信号

6.9 测不准(不定度)原理及其证明

本节是 5.4 节的继续,在那里讨论了理想低通阶跃响应上升时间与系统带宽的约束关系,现在引出"测不准原理"进一步说明这种约束的实质。为证明测不准原理所需的依据就是本章给出并反复运用的柯西−施瓦茨不等式和帕塞瓦尔定理(方程)。这些矢量空间属性相对应的物理概念仍然是能量受限或能量守恒。

由式(5−33)可以看出,理想低通阶跃响应的上升时间 t_r 与带宽 B 之乘积 $t_r B = 1$,这表明系统在时域的分辨能力与频域的分辨能力相互制约,要减小 t_r 必须以加大 B 为代价,反之,若要减小 B 需牺牲 t_r。现在的问题是能否找到一种系统使它的 t_r 与 B 之乘积无限减小,使我们用很窄的带宽得到很短的响应时间,也即在时域和频域两方面的分辨能力都尽可能得到改善。要回答这一问题需引用著名的"测不准原理"(也称不定度原理或不确定性原理,Uncertainty Principle)。该原理告诉我们,对于实信号波形,系统的阶跃响应上升时间与带宽之乘积受到限制,这两个参量不可能同时达到任意小的数值。当然,理想低通特性也符合这一规律。

为推证上述原理,首先将系统阶跃响应 $g(t)$ 上升时间的计算转化为冲激响应 $h(t)$ 持续时间的计算,因为 $g(t) = \int_{-\infty}^{t} h(\tau)\mathrm{d}\tau$,以理想低通特性为例,由图 6−23可以看出,在 $h(t)$ 持续时间内由于积分值的增长,恰好对应 $g(t)$ 的上升时间。在下面的推证中,求阶跃响应上升时间与带宽乘积的问题也可用冲激响应持续时间与带宽的乘积来计算。

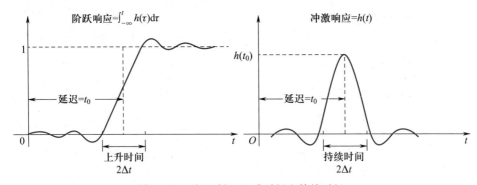

图 6−23　延迟时间、上升时间和持续时间

这里将要遇到的困难是各种时域波形与频谱图很难用统一的方式规定上升时间与带宽的定义标准。在实际电路分析中一种常用的定义方法是:上升时间为阶跃响应由终值的 10% 到 90% 所经历的时间(或按其他百分比规定)。此方法使计算烦琐,且难以反映波形的不同特点。在频域也存在类似的问题,例如,具有多次起伏型的频谱函数(如 Sa 函数),通常按两个第一零点间的距离定义带宽,这种方法相当粗糙,且难以与其他类型的频谱图统一要求。显然,上述方

法都不宜作为理论分析的统一定义标准。

　　从能量分布的观点给出上述定义是一种比较合理的方法。假定 $h(t)$ 的中心值位于 t_0,信号的能量主要集中于 $t_0 \pm \Delta t$ 的范围之内,可以规定从 $t_0 - \Delta t$ 至 $t_0 + \Delta t$ 为持续时间。同理,若 $H(j\omega) = \mathscr{F}[h(t)]$ 的中心值位于 ω_0,信号的能量主要集中于 $\omega_0 \pm \Delta\omega$ 的范围之内,可以规定从 $\omega_0 - \Delta\omega$ 至 $\omega_0 + \Delta\omega$ 为带宽。借助二阶矩的概念表达信号能量的分布,于是规定

$$\Delta t = \left[\frac{\int_{-\infty}^{\infty} (t - t_0)^2 h^2(t)\,dt}{\int_{-\infty}^{\infty} h^2(t)\,dt} \right]^{1/2} \tag{6-166}$$

$$\Delta\omega = \left[\frac{\int_{-\infty}^{\infty} (\omega - \omega_0)^2 |H(j\omega)|^2\,d\omega}{\int_{-\infty}^{\infty} |H(j\omega)|^2\,d\omega} \right]^{1/2} \tag{6-167}$$

以上两式中,分子度量信号能量分布的集中性,分母的作用是归一化。为简化以下推证,不失一般性,可令 $t_0 = 0$、$\omega_0 = 0$,这时对应理想低通的冲激响应没有时延的情况。

$$\Delta t = \left[\frac{\int_{-\infty}^{\infty} t^2 h^2(t)\,dt}{\int_{-\infty}^{\infty} h^2(t)\,dt} \right]^{1/2} \tag{6-168}$$

$$\Delta\omega = \left[\frac{\int_{-\infty}^{\infty} \omega^2 |H(j\omega)|^2\,d\omega}{\int_{-\infty}^{\infty} |H(j\omega)|^2\,d\omega} \right]^{1/2} \tag{6-169}$$

由傅里叶变换的微分特性可得

$$\mathscr{F}[-jh'(t)] = \omega H(j\omega) \tag{6-170}$$

借助帕塞瓦尔定理可从能量守恒的观点将时域和频域表达式统一起来

$$\int_{-\infty}^{\infty} h^2(t)\,dt = \frac{1}{2\pi} \int_{-\infty}^{\infty} |H(j\omega)|^2\,d\omega \tag{6-171}$$

$$\int_{-\infty}^{\infty} |-jh'(t)|^2\,dt = \frac{1}{2\pi} \int_{-\infty}^{\infty} \omega^2 |H(j\omega)|^2\,d\omega \tag{6-172}$$

将式(6-171)与式(6-172)代入式(6-168),并求 Δt 与 $\Delta\omega$ 之乘积

$$\Delta t \Delta\omega = \left[\frac{\int_{-\infty}^{\infty} t^2 h^2(t)\,dt}{\int_{-\infty}^{\infty} h^2(t)\,dt} \right]^{1/2} \left[\frac{2\pi \int_{-\infty}^{\infty} |h'(t)|^2\,dt}{2\pi \int_{-\infty}^{\infty} h^2(t)\,dt} \right]^{1/2} \tag{6-173}$$

利用柯西–施瓦茨不等式可求出上式下限

$$\Delta t \Delta \omega \geqslant \left| \frac{\displaystyle\int_{-\infty}^{\infty} th(t)h'(t)\,\mathrm{d}t}{\displaystyle\int_{-\infty}^{\infty} h^2(t)\,\mathrm{d}t} \right|$$

$$= \left| \frac{\displaystyle\int_{-\infty}^{\infty} t\,\mathrm{d}h^2(t)}{2\displaystyle\int_{-\infty}^{\infty} h^2(t)\,\mathrm{d}t} \right|$$

$$= \left| \frac{h^2(t)t\,\Big|_{-\infty}^{\infty} - \displaystyle\int_{-\infty}^{\infty} h^2(t)\,\mathrm{d}t}{2\displaystyle\int_{-\infty}^{\infty} h^2(t)\,\mathrm{d}t} \right|$$

$$= \frac{1}{2} \tag{6-174}$$

这里,利用了以下关系:当 $t \to \pm\infty$ 时 $th^2(t) \to 0$。可见 $\Delta t \Delta \omega$ 之下限为 $\frac{1}{2}$,注意此处 Δt 和 $\Delta \omega$ 都是相对于中心值 t_0 和 ω_0 单边的增量值,如果对持续时间和带宽都考虑双边差值此下限应为"2",若将角频率更换为频率值,此下限对单边、双边情况分别为 $\frac{1}{4\pi}$ 或 $\frac{1}{\pi}$。

上述测不准原理也称为加博(D.Gabor,1900—1979)关系式。类似的规律在当代物理学、生物学中占有同样重要的地位。20 世纪初,物理科学进入微观世界的研究,在观察和测量一些物理量时遇到一些不可逾越的限制。例如,微观粒子的位置与动量、方位角与动量矩、时间与能量等各组成对量之间存在不定度关系。其中,海森伯(W.Heisenberg,1901—1976)提出粒子位置与动量之乘积等于普朗克常量,这就是著名的"测不准原理"。上述成对量之间,其中一个量测量越精确,另一个量的误差就越大。值得注意的现象是脊椎动物视觉系统的功能也具有类似的不确定性,如果把动物的感觉系统理解为有机体对周围环境的观察与测量系统,那么它也服从测不准原理。

6.10　码分复用、码分多址(CDMA)通信

在第五章 5.11 节已经介绍了频分复用和时分复用技术在通信系统中的应用。本节简要说明码分复用技术的构成原理。所谓码分是指利用一组正交码序

列来区分各路信号,它们占用的频带和时间都可重叠。实现码分复用的理论依据是利用自相关函数抑制互相关函数的特性来选取正交信号码组中的所需信号,因此,码分复用也称为正交复用。

为说明它的基本原理,首先给出一个两路正交复用模拟通信系统的例子。在图 6-24 中,两路待传输信号 $g_1(t)$ 和 $g_2(t)$ 分别由相互正交的两路载波信号 $\cos(\omega_0 t)$ 与 $\sin(\omega_0 t)$ 调制,然后相加并传送到接收端。在接收端,利用与发送端对应的两路载波信号 $\cos(\omega_0 t)$ 和 $\sin(\omega_0 t)$ 对接收信号进行同步解调,经相乘、低通滤波之后即可分离出信号 $g_1(t)$ 和 $g_2(t)$。下面利用时域关系式导出分离信号的结果。

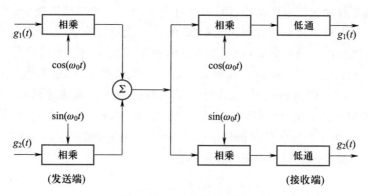

图 6-24 正交复用框图例

在接收端,与 $\cos(\omega_0 t)$ 相应的一路解调系统相乘器之输出信号为

$$[g_1(t)\cos(\omega_0 t)+g_2(t)\sin(\omega_0 t)]\cos(\omega_0 t)$$

$$=\frac{1}{2}g_1(t)[1+\cos(2\omega_0 t)]+\frac{1}{2}g_2(t)\sin(2\omega_0 t) \qquad (6\text{-}175)$$

经低通滤波后滤除 $2\omega_0$ 附近的高频信号,只留下 $g_1(t)$ 信号输出。同理,与 $\sin(\omega_0 t)$ 相应的一路解调系统相乘器之输出信号为

$$[g_1(t)\cos(\omega_0 t)+g_2(t)\sin(\omega_0 t)]\sin(\omega_0 t)$$

$$=\frac{1}{2}g_1(t)\sin(2\omega_0 t)+\frac{1}{2}g_2(t)[1-\cos(2\omega_0 t)] \qquad (6\text{-}176)$$

经低通滤波后滤除 $2\omega_0$ 附近的高频信号,只留下 $g_2(t)$ 信号输出。

如果利用信号的频域表达式(取以上各信号的傅里叶变换)也可导出同样的结果(习题 6-18)。

在上述复用合路与分路过程中,没有看到两路信号在占用频带和时间方面的区别,其工作原理完全不同于频分复用或时分复用。这里的同步解调过程从本质上讲是利用了相关运算,求相关系数的运算包含相乘和积分,而图 6-24 中的低通相当于实现积分功能。由于 $\cos(\omega_0 t)$ 和 $\sin(\omega_0 t)$ 相互正交,经上述运算后在输出端相互抑制,从而区分出各路信号。在彩色电视传输系统中,就是借助上述正交复用的原理完成了色差信号的合成与分离,在接收机中可以看到类似于图 6-24 右端的同步解调电路。

目前,码分复用技术的典型应用实例是第三代移动通信系统(3G)中点对多点(多址)信号传输,这时,也称为码分多址通信,码分多址的英文缩写为 CDMA(code division multiple access),通常称为 CDMA 通信系统。与图 6-24 的系统相比较,CDMA系统的构成原理非常复杂,然而它的核心部分仍然是利用正交码组序列进行相关运算来区分信号,下面对此作简要介绍。

假设在移动通信系统的小区范围内有 k 个用户与基站同时通信,其中,第 k 个用户的发射机简化原理框图如图 6-25 所示。在此系统中,需要经过两次调制来实现发送功能。信号源 $a_k(t)$ 是二进制的数字序列码(例如,可以是矩形脉冲序列),它与载波信号 $\cos(\omega_0 t)$ 相乘完成第一次调制,对于各用户此载波频率 ω_0 完全相同。$c_k(t)$ 称为地址码,在设计此系统时使各用户的地址码相互正交,每个 $c_k(t)$ 码与各自的用户相对应。通常,$c_k(t)$ 也是二进制数字序列,它的码位间隔周期 T_c 远小于信源码位间隔周期 T_Ω,也即 $c_k(t)$ 信号的频带远大于信源 $a_k(t)$ 的频带。地址码码组具有如下的相关特性

$$R_{k,i}(\tau) = \int_0^T c_k(t-\tau)c_i(t)\,\mathrm{d}t = T \tag{6-177}$$

$$(\text{当 } k=i,\text{且 } \tau=0)$$

$$R_{k,i}(\tau) = \int_0^T c_k(t-\tau)c_i(t)\,\mathrm{d}t \ll T \tag{6-178}$$

$$(\text{当 } k\neq i,\text{或 } \tau\neq 0)$$

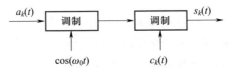

图 6-25　码分多址通信发送系统简化框图

$a_k(t)$ 与 $\cos(\omega_0 t)$ 相乘之后再与 $c_k(t)$ 相乘,完成第二次调制,发射信号 $s_k(t)$ 经无线信道传送到接收端。在接收端与发送端相对应需完成两次解调才可恢复信号 $a_k(t)$。接收机的简化原理框图如图 6-26 所示。接收信号 $r(t)$ 与本地地址码 $c_i(t-\tau_{i1})$ 进行相关运算完成第一次解调,由式(6-177)和式(6-178)可知,只有发送信号地址码与接收机本地地址码完全一致时才可获得足够强度的解调信号,所谓完全一致包括码型相同和码位对准。如果 $c_i(t)$ 与 $c_k(t)$ 相等即可保证

码型相同,考虑到接收信号 $r(t)$ 与发射信号 $s(t)$ 之间要产生延时,因而在本地地址码中引入了 τ_{i1} 项,以保证码位对准。如果接收信号 $r(t)$ 携带的地址码与本地地址码不同($k \neq i$)或码位未对准($\tau \neq 0$),相关运算的输出信号取较小值或趋近于零,这些干扰信号将受到抑制。最后,再与 $\cos[\omega_0(t-\tau_{i1})]$ 相乘即可恢复 $a_k(t)$ 信号。

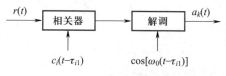

图 6-26 接收机的简化原理框图

从以上分析可以看出,设计 CDMA 系统的关键问题之一就是要选好一组相互正交的地址码,它们的自相关函数在零点具有尖锐的峰值,而互相关函数取值很小。目前,可供选用的地址码组实例如 m 序列伪随机码或沃尔什正交函数集码组等,类型很多。

m 序列是最大长度线性移位寄存器序列的简称,它由 m 级具有反馈逻辑的线性移位寄存器产生。m 级移位寄存器可产生长度为 (2^m-1) 的码序列,增大 m 值可以给出更多的 m 序列码组。(关于 m 序列的详细原理可参看有关数字系统、逻辑设计或差错控制编码等方面的著作,此处不再讨论。)

6.4 节介绍的沃尔什正交函数集码组满足式(6-177)与式(6-178)的要求,适合用作 CDMA 系统的地址码序列。例如,在一些实际的 CDMA 移动通信系统中已经采用了沃尔什函数码组提供 64 个地址码序列,利用它们的正交特性可以较好地实现码分复用。

上面介绍的 CDMA 系统属于扩频通信方式的一种,所谓扩频是扩展频谱的简称。若图 6-25 中的信源 $a_k(t)$ 码位间隔周期为 T_Ω,可粗略认为信号带宽 $B_\Omega = \dfrac{1}{T_\Omega}$,地址码 $c_k(t)$ 的码位间隔周期为 T_c,它的带宽大约是 $B_c = \dfrac{1}{T_c}$。通常,$T_c \ll T_\Omega$,因而 $B_c \gg B_\Omega$,利用地址码进行第二次调制的结果,使发送信号频谱的带宽较信号源带宽扩展许多倍,例如,取 $T_c = \dfrac{T_\Omega}{511}$,则 $B_c = 511 B_\Omega$。令 $N = \dfrac{B_c}{B_\Omega}$,在扩频通信系统中称 N 为扩频处理增益。地址码也称为扩频码,经扩频码调制的发送信号称为扩频信号,接收机相关运算输出的信号称为解扩信号。

至此已经学习了频分复用、时分复用和码分复用的基本原理。与前两种复用方法相比较,码分复用具有抗干扰性能好、复用系统容量灵活、保密性好、接收设备易于简化等许多优点,目前,在无线移动通信系统中具有很好的应用前景。

作为本章的结束,本节以码分复用为例进一步表明了信号正交特性和相关特性在当代通信系统应用中的重要地位,复习和巩固了正交与相关的基本概念,而码分复用技术的许多实际问题并未涉及,这些丰富而生动的内容有待后续课程专门讨论,或在研究工作中探讨。

习　题

6-1　试证明在区间$(0,2\pi)$,图6-5的矩形波与信号$\cos t,\cos(2t),\cdots,\cos(nt)$正交($n$为整数),也即此函数没有波形$\cos(nt)$的分量。

6-2　试证明$\cos t,\cos(2t),\cdots,\cos(nt)$($n$为整数)是在区间$(0,2\pi)$中的正交函数集。

6-3　上题中的函数集是否是在区间$\left(0,\dfrac{\pi}{2}\right)$中的正交函数集。

6-4　$1,x,x^2,x^3$是否是区间$(0,1)$的正交函数集。

6-5　试证明$\cos t,\cos(2t),\cdots,\cos(nt)$($n$为整数)不是区间$(0,2\pi)$内的完备正交函数集。

6-6　将图6-5中的矩形波用正弦函数的有限项级数来近似

$$f(t)\approx c_1\sin t+c_2\sin(2t)+\cdots+c_n\sin(nt)$$

分别求$n=1,2,3,4$四种情况下的方均误差$\overline{\varepsilon^2}$。

6-7　试证明前四个勒让德多项式在$(-1,1)$内是正交函数集。它是否规格化?

6-8　一矩形波如题图6-8所示,将此函数用勒让德(傅里叶)级数表示

$$f(t)=c_0p_0(t)+c_1p_1(t)+\cdots+c_np_n(t)$$

试求系数c_0,c_1,c_2,c_3,c_4。

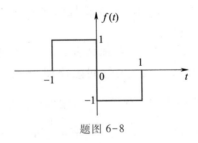

题图 6-8

6-9　用二次方程at^2+bt+c来近似表示函数e^t,区间在$(-1,1)$,使方均误差最小,求系数a,b和c。

6-10　若信号$f_1(t)=\cos(\omega t),f_2(t)=\sin(\omega t)$,试证明当两信号同时作用于单位电阻时所产生的能量等于$f_1(t)$和$f_2(t)$分别作用时产生的能量之和。如果改为$f_1(t)=\cos(\omega t)$,$f_2(t)=\cos(\omega t+45°)$,上述结论是否成立?

6-11　求下列信号的自相关函数:

（1）$f(t)=e^{-at}u(t)(a>0)$;

（2）$f(t) = E\cos(\omega_0 t)\mathrm{u}(t)$。

6-12 试确定下列信号的功率,并画出它们的功率谱:

（1）$A\cos(2\,000\pi t) + B\sin(200\pi t)$;

（2）$[A + \sin(200\pi t)]\cos(2\,000\pi t)$;

（3）$A\cos(200\pi t)\cos(2\,000\pi t)$;

（4）$A\sin(200\pi t)\cos(2\,000\pi t)$;

（5）$A\sin(300\pi t)\cos(2\,000\pi t)$;

（6）$A\sin^2(200\pi t)\cos(2\,000\pi t)$。

6-13 若信号 $f(t)$ 的功率谱为 $\mathscr{P}_f(\omega)$,试证明 $\dfrac{\mathrm{d}f(t)}{\mathrm{d}t}$ 信号的功率谱为 $\omega^2\mathscr{P}_f(\omega)$。

6-14 信号 $e(t) = 2\mathrm{e}^{-t}\mathrm{u}(t)$ 通过截止频率 $\omega_e = 1$ 的理想低通滤波器,试求响应的能量谱密度,以图形示出。

6-15 题图6-15(a)所示周期信号 $f(t)$ 通过系统函数为 $H(\mathrm{j}\omega)$ 的系统[见题图6-15(b)],试求输出信号的功率谱和功率(方均值)。设 T 为以下两种情况:

（1）$T = \dfrac{\pi}{3}$;（2）$T = \dfrac{\pi}{6}$。

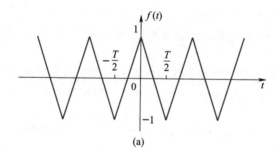

(a)

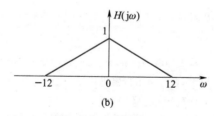

(b)

题图 6-15

6-16 若匹配滤波器输入信号为 $f(t)$,冲激响应为 $h(t) = s(T-t)$,求:

（1）给出描述输出信号 $r(t)$ 的表达式;

（2）求 $t = T$ 时刻的输出 $r(t) = r(T)$;

（3）由以上结果证明,可利用题图 6-16 所示框图来实现匹配滤波器之功能。

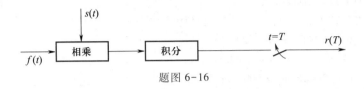

题图 6-16

6-17 题图6-17示出信号 $x_0(t)$ 和 $x_1(t)$ 波形,若 M_0 表示对 $x_0(t)$ 的匹配滤波器,M_1 表示对 $x_1(t)$ 的匹配滤波器,求:

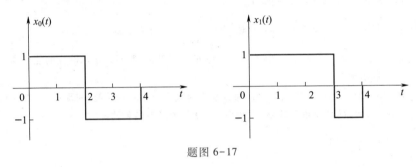

题图 6-17

(1) 分别画出 M_0 和 M_1 的冲激响应 $h_0(t)$ 和 $h_1(t)$ 的波形;

(2) 分别粗略画出 M_0 对 $x_0(t)$ 和 $x_1(t)$ 的响应波形以及 M_1 对 $x_0(t)$ 和 $x_1(t)$ 的响应波形;

(3) 比较这些响应在 $t=4$ 时的值,若保持 $x_1(t)$ 不变,如何修改 $x_0(t)$ 使接收机更容易区分 $x_0(t)$ 和 $x_1(t)$,也即使 M_0 对 $x_1(t)$ 的响应和 M_1 对 $x_0(t)$ 的响应在 $t=4$ 时为零值。

6-18 利用信号的频域表达式(取各信号的傅里叶变换)分析图 6-25 系统码分复用的工作原理。

6-19 待传输标准信号表达式为 $e(t) = \left[\cos(\omega_c t) + \sin(\omega_c t) \right] \left[u(t) - u(t-T) \right]$,其中 $T = \dfrac{8\pi}{\omega_c}$,试证明以下结论:

(1) 相应的匹配滤波器之冲激响应 $h(t) = \left[\cos(\omega_c t) - \sin(\omega_c t) \right] \left[u(t) - u(t-T) \right]$

(2) 在匹配条件下加入 $e(t)$,可求得输出信号 $r(t) = t \cos(\omega_c t) \left[u(t) - u(t-T) \right] - (t-2T) \cos(\omega_c t) \left[u(t-T) - u(t-2T) \right]$

(提示:本题有多种求证方法,如果借助傅里叶变换求证建议参看第三章习题3-33。)

序号	$f_1(t)$	$f_2(t)$	$f_1(t)*f_2(t)$
1	$f(t)$	$\delta(t)$	$f(t)$
2	$f(t)$	$u(t)$	$\int_{-\infty}^{t}f(\lambda)\,\mathrm{d}\lambda$
3	$f(t)$	$\delta'(t)$	$f'(t)$
4	$u(t)$	$u(t)$	$tu(t)$
5	$u(t)-u(t-t_1)$	$u(t)$	$tu(t)-(t-t_1)u(t-t_1)$
6	$u(t)-u(t-t_1)$	$u(t)-u(t-t_2)$	$tu(t)-(t-t_1)u(t-t_1)-(t-t_2)u(t-t_2)+(t-t_1-t_2)\cdot u(t-t_1-t_2)$
7	$e^{\alpha t}u(t)$	$u(t)$	$-\dfrac{1}{\alpha}(1-e^{\alpha t})u(t)$
8	$e^{\alpha t}u(t)$	$u(t)-u(t-t_1)$	$-\dfrac{1}{\alpha}(1-e^{\alpha t})[u(t)-u(t-t_1)]-\dfrac{1}{\alpha}(e^{-\alpha t_1}-1)e^{\alpha t}u(t-t_1)$
9	$e^{\alpha t}u(t)$	$e^{\alpha t}u(t)$	$te^{\alpha t}u(t)$
10	$e^{\alpha_1 t}u(t)$	$e^{\alpha_2 t}u(t)$	$\dfrac{1}{\alpha_1-\alpha_2}(e^{\alpha_1 t}-e^{\alpha_2 t})u(t)\quad \alpha_1\neq\alpha_2$
11	$e^{\alpha t}u(t)$	$t^n u(t)$	$\dfrac{n!}{\alpha^{n+1}}e^{\alpha t}u(t)-\sum_{j=0}^{n}\dfrac{n!}{\alpha^{j+1}(n-j)!}t^{n-j}u(t)$
12	$t^m u(t)$	$t^n u(t)$	$\dfrac{m!\,n!}{(m+n+1)!}t^{m+n+1}u(t)$
13	$t^m e^{\alpha_1 t}u(t)$	$t^n e^{\alpha_2 t}u(t)$	$\sum_{j=0}^{m}\dfrac{(-1)^j m!\,(n+j)!}{j!\,(m-j)!\,(\alpha_1-\alpha_2)^{n+j+1}}t^{m-j}e^{\alpha_1 t}u(t)+\sum_{k=0}^{n}\dfrac{(-1)^k n!\,(m+k)!}{k!\,(n-k)!\,(\alpha_2-\alpha_1)^{m+k+1}}t^{n-k}e^{\alpha_2 t}u(t)\quad \alpha_1\neq\alpha_2$
14	$e^{-\alpha t}\cos(\beta t+\theta)u(t)$	$e^{\lambda t}u(t)$	$\left[\dfrac{\cos(\theta-\varphi)}{\sqrt{(\alpha+\lambda)^2+\beta^2}}e^{\lambda t}-\dfrac{e^{-\alpha t}\cos(\beta t+\theta-\varphi)}{\sqrt{(\alpha+\lambda)^2+\beta^2}}\right]u(t)$ 其中 $\varphi=\arctan\left(\dfrac{-\beta}{\alpha+\lambda}\right)$

附 录

常用周期信号的

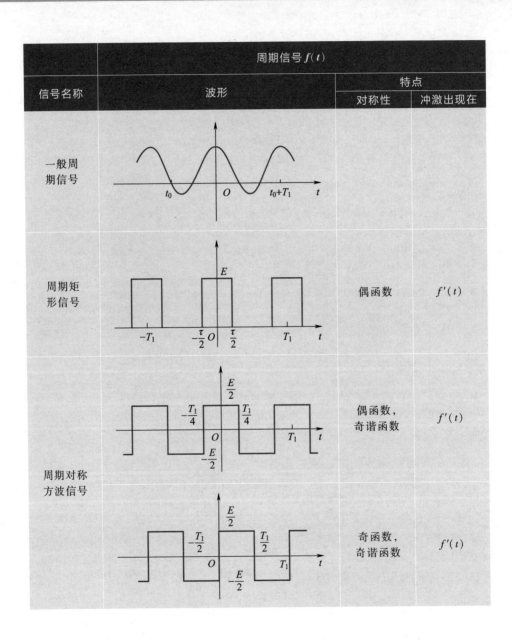

信号名称	周期信号 $f(t)$			
	波形		特点	
			对称性	冲激出现在
一般周期信号				
周期矩形信号			偶函数	$f'(t)$
周期对称方波信号			偶函数，奇谐函数	$f'(t)$
			奇函数，奇谐函数	$f'(t)$

傅里叶级数 $f(t) = a_0 + \sum\limits_{n=1}^{\infty} [a_n \cos(n\omega_1 t) + b_n \sin(n\omega_1 t)]$, $(n = 1, 2, \cdots)$				
a_0	a_n	b_n	特点	
			包含的频率分量	谐波幅度收敛速率
$\dfrac{1}{T_1}\displaystyle\int_{t_0}^{t_0+T_1} f(t)\,\mathrm{d}t$	$\dfrac{2}{T_1}\displaystyle\int_{t_0}^{t_0+T_1} f(t)\cdot \cos(n\omega_1 t)\,\mathrm{d}t$	$\dfrac{2}{T_1}\displaystyle\int_{t_0}^{t_0+T_1} f(t)\cdot \sin(n\omega_1 t)\,\mathrm{d}t$	$n\omega_1$	
$\dfrac{E\tau}{T_1}$	$\dfrac{2E}{n\pi}\sin\left(\dfrac{n\pi\tau}{T_1}\right)$ $=\dfrac{E\tau\omega_1}{\pi}\mathrm{Sa}\left(\dfrac{n\omega_1\tau}{2}\right)$	0	$0, n\omega_1$	$\dfrac{1}{n}$
0	$\dfrac{2E}{n\pi}\sin\left(\dfrac{n\pi}{2}\right)$	0	基波和奇次谐波的余弦分量	$\dfrac{1}{n}$
0	0	$\dfrac{2E}{n\pi}\sin^2\left(\dfrac{n\pi}{2}\right)$	基波和奇次谐波的正弦分量	$\dfrac{1}{n}$

周期信号 $f(t)$			
信号名称	波形	特点	
		对称性	冲激出现在
周期锯齿信号		奇函数	$f'(t)$
周期锯齿信号		去直流后为奇函数	$f'(t)$
周期三角信号		偶函数,去直流后为奇谐函数	$f''(t)$
		奇函数,奇谐函数	$f''(t)$
周期半波余弦信号		偶函数	

续表

傅里叶级数 $f(t) = a_0 + \sum\limits_{n=1}^{\infty} [a_n\cos(n\omega_1 t) + b_n\sin(n\omega_1 t)]$,$(n = 1, 2, \cdots)$				
a_0	a_n	b_n	特点	
			包含的频率分量	谐波幅度收敛速率
0	0	$(-1)^{n+1} \cdot \dfrac{E}{n\pi}$	正弦分量	$\dfrac{1}{n}$
$\dfrac{E}{2}$	0	$\dfrac{E}{n\pi}$	直流和正弦分量	$\dfrac{1}{n}$
$\dfrac{E}{2}$	$\dfrac{4E}{(n\pi)^2}\sin^2\left(\dfrac{n\pi}{2}\right)$	0	直流和基波、奇次谐波的余弦分量	$\dfrac{1}{n^2}$
0	0	$\dfrac{4E}{(n\pi)^2}\sin\left(\dfrac{n\pi}{2}\right)$	基波和奇次谐波的正弦分量	$\dfrac{1}{n^2}$
$\dfrac{E}{\pi}$	$\dfrac{2E}{(1-n^2)\pi}\cos\left(\dfrac{n\pi}{2}\right)$	0	直流和基波、偶次谐波的余弦分量	$\dfrac{1}{n^2}$

周期信号 $f(t)$				
信号名称	波形		特点	
			对称性	冲激出现在
周期全波 余弦信号	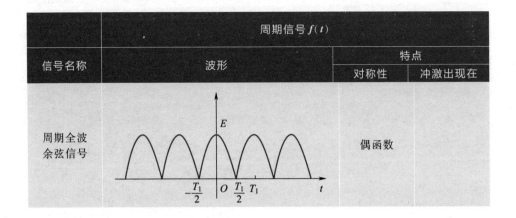		偶函数	

续表

傅里叶级数 $f(t)=a_0+\displaystyle\sum_{n=1}^{\infty}\left[a_n\cos(n\omega_1 t)+b_n\sin(n\omega_1 t)\right]$，$(n=1,2,\cdots)$				
a_0	a_n	b_n	特点	
			包含的频率分量	谐波幅度收敛速率
$\dfrac{2E}{\pi}$	$(-1)^{n+1}\dfrac{4E}{(4n^2-1)\pi}$	0	直流和基波以及各次谐波的余弦分量	$\dfrac{1}{n^2}$

附　录

常用信号的

序号	信号名称	时间函数 $f(t)$	波形图
1	单边指数脉冲	$Ee^{-at}u(t)$ $(a>0)$	
2	双边指数脉冲	$Ee^{-a\lvert t\rvert}$ $(a>0)$	
3	矩形脉冲	$\begin{cases} E & \left(\lvert t\rvert<\dfrac{\tau}{2}\right) \\ 0 & \left(\lvert t\rvert\geqslant\dfrac{\tau}{2}\right) \end{cases}$	
4	钟形脉冲	$E\cdot e^{-\left(\frac{t}{\tau}\right)^2}$	
5	余弦脉冲	$\begin{cases} E\cos\left(\dfrac{\pi t}{\tau}\right) & \left(\lvert t\rvert<\dfrac{\tau}{2}\right) \\ 0 & \left(\lvert t\rvert\geqslant\dfrac{\tau}{2}\right) \end{cases}$	

频谱函数 $F(\omega) = \lvert F(\omega) \rvert e^{j\varphi(\omega)}$	频谱图
$\dfrac{E}{a+j\omega}$	
$\dfrac{2aE}{a^2+\omega^2}$	
$E\tau \mathrm{Sa}\left(\dfrac{\omega\tau}{2}\right) = \dfrac{2E}{\omega}\sin\left(\dfrac{\omega\tau}{2}\right)$	
$\sqrt{\pi}\,E\tau \cdot e^{-\left(\frac{}{}\right)^{}}$	
$\dfrac{2E\tau}{\pi} \cdot \dfrac{\cos\left(\dfrac{\omega\tau}{2}\right)}{\left[1-\left(\dfrac{\omega\tau}{\pi}\right)^2\right]}$	

序号	信号名称	时间函数 $f(t)$	波形图
6	升余弦脉冲	$\begin{cases} \dfrac{E}{2}\left[1+\cos\left(\dfrac{2\pi t}{\tau}\right)\right] & \left(\|t\|<\dfrac{\tau}{2}\right) \\ \\ 0 & \left(\|t\|\geqslant\dfrac{\tau}{2}\right) \end{cases}$	
7	三角脉冲	$\begin{cases} E\left(1-\dfrac{2\|t\|}{\tau}\right) & \left(\|t\|<\dfrac{\tau}{2}\right) \\ \\ 0 & \left(\|t\|\geqslant\dfrac{\tau}{2}\right) \end{cases}$	
8	锯齿脉冲	$\begin{cases} \dfrac{E}{a}(t+a) & (-a<t<0) \\ \\ 0 & \text{(其他)} \end{cases}$	
9	梯形脉冲	$\begin{cases} \dfrac{2E}{\tau-\tau_1}\left(t+\dfrac{\tau}{2}\right) & \left(-\dfrac{\tau}{2}<t<-\dfrac{\tau_1}{2}\right) \\ E & \left(-\dfrac{\tau_1}{2}<t<\dfrac{\tau_1}{2}\right) \\ \dfrac{2E}{\tau-\tau_1}\left(\dfrac{\tau}{2}-t\right) & \left(\dfrac{\tau_1}{2}<t<\dfrac{\tau}{2}\right) \\ 0 & \text{(其他)} \end{cases}$	
10	抽样脉冲	$\text{Sa}(\omega_c t)=\dfrac{\sin(\omega_c t)}{\omega_c t}$	

续表

频谱函数 $F(\omega)=\left|F(\omega)\right|\mathrm{e}^{\mathrm{j}\varphi(\omega)}$	频谱图
$\dfrac{E\tau}{2}\cdot\dfrac{\mathrm{Sa}\left(\dfrac{\omega\tau}{2}\right)}{1-\left(\dfrac{\omega\tau}{2\pi}\right)^2}$	
$\dfrac{E\tau}{2}\mathrm{Sa}^2\left(\dfrac{\omega\tau}{4}\right)=\dfrac{8E}{\omega^2\tau}\sin^2\left(\dfrac{\omega\tau}{4}\right)$	
$\dfrac{E}{a\omega^2}(1+\mathrm{j}\omega\,a-\mathrm{e}^{\mathrm{j}\omega a})$	
$\dfrac{8E}{(\tau-\tau_1)\omega^2}\sin\left[\dfrac{\omega(\tau+\tau_1)}{4}\right]\sin\left[\dfrac{\omega(\tau-\tau_1)}{4}\right]$	
$\begin{cases}\dfrac{\pi}{\omega_c} & (\left|\omega\right|<\omega_c)\\[2mm] 0 & (\left|\omega\right|>\omega_c)\end{cases}$	

序号	信号名称	时间函数 $f(t)$	波形图
11	指数脉冲	$te^{-at}u(t)$ （$a>0$）	
12	冲激函数	$E\delta(t)$	
13	阶跃函数	$Eu(t)$	
14	符号函数	$E\mathrm{sgn}(t)$	
15	直流信号	E	
16	冲激序列	$\delta_T(t)=\sum\limits_{n=-\infty}^{\infty}\delta(t-nT_1)$	

续表

频谱函数 $F(\omega) = \left| F(\omega) \right| e^{j\varphi(\omega)}$	频谱图

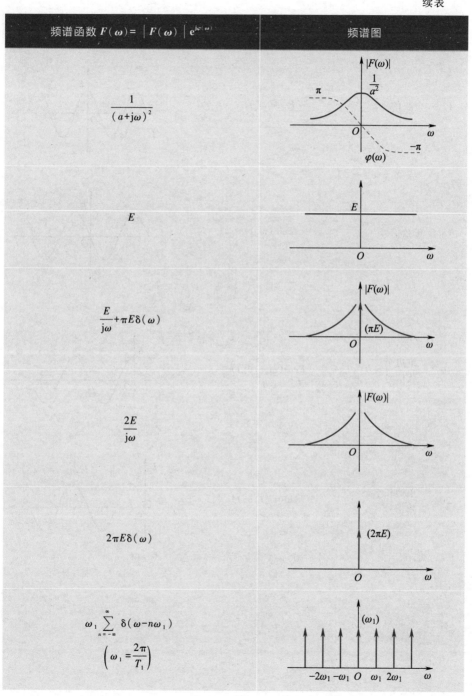

频谱函数	
$\dfrac{1}{(a+j\omega)^2}$	
E	
$\dfrac{E}{j\omega} + \pi E \delta(\omega)$	
$\dfrac{2E}{j\omega}$	
$2\pi E \delta(\omega)$	
$\omega_1 \displaystyle\sum_{n=-\infty}^{\infty} \delta(\omega - n\omega_1)$ $\left(\omega_1 = \dfrac{2\pi}{T_1} \right)$	

序号	信号名称	时间函数 $f(t)$	波形图
17	余弦信号	$E\cos(\omega_0 t)$	
18	正弦信号	$E\sin(\omega_0 t)$	
19	单边余弦信号	$E\cos(\omega_0 t)\mathrm{u}(t)$	
20	单边正弦信号	$E\sin(\omega_0 t)\mathrm{u}(t)$	
21	复指数信号	$E\mathrm{e}^{\mathrm{j}\omega_0 t}$	

续表

频谱函数 $F(\omega) = \left| F(\omega) \right| e^{j\varphi(\omega)}$	频谱图
$E\pi\left[\delta(\omega+\omega_0)+\delta(\omega-\omega_0)\right]$	
$j\pi E\left[\delta(\omega+\omega_0)-\delta(\omega-\omega_0)\right]$	
$\dfrac{E\pi}{2}\left[\delta(\omega+\omega_0)+\delta(\omega-\omega_0)\right]+\dfrac{j\omega E}{\omega_0^2-\omega^2}$	
$\dfrac{E\pi}{2j}\left[\delta(\omega-\omega_0)-\delta(\omega+\omega_0)\right]+\dfrac{\omega_0 E}{\omega_0^2-\omega^2}$	
$2\pi E\delta(\omega-\omega_0)$	

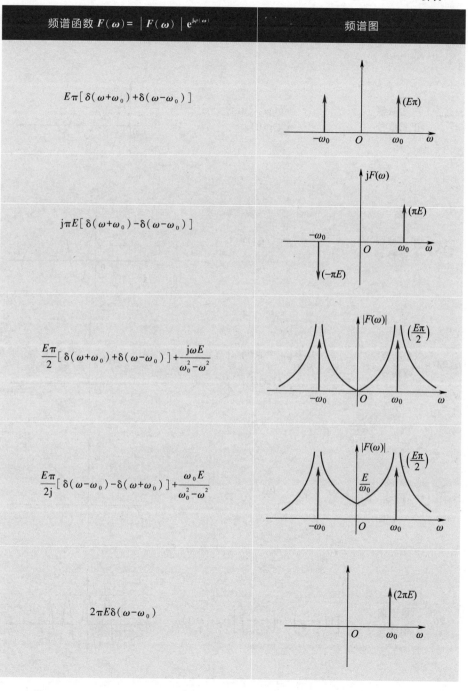

序号	信号名称	时间函数 $f(t)$	波形图
22	单边减幅正弦信号	$e^{-at}\sin(\omega_0 t)u(t)$ $(a>0)$	
23	单边减幅余弦信号	$e^{-at}\cos(\omega_0 t)u(t)$ $(a>0)$	
24	单边衰减信号	$\dfrac{1}{\beta-\alpha}(e^{-\alpha t}-e^{-\beta t})u(t)$ $(\alpha \neq \beta)$	
25	斜变信号	$tu(t)$	
26	矩形调幅信号	$\left[u\left(t+\dfrac{\tau}{2}\right)-u\left(t-\dfrac{\tau}{2}\right)\right]\cos(\omega_0 t)$	

频谱函数 $F(\omega)=\left|F(\omega)\right|e^{j\varphi(\omega)}$	频谱图
$\dfrac{\omega_0}{(a+j\omega)^2+\omega_0^2}$	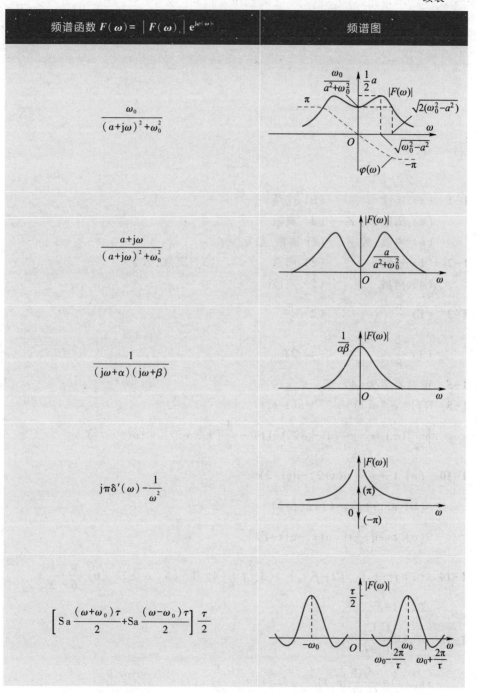
$\dfrac{a+j\omega}{(a+j\omega)^2+\omega_0^2}$	
$\dfrac{1}{(j\omega+\alpha)(j\omega+\beta)}$	
$j\pi\delta'(\omega)-\dfrac{1}{\omega^2}$	
$\left[\mathrm{Sa}\,\dfrac{(\omega+\omega_0)\tau}{2}+\mathrm{Sa}\,\dfrac{(\omega-\omega_0)\tau}{2}\right]\dfrac{\tau}{2}$	

部分习题答案

第一章

1-1 （a）连续 　　　　（b）连续

（c）离散、数字 　（d）离散

（e）离散、数字 　（f）离散、数字

1-2 （1）连续 　　　（2）离散 　　　　（3）离散、数字

（4）离散 　　　（5）离散

1-3 （1）$\dfrac{\pi}{5}$ 　　　　　（2）$\dfrac{\pi}{5}$

（3）$\dfrac{\pi}{8}$ 　　　　　（4）$2T$

1-5 正确答案为（4）

1-8 $f(t)=\mathrm{e}^{-\alpha t}\mathrm{u}(t)-\mathrm{e}^{-\alpha(t-t_0)}\mathrm{u}(t-t_0)$

$\displaystyle\int_{-\infty}^{t}f(\tau)\mathrm{d}\tau=\dfrac{1}{a}(1-\mathrm{e}^{-\alpha t})\mathrm{u}(t)-\dfrac{1}{a}\left[1-\mathrm{e}^{-\alpha(t-t_0)}\right]\mathrm{u}(t-t_0)$

1-10 （a）$1-\dfrac{|t|}{2}\left[\mathrm{u}(t+2)-\mathrm{u}(t-2)\right]$

（b）$\mathrm{u}(t)+\mathrm{u}(t-1)+\mathrm{u}(t-2)$

（c）$E\sin\left(\dfrac{\pi}{T}t\right)\left[\mathrm{u}(t)-\mathrm{u}(t-T)\right]$

1-14 （1）$f(-t_0)$ 　　（2）$f(t_0)$ 　　（3）1 　　（4）0 　　（5）e^2-2 　　（6）$\dfrac{\pi}{6}+\dfrac{1}{2}$

（7）$1-\mathrm{e}^{-\mathrm{j}\omega t_0}$

1-15 $i(t)=\dfrac{C_1C_2E}{C_1+C_2}\delta(t)$

$v_{C1}(t)=\dfrac{C_2E}{C_1+C_2}\mathrm{u}(t)$ 　　　　$v_{C2}(t)=\dfrac{C_1E}{C_1+C_2}\mathrm{u}(t)$

1-16　$v(t) = \dfrac{L_1 L_2 I}{L_1 + L_2} \delta(t)$

$i_{L1}(t) = \dfrac{L_2 I}{L_1 + L_2} \mathrm{u}(t)$　　　$i_{L2}(t) = \dfrac{L_1 I}{L_1 + L_2} \mathrm{u}(t)$

1-17　（1）$\dfrac{2}{\pi}$　（2）$\dfrac{1}{2}$　（3）0　（4）K

1-20　（1）线性、时不变、因果

　　　　（2）线性、时变、因果

　　　　（3）非线性、时变、因果

　　　　（4）线性、时变、非因果

　　　　（5）线性、时变、非因果

　　　　（6）非线性、时不变、因果

　　　　（7）线性、时不变、因果

　　　　（8）线性、时变、非因果

1-21　（1）可逆，$e(t+5)$

　　　　（2）不可逆，当输入为任意常数时都使输出为零

　　　　（3）可逆，$\dfrac{\mathrm{d}}{\mathrm{d}t} e(t)$

　　　　（4）可逆，$e\left(\dfrac{t}{2}\right)$

1-23　$r_2(t) = \delta(t) - \alpha \mathrm{e}^{-at} \mathrm{u}(t)$

第二章

2-1　（a）$2 \dfrac{\mathrm{d}^3}{\mathrm{d}t^3} v_o(t) + 5 \dfrac{\mathrm{d}^2}{\mathrm{d}t^2} v_o(t) + 5 \dfrac{\mathrm{d}}{\mathrm{d}t} v_o(t) + 3 v_o(t) = 2 \dfrac{\mathrm{d}}{\mathrm{d}t} e(t)$

　　　（b）$(L^2 - M^2) \dfrac{\mathrm{d}^4}{\mathrm{d}t^4} v_o(t) + 2RL \dfrac{\mathrm{d}^3}{\mathrm{d}t^3} v_o(t) + \left(\dfrac{2L}{C} + R^2\right) \dfrac{\mathrm{d}^2}{\mathrm{d}t^2} v_o(t) + \dfrac{2R}{C} \dfrac{\mathrm{d}}{\mathrm{d}t} v_o(t) +$

　　　　　$\dfrac{1}{C^2} v_o(t) = MR \dfrac{\mathrm{d}^2}{\mathrm{d}t^2} e(t)$

　　　（c）$C C_1 \dfrac{\mathrm{d}^3}{\mathrm{d}t^3} v_o(t) + \left(\dfrac{C_1}{R} + \dfrac{C}{R_1}\right) \dfrac{\mathrm{d}^2}{\mathrm{d}t^2} v_o(t) + \left(\dfrac{C}{L_1} + \dfrac{1}{R_1 R}\right) \dfrac{\mathrm{d}}{\mathrm{d}t} v_o(t) + \dfrac{1}{RL_1} v_o(t)$

　　　　　$= \dfrac{\mu}{R_1} \dfrac{\mathrm{d}}{\mathrm{d}t} i(t)$

(d) $(1-\mu)C\dfrac{\mathrm{d}}{\mathrm{d}t}v_o(t)+\dfrac{1}{R}v_o(t)=\dfrac{\mu}{R}e(t)$

2-2 $\dfrac{\mathrm{d}^3}{\mathrm{d}t^3}v_2(t)+\dfrac{m_1f_2+m_2f_1}{m_1m_2}\dfrac{\mathrm{d}^2}{\mathrm{d}t^2}v_2(t)+\dfrac{(m_1+m_2)k+f_1f_2}{m_1m_2}\dfrac{\mathrm{d}}{\mathrm{d}t}v_2(t)+\dfrac{(f_1+f_2)k}{m_1m_2}v_2(t)=$

$\dfrac{k}{m_1m_2}e(t)$

2-3 $\dfrac{\mathrm{d}^2}{\mathrm{d}t^2}y(t)+\dfrac{f}{m}\dfrac{\mathrm{d}}{\mathrm{d}t}y(t)+\dfrac{k}{m}y(t)=\dfrac{f}{m}\dfrac{\mathrm{d}}{\mathrm{d}t}x(t)+\dfrac{k}{m}x(t)$

2-4 (1) $e^{-t}(\cos t+3\sin t)$

(2) $(3t+1)e^{-t}$

(3) $1-(t+1)e^{-t}$

2-5 (1) $r(0_+)=0$

(2) $r(0_+)=3$

(3) $r(0_+)=1$ $r'(0_+)=\dfrac{3}{2}$

2-6 (1) $\underbrace{4e^{-t}-3e^{-2t}}_{\text{零输入响应}}\underbrace{-2e^{-t}+\dfrac{1}{2}e^{-2t}+\dfrac{3}{2}}_{\text{零状态响应}}$

(2) $\underbrace{4e^{-t}-3e^{-2t}}_{\text{零输入响应}}+\underbrace{e^{-t}-e^{-2t}}_{\text{零状态响应}}$ 强迫响应等于零

2-7 $v_o(t)=(Ee^{-\frac{t}{RC}}-RI_Se^{-\frac{t}{RC}}+RI_S)\,\mathrm{u}(t)$

2-8 (1) $i(0_-)=i(0_+)=0,i'(0_-)=0,i'(0_+)=10$

(2) $\dfrac{\mathrm{d}^2}{\mathrm{d}t^2}i(t)+\dfrac{\mathrm{d}}{\mathrm{d}t}i(t)+i(t)=0$ $(t\geqslant 0_+)$

$i(t)=\dfrac{20}{\sqrt{3}}e^{-\frac{1}{2}t}\sin\left(\dfrac{\sqrt{3}}{2}t\right)$

(3) $\dfrac{\mathrm{d}^2}{\mathrm{d}t^2}i(t)+\dfrac{\mathrm{d}}{\mathrm{d}t}i(t)+i(t)=\dfrac{\mathrm{d}}{\mathrm{d}t}e(t)$,其中 $e(t)=10+10\mathrm{u}(t)$

2-9 (1) $h(t)=2\delta(t)-6e^{-3t}\mathrm{u}(t)$

$g(t)=2e^{-3t}\mathrm{u}(t)$

(2) $h(t)=e^{-\frac{1}{2}t}\left[\cos\left(\dfrac{\sqrt{3}}{2}t\right)+\dfrac{1}{\sqrt{3}}\sin\left(\dfrac{\sqrt{3}}{2}t\right)\right]\mathrm{u}(t)$

$$g(t) = \left\{ e^{-\frac{1}{2}t}\left[-\cos\left(\frac{\sqrt{3}}{2}t\right) + \frac{1}{\sqrt{3}}\sin\left(\frac{\sqrt{3}}{2}t\right) \right] + 1 \right\}u(t)$$

（3）$h(t) = e^{-2t}u(t) + \delta(t) + \delta'(t)$

$$g(t) = \delta(t) + \left(\frac{3}{2} - \frac{1}{2}e^{-2t}\right)u(t)$$

2-10　$h(t) = \left(\frac{1}{4}e^{-t} + \frac{7}{4}e^{-5t}\right)u(t)$

2-11　$r(0_-) = \frac{1}{2}, r'(0_-) = -\frac{1}{2}, C = \frac{1}{2}$

2-12　（1）$r_{zi}(t) = e^{-t}$　（当 $t \geqslant 0$）

　　　　（2）$r_3(t) = (2-t)e^{-t}u(t)$

2-13　（1）$\frac{1}{\alpha}(1 - e^{-\alpha t})u(t)$

　　　　（2）$\cos(\omega t + 45°)$

　　　　（3）$\begin{cases} 0 & (t<1, t>3) \\ \dfrac{1}{2}(t^2 - 1) & (1<t<2) \\ -\dfrac{1}{2}t^2 + t + \dfrac{3}{2} & (2<t<3) \end{cases}$

　　　　（4）$\cos[\omega(t+1)] - \cos[\omega(t-1)]$

　　　　（5）$\dfrac{\alpha \sin t - \cos t + e^{-\alpha t}}{\alpha^2 + 1}u(t)$

2-16　$A = \dfrac{1}{1 - e^{-3}}$

2-17　$h(t) = e^{t-1}u(3-t)$

2-18　$\dfrac{1}{2}e^{-2t}u(t)$

2-19　（b）$u(-t) + (2 - e^{-t})u(t)$

　　　　（c）$\begin{cases} 2(1 - \cos t) & (0<t<1) \\ 2[\cos(t-1) - \cos t] & (1<t<\pi) \\ 2[\cos(t-1) + 1] & (\pi<t<\pi+1) \end{cases}$

$$(d) \begin{cases} \dfrac{1}{2}t^2 & (0<t<1) \\[2mm] -2+4t-\dfrac{3}{2}t^2 & (1<t<2) \\[2mm] 2t^2-10t+12=2\left(t-\dfrac{5}{2}\right)^2-\dfrac{1}{2} & (2<t<3) \end{cases}$$

对于　$n<t<n+1$　$(n \geqslant 2)$

$$(-1)^n\left[2\left(t-\dfrac{2n+1}{2}\right)^2-\dfrac{1}{2}\right]$$

(e)　$1-\cos(t-1)$　$(t>1)$

(f)　$\dfrac{1}{\pi}[1-\cos(\pi t)][u(t)-u(t-2)] * \displaystyle\sum_{k=0}^{\infty}\delta(t-3k)$

2-20　$u(t)-u(t-1)$

2-21　(1)　$\begin{cases} e^{-t}-e^{-2t} & (0<t<2) \\[2mm] e^{-2t}(\beta e^4+e^2-1) & (t>2) \end{cases}$

(2)　$\beta = -e^{-4}\displaystyle\int_0^2 e^{2\tau}x(\tau)\,d\tau$

2-23　(1)　$\dfrac{1}{2}\left[\delta\left(t+\dfrac{1}{2}\right)+\delta\left(t-\dfrac{1}{2}\right)\right]$

(2)　$\displaystyle\sum_{k=-\infty}^{\infty}\delta(t-k\pi)$

2-24　$\displaystyle\sum_{k=-\infty}^{\infty}(-1)^k\left[u\left(t+\dfrac{\pi}{2}-k\pi\right)-u\left(t-\dfrac{\pi}{2}-k\pi\right)\right]$

2-27　(1)　$Ae^{-\alpha t}u(t)$

(2)　$Ate^{-\alpha t}u(t)$

(3)　$\dfrac{A}{\alpha-\beta}(e^{-\beta t}-e^{-\alpha t})u(t)$

第三章

3-1　三角形式傅里叶级数的系数为

$$a_0 = 0$$
$$a_n = 0 \quad (n=1,2,\cdots)$$

$$b_n = \begin{cases} 0 & (n=2,4,\cdots) \\ \dfrac{2E}{n\pi} & (n=1,3,\cdots) \end{cases}$$

所以

$$f(t) = \frac{2E}{\pi}\left[\sin(\omega_1 t) + \frac{1}{3}\sin(3\omega_1 t) + \frac{1}{5}\sin(5\omega_1 t) + \cdots\right] \quad \left(\omega_1 = \frac{2\pi}{T}\right)$$

指数形式傅里叶级数的系数为

$$F_n = \begin{cases} 0 & (n=0,\pm 2,\pm 4,\cdots) \\ -\dfrac{jE}{n\pi} & (n=\pm 1,\pm 3,\pm 5,\cdots) \end{cases}$$

所以

$$f(t) = -\frac{jE}{\pi}e^{j\omega_1 t} + \frac{jE}{\pi}e^{-j\omega_1 t} - \frac{jE}{3\pi}e^{j3\omega_1 t} + \frac{jE}{3\pi}e^{-j3\omega_1 t} - \cdots$$

3-2　直流分量为 1 V,基波、二次、三次谐波的有效值分别为

$$\frac{10\sqrt{2}}{\pi}\sin 18° \approx 1.39, \frac{5\sqrt{2}}{\pi}\sin 36° \approx 1.32, \frac{10\sqrt{2}}{3\pi}\sin 54° \approx 1.21$$

3-3　(1) 1 000 kHz,2 000 kHz

(2) $\dfrac{1\,000}{3}$ kHz, $\dfrac{2\,000}{3}$ kHz

(3) 1 : 3

(4) 1 : 1

3-4　$a_0 = \dfrac{E}{2}$

$b_n = 0$

$$a_n = \begin{cases} 0 & (n=2,4,\cdots) \\ -\dfrac{4E}{(n\pi)^2} & (n=1,3,\cdots) \end{cases}$$

所以

$$f(t) = \frac{E}{2} - \frac{4E}{\pi^2}\left[\cos(\omega_1 t) + \frac{1}{3^2}\cos(3\omega_1 t) + \frac{1}{5^2}\cos(5\omega_1 t) + \cdots\right] \quad \left(\omega_1 = \frac{2\pi}{T}\right)$$

3-5　$a_0 = \dfrac{E}{\pi}$

$b_n = 0$

$$a_n = \frac{2E}{T} \left[\frac{\sin \dfrac{(n+1)\pi}{2}}{(n+1)\omega_1} + \frac{\sin \dfrac{(n-1)\pi}{2}}{(n-1)\omega_1} \right] \quad \left(\omega_1 = \frac{2\pi}{T} \right)$$

即

$$a_n = \begin{cases} \dfrac{E}{2} & (n=1) \\[2mm] 0 & (n=3,5,\cdots) \\[2mm] \dfrac{2E}{(1-n^2)\pi}\cos\dfrac{n\pi}{2} & (n=2,4,\cdots) \end{cases}$$

所以

$$f(t) = \frac{E}{\pi} + \frac{E}{2}\left[\cos(\omega_1 t) + \frac{4}{3\pi}\cos(2\omega_1 t) - \frac{4}{15\pi}\cos(4\omega_1 t) + \cdots \right]$$

3-6　$F_0 = \dfrac{E}{2}$

$$F_n = -\frac{jE}{2n\pi} \quad (n=\pm 1,\pm 2,\cdots)$$

所以　$f(t) = \dfrac{E}{2} - \dfrac{jE}{2\pi}e^{j\omega_1 t} + \dfrac{jE}{2\pi}e^{-j\omega_1 t} - \dfrac{jE}{4\pi}e^{j2\omega_1 t} + \dfrac{jE}{4\pi}e^{-j2\omega_1 t} - \cdots$

$$= \frac{E}{2} + \frac{E}{\pi}\left[\sin(\omega_1 t) + \frac{1}{2}\sin(2\omega_1 t) + \cdots \right]$$

3-7　(a) 只含有基波和奇次谐波的余弦分量

　　　(b) 只含有基波和奇次谐波的正弦分量

　　　(c) 只含有奇次谐波

　　　(d) 只含有正弦分量

　　　(e) 只含有直流和偶次谐波的余弦分量

　　　(f) 只含有直流和偶次谐波的正弦分量

3-8　(a) $a_0 = \dfrac{E}{2}$　$a_n = 0$,

$$b_n = \begin{cases} 0 & (n=2,4,\cdots) \\[2mm] \dfrac{4E}{(n\pi)^2}\sin\dfrac{n\pi}{2} & (n=1,3,\cdots) \end{cases}$$

所以

$$f(t) = \frac{E}{2} + \frac{4E}{\pi^2}\left[\sin(\omega_1 t) - \frac{1}{3^2}\sin(3\omega_1 t) + \cdots \right]$$

（b）$a_0 = \dfrac{3E}{4}$

$b_n = 0$

$a_n = \dfrac{-4E}{(n\pi)^2}\left(1 - \cos\dfrac{n\pi}{2}\right)$　（$n = 1, 2, \cdots$）

所以 $f(t) = \dfrac{3E}{4} - \dfrac{4E}{\pi^2}\left[\cos(\omega_1 t) + \dfrac{1}{2}\cos(2\omega_1 t) + \dfrac{1}{9}\cos(3\omega_1 t) + \right.$

$\left. \dfrac{1}{25}\cos(5\omega_1 t) + \cdots\right]$　$\left(\omega_1 = \dfrac{2\pi}{T}\right)$

3-9　（1）$I_0 = \dfrac{i_m(\sin\theta - \theta\cos\theta)}{\pi(1 - \cos\theta)}$

$I_1 = \dfrac{i_m(\theta - \sin\theta \cdot \cos\theta)}{\pi(1 - \cos\theta)}$

$I_k = \dfrac{2i_m[\sin(k\theta)\cos\theta - k\cos(k\theta) \cdot \sin\theta]}{\pi k(k^2 - 1)(1 - \cos\theta)}$

（2）$I_0 \approx 0.22 i_m$　$I_1 \approx 0.39 i_m$

$I_k = \dfrac{2i_m\left(\sin\dfrac{k\pi}{3} - \sqrt{3}k\cos\dfrac{k\pi}{3}\right)}{\pi k(k^2 - 1)}$

（3）$I_0 = \dfrac{i_m}{\pi}$　$I_1 = \dfrac{i_m}{2}$　$I_k = \dfrac{2i_m \cdot \cos\dfrac{k\pi}{2}}{\pi \cdot (1 - k^2)}$

3-11　（a）$a_0 = 0$　$a_n = \dfrac{2}{\pi(4 - n^2)}[1 - \cos(n\pi)]$，即

$a_n = \begin{cases} 0 & (n = 2, 4, \cdots) \\ \dfrac{4}{\pi(4 - n^2)} & (n = 1, 3, \cdots) \end{cases}$　$b_n = \begin{cases} \dfrac{1}{2} & (n = 2) \\ 0 & (n \neq 2) \end{cases}$

所以 $f(t) = \dfrac{4}{\pi}\left[\dfrac{1}{3}\cos(\omega_1 t) - \dfrac{1}{5}\cos(3\omega_1 t) - \dfrac{1}{21}\cos(5\omega_1 t) - \cdots\right] + \dfrac{1}{2}\sin(2\omega_1 t)$

$\left(\omega_1 = \dfrac{2\pi}{T} = \dfrac{\pi}{2}\right)$

（b）$F_n = \dfrac{2}{\pi(n^2 - 4)}\sin\dfrac{n\pi}{2}[\cos(n\pi) - 1]\left(\sin\dfrac{n\pi}{4} + j\cos\dfrac{n\pi}{4}\right)$

$\left(\omega_1 = \dfrac{2\pi}{T} = \dfrac{\pi}{2}\right)$

3-12 (1) 直流 0.25 V,基波幅度 0.305 V,五次谐波幅度 0.018 V

(2) 比值分别为 1.0,0.847,0.303,此 RC 积分电路是一个低通滤波器,对高频分量衰减大,对低频分量衰减少

3-13 (1) 频率为 100 kHz,幅度为 127 V 的正弦波

(2) 近于 0

(3) 频率为 100 kHz,幅度为 42.4 V 的正弦波

3-14 可利用此电路直接选出以下频率成分的正弦信号:100 kHz,300 kHz

3-15 $F(\omega)=\dfrac{\tau E}{2}\left[\mathrm{Sa}\left(\dfrac{\omega\tau}{2}-\dfrac{\pi}{2}\right)+\mathrm{Sa}\left(\dfrac{\omega\tau}{2}+\dfrac{\pi}{2}\right)\right]=\dfrac{2E\tau\cos\dfrac{\omega\tau}{2}}{\pi\left[1-\left(\dfrac{\omega\tau}{\pi}\right)^2\right]}$

3-16 (a) $\mathrm{j}\dfrac{2E}{\omega}\left[\cos\left(\dfrac{\omega T}{2}\right)-\mathrm{Sa}\left(\dfrac{\omega T}{2}\right)\right]$, $\qquad F(0)=0$

(b) $\dfrac{E}{\omega^2 T}(1-\mathrm{j}\omega T-\mathrm{e}^{-\mathrm{j}\omega T})$

(c) $\dfrac{E\omega_1}{\omega_1^2-\omega^2}(1-\mathrm{e}^{-\mathrm{j}\omega T})=\mathrm{j}\dfrac{2E\omega_1}{\omega_1^2-\omega^2}\sin\left(\dfrac{\omega T}{2}\right)\mathrm{e}^{-\mathrm{j}\frac{\omega T}{2}},F(\omega_1)=\dfrac{ET}{2\mathrm{j}}\quad\left(\omega_1=\dfrac{2\pi}{T}\right)$

(d) $\mathrm{j}\dfrac{2E\omega_1\sin\left(\dfrac{\omega T}{2}\right)}{\omega^2-\omega_1^2},F(\omega_1)=\dfrac{ET}{2\mathrm{j}}\quad\left(\omega_1=\dfrac{2\pi}{T}\right)$

3-17 (a) $\dfrac{1}{4}$ (b) $\dfrac{1}{4}$ (c) $\dfrac{1}{4}$ (d) 1 (e) $\dfrac{2}{3}$ (f) $\dfrac{1}{2}$(单位均为 MHz)

3-18 $F(\omega)=E\tau\mathrm{Sa}\left(\dfrac{\omega\tau}{2}\right)\left[\dfrac{\cos\left(\dfrac{k\omega\tau}{2}\right)}{1-\left(\dfrac{k\omega\tau}{\pi}\right)^2}\right]$

3-19 (a) $\dfrac{A\omega_0}{\pi}\mathrm{Sa}[\omega_0(t+t_0)]$ (b) $-\dfrac{2A}{\pi t}\sin^2\left(\dfrac{\omega_0 t}{2}\right)$

3-21 $F_1(-\omega)\mathrm{e}^{-\mathrm{j}\omega t_0}$

3-22 (1) $\dfrac{1}{2\pi}\mathrm{e}^{\mathrm{j}\omega_0 t}$ (2) $\dfrac{\omega_0}{\pi}\mathrm{Sa}(\omega_0 t)$ (3) $\left(\dfrac{\omega_0}{\pi}\right)^2\mathrm{Sa}(\omega_0 t)$

3-23 $2\mathrm{j}E\tau\sin\left(\dfrac{\omega\tau}{2}\right)\mathrm{Sa}\left(\dfrac{\omega\tau}{2}\right)$

3-24 $\dfrac{\tau_1}{4}\left\{\mathrm{Sa}^2\left[\dfrac{(\omega-\omega_0)\tau_1}{4}\right]+\mathrm{Sa}^2\left[\dfrac{(\omega+\omega_0)\tau_1}{4}\right]\right\}$

3-25 (1) $-\omega$ (2) 4   (3) 2π (4) 其图形为函数 $f(t)$ 之偶分量

3-26 $\dfrac{8E}{\omega^2(\tau-\tau_1)}\sin\dfrac{\omega(\tau+\tau_1)}{4}\sin\dfrac{\omega(\tau-\tau_1)}{4}$

3-27 $\dfrac{\omega_1 E}{\omega_1^2-\omega^2}(1+\mathrm{e}^{-\mathrm{j}\frac{\omega T}{2}})$, $\dfrac{\omega_1\omega^2 E}{\omega^2-\omega_1^2}(1+\mathrm{e}^{-\mathrm{j}\frac{\omega T}{2}})$ $\left(\omega_1=\dfrac{2\pi}{T}\right)$

3-28 $\dfrac{1}{(a+\mathrm{j}\omega)^2}$

3-29 (1) $\dfrac{1}{2}\mathrm{j}\dfrac{\mathrm{d}F\left(\dfrac{\omega}{2}\right)}{\mathrm{d}\omega}$

(2) $\mathrm{j}\dfrac{\mathrm{d}F(\omega)}{\mathrm{d}\omega}-2F(\omega)$

(3) $-F\left(-\dfrac{\omega}{2}\right)+\dfrac{\mathrm{j}}{2}\cdot\dfrac{\mathrm{d}F\left(-\dfrac{\omega}{2}\right)}{\mathrm{d}\omega}$

(4) $-F(\omega)-\omega\dfrac{\mathrm{d}F(\omega)}{\mathrm{d}\omega}$

(5) $F(-\omega)\mathrm{e}^{-\mathrm{j}\omega}$

(6) $-\mathrm{j}\dfrac{\mathrm{d}F(-\omega)}{\mathrm{d}\omega}\mathrm{e}^{-\mathrm{j}\omega}$

(7) $\dfrac{1}{2}F\left(\dfrac{\omega}{2}\right)\mathrm{e}^{-\mathrm{j}\frac{5}{2}\omega}$

3-31 $\mathscr{F}[f_1(t)*f_2(t)]=E_1 E_2\tau_1\tau_2\mathrm{Sa}\left(\dfrac{\omega\tau_1}{2}\right)\mathrm{Sa}\left(\dfrac{\omega\tau_2}{2}\right)$

3-32 $\mathscr{F}[\cos(\omega_0 t)\mathrm{u}(t)]=\dfrac{\pi}{2}[\delta(\omega+\omega_0)+\delta(\omega-\omega_0)]+\dfrac{\mathrm{j}\omega}{\omega_0^2-\omega^2}$

$\mathscr{F}[\sin(\omega_0 t)\mathrm{u}(t)]=\mathrm{j}\dfrac{\pi}{2}[\delta(\omega+\omega_0)-\delta(\omega-\omega_0)]+\dfrac{\omega_0}{\omega_0^2-\omega^2}$

3-33 $\dfrac{E\tau}{4}\mathrm{e}^{-\mathrm{j}\frac{\omega\tau}{2}}\left\{\mathrm{Sa}^2\left[\dfrac{(\omega-\omega_0)\tau}{4}\right]\mathrm{e}^{\mathrm{j}\frac{\omega_0\tau}{2}}+\mathrm{Sa}^2\left[\dfrac{(\omega+\omega_0)\tau}{4}\right]\mathrm{e}^{-\mathrm{j}\frac{\omega_0\tau}{2}}\right\}$

3-35 $\displaystyle\sum_{n=-\infty}^{\infty}\dfrac{\tau_1(-1)^{n+1}}{(2n-1)\pi}\mathrm{Sa}^2\left\{\dfrac{\left[\omega-(2n-1)\dfrac{\pi}{\tau}\right]\tau_1}{4}\right\}$

3-36 (a) 傅里叶级数 $f(t) = \sum\limits_{n=-\infty}^{\infty} F_n \mathrm{e}^{jn\frac{2\pi}{T}t}$

傅里叶变换 $F(\omega) = 2\pi \sum\limits_{n=-\infty}^{\infty} F_n \delta\left(\omega - \frac{2n\pi}{T}\right)$

其中 $F_n = \dfrac{2ET}{n^2\pi^2(T-\tau)} \sin\dfrac{n\pi(T+\tau)}{2T} \sin\dfrac{n\pi(T-\tau)}{2T}$

(b) 傅里叶级数 $f(t) = \sum\limits_{n=-\infty}^{\infty} F_n \mathrm{e}^{jn\frac{2\pi}{T}t}$

傅里叶变换 $F(\omega) = 2\pi \sum\limits_{n=-\infty}^{\infty} F_n \delta\left(\omega - \frac{2n\pi}{T}\right)$

其中 $F_n = (-1)^n \dfrac{2E}{\pi(1-4n^2)}$

3-37 (a) $\dfrac{8}{\omega^2\tau}\sin^2\left(\dfrac{\omega\tau}{4}\right) = \dfrac{\tau}{2}\mathrm{Sa}^2\left(\dfrac{\omega\tau}{4}\right)$

(b) $-\dfrac{4j}{\omega}\sin^2\left(\dfrac{\omega\tau}{4}\right) = -j\dfrac{\omega\tau^2}{4}\mathrm{Sa}^2\left(\dfrac{\omega\tau}{4}\right)$

(c) $\dfrac{2\tau}{\pi}\dfrac{\cos\dfrac{\omega\tau}{2}}{\left[1-\left(\dfrac{\omega\tau}{\pi}\right)^2\right]}$

(d) $\dfrac{2}{\omega}\left(\sin\dfrac{\omega\tau}{4} + \sin\dfrac{\omega\tau}{2}\right) = \dfrac{\tau}{2}\mathrm{Sa}\left(\dfrac{\omega\tau}{4}\right)\left(1 + 2\cos\dfrac{\omega\tau}{4}\right)$

3-39 (1) $\dfrac{100}{\pi}, \dfrac{\pi}{100}$ (2) $\dfrac{200}{\pi}, \dfrac{\pi}{200}$

(3) $\dfrac{100}{\pi}, \dfrac{\pi}{100}$ (4) $\dfrac{120}{\pi}, \dfrac{\pi}{120}$

3-40 (1) $\sum\limits_{n=-\infty}^{\infty} a_n F(\omega - n\omega_0)$

(2) $\dfrac{1}{2}\left[F\left(\omega - \dfrac{1}{2}\right) + F\left(\omega + \dfrac{1}{2}\right)\right]$

(3) $\dfrac{1}{2}[F(\omega - 1) + F(\omega + 1)]$

(4) $\dfrac{1}{2}[F(\omega - 2) + F(\omega + 2)]$

(5) $\dfrac{1}{4}[F(\omega - 1) + F(\omega + 1) - F(\omega - 3) - F(\omega + 3)]$

(6) $\dfrac{1}{2}[F(\omega-2)+F(\omega+2)-F(\omega-1)-F(\omega+1)]$

(7) $\dfrac{1}{\pi}\displaystyle\sum_{n=-\infty}^{\infty}F(\omega-2n)$

(8) $\dfrac{1}{2\pi}\displaystyle\sum_{n=-\infty}^{\infty}F(\omega-n)$

(9) $\dfrac{1}{2\pi}\Big[\displaystyle\sum_{n=-\infty}^{\infty}F(\omega-n)-\sum_{n=-\infty}^{\infty}F(\omega-2n)\Big]$

(10) $\dfrac{1}{3}\displaystyle\sum_{n=-\infty}^{\infty}\dfrac{\sin(n\pi/3)}{n\pi/3}F(\omega-2n)$

3-41 (1) $\dfrac{1}{3\ 000}$

(2) 梯形周期重复,周期为 $6\ 000\pi$,幅度为 $\dfrac{3}{2}$

第四章

4-1 (1) $\dfrac{\alpha}{s(s+\alpha)}$

(2) $\dfrac{2s+1}{s^2+1}$

(3) $\dfrac{1}{(s+2)^2}$

(4) $\dfrac{2}{(s+1)^2+4}$

(5) $\dfrac{s+3}{(s+1)^2}$

(6) $\dfrac{1}{s+\beta}-\dfrac{s+\beta}{(s+\beta)^2+\alpha^2}$

(7) $\dfrac{2}{s^3}+\dfrac{2}{s^2}$

(8) $2-\dfrac{3}{s+7}$

(9) $\dfrac{\beta}{(s+\alpha)^2-\beta^2}$

(10) $\dfrac{1}{2}\Big(\dfrac{1}{s}+\dfrac{s}{s^2+4\Omega^2}\Big)$

(11) $\dfrac{1}{(s+\alpha)(s+\beta)}$

(12) $\dfrac{(s+1)e^{-a}}{(s+1)^2+\omega^2}$

(13) $\dfrac{(s+2)e^{-(s-1)}}{(s+1)^2}$

(14) $aF(as+1)$

(15) $aF(as+a^2)$

(16) $\dfrac{1}{4}\Big[\dfrac{3s^2-27}{(s^2+9)^2}+\dfrac{s^2-81}{(s^2+81)^2}\Big]$

（17）$\dfrac{2s^3-24s}{(s^2+4)^3}$

（18）$-\ln\left(\dfrac{s}{s+\alpha}\right)$

（19）$\ln\left(\dfrac{s+5}{s+3}\right)$

（20）$\dfrac{\pi}{2}-\arctan\left(\dfrac{s}{\alpha}\right)$

4-2 （1）$\dfrac{\omega}{s^2+\omega^2}(1+e^{-\frac{T}{2}s})$

（2）$\dfrac{\omega\cos\varphi+s\sin\varphi}{s^2+\omega^2}$

4-3 （1）$\dfrac{1}{s+1}e^{-2(s+1)}$

（2）$\dfrac{1}{s+1}e^{-2s}$

（3）$\dfrac{e^2}{s+1}$

（4）$\dfrac{2\cos 2+s\sin 2}{s^2+4}e^{-s}$

（5）$\dfrac{1}{s^2}[1-(1+s)e^{-s}]e^{-s}$

4-4 （1）e^{-t}

（2）$2e^{-\frac{3}{2}t}$

（3）$\dfrac{4}{3}(1-e^{-\frac{3}{2}t})$

（4）$\dfrac{1}{5}[1-\cos(\sqrt{5}t)]$

（5）$\dfrac{3}{2}(e^{-2t}-e^{-4t})$

（6）$6e^{-4t}-3e^{-2t}$

（7）$\sin t+\delta(t)$

（8）$e^{2t}-e^{t}$

（9）$1-e^{-\frac{t}{RC}}$

（10）$1-2e^{-\frac{t}{RC}}$

（11）$\dfrac{RC\omega}{1+(RC\omega)^2}\left[e^{-\frac{t}{RC}}-\cos(\omega t)+\dfrac{1}{RC\omega}\sin(\omega t)\right]$

（12）$7e^{-3t}-3e^{-2t}$

（13）$\dfrac{100}{199}(49e^{-t}+150e^{-200t})$

（14）$e^{-t}(t^2-t+1)-e^{-2t}$

（15）$\dfrac{A}{K}\sin(Kt)$

（16）$\dfrac{1}{6}\left[\dfrac{\sqrt{3}}{3}\sin(\sqrt{3}t)-t\cos(\sqrt{3}t)\right]$

（17）$\dfrac{-a}{(\alpha-a)^2+\beta^2}\left\{e^{-at}-\left[\cos(\beta t)+\dfrac{\alpha^2+\beta^2-a\alpha}{a\beta}\sin(\beta t)\right]e^{-\alpha t}\right\}$

（18）$\dfrac{1}{(\beta^2+\alpha^2-\omega^2)^2+(2\alpha\omega)^2}\left\{(\beta^2+\alpha^2-\omega^2)\cos(\omega t)+2\alpha\omega\sin(\omega t)+\right.$

$$e^{-\alpha t}\left[(\omega^2-\alpha^2-\beta^2)\cos(\beta t)-\frac{\alpha}{\beta}(\omega^2+\alpha^2+\beta^2)\sin(\beta t)\right]\Bigg\}$$

(19) $\dfrac{1}{4}\left[1-\cos(t-1)\right]u(t-1)$

(20) $\dfrac{1}{t}(e^{-9t}-1)$

4-5　(1) $f(0_+)=1,f(\infty)=0$

　　　(2) $f(0_+)=0,f(\infty)=0$

4-6　$E\left(1+\dfrac{R}{r}e^{-\frac{R}{L}t}\right)u(t)$

4-7　$\dfrac{R_2E}{R_1+R_2}(1-e^{-\frac{R_1+R_2}{R_1R_2C}t})u(t)$

4-8　$E\left[\dfrac{R_2}{R_1+R_2}+\left(\dfrac{C_1}{C_1+C_2}-\dfrac{R_2}{R_1+R_2}\right)e^{-\frac{R_1+R_2}{R_1R_2(C_1+C_2)}t}\right]u(t)$

4-9　设符号 $\alpha=\dfrac{1}{2RC}$ $\omega_0=\dfrac{1}{\sqrt{LC}}$ $\omega_d^2=\omega_0^2-\alpha^2$

　　　$i(t)=\dfrac{E}{R}\left[1-\dfrac{2\alpha}{\omega_d}e^{-\alpha t}\sin(\omega_d t)\right]u(t)$

4-10　(1) 设符号　$\alpha=\dfrac{R+R_0}{2RR_0C}$　$\omega_0=\dfrac{1}{\sqrt{LC}}$

　　　$\omega_d^2=\omega_0^2-\alpha^2$ 且假设 $\alpha<\omega_0$

　　　$h(t)=\dfrac{1}{RC}e^{-\alpha t}\left[\cos(\omega_d t)-\dfrac{\alpha}{\omega_d}\sin(\omega_d t)\right]u(t)$

　　　(2) 设符号　$\alpha=\dfrac{1}{R_1R_2C_1C_2}$　$\beta=R_1C_1+R_1C_2+R_2C_2$

　　　$p_1=\dfrac{\alpha}{2}\left(-\beta+\sqrt{\beta^2-\dfrac{4}{\alpha}}\right)$　$p_2=\dfrac{\alpha}{2}\left(-\beta-\sqrt{\beta^2-\dfrac{4}{\alpha}}\right)$

　　　$h(t)=\delta(t)+\dfrac{1}{p_2-p_1}\left[(p_1\alpha\beta+\alpha)e^{p_1t}-(p_2\alpha\beta+\alpha)e^{p_2t}\right]u(t)$

4-11　设 $\omega_0=\dfrac{1}{\sqrt{LC}}$　$i(t)=\dfrac{E}{2L\omega_0}\sin(\omega_0 t)u(t)$

4-12　$-0.1te^{-t}u(t)$

4-13 (a) $\dfrac{s}{RC\left(s^2+\dfrac{3}{RC}s+\dfrac{1}{R^2C^2}\right)}$ (b) $-\dfrac{s-\dfrac{1}{RC}}{s+\dfrac{1}{RC}}$ (c) $\dfrac{1}{6}$

4-14 (1) $\dfrac{R}{2}\left(\dfrac{1}{L-M}e^{-\frac{R}{L-M}t}-\dfrac{1}{L+M}e^{-\frac{R}{L+M}t}\right)u(t)$

(2) $\dfrac{1}{2}(e^{-\frac{R}{L+M}t}-e^{-\frac{R}{L-M}t})u(t)$

4-15 $\dfrac{E}{2}e^{-20t}u(t)-\dfrac{E}{40T}\{(1-e^{-20t})u(t)-[1-e^{-20(t-T)}]u(t-T)\}$

4-16 (1) $H(s)=\dfrac{K}{s^2+(3-K)s+1}$

(2) 当 $K=2$ 时, $h(t)=\dfrac{4}{\sqrt{3}}e^{-\frac{1}{2}t}\sin\left(\dfrac{\sqrt{3}}{2}t\right)u(t)$

4-17 $\dfrac{2E}{3}\left[\delta(t)+\dfrac{1}{12}e^{-\frac{t}{6}}u(t)\right]$

4-18 $H(s)=\dfrac{s^2+2s+1-g^3}{3s^3+10s^2+11s+4+2g^3}$

4-19 $\dfrac{F_1(s)}{1-e^{-sT}}$

4-20 (1) $\dfrac{1}{s(1+e^{-\frac{sT}{2}})}$

(2) $\dfrac{\omega}{s^2+\omega^2}\dfrac{1+e^{-\frac{sT}{2}}}{1-e^{-\frac{sT}{2}}}$

4-21 (1) $\displaystyle\sum_{n=0}^{\infty}f(nT)e^{-nsT}$

(2) $\dfrac{1}{1-e^{-(a+s)T}}$

4-23 (a) $H(s)=1+\dfrac{1}{s+1}$ $i(t)=\delta(t)-e^{-2t}u(t)$

(b) $H(s)=2-\dfrac{1}{s+1}$ $i(t)=\dfrac{1}{2}\delta(t)+\dfrac{1}{4}e^{-\frac{t}{2}}u(t)$

(c) $H(s)=1+\dfrac{2s}{4s^2+1}$

$$i(t) = \delta(t) + \left[-\frac{1}{2}\cos\left(\frac{\sqrt{3}}{4}t\right) + \frac{1}{2\sqrt{3}}\sin\left(\frac{\sqrt{3}}{4}t\right) \right] e^{-\frac{t}{4}}u(t)$$

(d) $H(s) = \dfrac{10\left(s^2 + \dfrac{s}{20} + \dfrac{1}{4}\right)}{s(s+5)}$

$$i(t) = \frac{1}{10}\left\{ \delta(t) + \left[\frac{99}{20}\cos\left(\frac{\sqrt{399}}{40}t\right) - \frac{299}{20\sqrt{399}}\sin\left(\frac{\sqrt{399}}{40}t\right) \right] e^{-\frac{t}{40}}u(t) \right\}$$

4-24　(a) $H(s) = \dfrac{C_1}{C_1 + C_2}\dfrac{s + \dfrac{1}{C_1 R}}{s + \dfrac{1}{(C_1 + C_2)R}}$

$$v_2(t) = \frac{C_1}{C_1 + C_2}\left[\delta(t) + \frac{C_2}{C_1(C_1 + C_2)R}e^{-\frac{t}{R(C_1 + C_2)}}u(t) \right]$$

(b) $H(s) = \dfrac{L_2}{L_1 + L_2}\dfrac{s}{s + \dfrac{R}{L_1 + L_2}}$

$$v_2(t) = \frac{L_2}{L_1 + L_2}\left[\delta(t) - \frac{R}{L_1 + L_2}e^{-\frac{R}{L_1 + L_2}t}u(t) \right]$$

(c) $H(s) = \dfrac{s}{10s^2 + s + 10}$

$$v_2(t) = \frac{1}{10}e^{-\frac{t}{20}}\left[\cos\left(\frac{\sqrt{399}}{20}t\right) - \frac{1}{\sqrt{399}}\sin\left(\frac{\sqrt{399}}{20}t\right) \right]u(t)$$

(d) $H(s) = \dfrac{0.1s}{s+1}$

$$v_2(t) = 0.1\left[\delta(t) - e^{-t}u(t) \right]$$

4-25　$Z(s) = Z_1 + \cfrac{1}{Y_2 + \cfrac{1}{Z_3 + \cfrac{1}{Y_4 + \cfrac{1}{Z_5 + \cfrac{1}{Y_6 + \cfrac{1}{Z_7 + \cfrac{1}{Y_8}}}}}}}$

4-26　(a) $\dfrac{s^2}{s^2 + 3s + 1}$

(b) $\dfrac{s^2}{s^2+3s+1}$

(c) $\dfrac{1}{(4s^2+1)^2+(4s^2+1)-1}$

(d) $\dfrac{s^3}{(s^2+1)^2+(s^2+1)-1}$

4-27　$\dfrac{3}{2}\delta(t)+(e^{-2t}+8e^{3t})u(t)$

4-28　$\left(1-\dfrac{1}{2}e^{-2t}\right)u(t)$

4-29　(1) $H(s)=\dfrac{5}{s^2+s+5}$　　　　　(2) 极点 $p_{1,2}=\dfrac{-1\pm j\sqrt{19}}{2}$

　　　(3) $h(t)=\dfrac{10}{\sqrt{19}}e^{-\frac{t}{2}}\sin\left(\dfrac{\sqrt{19}}{2}t\right)u(t)$

　　　$g(t)=1-e^{-\frac{t}{2}}\left[\cos\left(\dfrac{\sqrt{19}}{2}t\right)+\dfrac{1}{\sqrt{19}}\sin\left(\dfrac{\sqrt{19}}{2}t\right)\right]u(t)$

4-30　$v_2(t)=\dfrac{5}{2}\left\{-\dfrac{48}{37}\cos t+\dfrac{8}{37}\sin t+\right.$

　　　　　$\left. e^{-\frac{t}{16}}\left[\dfrac{48}{37}\cos\left(\dfrac{\sqrt{63}}{16}t\right)-\dfrac{80}{37\sqrt{63}}\sin\left(\dfrac{\sqrt{63}}{16}t\right)\right]\right\}u(t)$

　　　其中前两项为强迫响应,后两项为自由响应

4-31　(1) $H(s)=\dfrac{s+1}{(s+1)^2}=\dfrac{1}{s+1}$

　　　(2) $[v_2(0)-i_1(0)]te^{-t}+i_1(0)e^{-t}$

4-32　(1) $H(s)=\dfrac{s^2+\dfrac{1}{LC}}{s^2+\dfrac{1}{RC}s+\dfrac{1}{LC}}$

　　　(2) $LC=\dfrac{1}{4}$

　　　(3) $(1-2t)e^{-2t}u(t)$

4-33　$v_2(t)=\underbrace{2e^{-t}}_{\text{自由}}+\underbrace{\dfrac{1}{2}e^{-3t}}_{\text{强迫}}$

完全响应即瞬态响应,稳态响应为零

4-35 $H(s) = \dfrac{5(s^3 + 4s^2 + 5s)}{s^3 + 5s^2 + 16s + 30}$

4-36 $K_1 = -\dfrac{a-3}{3}$

4-37 (1) $Z_1 = -\dfrac{R}{L}$ $p_{1,2} = -\dfrac{R}{2L} \pm j\sqrt{\dfrac{1}{LC} - \dfrac{R^2}{4L^2}}$

(2) $R = 1\ \Omega$ $L = \dfrac{1}{3}$ H $C = \dfrac{1}{10}$ F

4-39 (a) 低通   (b) 带通   (c) 高通
(d) 带通   (e) 带通   (f) 带阻
(g) 高通   (h) 带通-带阻

4-40 (a) $H(s) = \dfrac{L_1 L_2 C s^3 + L_1 s}{L_1 L_2 C s^3 + RC(L_1 + L_2)s^2 + L_1 s + R}$

(b) $H(s) = \dfrac{L_1 L_2 C_1 s^2 + L_2}{L_1 L_2 (C_1 + C_2)s^2 + L_1 + L_2}$

(c) $H(s) = \dfrac{L_2 C_1 s^2}{L_1 L_2 C_1 C_2 s^4 + (L_1 C_1 + L_2 C_2 + L_2 C_1)s^2 + 1}$

4-41 $H(s) = \dfrac{s^2 - s + 1}{s^2 + s + 1}$,是全通

4-42 (a) 是最小相移,其他都是非最小相移

4-43 $H(s) = \dfrac{s - \dfrac{1}{RC}}{s + \dfrac{1}{RC}}$,是全通

4-44 $H(s) = -\dfrac{s^2 - \dfrac{1}{R_1 C_1 R_2 C_2}}{\left(s + \dfrac{1}{R_1 C_1}\right)\left(s + \dfrac{1}{R_2 C_2}\right)}$

当 $R_1 C_1 = R_2 C_2$ 时构成全通

4-45 (1) $H(s) = \dfrac{ks}{s^2 + (4-k)s + 4}$

(2) $k \leqslant 4$

(3) $h(t) = 4\cos(2t)u(t)$

4-46 （1）$H(s) = \dfrac{k}{s^2 + (3-k)s + 1}$

（2）$k \leqslant 3$，稳定

4-47 $H(s) = \dfrac{K}{1-KF} = \dfrac{\beta}{CR_i}\left[\dfrac{s}{s^2 + \left(\dfrac{G}{C} - \dfrac{\beta F}{R_i C}\right)s + \dfrac{1}{LC}}\right]$

当 $G = \dfrac{\beta F}{R_i}$时极点之实部等于零

4-48 $H(s) = \dfrac{As^2}{s^2 + \left(\dfrac{C_1 + C_2}{RC_1 C_2} + \dfrac{1-A}{R_2 C_1}\right)s + \dfrac{1}{R_1 R_2 C_1 C_2}}$

当满足 $A \leqslant 1 + \dfrac{R_2}{R_1} + \dfrac{R_2 C_1}{R_1 C_2}$

4-49 $H(s) = \dfrac{RM}{L^2 - M^2}\dfrac{s}{\left(s + \dfrac{R}{L-M}\right)\left(s + \dfrac{R}{L+M}\right)}$

4-50 $\dfrac{2a}{a^2 - s^2}$，收敛域$-a < \sigma < a$

第五章

5-1 $r(t) = (e^{-2t} - e^{-3t})u(t)$

5-2 $r(t) = \dfrac{1}{\sqrt{2}}\sin(t - 45°) + \dfrac{1}{\sqrt{10}}\sin(3t - 72°)$

5-3 $H(j\omega) = \dfrac{j\omega}{C(\omega_0^2 - \omega^2)} + \dfrac{\pi}{2C}[\delta(\omega + \omega_0) + \delta(\omega - \omega_0)]$

$h(t) = \dfrac{1}{C}\cos(\omega_0 t)u(t)$

5-4 $H(s) = \dfrac{C_1}{C_1 + C_2}\dfrac{s + \dfrac{1}{R_1 C_1}}{s + \dfrac{R_1 + R_2}{R_1 R_2 (C_1 + C_2)}}$

无失真条件 $R_1 C_1 = R_2 C_2$

5-5　$H(s) = \dfrac{R_2 s^2 + (1 + R_1 R_2) s + R_1}{s^2 + (R_1 + R_2) s + 1}$

　　无失真条件　$R_1 = R_2 = 1\ \Omega$，无延迟

5-6　对两种信号的响应均为 $\mathrm{Sa}[\omega_c(t - t_0)]$

5-7　$r(t) = \mathrm{Sa}[\omega_0(t - t_0)]$

5-9　$r(t) = \dfrac{1}{\pi}\left\{ \mathrm{Si}\left[\dfrac{2\pi}{\tau}\left(t + \dfrac{\tau}{2}\right)\right] - \mathrm{Si}\left[\dfrac{2\pi}{\tau}\left(t - \dfrac{\tau}{2}\right)\right] \right\}$

5-10　$h(t) = \dfrac{2\omega_c}{\pi} \mathrm{Sa}[\omega_c(t - t_0)] \cos(\omega_0 t)$

　　非因果，不能实现

5-11　(1) $v_2(t) = \dfrac{1}{\pi}\left[\mathrm{Si}(t - t_0 - T) - \mathrm{Si}(t - t_0) \right]$

　　(2) $v_2(t) = \mathrm{Sa}\left[\dfrac{1}{2}(t - t_0 - T)\right] - \mathrm{Sa}\left[\dfrac{1}{2}(t - t_0)\right]$

5-12　$y(t) = \dfrac{1}{T}\left[t u(t) - (t - T) u(t - T) - (t - \tau) u(t - \tau) + (t - T - \tau) u(t - T - \tau) \right]$

5-13　$h(t) = \dfrac{\omega_c}{2\pi}\left\{ \mathrm{Sa}[\omega_c(t - t_0)] + \dfrac{1}{2}\mathrm{Sa}\left[\omega_c\left(t - t_0 + \dfrac{\pi}{\omega_c}\right)\right] + \dfrac{1}{2}\mathrm{Sa}\left[\omega_c\left(t - t_0 - \dfrac{\pi}{\omega_c}\right)\right] \right\}$

5-14　$h(t) = h_i(t) + \displaystyle\sum_{k=1}^{m} \dfrac{a_k}{2}\left[h_i\left(t - \dfrac{k}{\omega_1}\right) - h_i\left(t + \dfrac{k}{\omega_1}\right) \right]$

　　其中　$h_i(t) = \dfrac{\omega_c}{\pi} \mathrm{Sa}[\omega_c(t - t_0)]$

5-17　将 $F_1(\omega)$ 与本地载波信号之频谱（冲激函数）进行卷积（频域），即可恢复含有 $G(\omega)$ 之频谱。再经低通滤波取出 $G(\omega)$

5-18　$V(\omega) = G(\omega + \omega_0) u(-\omega - \omega_0) + G(\omega - \omega_0) u(\omega - \omega_0)$

5-19　$\mathrm{Sa}[\omega_c(t - t_0)] \cos(\omega_0 t)$

5-20　(1) $h(t) = \dfrac{\sin 2\Omega(t - t_0)}{\pi(t - t_0)}$

　　(2) $r(t) = \dfrac{1}{2}\left[\dfrac{\sin \Omega(t - t_0)}{\Omega(t - t_0)}\right]^2$

　　(3) $r(t) = 0$

　　(4) 是线性时变系统

5-25　$\Delta < \dfrac{T}{4\pi},\ a = \dfrac{\Delta}{T + \Delta},\ k = \dfrac{1}{T + \Delta}$

第六章

6-3 不是。

6-4 不是。

6-6 当 $n=1, n=2$ 时 $\overline{\varepsilon^2}=1-\dfrac{8}{\pi^2}\approx 0.19$

当 $n=3, n=4$ 时 $\overline{\varepsilon^2}=1-\dfrac{8}{\pi^2}-\dfrac{8}{(3\pi)^2}\approx 0.1$

6-8 $f(t)=-\dfrac{3}{2}P_1(t)+\dfrac{7}{8}P_3(t)$

6-9 $a=\dfrac{15}{4}(\mathrm{e}-7\mathrm{e}^{-1})$ $b=3\mathrm{e}^{-1}$

$c=\dfrac{1}{4}(-3\mathrm{e}+33\mathrm{e}^{-1})$

6-11 (1) $\dfrac{1}{2a}\mathrm{e}^{-a|\tau|}$ (2) $\dfrac{E^2}{4}\cos(\omega_0\tau)$

6-12 (1) $P=\dfrac{1}{2}(A^2+B^2)$

$\mathscr{P}(\omega)=\dfrac{\pi}{2}[A^2\delta(\omega+2\,000\pi)+A^2\delta(\omega-2\,000\pi)+B^2\delta(\omega+200\pi)+B^2\delta(\omega-$

$200\pi)]$

(2) $P=\dfrac{A^2}{2}+\dfrac{1}{4}$

$\mathscr{P}(\omega)=\dfrac{\pi A^2}{2}[\delta(\omega+2\,000\pi)+\delta(\omega-2\,000\pi)]+$

$\dfrac{\pi}{8}[\delta(\omega+2\,200\pi)+\delta(\omega-2\,200\pi)+\delta(\omega+1\,800\pi)+\delta(\omega-1\,800\pi)]$

（3）$P = \dfrac{A^2}{4}$

$$\mathscr{P}(\omega) = \frac{\pi A^2}{8} \left[\delta(\omega + 2\ 200\pi) + \delta(\omega - 2\ 200\pi) + \delta(\omega + 1\ 800\pi) + \delta(\omega - 1\ 800\pi) \right]$$

（4）$P = \dfrac{A^2}{4}$

$$\mathscr{P}(\omega) = \frac{\pi A^2}{8} \left[\delta(\omega + 2\ 200\pi) + \delta(\omega - 2\ 200\pi) + \delta(\omega + 1\ 800\pi) + \delta(\omega - 1\ 800\pi) \right]$$

（5）$P = \dfrac{A^2}{4}$

$$\mathscr{P}(\omega) = \frac{\pi A^2}{8} \left[\delta(\omega + 2\ 300\pi) + \delta(\omega - 2\ 300\pi) + \delta(\omega + 1\ 700\pi) + \delta(\omega - 1\ 700\pi) \right]$$

（6）$P = \dfrac{3A^2}{16}$

$$\mathscr{P}(\omega) = \frac{\pi A^2}{8} \left[\delta(\omega + 2\ 000\pi) + \delta(\omega - 2\ 000\pi) \right] +$$

$$\frac{\pi A^2}{32} \left[\delta(\omega + 2\ 400\pi) + \delta(\omega - 2\ 400\pi) + \delta(\omega + 1\ 600\pi) + \delta(\omega - 1\ 600\pi) \right]$$

6-14　$\mathscr{E}_r(\omega) = \dfrac{4}{1+\omega^2} \left[u(\omega+1) - u(\omega-1) \right]$

6-15　（1）$\mathscr{P}_r(\omega) = \dfrac{8}{\pi^3} \left[\delta(\omega+6) + \delta(\omega-6) \right]$

$$\overline{r^2(t)} = \frac{8}{\pi^4}$$

（2）$\mathscr{P}_r(\omega) = 0 \quad \overline{r^2(t)} = 0$

6-16　（1）$r(t) = \displaystyle\int_{-\infty}^{\infty} f(x) s(x + T - t)\,\mathrm{d}x$

（2）$r(T) = \displaystyle\int_{-\infty}^{\infty} f(x) s(x)\,\mathrm{d}x$

6-17　M_0 对 $x_0(t)$ 和 $x_1(t)$ 的响应以及 M_1 对 $x_0(t)$ 和 $x_1(t)$ 的响应在 $t=4$ 时刻的

值分别为 $4,2,2,4$

6-18 两路输出信号的频谱分别为

$$\frac{1}{2}G_1(\omega)+\frac{1}{4}\left[\,G_1(\omega+2\omega_0)+G_1(\omega-2\omega_0)\,\right]+\frac{\mathrm{j}}{4}\left[\,G_2(\omega+2\omega_0)-G_2(\omega-2\omega_0)\,\right]$$

和 $\dfrac{1}{2}G_2(\omega)+\dfrac{\mathrm{j}}{4}\left[\,G_1(\omega+2\omega_0)-G_1(\omega-2\omega_0)\,\right]-\dfrac{1}{4}\left[\,G_2(\omega+2\omega_0)+G_2(\omega-2\omega_0)\,\right]$

经低通滤除 $2\omega_0$ 附近的信号可分别取出 $G_1(\omega)$ 或 $G_2(\omega)$ 成分,与时域分析结论相同

郑重声明

高等教育出版社依法对本书享有专有出版权。任何未经许可的复制、销售行为均违反《中华人民共和国著作权法》，其行为人将承担相应的民事责任和行政责任；构成犯罪的，将被依法追究刑事责任。为了维护市场秩序，保护读者的合法权益，避免读者误用盗版书造成不良后果，我社将配合行政执法部门和司法机关对违法犯罪的单位和个人进行严厉打击。社会各界人士如发现上述侵权行为，希望及时举报，我社将奖励举报有功人员。

反盗版举报电话　（010）58581999　58582371

反盗版举报邮箱　dd@hep.com.cn

通信地址　北京市西城区德外大街4号

　　　　　高等教育出版社知识产权与法律事务部

邮政编码　100120

读者意见反馈

为收集对教材的意见建议，进一步完善教材编写并做好服务工作，读者可将对本教材的意见建议通过如下渠道反馈至我社。

咨询电话　400-810-0598

反馈邮箱　gjdzfwb@pub.hep.cn

通信地址　北京市朝阳区惠新东街4号富盛大厦1座　高等教育出版社总编辑办公室

邮政编码　100029

防伪查询说明

用户购书后刮开封底防伪涂层，使用手机微信等软件扫描二维码，会跳转至防伪查询网页，获得所购图书详细信息。

防伪客服电话　（010）58582300